Elliptische Differentialgleichungen **Band II**

SCHRIFTENREIHE
DER INSTITUTE FÜR MATHEMATIK

BEI DER DEUTSCHEN AKADEMIE DER WISSENSCHAFTEN
ZU BERLIN

REIHE A

REINE MATHEMATIK

HEFT 8

ELLIPTISCHE DIFFERENTIALGLEICHUNGEN
BAND II

AKADEMIE-VERLAG · BERLIN
1971

ELLIPTISCHE DIFFERENTIALGLEICHUNGEN

BAND II

(Kolloquium vom 17. August bis 24. August 1969 in Berlin)

Herausgegeben von

Dr. habil. GOTTFRIED ANGER

Mit 6 Abbildungen

AKADEMIE-VERLAG · BERLIN
1971

Institut für Reine Mathematik, 1199 Berlin-Adlershof, Rudower Chaussee 5
Erschienen im Akademie-Verlag GmbH, 108 Berlin, Leipziger Straße 3—4

Lizenznummer: 202 · 100/408/71
Gesamtherstellung: VEB Druckerei „Thomas Müntzer", 582 Bad Langensalza
Bestellnummer: 7614165 (2069/A/8) · ES 19 B 4
Printed in German Democratic Republic
58, –

INHALTSVERZEICHNIS

Pseudodifferentialoperatoren
Symmetrisierbare Differentialgleichungsprobleme [1])

von Kurt O. Friedrichs, New York [2])

(Manuskripteingang: 15. Januar 1970)

The first lecture gives an introduction to the basic notions and questions of the theory of pseudo-differential operators. The second lecture deals with an approach to diffeiential operators of the first order, developed by P. Lax and the author, in which such equations are made symmetric by applying an approxiate symmetrizing pseudo-differential operator. The major part of the work consists in the analysis of a new type of Greens formula.

The two lectures more or less correspond to the two parts of lecture notes on Pseudo-Differential Operators issued by the Courant Institute at New York University (see the Bibliographie).

I. Pseudodifferentialoperatoren

Pseudodifferentialoperatoren wurden vor etwa fünf Jahren eingeführt und von verschiedenen Mathematikern unabhängig entwickelt. In diesem Vortrag möchte ich einen kurzen Überblick über die Natur dieser Operatoren geben und auf die Rolle hinweisen, die diese Operatoren spielen können.

Pseudodifferentialoperatoren sind eine natürliche Verallgemeinerung von Differentialoperatoren. Ein eigentlicher Differentialoperator n-ter Ordnung der auf eine Funktion $u(x)$ von einer Variablen x operiert, kann in der Form

$$L = \sum_{\nu=0}^{n} a_\nu(x) \left(\frac{d}{dx}\right)^\nu$$

geschrieben werden. Die Koeffizientenfunktionen $a_\nu(x)$ sollen einer geeigneten Klasse angehören und genügend oft differenzierbar sein. Den Operator L kann man als ein Polynom d/dx auffassen; das heißt, man kann den Operator aus einer Funktion $\sum_{\nu=0}^{n} a_\nu(x)\,\zeta^\nu$ von zwei Variablen dadurch erzeugen, daß man die zweite Variable ζ durch d/dx ersetzt. In natürlicher Weise entsteht nun die Frage, ob man nicht einen Operator auch solchen Funktionen von zwei Variablen

[1]) Der Teil I dieser Arbeit stellt eine Ausarbeitung eines Vortrages dar, welcher im August 1969 vor dem Institut für Relativistische und Extragalaktische Forschung (Sternwarte Babelsberg) der Deutschen Akademie der Wissenschaften zu Berlin und der Sektion Mathematik der Technischen Universität Dresden gehalten wurde. Teil II dieser Arbeit war der Eröffnungsvortrag des Kolloquiums ,,Elliptische Differentialgleichungen".

[2]) Anschrift des Autors:
Prof. Dr. K. O. Friedrichs, Courant Institute of Mathematical Sciences,
New York University,
251 Mercer Street, New York, N. Y. 100 12, USA.

zuordnen kann, die in der zweiten Variablen nicht Polynome sind. Die Theorie der Pseudodifferentialoperatoren gibt eine Antwort auf diese Frage.

Diese Frage war schon 1926 im Zusammenhang mit der Quantentheorie aufgetreten und ein Jahr später in einer sehr speziellen Weise von H. WEYL beantwortet worden. Aber danach wurde diese Frage zunächst nicht weiter verfolgt. Die Entwicklung der Pseudodifferentialoperatoren kam von einer ganz anderen Seite, nämlich von der Theorie der singulären Integraloperatoren, die von GIRAUD und MIKHLIN und später von CALDERÒN und ZYGMUND entwickelt worden war. MIKHLIN hatte schon in den dreißiger Jahren solchen Integraloperatoren eine Funktion von zwei Variablen zugeordnet, die er das „Symbol" des Operators nannte. Die neue Wendung der letzten Jahre bestand darin, daß man vom Symbol ausging und ihm in einfacher Weise einen Operator zuordnete. — In dem Sinne kann man sagen: Pseudodifferentialoperatoren sind singuläre Integraloperatoren von einer anderen Seite her angesehen. Aber auf dieser anderen Seite eröffnet sich ein erweitertes Blickfeld.

Um Pseudodifferentialoperatoren zu beschreiben, ist es notwendig, komplexwertige Funktionen $u = u(x)$ einer Multivariablen

$$x = \{x_1, \ldots, x_m\}$$

zuzulassen, die über den ganzen m-dimensionalen Raum läuft. Dann muß man die Operatoren

$$D_\mu = -i\,\partial/\partial x_\mu\,,$$

sowie den Vektoroperator

$$D = \{D_1, \ldots, D_m\}$$

einführen. (Es ist technisch günstiger, mit $-i\,\partial/\partial x_\mu$ statt mit $\partial/\partial x_\mu$ zu arbeiten.) Außerdem benutze ich den Operator

$$X = \{X_1, \ldots, X_m\}\,,$$

dessen Komponenten X_μ die Funktion $u(x)$ in die Funktionen

$$X_\mu\, u(x) = x_\mu\, u(x)$$

überführen. Schließlich lasse ich als Werte von u Vektoren

$$u = \{u_1, \ldots, u_k\}$$

zu und betrachte Operatoren, die auf Vektorfunktionen

$$u(x) = \{u_1(x), \ldots, \mu_k(x)\}$$

operieren. Diese Operatoren werden mit Hilfe von $k \times k$-Matrizen

$$g(x; \xi) = \{g_{\varkappa\lambda}(x; \xi)\}$$

gegeben, die von der Multivariablen $x = \{x_1, \ldots, x_m\}$ und der „Kovariablen"

$$\xi = \{\xi_1, \ldots, \xi_m\}$$

abhängen. Das Problem ist nun, einer solchen Funktion $g(x; \xi)$ in geeigneter Weise einen Operator

$$G = g(X; D)$$

zuzuordnen, der aus der Funktion $u(x)$ die Funktion

$$G\, u(x) = g(x; D)\, u(x)$$

erzeugt. Diese Zuordnung muß natürlich so beschaffen sein, daß im Falle, daß g ein Polynom

$$g(x; \xi) = \sum_{\mu=1}^{m} g_\mu(x)\, \xi_\mu$$

ist, der Operator G der Differentialoperator

$$G = \sum_{\mu=1}^{m} g_\mu(X)\, D_\mu$$

wird. Die Funktion $g(x; \xi)$ ist dann das Symbol des Operators.

Für geeignete Klassen von Symbolfunktionen g kann man den zugeordneten Operator $G = g(X; D)$ mit Hilfe von FOURIER-Transformationen definieren, nämlich als

$$G\, u(x) = \int e^{ix\cdot\xi}\, g(x; \xi) \int e^{-i\xi\cdot x'}\, u(x')\, dx'\, đ\xi\ .$$

Hier ist $dx = dx_1 \ldots dx_m$, $d\xi = d\xi, \ldots d\xi_m$ und

$$đ\xi_\mu = d\xi_\mu/2\pi\ .$$

Im Falle, daß das Symbol g linear in ξ ist, verizifiert man sehr leicht, daß der oben definierte Operator G der Differentialoperator $g(X; D)$ ist.

Das erste Hauptproblem besteht nun darin, eine Klasse von Symbolen zu finden, die eine Algebra bilden und für die die zugeordneten Operatoren G auch eine Algebra bilden. Eine solche Klasse wurde zuerst von J. KOHN und L. NIRENBERG in einer Arbeit gegeben, die 1965 erschienen ist. Eine erweiterte Klasse von solchen Symbolen wurde dann von HÖRMANDER beschrieben. Ich selber habe eine andere erweiterte Klasse benutzt, die ich gerne beschreiben möchte.

Diese Klasse von Symbolen besteht aus den Funktionen der Form

$$g(x; \xi) = g_0(x; \xi) + g_\infty(\xi)\ ,$$

für die das Integral

$$||g|| = \int \sup_\xi \left| \int e^{-i\chi\cdot x}\, g_0(x; \xi)\, dx \right| d\chi + \sup_\xi |g_\infty(\xi)|$$

endlich ist. Für solche Funktionen kann man in der vorher angegebenen Weise Operatoren G einführen, die auf Funktionen u operieren und für die die HILBERT-Norm

$$||u|| = [\int u(x)^2\, dx]^{1/2}$$

endlich ist. Es gilt dann die Ungleichung

$$||G\, u|| \leqq ||g||\, ||u||\ .$$

Die so definierten Klassen von Symbolen und Operatoren besitzen die beiden erwähnten Algebra-Eigenschaften. Symbole und Operatoren in diesen speziellen Algebren bezeichne ich als vom F–M-Typ; Wahl des Integrals $||g|| = ||G||$ als Norm macht sie zu BANACH-Algebren.

Ein wichtiger Begriff ist der der „Ordnung". Wir sagen, daß das Symbol g von der F–M-Ordnung r ist, wenn das Symbol $g(x;\xi)\,\langle\xi\rangle^{-r}$ vom F–M-Typ ist. Hier haben wir

$$[1+|\xi|^2]^{1/2} = \langle\xi\rangle$$

gesetzt. Differentialoperatoren der gewöhnlichen Ordnung n sind dann auch von der F–M-Ordnung n, wenn die Koeffizienten $a_\nu(x)$ F–M-Symbole sind.

Es ist eine wichtige Tatsache, daß ein Operator G von negativer Ordnung kompakt ist, wenn das Glied $g_\infty(\xi)$ in seinem Symbol $g(x;\xi)$ Null ist.

Das nächste Hauptproblem entsteht im Zusammenhang mit der Frage, ob man einem Symbol $g(x;\xi)$ auch einen Operator zuordnen kann, der sich vom Operator $G = G(X;D)$ nur dadurch unterscheidet, daß die elementaren Operatoren X und D in umgekehrter Reihenfolge angewandt werden. Den so beschriebenen Operator bezeichnen wir dann mit G^R. Zum Beispiel, in dem Falle, daß das Symbol $g(x,\xi)$ linear in ξ ist,

$$g(x;\xi) = \sum_{\mu=1}^{m} g_\mu(x)\,\xi_\mu + b(x)\,,$$

kann man ihm den Operator

$$G^R = \sum_{\mu=1}^{m} D_\mu\, g_\mu(X) + b(X)$$

zuordnen. Eine solche Zuordnung eines Operators G^R zu einem F–M-Symbol kann man in der Tat ganz allgemein ausführen. Dieser Operator G^R ist wieder vom F–M-Typ und kann aus einem F–M-Symbol $g^R(x;\xi)$ als $G^R = g^R(X;D)$ gewonnen werden. Ich möchte bemerken, daß die oben erwähnten Algebra-Eigenschaften leicht aus diesen Tatsachen abgeleitet werden können.

Da die Operatoren X und D nicht vertauschbar sind, ist der Operator G^R vom Operator G im allgemeinen verschieden. Man wird daher fragen, was man über die Differenz

$$G^R - G$$

— wir nennen sie den „Reversor" von G — aussagen kann.

In dieser Frage spielt das Verhalten des Symbols $g(x;\xi)$ für große Werte von $|\xi|$ eine entscheidende Rolle. Wir nehmen an, daß das F–M-Symbol $g(x;\xi)$ eine Ableitung g_ξ nach ξ besitzt, die von der Ordnung -1 ist, und daß g und g_ξ Ableitungen g_x und g_{ξ_x} nach x besitzen, die von den Ordnungen 0 und -1 sind. Ein Symbol dieser Art nennen wir „quasi homogen", weil Funktionen $g(x;\xi)$, die in ξ homogen vom Grade 0 sind, diese Eigenschaft besitzen. Unter diesen Umständen gilt nun die Ungleichung

$$\|(g^R - g)\,\langle\xi\rangle\| \leqq \|g_{x\cdot\xi}\,\langle\xi\rangle\| + 2\,\|g_x\|\,.$$

Hier bedeutet $g_{x\cdot\xi} = \sum_\mu \partial_{x_\mu}\partial_{\xi_\mu} g$. Aus dieser Ungleichung folgt, daß der Reversor von g von der Ordnung -1 ist. Man sieht sofort, daß $g^R_\infty = g_\infty$ ist, was zur Folge hat, daß der Reversor kompakt ist.

Die obige Ungleichung wurde zuerst von KUMANO-GO bewiesen. Ich selber hatte ursprünglich nur eine etwas schwächere Ungleichung dieser Art beweisen können.

KUMANO-GOS Ungleichung kann in verschiedener Weise verallgemeinert werden. Insbesondere kann man eine asymptotische Entwicklung der Form

$$g^R = g + (-i)\, g_{x \cdot \xi} + \frac{1}{2}(-i)^2\, g_{(x \cdot \xi)^2} + \cdots$$

für F–M-Operatoren aufstellen, die der zuerst von KOHN und NIRENBERG aufgestellten asymptotischen Entwicklung entspricht. Das Bestehen einer ähnlichen asymptotischen Entwicklung war von HÖRMANDER zur Definition des Begriffes „Pseudodifferentialoperator" benutzt worden.

Eine wichtige Frage bezüglich der Zuordnung eines Operators $g(X; D)$ zu einem Symbol $g(x; \xi)$ ist die folgende:

Angenommen, daß das Symbol $g(x; \xi)$ eine positiv-definite Matrix ist, ist dann $G = g(X; D)$ auch ein positiv-definierter Operator? Das ist im allgemeinen nicht der Fall. Man kann aber, wie KOHN und NIRENBERG gezeigt haben, einen kompakten Operator T der Ordnung -1 so konstruieren, daß der Operator $G + T$ positiv-definit ist.

LAX und NIRENBERG haben etwas später einen schärferen Satz bewiesen, nämlich, daß man zu einem Operator G mit nicht negativem Symbol einen kompakten Operator so konstruieren kann, daß der Operator $G + T$ nichtnegativ ist.

Gleichzeitig haben LAX und NIRENBERG ein ähnliches Resultat für Differenzenoperatoren erhalten, die man auch als Pseudodifferentialoperatoren auffassen kann. Sie haben dies Resultat benutzt, um ein bis dahin offenes wichtiges Problem der numerischen Analyse zu lösen. Dieses Problem bezieht sich auf die Frage, durch was für Differenzengleichungen man hyperbolische Differentialgleichungen ersetzen kann.

Für den Satz von LAX und NIRENBERG, dessen Beweis nicht leicht ist, habe ich kürzlich einen mehr direkten Beweis gegeben, der dann von R. VAILLANCOURT weiter vereinfacht worden ist.

An dieser Stelle möchte ich erwähnen, daß die meisten der erwähnten Resultate und eine Reihe weiterer Resultate nicht in einer Zeitschrift, sondern in der Ausarbeitung einer Vorlesung veröffentlicht worden sind, die im vorigen Jahre (1968) erschienen ist. Zu dieser Ausarbeitung haben VAILLANCOURT und KUMANO-GO wesentlich beigetragen. — Allerdings ist dort die Darstellung der Theorie der Pseudodifferentialoperatoren ziemlich einseitig. Die Theorie von KOHN und NIRENBERG wird nur kurz besprochen und die Theorie von HÖRMANDER ist nur kurz erwähnt. Trotzdem glaube ich, daß diese Ausarbeitung als Einführung in die Theorie der Pseudodifferentialoperatoren brauchbar ist.

Zum Schluß möchte ich eine Anwendung der beschriebenen Theorie erwähnen, die mein Kollege LAX und ich gegeben haben, und die im zweiten Teil dieser Ausarbeitung dargestellt ist.

Es handelt sich um eine Anwendung auf Differentialgleichungen erster Ordnung, die wir in der Form

$$L\, u(x) = i\, a_\mu(x)\, D_\mu + b(x)\, u(x) = f(x)$$

schreiben, in der a_μ und b Matrizen sind. Für Gleichungen, bei denen die Matrizen a_μ symmetrisch sind und die Matrix b einer gewissen Positivitätsbedingung genügt, kann man eine recht allgemeine Theorie von Randwertaufgaben entwickeln, was ich vor etwa 10 Jahren ausgeführt habe. In unserer neueren

Arbeit haben wir gezeigt, daß man, selbst wenn die Matrizen a_μ nicht symmetrisch sind, unter Umständen Symmetrie erzwingen kann. Zu dem Zwecke betrachten wir das Symbol

$$a(x; \xi) = a_\mu(x)\, \xi_\mu$$

und fordern, daß es eine Matrix $r(x; \xi)$ von der Art geben soll, daß die Matrix $r(x; \xi)\, a(x; \xi)$ symmetrisch ist. Wenn wir ξ durch D ersetzen, werden wir zu der Gleichung

$$r(X; D)\, [i\, a_\mu(X)\, D_\mu + b(X)]\, u(x) = r(X; D)\, f(x)$$

geführt. Das Randwertproblem dieser Gleichung kann mit ähnlichen Methoden behandelt werden wie die Gleichung mit symmetrischen Koeffizienten $a_\mu(x)$. Aber die jetzige Gleichung ist nicht mehr eine Differentialgleichung; sie kann aber als Pseudodifferentialgleichung aufgefaßt werden, da der Operator $r(X; D)$ ein Pseudodifferentialoperator ist. Wir haben nun gezeigt, daß unter geeigneten Bedingungen das Randwertproblem der Differentialgleichung gelöst werden kann, wenn man die Sätze und Methoden der Theorie der Pseudodifferentialoperatoren benutzt, über die ich berichtet habe.

II. Symmetrisierbare Differentialgleichungsprobleme

In diesem Vortrag möchte ich über eine Methode zur Behandlung von Randwertaufgaben berichten, die mein Kollege Lax und ich in den letzten Jahren entwickelt haben. Es handelt sich dabei um eine ziemlich allgemeine Klasse von Differentialgleichungen und nicht nur um elliptische Gleichungen; aber diese allgemeine Klasse schließt auch elliptische Gleichungen ein. Darum scheint es mir nicht unangebracht zu sein, über diese Methode bei einem Kolloquium über elliptische Gleichungen zu sprechen.

In unserer Arbeit haben Lax und ich uns auf Gleichungen der ersten Ordnung beschränkt, die wir — zusammen mit der Randbedingung — in der Form

$$L_{\mathscr{G}}\, u = [a_\mu(x)\, \partial_\mu + b(x)]\, u(x) = f(x) \quad \text{in } \mathscr{G},$$

$$L_{\mathscr{B}}\, u = \qquad l(x)\, u(x) = g(x) \quad \text{auf } \mathscr{B}$$

schreiben. Hier ist $\mathscr{G}$ ein Gebiet im m-dimensionalen Raum der Variablen $x = \{x_1, \ldots, x_m\}$. Differentiation $\partial/\partial x_\mu$ nach x_μ haben wir mit ∂_μ bezeichnet; entsprechend schreiben wir $\partial = \{\partial_1, \ldots, \partial_m\}$. Die Koeffizienten $a_\mu(x)$, $b(x)$ und $l(x)$ sind $k \times k$-Matrizen; die rechten Seiten $f(x)$ und $g(x)$ sind k-Vektoren, die im Gebiete $\mathscr{G}$ und auf seinem Rande $\mathscr{B}$ vorgegeben sind und zu geeigneten Klassen gehören. Der k-Vektor $u(x)$ ist die im Gebiet $\mathscr{G}$ gesuchte Funktion. Die Funktionen u und $L_{\mathscr{G}}\, u$, sowie die geeignet zu definierenden Randwerte von u, sollen quadratisch integrierbar sein.

Unser *Ziel ist*, hinreichende Bedingungen dafür zu geben, daß für willkürliche quadratisch integrierbare f und g eine *eindeutige* solche *Lösung existiert.* Für diese eindeutige Existenz sind allerdings eine *endliche Anzahl von Ausnahmen* zugelassen. Die ,,Existenz“ einer eindeutigen Lösung in diesem Sinne ergibt sich in bekannter Weise, sobald man *a-priori Ungleichungen* der Form

$$||u||_{\mathfrak{F}}^2 + ||u||_{\mathcal{B}}^2 \leqq C\, ||L_{\mathfrak{F}} u||^2 + C\, ||L_{\mathcal{B}} u||^2 + \sum_{\tau} |(w_\tau, u)|^2$$

für Funktionen u in $C^1_{\mathfrak{F}}$ etabliert hat und gleichzeitig entsprechende Ungleichungen für das formal adjungierte Problem bewiesen hat. Unsere Absicht ist demgemäß, Bedingungen für die Koeffizienten a_μ, b, l anzugeben, unter denen solche a-priori Ungleichungen bestehen.

Eine erste solche hinreichende Bedingung (I) wurde vor mehr als 10 Jahren in verschiedener Weise von Desin, Phillips und mir angegeben. Diese Bedingung ist durch die Symmetrie der Matrizen a_μ, beschrieben zusammen mit gewissen Positivitätsforderungen. Die Symmetriebedingung schreiben wir in der Form

$$a_\mu^H = a_\mu$$

in der der obere Index, „H" ,die hermitesche Transponierte anzeigen soll.

Die Untersuchungen von Lax und mir betreffen den Fall von Gleichungen, in denen die Matrizen a_μ möglicherweise nicht alle symmetrisch sind, für die aber eine geeignete Symmetrieeigenschaft künstlich hergestellt werden kann. Um diese Eigenschaft zu beschreiben, benutzen wir die Sprache der *Pseudodifferentialoperatoren.*

In dieser Sprache führt man eine Variable $\xi = \{\xi, \ldots, \xi_m\}$, die „Kovariable" der Variablen x, ein und ordnet Funktionen $g(x; \xi)$ einer geeignet gewählten Klasse einen Operator G zu, den man in natürlicher Weise als

$$G = g(X; D)$$

schreibt. Hier ist D der Operator $D = -i\,\partial$, das heißt, $D = \{D_1, \ldots, D_m\}$, während $X = \{X_1, \ldots, X_m\}$ der Operator ist, der durch

$$X_\mu u(x) = x_\mu u(x)$$

gekennzeichnet ist. Die Funktion $g(x; \xi)$ ist dann das Symbol des Operators G.

Insbesondere ist die Funktion

$$a(x; \xi) = a_\mu(x)\, \xi_\mu$$

die homogen linear in ξ ist, das Symbol des Differentialoperators

$$A = a(X; D) = -i\, a_\mu(X)\, \partial_\mu\,,$$

der in die Beschreibung unseres Operators $L_{\mathfrak{F}}$ eingeht.

Wir sagen nun, daß der Operator $L_{\mathfrak{F}}$ „symmetrisierbar" ist, wenn es eine Funktion $r(x; \xi)$ mit der Eigenschaft gibt, daß die Matrix $r^H a$ symmetrisch ist, so daß also die Relation

$$r^H(x; \xi)\, a(x; \xi) = a^H(x; \xi)\, r(x; \xi)$$

besteht. In späteren Betrachtungen stellt es sich als bequem heraus, den symmetrisierenden Faktor mit r^H zu bezeichnen und die Matrix r Symmetrisator zu nennen.

Die Matrix $r(x; \xi)$ soll eine Inverse $r^{-1}(x; \xi) = r^I(x; \xi)$ besitzen und zugleich mit dieser Inversen beschränkt bleiben. Andere wichtige Eigenschaften, die dies Matrix haben soll, will ich hier nicht angeben. Natürlich sollen $r(x;\xi)$ und $r^I(x;\xi)$ zu der Klasse von Symbolen gehören, denen Operatoren $R = r(X;D)$ und $R^I = r^I(X;D)$ zugeordnet sind.

Mit Hilfe des Operators R^H mit dem Symbol r^H könnte man unsere Gleichung $L_{\mathscr{G}} u = f$ in die Gleichung $R^H L_{\mathscr{G}} u = R f$ verwandeln, die dann die gewünschte Symmetrieeigenschaft hat. Diese Gleichung ist aber nicht eine eigentliche Pseudodifferentialgleichung, da der Operator $L_{\mathscr{G}}$ nicht etwa der Operator ist, der dem Symbol

$$i\, a(x;\xi) + b(x) = i\, a_\mu(x)\, \xi_\mu + b(x)$$

zugeordnet ist. Den letzteren Operator bezeichnen wir mit L,

$$L = i\, A + B = i\, a(X;D) + b(X).$$

Die Beziehung zwischen den Operatoren L und $L_{\mathscr{G}}$ werden wir etwas später beschreiben. Zunächst beschreiben wir einige Relationen, die den Operator L betreffen und die wir später benötigen.

Der Operator L ist auf Funktionen u in $\mathfrak{H}$ anwendbar, die im ganzen Raum R_m definiert und zusammen mit $L\,u$ quadratisch integrierbar sind. Für Funktionen u und v dieser Art gilt dann die Formel

$$(R^*\, L\, u, v) = (u, L^{(*)}\, R\, v)$$

vom GREENschen Typus, in der $(u, v) = \int \bar{u}\, v\, dx$ das innere Produkt von u und v ist. Mit $L^{(*)}$ und $R^{(*)}$ bezeichnen wir die Formaladjungierten von L und B. Da R beschränkt ist, ist $R^{(*)}$ die strikte Adjungierte von R, so daß wir $R^{(*)} = R^*$ setzen können.

Nehmen wir an, die Funktion u gehöre zu $C^1_{\mathscr{G}}$; das heißt, sie sei im Gebiet $\mathscr{G}$ definiert und gehöre dort zu C^1. Wenn diese Funktion dann als $u = 0$ außerhalb $\mathscr{G}$ fortgesetzt wird, kann sie als eine Distribution angesehen werden. Die obige Formel bleibt dann gültig. Es ist eine bemerkenswerte Tatsache, daß diese Formel auch gültig bleibt, wenn beide Funktionen, u und v, Distributionen sind, die zu $C^1_{\mathscr{G}}$ gehören. Insbesondere kann $v = u$ gewählt werden.

Wir benutzen die so entstehende Relation, um den Ausdruck

$$(u, L^{(*)}\, R\, u) + (u, R^*\, L\, u) \tag{1}$$

in den Ausdruck

$$(R^*\, L\, u, u) + (u, R^*\, L\, u) \tag{2}$$

umzuformen. Den Ausdruck (2) schreiben wir als $2\, Re\, (R^* L\, u, u) = 2\, Re\, (L\, u, R\, u)$, wobei „*Re*“ anzeigt, daß man den Realteil nehmen soll. Den Ausdruck (1) schreiben wir in der Form $(u, H\, u)$, wo H der Operator

$$H = R^*\, L + L^*\, R$$

ist. So erhalten wir die Identität

$$(u, H\, u) = 2\, Re\, (L\, u, R\, u),$$

die wir als allgemeine quadratische Identität bezeichnen.

Es ist an dieser Stelle, daß die *vorausgesetzte Symmetrie* der *Matrix* $r^H a$ *wirksam* wird.

Aus den vorausgesetzten Eigenschaften der Matrix, die wir erwähnten, aber nicht formuliert haben, folgt, daß der Operator H sich nur um einen beschränkten Operator H_1 von dem Operator H_0 mit dem Symbol

$$h_0 = r^H(i\,a) + (-\,i\,a^H)\,r = i\,(r^H a - a^H r)$$

unterscheidet. Dies Symbol erhält man, wenn man im Ausdruck für H jeden der Operatoren R^*, L, $L^{(*)}$, R durch sein Symbol ersetzt. Die Eigenschaft des Symbols $r^H\,a$, symmetrisch zu sein, ist nun gerade dadurch ausgedrückt, daß das letztere Symbol h_0 Null ist. Also ist auch der zugehörige Operator H_0 gleich Null, so daß $H = H_1$ ist. Das heißt, der Operator H ist beschränkt.

Der Operator H kann nun einer *Positivitätsbedingung* unterworfen werden. Entweder verlangt man, daß H selbst positiv definit ist, oder man verlangt, daß ein Operator positiv definit ist, der sich von H nur um einen kompakten Operator T unterscheidet, aber ein einfaches Symbol hat. Jedenfalls gilt dann die Ungleichung

$$C(u, u) \leqq (u, H\,u) + (u, T\,u)\,.$$

Wenn unser Gebiet G aus dem unendlichen Raum R_m bestünde, könnten wir unmittelbar eine a-priori-Ungleichung der Form

$$C(u, u) \leqq ||R||\,\{\,||L\,u|| + ||T\,u||\,\}\,.$$

erhalten.

Um eine a-priori-Ungleichung für unser beschränktes Gebiet G abzuleiten, müssen wir den Ausdruck $Re\,(L\,u,\,R\,u)$ genauer analysieren. Zu dem Zweck müssen wir die Beziehung zwischen den Operatoren L und $L_{\mathfrak{g}}$ angeben.

Es ist bequem, den Sprung

$$[u] = u^+ - u^-$$

der Funktion u beim Durchgang durch den Rand R einzuführen, wobei $u^\pm$ die Grenzwerte von u bei Annäherung an den Rand von außen und von innen sind. Für unsere Funktionen haben wir $u^+ = 0$. Außerdem führen wir den Vektor der äußeren Normalen

$$\nu = \{\nu_1, \ldots, \nu_m\}$$

ein und mit ihrer Hilfe die charakteristische Matrix

$$a_\nu(x) = \nu_\mu\,a_\mu(x)$$

und die normale Variable

$$n(x) = \nu_\mu\,x_\mu\,.$$

Die entsprechenden Operatoren sind dann

$$A_\nu = a_\nu(X) \quad \text{und} \quad N = n(X)\,.$$

Mit ihrer Hilfe kann man den Operator L symbolisch in der Form

$$L = L_{\mathfrak{g}} + A_\nu\,\delta(N)\,[\;\;]$$

schreiben, in der δ Diracs Funktion ist. Setzen wir diesen Ausdruck in die quadratische Identität ein, so erhalten wir die Formel

$$2\,Re\,(L_{\mathfrak{g}}\,u,\,R\,u)_{\mathfrak{g}} - 2\,Re\,(A_\nu\,u^-,\,R\,u)_{\mathfrak{B}} = (u, H\,u)_{\mathfrak{g}}\,.$$

Diese Identität führt noch nicht unmittelbar zu einer a-priori-Ungleichung. Es ist nötig, diese Formel umzuformen. Das Endresultat dieser Umformung ist die Formel

$$(u, H\,u)_{\mathcal{G}} + (u^-, H_B\, u^-)_{\mathcal{B}} = 2\,Re\,(L_{\mathcal{G}}\, u\; R\, u)_{\mathcal{G}} + 2\,Re\,(L_{\mathcal{B}} u^-, R_{\mathcal{B}} u^-)$$
$$- 2\,Re\,\big(A_\nu u^-, V\,(L_{\mathcal{G}} - B)\, u\big)_{\mathcal{B}}\,,$$

die wir als „Endform der quadratischen Identität" oder einfach als „Endformel" bezeichnen.

In dieser Formel ist $L_{\mathcal{B}}$ der Operator, der in der Randbedingung auftritt. $R_{\mathcal{B}}$ und $H_{\mathcal{B}}$ sind Operatoren, die Randfunktionen in ebensolche überführen.

Diese Randoperatoren sind mit Hilfe eines symmetrischen Randoperators S in der Form

$$R_{\mathcal{B}} = S\,A_\nu\,,$$
$$H_{\mathcal{B}} = 2\,Sy\,(R_{\mathcal{B}}\, L_{\mathcal{B}}) + A_\nu^*\, S\, A_\nu$$

gegeben. Offensichtlich ist $H_{\mathcal{B}}$ symmetrisch.

Der Operator S spielt eine entscheidende Rolle in unserer Theorie; ich werde seine Definition und seine Eigenschaften etwas später besprechen.

Der Operator V im letzten Glied der Endformel transformiert Funktionen, die im Gebiet $\mathcal{G}$ definiert sind, in Randfunktionen. Die entscheidende Tatsache ist, daß dieser Operator U auf die Funktion $L_{\mathcal{G}}\, u - B\, u$ und nicht auf die Funktion u selber operiert. Im Auftreten des letzten Gliedes in unserer Endformel liegt der Hauptunterschied unserer quadratischen Identität von mehr üblichen solchen Identitäten.

Unterwirft man nun die Matrix $H_{\mathcal{B}}$ — ebenso wie H — einer Positivitätsbedingung, so kann man unmittelbar eine *a-priori-Ungleichung* der am Anfang des Vortrages angegebenen Art ableiten.

Den Beweis der Gültigkeit unserer Endform der quadratischen Identität werden wir nur andeuten, und auch das nur für den Fall, daß das Gebiet G ein Halbraum ist.

Wir nehmen an, daß der Halbraum $\mathcal{G}$ durch $y = x_m \leqq 0$ gegeben ist. Wir setzen dann

$$x = \{\dot{x}, y\}, \text{ wobei } x = \{x_1, \ldots, x_{m-1}\} \text{ ist.}$$

Die entsprechende Kovariable ξ wird als

$$\xi = (\dot{\xi}, \eta) \text{ geschrieben, wobei } \dot{\xi} = \{\xi_1, \ldots, \xi_{m-1}\} \text{ ist.}$$

Die Symbole r und a werden als analytische Funktionen

$$r(x;\dot{\xi},\zeta) \quad \text{und} \quad a(x;\dot{\xi},\zeta)$$

der komplexen Variablen ζ mit dem Realteil η in einer Umgebung der reellen Achse fortgesetzt.

Das entscheidende Hilfsmittel in der Umformung des Randgliedes $(A_\nu u,\, R\,u)_{\mathcal{B}}$ ist der Operator

$$E_\lambda = e^{-\lambda |Y|\, |D_{\dot{x}}|}\,,$$

worin λ eine geeignete positive Zahl ist. Man kann diesen Operator auch dadurch beschreiben, daß man sagt, daß die FOURIER-Transformierte $\hat{E}_\lambda\, u(\dot{\xi}, \eta)$ von

$E_\lambda(\dot{x}, y)$ aus der FOURIER-Transformierten $\hat{u}(\dot{\xi}, \eta)$ von $u(\dot{x}, y)$ entsteht, wenn man die Variable η durch $\eta + i\,\lambda|\dot{\xi}|$ ersetzt.

$$\widehat{E}_\lambda\, u(\xi, \eta) = \hat{u}\,(\xi, \eta + \lambda|\dot{\xi}|)\,.$$

Mit Hilfe des Operators E_λ kann man dann aus dem Operator G einen Operator $G_\lambda = E_\lambda\, G\, E_\lambda$ erzeugen. Man verifiziert leicht, daß der Randwert von $G\,u$ auch der Randwert von $G_\lambda\, E_\lambda\, u$ ist.

Wir wählen nun den Wert λ so, daß der Operator A_λ eine Inverse A_λ^I hat; dann können wir

$$\begin{aligned}(A_\nu\, u^-, R\, u)_{\mathscr{B}} = (A_\nu\, u^-, R_\lambda\, E_\lambda\, u)_{\mathscr{B}} &= (A_\nu\, u^-, R_\lambda\, A_\lambda^I\, A_\lambda\, E_\lambda\, u)_{\mathscr{B}} \\ &= (A_\nu\, u^-, R_\lambda\, A_\lambda^I\, E_\lambda\, Au)_{\mathscr{B}}\end{aligned}$$

schreiben. Nun benutzen wir die Differentialgleichung in der Form

$$i\, A\, u = f - B\, u - A_\nu\, \delta(y)\, u^-\,.$$

Wenn dies in die obige Formel eingesetzt wird, wird man im Falle konstanter Koeffizienten leicht zu der Relation

$$(A_\nu\, u^-, R\, u)_{\mathscr{B}} = -\, i\,\big(A_\nu\, u^-, R_\lambda\, A_\lambda^I\, E_\lambda\,(f - B\, u)\big)_{\mathscr{B}} + (A_\nu\, u^-, S\, A_\nu\, u^-)_{\mathscr{B}}$$

geführt, in der der Operator S das Symbol

$$s(\dot{\xi}) = \frac{1}{2\,\pi\, i} \oint r_\lambda(\dot{\xi}, \zeta)\, a_\lambda^I\,(\dot{\xi}, \zeta)\, d\zeta$$

hat. Der Integrationsweg ist so zu legen, daß ζ niemals einen Eigenwert von $a_\lambda(\dot{\xi}, \zeta)$ trifft. Insbesondere wählen wir diesen Weg so, daß er alle diese Eigenwerte umschließt. Der Operator $R_\lambda\, A_\lambda^I\, E_\lambda$ ist leicht als kompakt erkannt.

Im Falle, daß die Koeffizienten a_μ, b nicht konstant sind, treten in der obigen Formel noch weitere kompakte Operatoren auf. Die oben aufgestellte Endform der quadratischen Identität ist dann eine unmittelbare Konsequenz.

Die Voraussetzung, daß die Matrix $a(\dot{\xi}, \zeta)$ auf dem Integrationsweg invertibel ist, kann man auch dadurch ausdrücken, daß man sagt, der Operator A ist durch die Verschiebung in den Operator L_λ elliptisch geworden. Man könnte daher denken, daß falls der Operator L selber elliptisch ist diese Verschiebung vielleicht nicht nötig sei. Es ist zwar wahr, daß man in dieser Weise eine quadratische Identität in der Endform herstellen kann, und daß man dann eigenartige andere Relationen ableiten kann. Aber für unsere Zwecke ist eine solche Identität unbrauchbar, weil die Matrix S in diesem Falle kompakt und daher nicht invertibel ist. Man muß also auch im elliptischen Fall das Symbol $s(\dot{\xi})$ durch ein komplexes Integral darstellen, das alle Eigenwerte von $a(\xi, \zeta)$ umschließt.

Aus der komplexen Integraldarstellung von S kann man eine Reihe wichtiger Eigenschaften der Matrix $r_{\mathscr{B}} = s$ ableiten. Zunächst erwähnen wir, daß diese Matrix $r_{\mathscr{B}}$ auch ein *Symmetrisator der Matrix a ist*, aber nicht von der Variablen η abhängt. Wir nennen $r_{\mathscr{B}}$ den *reduzierten Symmetrisator*.

Die nächste Eigenschaft der Matrix $r_{\mathscr{B}}$, die ich erwähnen muß, hängt mit der Tatsache zusammen, daß der Symmetrisator r, wie wir vorausgesetzt haben, eine Inverse $r^{-1} = r^I$ von derselben Art wie r besitzt. Diese Inverse ist nun ein Symmetrisator der adjungierten Matrix a^H,

$$r^{I\,H}\, a^H = a\, r^I\ ,$$

wie man unmittelbar verifiziert. Man kann daher auch mit Bezug auf die Matrix a^H einen reduzierten Symmetrisator $r_{\mathscr{B}}$ herstellen.. Die wichtige zweite Eigenschaft von $r_{\mathscr{B}}$ ist nun die, daß der mit der Inversen r^I von r geformte reduzierte Symmetrisator $r^I_{\mathscr{B}}$ die Inverse des reduzierten Symmetrisators $r_{\mathscr{B}}$ von r ist. Das heißt:

$$r_{\mathscr{B}}^{(I)} = r^I_{\mathscr{B}}\ .$$

Es ist eine unmittelbare Konsequenz dieser Eigenschaft, daß die a-priori-Ungleichung für den Operator $(L_{\mathfrak{F}}, L_{\mathscr{B}})$ zu einer a-priori-Ungleichung für den formal adjungierten Operator $(L_{\mathfrak{F}}^{(*)}, L_{\mathscr{B}}^{(*)})$ führt.
Hier ist der Randoperator $L_{\mathscr{B}}^{(*)}$ durch $L_{\mathscr{B}}^{(*)} = L^*_{\mathscr{B}} - A^*_\nu$ gegeben.

Die beiden symmetrischen Operatoren $H^{(*)}$ und $H_{\mathscr{B}}^{(*)}$, die in die Endform der quadratischen Identität eingehen, sind mit den Operatoren H und H_B durch die Relationen

$$H^{(*)} = R^{I*}\, H\, R^I\ ,$$

$$H_{\mathscr{B}}^{(*)} = R^{I*}_{\mathscr{B}}\, H_{\mathscr{B}}\, R^I_{\mathscr{B}}$$

verknüpft. Offensichtlich sind diese Operatoren positiv definit, wenn es die Operatoren H und $H_{\mathscr{B}}$ sind. Somit ergeben sich a-priori-Ungleichungen auch für das adjungierte Problem. Aus der erwähnten allgemeinen Theorie folgt dann die eindeutige Existenz der Lösung des ursprünglichen Problems für gegebene f und g bis auf endlich viele Ausnahmen. Dies ist unser Hauptresultat, auf das ich hinführen wollte.

Zu diesem Hauptergebnis möchte ich einige Zusatzbemerkungen machen.

1. Die eindeutige Existenz kann auch unter etwas anderen Bedingungen bewiesen werden, die schwächer sind als die, die ich hier vorausgesetzt habe, insofern als der Operator $H_{\mathscr{B}}$ — bis auf einen kompakten Operator — nur nicht-negativ zu sein braucht, und die andrerseits stärker sind, insofern als die Randbedingungen homogen sein müssen; d. h., es soll $g = 0$ sein.

Die *Unterscheidung dieser beiden Arten* unserer Problemstellung wurde vor einigen Jahren von Sarason gemacht. Diese Unterscheidung spielt eine spezielle Rolle *im Falle, daß die Gleichung elliptisch* ist. Aus Untersuchungen von Ralston geht hervor, daß für symmetrische Differentialgleichungen *elliptische Probleme der ersten Art* immer *koerziv* sind, während *unter den elliptischen Problemen der zweiten Art nicht koerzive vorhanden sind.* Es ist anzunehmen, daß dieselbe Behauptung auch für symmetrierbare Gleichungen gilt; der Beweis dieser Tatsache ist aber noch nicht vollständig durchgeführt.

2. Eine zweite Bemerkung bezieht sich auf die *Regularität* der Lösung, die auf Grund von a-priori-Ungleichungen in verschiedener Weise bewiesen werden kann. Dies folgt aus Arbeiten von Kohn und Nirenberg, Sarason und Tartakoff. Tartakoff benutzt in einer noch nicht erschienenen Arbeit Methoden von Hörmander in sehr wirksamer Weise.

3. Wenn man, wie ich es hier gewesen bin, zunächst damit zufrieden ist, die eindeutige Existenz zu beweisen, braucht man nur den ersten Schritt eines Regularitätsbeweises zu tun; d. h., man braucht nur zu beweisen, daß *eine schwache Lösung stark ist.* Diese Tatsache har gat nichts mit Symmetrie oder Positivität zu tun, und man braucht zu ihrem Beweise keine a-priori-Ungleichungen zu benutzen. Daß das so ist, hat unsere Aufgabe entschieden erleichtert.

4. Eine Frage, die in natürlicher Weise auftritt, ist, ob man mit den beschriebenen Methoden nicht auch Pseudodifferentialgleichungs- (statt Differentialgleichungs)- probleme behandeln kann. Um ein solches Problem zu formulieren, braucht man nur anzunehmen, daß die Matrizen a_μ, b, l nicht von der Variablen x, sondern auch von der Kovariablen ξ in geeigneter Weise abhängen.

$$a_\mu = a_\mu(x;\xi) \qquad b = b(x;\xi) \quad \text{in } \mathcal{G},$$

$$l = l(x);\xi) \qquad \text{auf } \mathcal{B}\,.$$

Man kann dann annehmen, daß die Matrizen a_μ symmetrisch sind, oder man kann allgemeiner annehmen, daß die Matrix $a(x;\xi) = a_\mu(x;\xi)\,\xi_\mu$ symmetrisierbar ist. A-priori-Ungleichungen kann man dann in derselben Weise ableiten, wie wir es hier für Differentialgleichungen getan haben. Da ist keine Schwierigkeit. Eine Schwierigkeit tritt aber auf, wenn man zeigen will, daß die schwache Lösung stark ist.

Ich möchte darauf aufmerksam machen, daß Agronovich symmetrische Pseudodifferentialgleichungsprobleme unter einer Zusatzbedingung behandelt hat, die diese Schwierigkeit eliminiert. Im wesentlichen besteht diese Zusatzbedingung darin, daß auf dem Rande

$$a(x;\dot{\xi},\eta) = a_\mu\,\dot{\xi}_{\mu'} + a_\nu\,(x)_\eta$$

sein soll und $r(x;\dot{\xi},\eta) = r(x)$ gewählt werden kann.

Daß die schwache Lösung stark ist, läßt sich unter dieser Bedingung leicht beweisen, wie Agronovich gezeigt hat. Andrerseits treten in der Ableitung der a-priori-Ungleichung gerade diejenigen Randterme, deren Analyse unsere Hauptaufgabe war, gar nicht auf, wenn die Zusatzbedingung von Agronovich gestellt wird.

Man kann nun das Agronovichsche Problem dahin verallgemeinern, daß man die Matrizen a_ν nicht als symmetrisch annimmt und nur verlangt, daß die Matrix $a = a_\mu\,\xi_\mu$ symmetrisierbar ist, aber doch der Zusatzbedingung genügt; so daß die schwache Lösung stark ist. Dann kann man in der Tat die hier beschriebene Methode anwenden, in der nun unsere speziellen Randterme doch auftreten. Übrigens hat Tartakoff kürzlich seinen Regularitätsbeweis auf solche Fälle übertragen.

Ob ohne die Agronovichsche Zusatzbedingung Pseudodifferentialgleichungen der hier beschriebenen Art die „schwach gleich stark" — Eigenschaft haben, unabhängig von Symmetrie, Symmetrisierbarkeit und Positivität, das ist, soviel ich sehe, eine offene Frage.

5. Schließlich möchte ich noch eine wichtige Frage zur Sprache bringen, die Frage nach der Existenz von Symmetrisatoren. In der Ausarbeitung einer Vorlesung über Pseudodifferentialoperatoren, die voriges Jahr (1968) erschienen ist, sind einige unserer Resultate in dieser Richtung angegeben. Die vollständige Form dieser Resultate und Beweise wird an anderer Stelle publiziert werden. Im wesentlichen zeigen wir, daß Symmetrisation mit all den in unserer Theorie vorausgesetzten Eigenschaften der Matrix existiert, wenn die Eigenwerte einfach sind. Dies Resultat ist natürlich das erste, das man beweisen muß, aber man möchte darüber hinausgehen, denn unsere Absicht war ja hauptsächlich, uns von der Beschränkung auf Symbole a mit einfachen Eigenwerten zu befreien. Hier liegt noch eine Aufgabe für die Zukunft.

Literatur

Eine ausführliche Bibliographie findet sich in der Vorlesungsausarbeitung

[1] K. O. Friedrichs, Pseudo-Differential Operators, An Introduction. Courant Institute of Mathematical Sciences, New York University, New York, USA. (1968).

Für eine Darstellung der Theorie der Pseudodifferentialoperatoren von einem anderen Gesichtspunkt siehe

[2] L. Nirenberg, Pseudo-Differentialoperators, Berkeley Symposium on Global Analysis (1968).

Potentialtheoretische Untersuchungen über Randwertaufgaben, deren Randoperatoren Ableitungen beliebiger Ordnung enthalten

von GOTTFRIED ANGER, Berlin[1])

(Manuskripteingang 30. März 1970)

Für ein beliebiges beschränktes Gebiet $\Omega \subset \boldsymbol{R}^n$ werden für die Potentialgleichung $\Delta_n u = 0$ Randwertaufgaben der Gestalt

$$Q\,\dot{u}(y) = \sum_{|\alpha| \leqq m} \dot{a}_\alpha(y)\, D^\alpha\, \dot{u}(y) = \dot{f}(y)$$

untersucht. Hierbei ist $D^\alpha\, \dot{u}(y) = \lim\limits_{x \to y} D^\alpha\, u(x),\ y \in \partial\Omega,\ x \in \Omega$; $\dot{a}_\alpha$ und $\dot{f}$ sind auf dem Rand $\partial\Omega$ vorgegebene stetige Funktionen. Zur Lösung der Randwertaufgabe wird der auf $\partial\Omega$ erklärte Differentialausdruck $Q\,\dot{u}(y)$ in Ω fortgesetzt. Im Fall konstanter Koeffizienten $\dot{a}_\alpha\,(= a_\alpha)$ genügt jede Lösung u obiger Randwertaufgabe in Ω den beiden Differentialgleichungen

$$\Delta_n\, u(x) = 0 \quad \text{und} \quad Q\, u(x) = \sum_{|\alpha| \leqq m} a_\alpha\, D^\alpha\, u(x) = f(x).$$

Hierbei ist $f(x)$ die Lösung des DIRICHLETschen Problems für die Randwerte $\dot{f}(y)$. Existieren umgekehrt Lösungen u dieser beiden Gleichungen, für welche für alle α mit $\dot{a}_\alpha \neq 0$ die Grenzwerte $D^\alpha \dot{u}(y)$ vorhanden sind, so ist u eine Lösung obiger Randwertaufgabe. Dieses Fortsetzungsverfahren ist im $\boldsymbol{R}^2$ auch möglich, wenn $Q\, u(x) = f(x)$ der Realteil einer gewöhnlichen komplexen Differentialgleichung ist. Im Fall beliebiger Koeffizienten $\dot{a}_\alpha$ führt unser Fortsetzungsverfahren auf eine Integro-Differentialgleichung. Die weiteren Ausführungen beschäftigen sich mit dem Fall, daß in der Ebene $Q\, u(x) = f(x)$ der Realteil einer gewöhnlichen komplexen Differentialgleichung ist. Diese Randbedingungen sind bereits sehr reichhaltig in ihrer Struktur. Man kann zu ihrem Studium die Ergebnisse der Funktionentheorie heranziehen. Ausführlich werden diese Randwertaufgaben für den Kreis untersucht. Die Übertragung dieser Ergebnisse auf beliebige beschränkte Gebiete machte die Entwicklung einer neuen Methode, das Rechnen mit stetigen Potentialen, notwendig [4]. Die wichtigsten Ergebnisse darüber werden in der vorliegenden Arbeit kurz zusammengestellt. Die für diese speziellen Randwertaufgaben angegebene Methode ist auch im $\boldsymbol{R}^n$ gültig. Man muß nur für die beiden Gleichungen $\Delta_n\, u(x) = 0$ und $Q\, u(x) = f(x)$ okale Lösungen konstruieren. Darauf wird in dieser Arbeit nicht eingegangen.

INHALT

[1]) Anschrift des Autors:
Dr. habil. GOTTFRIED ANGER, Deutsche Akademie der Wissenschaften
Institut für Reine Mathematik
DDR-1199 Berlin-Adlershof, Rudower Chaussee 5.

0. Einleitung

In der vorliegenden Arbeit werden für die Potentialgleichung

$$\text{(I)} \qquad P\,u := \Delta_n u = \sum_{i=1}^{n} \frac{\partial^2 u}{\partial x_i^2} = 0$$

lineare Randwertaufgaben der Gestalt

$$\text{(II)} \qquad Q\,\dot{u}(y) := \sum_{|\alpha| \leqq m} \dot{a}_\alpha(y)\, D^\alpha \dot{u}(y) = \dot{f}(y)$$

für ein beliebiges beschränktes Gebiet $\Omega \subset \mathbf{R}^n$ studiert. Hierbei haben wir für ein n-tupel nichtnegativer ganzer Zahlen $\alpha = (\alpha_1, \ldots, \alpha_n)$

$$D^\alpha u(x) = \frac{\partial^{\alpha_1 + \cdots + \alpha_n} u(x)}{\partial x_1^{\alpha_1} \cdots \partial x_u^{\alpha_n}}$$

und für $y \in \partial\Omega$

$$D^\alpha \dot{u}(y) := \lim_{x \to y} D^\alpha u(x)\,, \quad x \in \Omega\,,$$

gesetzt. Die Funktionen $\dot{a}_\alpha$ und $\dot{f}$ sind auf $\partial\Omega$ erklärte vorgegebene (stetige) Funktionen. Wir setzen in unseren Untersuchungen voraus, daß für Ω das Dirichletsche Problem lösbar ist. Zur Lösung solcher Randwertaufgaben wird folgender Weg gegangen. Die Randbedingung (II) wird auf eine geeignete Weise in das Gebiet Ω fortgesetzt. Dann stehen zur Bestimmung von u in Ω zwei Differentialgleichungen zur Verfügung. Diese Fortsetzung von u wird zum Beispiel dadurch erreicht, daß man für $\dot{a}_\alpha$ und $\dot{f}$ das Dirichletsche Problem löst. Diese Lösungen werden mit $a_\alpha(x)$ und $f(x)$ bezeichnet. Wir setzen

$$Q\,u(x) := \sum_{|\alpha| \leqq m} a_\alpha(x)\, D^\alpha u(x)\,.$$

Im Fall konstanter Koeffizienten $\dot{a}_\alpha$ $(= a_\alpha)$ ist jede Lösung u von (I) und (II) in Ω eine Lösung der beiden Gleichungen

$$\text{(I)} \qquad P\,u(x) = 0\,,$$

$$\text{(III)} \qquad Q\,u(x) = \sum_{|\alpha| \leqq m} a_\alpha\, D^\alpha u(x) = f(x)\,.$$

Ist umgekehrt u eine Lösung von (I) und (III) und existieren für alle α mit $\dot{a}_\alpha \neq 0$ stetige Grenzwerte $D^\alpha \dot{u}$, so ist u auch eine Lösung von (I), (II) [Satz 1]. Das Dirichletsche Problem gehört als einfachster Fall zu diesen Überlegungen: Gesucht ist eine Funktion u, die Ω den beiden Gleichungen $\Delta_n u(x) = 0$ und $u(x) = f(x)$ genügt.

Die beschriebene Fortsetzung ist im $\boldsymbol{R}^2$ auch für den Fall möglich, wenn

$$\text{(IV)} \quad Q\,u(x) := \operatorname{Re}\left(\sum_{k=1}^{m} A_k(x)\,\frac{d^k w(x)}{dx^k} + a_0\,w(x)\right) = f(x),\; w = u + i\,v\,,\; x = x_1 + i\,x_2\,,$$

der Realteil einer gewöhnlichen komplexen Differentialgleichung ist. Hierbei sind die A_k auf $\overline{\Omega}$ stetig und in Ω holomorph, a_0 ist eine reelle Konstante. In diesem Fall ist jede Lösung von (I), (IV) eine Lösung von

$$\text{(V)} \qquad \sum_{k=1}^{m} A_k(x)\,\frac{d^k w(x)}{dx^k} + a_0\,w(x) = F(x)\,,$$

$F(x) = f(x) + i\tilde{f}(x)$, $\tilde{f}$ konjugierte harmonische Funktion, und umgekehrt [Satz 2]. Im $\boldsymbol{R}^2$ gehören alle $Qu(x)$ mit konstanten Koeffizienten zu (IV).

Es erweist sich für die Untersuchungen als sinnvoll, die Annahme der Randwerte manchmal in einem schwächeren Sinne zu fordern (Randwertaufgabe B, Randwertaufgabe C).

Auch im Fall beliebiger variabler Koeffizienten $\dot{a}_\alpha$ kann man eine Fortsetzung von (II) in Ω erreichen. Die Randwertaufgabe (I), (II) ist dann in Ω einer Differentialgleichung und einer Integro-Differentialgleichung äquivalent [Satz 3]. Man vergleiche hierzu auch den Nachtrag auf Seite 77.

Von dem Autor wurden bisher nur Untersuchungen angestellt, in welchen die Randwertaufgabe (I), (II) in Ω den beiden Differentialgleichungen $P\,u(x) = 0$, $Q\,u(x) = f(x)$ äquivalent ist. In dieser Arbeit beschränken wir uns auf die Ebene $\boldsymbol{R}^2$, da man hier die Ergebnisse der Funktionentheorie und der Theorie der gewöhnlichen komplexen Differentialgleichungen anwenden kann. Differentialausdrücke der Gestalt (IV) gestatten bereits den Aufbau einer umfangreichen Theorie. So gehört hierzu auch der Fall, daß die Randwertaufgabe nicht für jedes $f \in C(\partial\Omega)$ lösbar ist [Satz 6, Anmerkung 6].

Wir beginnen im Abschnitt 4 mit dem Studium der Randwertaufgabe

$$\Delta_2\,u(x) = 0\,, \quad Q\,\dot{u}(y) = \frac{\partial \dot{u}(y)}{\partial x_1} = f(y)\,.$$

Nach den vorangegangenen Ausführungen genügt jede Lösung u in Ω den beiden Differentialgleichungen

$$\Delta_2\,u(x) = 0\,, \quad \frac{\partial u(x)}{\partial x_1} = f(x)\,.$$

Die Gleichungen sind wiederum äquivalent der einzigen gewöhnlichen komplexen Differentialgleichung

$$\frac{dw(x)}{dx} = F(x)\,.$$

Mit Hilfe des Poissonschen Integrals kann man diese Lösung für den Kreis explizit angeben [Satz 4] und vollständig das Randverhalten von u untersuchen [Satz 5]. Um diese Randwertaufgabe für ein beliebiges beschränktes einfach zusammenhängendes Gebiet $\Omega \subset \boldsymbol{R}^2$ studieren zu können, mußte zuerst eine neue Methode für die Potentialtheorie entwickelt werden ([1] bis [4]). Es handelt sich hierbei um das Rechnen mit stetigen Potentialen. Mit Hilfe dieser stetigen Potentiale kann auch das Dirichletsche Problem vollständig studiert werden. In Abschnitt 7 sind die für unsere Arbeit wichtigsten Ergebnisse zusammengestellt. In Abschnitt 8 wird die Existenz der Lösung der Randwertaufgabe $\partial \dot{u}(y)/\partial x_1 = \dot{f}(y)$ für ein beliebiges Gebiet $\Omega \subset \boldsymbol{R}^2$ nachgewiesen. Zuerst wird die Lösung lokal für einen Kreis konstruiert und anschließend mit Hilfe eines Kreiskettenverfahrens für beliebige Punkte $x \in \Omega$ konstruiert. Hierbei ist das Rechnen mit stetigen Potentialen grundlegend, um eine in ganz Ω eindeutige harmonische Lösung zu erhalten. Dieses Kreiskettenverfahren ist sehr bequem zum Nachweis der Existenz der Lösung. Es hat aber den Nachteil, daß man mit diesem Verfahren keine guten Aussagen über das Randverhalten von u bekommt (Abschnitt 12). Es wäre wünschenswert, für Randuntersuchungen das Kreiskettenverfahren durch ein besseres Verfahren zu ersetzen.

Die weiteren Betrachtungen beziehen sich auf Randwertaufgaben der Gestalt (I), (IV). In Abschnitt 9 stellen wir zunächst die wichtigsten Resultate über gewöhnliche komplexe Differentialgleichungen zusammen. Anschließend erfolgt wiederum die explizite Konstruktion der Lösung für einen Kreis. Hieraus läßt sich vollkommen das Randverhalten von u und seiner partiellen Ableitungen $D^\alpha u$ herleiten. In Abschnitt 11 erbringen wir den Nachweis der Existenz einer Lösung für ein beliebiges beschränktes einfach zusammenhängendes Gebiet $\Omega \subset \boldsymbol{R}^2$. Der Abschnitt 12 beschäftigt sich mit dem Randverhalten von u für ein beliebiges Gebiet.

Die Ergebnisse dieser Arbeit sind als erste Untersuchungen für die neue Fortsetzungsmethode anzusehen. Man kann im $\boldsymbol{R}^n$ in entsprechender Weise alle Randwertaufgaben mit konstanten Koeffizienten behandeln. Die Funktionentheorie wurde in dieser Arbeit nur dazu benutzt, um lokal die Existenz einer Lösung der Gleichungen $\Delta_2 u(x) = 0$, $Q\, u(x) = f(x)$ zu gewinnen. Im $\boldsymbol{R}^n$ sind wiederum besonders günstig die Fälle, in denen man für die Kugel explizit die Lösung u der beiden Gleichungen $\Delta_n u(x) = 0$, $Q\, u(x) = f(x)$ angeben kann. Hierzu gehört die Randwertaufgabe

$$\Delta_2\, u(x) = 0\ ,\ \partial \dot{u}(y)/\partial x_1 = \dot{f}(y)\ .$$

In den Dimensionen $n \geqq 3$ treten für die Lösungen u neuartige Erscheinungen auf. Das kommt bei voranstehender Aufgabe in denjenigen Randpunkten vor, in welchen $\partial/\partial x_1$ eine Tangentialableitung ist.

Der Autor ging bei seinen Untersuchungen 1953 von den Arbeiten von D. Šerman aus (man vergleiche etwa [17] und [4], S. 95). Šerman versucht die Lösung als Potential eines geeignet gewählten Kernes darzustellen und führt die Existenz der Lösung auf die Lösbarkeit einer Integralgleichung zurück. Der Autor dankt Herrn Prof. Dr. Hörmander für den Hinweis, daß er 1966 in [9] die Theorie der Pseudo-Differentialoperatoren zum Studium von elliptischen Randwertaufgaben der Gestalt (I), (II) auf C^∞-Mannigfaltigkeiten angewendet hat. Eine wichtige Rolle spielt hierbei die FOURIER-Transformation. HÖRMANDER arbeitet im $\boldsymbol{R}^n$ mit der GREENschen Darstellungsformel und führt die Randwertaufgabe auf eine Beziehung zwischen singulären Integralen auf einer beliebig oft differenzierbaren Fläche zurück. Für die Verwendung der FOURIER-Transformation bei Randwertaufgaben vergleiche man auch L. HÖRMANDER [8]. Zum Studium linearer Randwertaufgaben wurden intensiv auch die HILBERT-Raum-Methoden verwendet. Dabei wird meistens die Voraussetzung gemacht, daß bei einem elliptischen Differentialausdruck $P\,u$, welcher von der Ordnung $2\,m$ ist, die in den Randbedingungen auftretenden Ableitungen höchstens von der Ordnung $2\,m-1$ sind. Man vergleiche hierzu etwa J.-L. LIONS [12].

Wir haben bereits darauf hingewiesen, daß für den Aufbau vorliegender Methode zuerst das Rechnen mit den stetigen Potentialen entwickelt werden mußte ([1] bis [4]). Diese Ergebnisse wurden von G. WILDENHAIN [19], [20] auf elliptische Differentialgleichungen höherer Ordnung und von B.-W. SCHULZE [14], [15] auf nichtelliptische Differentialgleichungen übertragen.

Jedem einzelnen Abschnitt ist zusätzlich eine ausführliche Einleitung vorangestellt.

1. Allgemeine Betrachtungen

Es sei $\Omega \subset \boldsymbol{R}^n$ ein beschränktes Gebiet, $\partial\Omega$ dessen Rand, $\alpha = (\alpha_1, \alpha_2, \ldots, \alpha_n)$ ein n-tupel ganzer Zahlen $\alpha_i \geqq 0$, $|\alpha| = \alpha_1 + \cdots + \alpha_n$,

$$D^\alpha u := \frac{\partial^{\alpha_1+\alpha_2+\cdots+\alpha_n} u}{\partial x_1^{\alpha_1}\,\partial x_2^{\alpha_2} \ldots \partial x_n^{\alpha_n}} \text{ für } |\alpha| \neq 0; \quad D^\alpha u = u \text{ für } |\alpha| = 0\,,$$

$\dot{a}_\alpha$ eine auf $\partial\Omega$ erklärte stetige reelle Funktion, $C^m(\overline{\Omega})$ der Raum aller auf $\overline{\Omega}$ erklärten stetigen Funktionen, welche in Ω stetige partielle Ableitungen bis zur Ordnung m besitzen und sich stetig auf den Rand $\partial\Omega$ fortsetzen lassen. Weiter sei $\mathcal{D}(\boldsymbol{R}^n)$ der Raum aller in $\boldsymbol{R}^n$ erklärten Funktionen mit kompaktem Träger, welche stetige partielle Ableitungen beliebiger Ordnung besitzen. Wir setzen für $y \in \partial\Omega$

$$D^\alpha \dot{u}(y) := \lim_{x\to y} D^\alpha u(x),\; x \in \Omega\,,$$

und

$$Q\,\dot{u}(y) := \sum_{|\alpha|\leqq m} \dot{a}_\alpha(y)\, D^\alpha u(y)\,. \tag{1.1}$$

Für die Potentialgleichung betrachten wir folgende Problemstellung.

Randwertaufgabe A: *Gesucht ist eine stetige Funktion $u \in C(\overline{\Omega})$, welche in Ω stetige partielle Ableitungen 2. Ordnung besitzt und dort der Gleichung*

$$\Delta_n u := \sum_{i=1}^{n} \frac{\partial^2 u}{\partial x_i^2} = 0 \tag{1.2}$$

genügt, für welche auf dem Rand $\partial\Omega$ für alle α mit $\dot{a}_\alpha \neq 0$ stetige Grenzwerte $D^\alpha \dot{u}$ existieren und der Randbedingung

$$Q\,\dot{u}(y) = \sum_{|\alpha|\leqq m} \dot{a}_\alpha\,(y)\, D^\alpha\,\dot{u}(y) = \dot{f}(y) \tag{1.3}$$

genügen. Hierbei ist $\dot{f}$ eine auf $\partial\Omega$ vorgegebene stetige Funktion.

Für einige spezielle $Q\,\dot{u}$ formulieren wir später schwächere Randbedingungen (Randwertaufgabe B, Randwertaufgabe C).

Es sei Ω ein beschränktes Gebiet, welches in jedem Randpunkt eine stetige Normale $\mathfrak{n}$ besitzt. Es bezeichne $\cos(\mathfrak{n}, y_i)$ den Cosinus zwischen der Normale im Punkt $y \in \partial\Omega$ und den Koordinatenachsen y_i. Dann gilt für eine Funktion $u \in C^1(\overline{\Omega})$

$$\frac{d\dot{u}(y)}{d\mathfrak{n}} = \sum_{i=1}^{n} \frac{\partial \dot{u}(y)}{\partial x_i} \cos(\mathfrak{n}, y_i)\,. \tag{1.4}$$

An einigen Beispielen wollen wir die Randwertaufgabe A erläutern.

Beispiel 1: Es sei $a_\alpha = 0$ für $|\alpha| \geqq 1$ und $a_\alpha = 1$ für $\alpha = (0, 0, \ldots, 0)$. Unter diesen Voraussetzungen ist

$$Q\,\dot{u}(y) = \dot{u}(y)\,. \tag{1.5}$$

Es handelt sich hierbei um das DIRICHLET*sche Problem.* Man spricht in diesem Fall auch von der *1. Randwertaufgabe.*

Beispiel 2: Wir setzen $\dot{a}_\alpha = 0$ für $|\alpha| \neq 1$ und $\dot{a}_\alpha = \cos(\mathfrak{n}, y_i)$ für $|\alpha| = 1$. Hierbei steht nur an der i-ten Stelle von α eine 1. Dann ist für $u \in C^1(\overline{\Omega})$

$$Q\,\dot{u}(y) = \sum_{i=1}^{n} \cos(\mathfrak{n}, y_i) \frac{\partial \dot{u}(y)}{\partial x_i}\,. \tag{1.6}$$

Es handelt sich hierbei um das NEUMANN*sche Problem.* Man spricht in diesem Fall auch von der *2. Randwertaufgabe* (für Funktionen $u \in C^1(\overline{\Omega})$). Wir verlangen in (1.6) die Existenz der Grenzwerte $\partial\dot{u}(y)/\partial x_i$ für jede Annäherung $x \to y \in \partial\Omega$.

Beispiel 3: Die Koeffizienten $\dot{a}_\alpha$ seien konstant. Da die Lösung des DIRICHLETschen Problems der Potentialgleichung für konstante Randwerte ebenfalls konstant ist, schreiben wir für $\dot{a}_\alpha$ kurz a_α und setzen

$$Q\,u(x) := \sum_{|\alpha| \leqq m} a_\alpha D^\alpha u(x)\,. \tag{1.7}$$

Dann ist, falls für alle α mit $a_\alpha \neq 0$ die Grenzwerte $D^\alpha \dot{u}$ existieren und stetig sind,

$$Q\,\dot{u}(y) = \lim_{x \to y} Q\,u(x) = \sum_{|\alpha| \leqq m} a_\alpha D^\alpha \dot{u}(y)\,.$$

Der Differentialausdruck $Q\,\dot{u}$ wird durch einen im Innern von $\overline{\Omega}$ erklärten Differentialausdruck erzeugt. Im Fall einer harmonischen Funktion u ist $\Delta_n Q\,u(x) = 0$. Man kann diesen Sachverhalt auch so deuten: *$Q\,u$ ist eine harmonische Fortsetzung von $Q\,\dot{u}$.*

Ein ähnliches Beispiel, in welchem es eine harmonische Fortsetzung von $Q\,\dot{u}$ gibt, zeigt das

Beispiel 4: In einem beschränkten einfach zusammenhängenden Gebiet $\Omega \subset \boldsymbol{R}^2$ seien die Funktionen $A_k = a_k + i\,b_k$, $k = 1, \ldots, m$, holomorph; $A_0 = a_0$ sei eine reelle Konstante. Wir setzen $x = (x_1, x_2) = x_1 + i\,x_2$,

$y = (y_1, y_2) = y_1 + i\, y_2$, $w = u + i\, v$ und

$$Q\, u(x) := \operatorname{Re}\left(\sum_{k=0}^{m} A_k(x) \frac{d^k w(x)}{dx^k}\right). \tag{1.8}$$

Hierbei sei w ebenfalls holomorph. Beachten wir die Beziehung

$$\frac{d^k w}{dx^k} = \frac{\partial^k (u + i\, v)}{\partial x_1^k} = \frac{\partial^k u}{\partial x_1^k} - i \frac{\partial^k u}{\partial x_1^{k-1}\, \partial x_2},$$

so nimmt (1.8) die Gestalt

$$Q\, u(x) = \sum_{k=1}^{m} \left(a_k(x) \frac{\partial^k u(x)}{\partial x_1^k} + b_k(x) \frac{\partial^k u(x)}{\partial x_1^{k-1}\, \partial x_2}\right) + a_0\, u(x) \tag{1.9}$$

an. Sind die Funktionen A_k auf den Rand $\partial\Omega$ stetig fortsetzbar und existieren für die auf $\partial\Omega$ erklärten Fortsetzungen $\dot{a}_k \neq 0$ beziehungsweise $\dot{b}_k \neq 0$ stetige Grenzwerte

$$\frac{\partial^k \dot{u}}{\partial x_1^k} \text{ bzw. } \frac{\partial^k \dot{u}}{\partial x_1^{k-1}\, \partial x_2},$$

so ist für $y \in \partial\Omega$

$$Q\, \dot{u}(y) = \lim_{x \to y} Q\, u(x) = \sum_{k=1}^{m} \left(\dot{a}_k(y) \frac{\partial^k \dot{u}(y)}{\partial x_1^k} + \dot{b}_k(y) \frac{\partial^k \dot{u}(y)}{\partial x_1^{k-1}\, \partial x_2}\right) + a_0\, \dot{u}(y). \tag{1.10}$$

Anmerkung 1: *Im $\mathbf{R}^2$ ist für eine harmonische Funktion u jeder Differentialausdruck*

$$Q\, u(x) = \sum_{|\alpha| \leq m} a_\alpha(x)\, D^\alpha\, \dot{u}(x)$$

von der Gestalt

$$Q\, u(x) = \sum_{k=1}^{m} \left(a_k(x) \frac{\partial^k u(x)}{\partial x_1^k} + b_k(x) \frac{\partial^k u(x)}{\partial x_1^{k-1} \cdot \partial x_2}\right) + a_0(x)\, u(x). \tag{1.11}$$

Im Fall konstanter reeller Koeffizienten a_k, b_k und a_0 hat (1.10) für ein einfach zusammenhängendes Gebiet $\Omega \subset \mathbf{R}^2$ die Gestalt

$$Q\, u(x) = \operatorname{Re}\left(\sum_{k=1}^{m} A_k \frac{d^k w(x)}{dx^k} + a_0 w(x)\right).$$

Hierbei ist $w = u + i\, v$, v konjugierte harmonische Funktion, $A_k = a_k + i\, b_k$, $k = 1, 2, \ldots, m$. Sind die A_k, $k = 1, \ldots, m$, in Ω holomorph, so besteht für $a_k = \operatorname{Re} A_k$ und $b_k = \operatorname{Im} A_k$ ein entsprechender Sachverhalt.

Beweis: Wir betrachten für $k = 1, 2, \ldots, m$ die Ausdrücke

$$Q_k\, u(x) := \sum_{|\alpha| = k} a_\alpha(x)\, D^\alpha\, u(x).$$

Es ist für $\alpha = (\alpha_1, \alpha_2)$, $|\alpha| = \alpha_1 + \alpha_2 \neq 0$,

$$D^\alpha\, u = \frac{\partial^{\alpha_1 + \alpha_2}\, u}{\partial x_1^{\alpha_1}\, \partial x_2^{\alpha_2}}.$$

jede auf $\partial\Omega$ stetige Funktion läßt sich also stets auf ganz $\overline{\Omega}$ und harmonisch in Ω fortsetzen. Weiter verlangen wir stets $Q\,\dot{u}(y) \not\equiv 0$.

Im folgenden Satz geben wir für die Randwertaufgabe A und die Randwertaufgabe C äquivalente Differentialgleichungen an. Aus diesen Gleichungen gewinnen wir später die Lösungen. Bei der Randwertaufgabe C ist die Randbedingung wesentlich schwächer.

Satz 1: *Es sei $\Omega \subset \boldsymbol{R}^n$ ein beschränktes Gebiet, $Q\,u(x)$ der Differentialausdruck* (1.7) *von Beispiel* 3.

a) *Unter diesen Voraussetzungen genügt jede Lösung u der Randwertaufgabe A in Ω den beiden partiellen Differentialgleichungen*

$$\Delta_n\, u(x) = 0\,, \tag{2.1}$$

$$Q\,u(x) = \sum_{|\alpha| \leqq m} a_\alpha\, D^\alpha u(x) = f(x)\,. \tag{2.2}$$

Hierbei ist $f(x)$ die Lösung des DIRICHLET*schen Problems für die Randwerte $\dot{f}$. Es sei umgekehrt $u \in C(\overline{\Omega})$ eine Lösung von* (2.1) *und* (2.2). *Besitzt u für alle α mit $a_\alpha \neq 0$ stetige Grenzwerte $D^\alpha \dot{u}$, so ist u eine Lösung der Randwertaufgabe A.*

b) *Unter obigen Voraussetzungen genügt jede Lösung u der Randwertaufgabe C in Ω den beiden Differentialgleichungen* (2.1), (2.2). *Es sei umgekehrt u eine Lösung von* (2.1), (2.2). *Existiert ein stetiger Grenzwert der Gestalt*

$$q_0\,\dot{u}(y) = \lim_{x \to y} Q\,u(x)\,,$$

so ist u eine Lösung der Randwertaufgabe C.

Beweis: a) Es sei u eine Lösung der Randwertaufgabe A. Wir setzen

$$Q\,u(x) = \sum_{|\alpha| \leqq m} a_\alpha\, D^\alpha u(x)\,.$$

Dann gilt in Ω, da die a_α konstant sind,

$$\Delta_n\, Q\,u(x) = \sum_{|\alpha| \leqq m} a_\alpha\, \Delta_n\, D^\alpha u(x) = \sum_{|\alpha| \leqq m} a_\alpha\, D^\alpha \big(\Delta_n\, u(x)\big) = 0\,. \tag{2.3}$$

Weiter ist, da nach Voraussetzung für alle α mit $a_\alpha \neq 0$ stetige Grenzwerte $D^\alpha \dot{u}(y)$ existieren,

$$Q\,\dot{u}(y) = \lim_{x \to y} Q\,u(x) = \sum_{|\alpha| \leqq m} a_\alpha \lim_{x \to y} D^\alpha u(x) = \dot{f}(y)\,. \tag{2.4}$$

Aus (2.3) und (2.4) folgt unmittelbar, wenn $f(x)$ die Lösung des DIRICHLETschen Problems der Potentialgleichung für die Randwerte $\dot{f}$ bezeichnet,

$$Q\,u(x) = \sum_{|\alpha| \leqq m} a_\alpha\, D^\alpha u(x) = f(x)\,.$$

Daher genügt jede Lösung u der Randwertaufgabe A unmittelbar den Differentialgleichungen (2.1), (2.2).

Es sei nun umgekehrt $u \in C(\overline{\Omega})$ eine Lösung der Aufgabe (2.1), (2.2), für welche für alle α mit $a_\alpha \neq 0$ die Grenzwerte $D^\alpha \dot{u}$ existieren und stetig sind.

Dann gilt unmittelbar

$$Q\,\dot{u}(y) = \lim_{x \to y} Q\,u(x) = \sum_{|\alpha| \leq m} a_\alpha\, D^\alpha\, \dot{u}(y) = \dot{f}(y)\,.$$

b) In der Randwertaufgabe C wird für die Lösung u nicht die Existenz der einzelnen Grenzwerte $D^\alpha\, \dot{u}(y)$ gefordert, sondern nur die Stetigkeit des Grenzwertes

$$q_0\, \dot{u}(y) = \lim_{x \to y} Q\,u(x) = \lim_{x \to y} \sum_{|\alpha| \leq m} a_\alpha\, D^\alpha\, u(x)\,.$$

Es sei u eine Lösung der Randwertaufgabe C. Dann gilt nach (2.3) $\Delta_n\, Q\,u(x) = 0$. Wegen

$$q_0\, \dot{u}(y) = \lim_{x \to y} Q\,u(x) = \dot{f}(y) \tag{2.5}$$

muß notwendig

$$Q\,u(x) = f(x) \text{ in } \Omega$$

sein. Umgekehrt folgt aus $Q\,u(x) = f(x)$ und $\Delta_n\, u(x) = 0$ für Funktionen u, für welche der Grenzwert $q_0\, \dot{u}$ stetig ist,

$$q_0\, \dot{u}(y) = \lim_{x \to y} Q\,u(x) = \dot{f}(y)$$

Damit ist der Satz 1 bewiesen.

Im folgenden Satz 2 geben wir im $\boldsymbol{R}^2$ für die Randwertaufgabe $\dot{B}$ äquivalente Differentialgleichungen an. Gilt zum Beispiel $a_m = \text{const.}$ und $b_m = 0$, so folgt aus der Existenz und Stetigkeit des Grenzwertes

$$Q_m\, \dot{u}(y) = \lim_{x \to y} \left(a_m(x)\, \frac{\partial^m u(x)}{\partial x_1^m} + b_m(x)\, \frac{\partial^m u(x)}{\partial x_1^{m-1}\, \partial x_2} \right)$$

die Existenz und Stetigkeit des Grenzwertes

$$\frac{\partial^m \dot{u}(y)}{\partial x_1^m}\,.$$

Unter diesen Voraussetzungen genügt jede Lösung u der Randwertaufgabe B auch der Randwertaufgabe A. Die Randwertaufgabe B wurde für die speziellen Randwertaufgaben, welche wir in Abschnitt 9 studieren, eingeführt.

Satz 2: *Es sei $\Omega \subset \boldsymbol{R}^2$ ein beschränktes einfach zusammenhängendes Gebiet, $Q\,u(x)$ der in (1.8) bis (1.10) erklärte Differentialausdruck.*

a) *Unter diesen Voraussetzungen genügt jede Lösung u der Randwertaufgabe B in Ω den beiden partiellen Differentialgleichungen*

$$\Delta_2\, u(x) = 0\,, \tag{2.6}$$

$$\begin{aligned} Q\,u(x) &= \operatorname{Re}\left(\sum_{k=1}^{m} A_k(x)\, \frac{d^k w(x)}{dx^k} + a_0\, w(x) \right) \\ &= \sum_{k=1}^{m} \left(a_k(x)\, \frac{\partial^k u(x)}{\partial x_1^k} + b_k(x)\, \frac{\partial^k u(x)}{\partial x_1^{k-1}\, \partial x_2} \right) + a_0\, u(x) = f(x)\,. \end{aligned} \tag{2.7}$$

Hierbei ist $f(x)$ die Lösung des Dirichlet*schen Problems für die Randwerte $\dot{f}$.*

b) *Es sei umgekehrt $u \in \dot{C}(\overline{\Omega})$ eine Lösung von (2.6), (2.7). Besitzt u auf $\partial\Omega$ für alle α mit $|\alpha| < m$ stetige Grenzwerte $D^\alpha \dot{u}$ und existiert der Grenzwert*

$$Q_m \dot{u}(y) = \lim_{x\to y} \left(a_m(x) \frac{\partial^m u(x)}{\partial x_1^m} + b_m(x) \frac{\partial^m u(x)}{\partial x_1^{m-1}\, \partial x_2} \right)$$

und stellt eine stetige Funktion dar, so ist u auch Lösung der Randwertaufgabe B. Es bezeichne $\tilde{f}$ die zu f konjugierte harmonische Funktion, $F = f + i\tilde{f}$, $w = u + i\,v$, v konjugierte harmonische Funktion. Die voranstehenden beiden Differentialgleichungen sind äquivalent der gewöhnlichen komplexen Differentialgleichung

$$\sum_{k=1}^{m} A_k(x) \frac{d^k w(x)}{dx^k} + a_0\, w(x) = F(x)\,. \tag{2.8}$$

Beweis: Zu jeder in dem einfach zusammenhängenden Gebiet Ω harmonischen Funktion u existiert eine konjugierte harmonische Funktion v, welche bis auf eine additive Konstante eindeutig bestimmt ist. Die Funktion $w = u + i\,v$ ist dann holomorph in Ω. Es gilt, wenn die CAUCHY-RIEMANNschen Differentialgleichungen beachtet werden, für $k = 1, 2, \ldots, m$

$$A_k(x) \frac{d^k w(x)}{dx^k} = a_k(x) \frac{\partial^k u(x)}{\partial x_1^k} + b_k(x) \frac{\partial^k u(x)}{\partial x_1^{k-1}\, \partial x_2} + i \left(a_k(x) \frac{\partial^k v(x)}{\partial x_1^k} + b_k(x) \frac{\partial^k v(x)}{\partial x_1^{k-1}\, \partial x_2} \right).$$

und für $k = 0$ wegen $A_0 = a_0$ (a_0 reelle Konstante)

$$A_0\, w(x) = a_0\, u(x) + i\, a_0\, v(x)\,.$$

Hieraus folgt

$$\begin{aligned} U(x) + i\, V(x) &:= \sum_{k=1}^{m} A_k(x) \frac{d^k w(x)}{dx^k} + a_0\, w(x) \\ &= \sum_{k=1}^{m} \left(a_k(x) \frac{\partial^k u(x)}{\partial x_1^k} + b_k(x) \frac{\partial^k u(x)}{\partial x_1^{k-1}\, \partial x_2} \right) + a_0\, u(x) \\ &\quad + i \left\{ \sum_{k=1}^{m} \left(a_k(x) \frac{\partial^k v(x)}{\partial x_1^k} + b_k(x) \frac{\partial^k v(x)}{\partial x_1^{k-1}\, \partial x_2} \right) + a_0\, v(x) \right\}. \end{aligned} \tag{2.9}$$

a) Die Randwertaufgabe B sei für ein $\dot{f} \in C(\partial\Omega)$ lösbar. Dann gilt in Ω, wenn die Beziehungen

$$\Delta_2 a_k = \Delta_2 b_k = 0\,, \quad \frac{\partial a_k}{\partial x_1} = \frac{\partial b_k}{\partial x_2}\,, \quad \frac{\partial a_k}{\partial x_2} = -\frac{\partial b_k}{\partial x_1}\,, \quad \Delta_2 u \overset{\circ}{=} 0\,,$$

beachtet werden,

$$\Delta_2 U(x) = 0\,, \quad \Delta_2 V(x) = 0\,.$$

Nach Voraussetzung existieren für alle α mit $|\alpha| < m$ stetige Grenzwerte $D^\alpha \dot{u}$ und für $|\alpha| = m$ ein stetiger Grenzwert $Q_m \dot{u}$. Daher gilt

$$\begin{aligned} q_m \dot{u}(y) &= \lim_{x\to y} U(x) = \lim_{x\to y} Q\, u(x) \\ &= Q_m \dot{u}(y) + \sum_{k=1}^{m-1} \left(\dot{a}_k(y) \frac{\partial^k \dot{u}(y)}{\partial x_1^k} + \dot{b}_k(y) \frac{\partial^k \dot{u}(y)}{\partial x_1^{k-1}\, \partial x_2} \right) + a_0\, \dot{u}(y) = \dot{f}(y)\,. \end{aligned}$$

Hieraus folgt unmittelbar

$$U(x) = Q\, u(x) = f(x)\,,$$
$$\Delta_2\, u(x) = 0$$

in jedem Punkt $x \in \Omega$. Es sei umgekehrt u eine Lösung der beiden Differentialgleichungen (2.6), (2.7). Weiter erfülle $u \in C(\overline{\Omega})$ die oben angegebenen Bedingungen. Daraus folgt für $x \to y \in \partial\Omega$

$$q_m\, \dot{u}(y) = Q_m\, \dot{u}(y) + \sum_{k=1}^{m-1} \left(\dot{a}_k(y)\, \frac{\partial^k \dot{u}(y)}{\partial x_1^k} + \dot{b}_k(y)\, \frac{\partial^k \dot{u}(y)}{\partial x_1^{k-1}\, \partial x_2}\right) + a_0\, \dot{u}(y) = \dot{f}(y)\,.$$

Die Funktion u ist also eine Lösung der Randwertaufgabe B.

b) Es sei u eine Lösung der Differentialgleichungen (2.6), (2.7), v die zu u konjugierte harmonische Funktion. Um die Äquivalenz von (2.6), (2.7) mit (2.8) zu zeigen, betrachten wir die in (2.9) erklärten Funktionen U und V. Es gilt, wenn die CAUCHY-RIEMANNschen Differentialgleichungen für u und v beachtet werden,

$$\frac{\partial U(x)}{\partial x_1} = \frac{\partial V(x)}{\partial x_2}\,, \qquad \frac{\partial U(x)}{\partial x_2} = -\frac{\partial V(x)}{\partial x_1}\,.$$

Dabei ist $U + i\, V$ eine holomorphe Funktion. Wir hatten $F = f + i\, \tilde{f}$ gesetzt. Hierbei war $\tilde{f}$ die zu f konjugierte harmonische Funktion. Die Funktion

$$H(x) = h_1(x) + i\, h_2(x) := \big(U(x) + i\, V(x)\big) - (f + i\, \tilde{f})$$

ist in Ω ebenfalls holomorph. Da u eine Lösung von (2.6), (2.7) war, gilt in

$$U(x) = Q\, u(x) = f(x)\,.$$

Hieraus folgt

$$H(x) = h_1(x) + i\, h_2(x) = \big(U(x) - f(x)\big) + i\, \big(V(x) - \tilde{f}(x)\big) = i\, \big(V(x) - \tilde{f}(x)\big)\,.$$

Wegen

$$\frac{\partial h_1(x)}{\partial x_1} = \frac{\partial h_2(x)}{\partial x_2} = 0\,; \qquad \frac{\partial h_1(x)}{\partial x_2} = -\frac{\partial h_2(x)}{\partial x_1} = 0$$

muß h_2 in Ω konstant sein. Addieren wir diese Konstante zu $\tilde{f}$ — die konjugierte harmonische Funktion $\tilde{f}$ war nur bis auf eine additive Konstante eindeutig bestimmt —, so gilt ebenfalls

$$V(x) = \tilde{f}(x) \text{ in } \Omega\,.$$

Hieraus folgt aus (2.9)

$$U(x) + i\, V(x) = \sum_{k=1}^{m} A_k(x)\, \frac{d^k w(x)}{dx^k} + a_0\, w(x) = f(x) + i\, \tilde{f}(x) = F(x)\,.$$

Es sei umgekehrt w eine holomorphe Lösung voranstehender komplexer Differentialgleichung. Dann genügt $w = u + i\, v$, unter Beachtung der Beziehung (2.9), sofort den partiellen Differentialgleichungen (2.6), (2.7).

Anmerkung 2: *Im $\mathbf{R}^2$ kann man im Fall eines Differentialausdrucks $Q\,u$ der Gestalt* (1.8) *bis* (1.10) *von Beispiel 4 zur Bestimmung der Lösungen u die Theorie der gewöhnlichen komplexen Differentialgleichungen verwenden. Als Lösungen werden holomorphe Funktionen $w = u + i\,v$ gesucht; u genügt dann auch der Potentialgleichung $\Delta_2\, u = 0$. Das Verhalten von u am Rand $\partial\Omega$ muß gesondert untersucht werden. Es hängt wesentlich von den Koeffizienten A_k ab.*

Anmerkung 3: *Wir betrachten für den Kreis*

$$K_R(0) = \{x\colon |x| < R\}$$

das NEUMANN*sche Problem* (*Beispiel 2*). *In diesem Fall ist*

$$q_0\,\dot{u}(y) = \lim_{x\to y} \frac{du(x)}{d\mathfrak{n}} = \lim_{x\to y} Q\,u(x)\,, \qquad x \in K_R(0)\,,$$

mit

$$Q\,u(x) = \mathrm{Re}\left(\frac{x}{R}\,\frac{dw(x)}{dx}\right). \tag{2.10}$$

Hierbei haben wir $x = x_1 + i\,x_2 = r\,(\cos\varphi + i\sin\varphi)$ und $w = u + i\,v$ gesetzt. Die Annahme der Randwerte geschieht im Sinne der Randwertaufgabe C. Es ist zu beachten, daß $A_1(x) = x/R$ im Nullpunkt verschwindet. Die dem NEUMANN*schen Problem zugeordnete gewöhnliche komplexe Differentialgleichung ist daher im Nullpunkt singulär. Für allgemeinere Gebiete Ω führt das* NEUMANN*sche Problem auf eine Integro-Differentialgleichung* (*Satz 3*).

Beweis: Es gilt

$$\frac{x}{R}\,\frac{dw(x)}{dx} = \frac{r}{R}(\cos\varphi + i\sin\varphi)\left(\frac{\partial u(x)}{\partial x_1} + i\,\frac{\partial v(x)}{\partial x_1}\right)$$

$$= \frac{r}{R}\left(\cos\varphi\,\frac{\partial u(x)}{\partial x_1} - \sin\,\frac{\partial v(x)}{\partial x_1}\right) + i\,\frac{r}{R}\left(\sin\varphi\,\frac{\partial u(x)}{\partial x_1} + \cos\varphi\,\frac{\partial v(x)}{\partial x_1}\right).$$

Wegen $\partial v/\partial x_1 = -\,\partial u/\partial x_2$ erhalten wir

$$Q\,u(x) = \mathrm{Re}\left(\frac{x}{R}\,\frac{dw(x)}{dx}\right) = \frac{r}{R}\left(\cos\varphi\,\frac{\partial u(x)}{\partial x_1} + \sin\varphi\,\frac{\partial u(x)}{\partial x_2}\right) = \frac{r}{R}\,\frac{du(x)}{d\mathfrak{n}}\,.$$

Hieraus folgt für $x \to y \in \partial K_R(0)$

$$q_0\,\dot{u}(y) = \lim_{x\to y} \frac{du(x)}{d\mathfrak{n}}\,,$$

was zu beweisen war.

Anmerkung 4: *Sind die A_k* in *Ω holomorph und besitzen sie auf $\partial\Omega$ Singularitäten* (*eventuell auch wesentliche Singularitäten*), *so haben diese Singularitäten keinen Einfluß auf die Lösung der 2 Differentialgleichungen* (2.6), (2.7) *bzw. der komplexen Differentialgleichung* (2.8). *Die Singularitäten machen sich nur bei der Untersuchung der Grenzwerte $D^\alpha\,\dot{u}$ bemerkbar.*

Anmerkung 5: *In der Ebene $\mathbf{R}^2$ können wir mit unserer Fortsetzungsmethode* (*zum Beispiel im Fall konstanter Koeffizienten*) *elliptische, parabolische und hyperbolische Randoperatoren $Q\,\dot{u}$ zulassen. Nach Anmerkung 1 führen diese Randwertaufgaben stets auf die in Satz 2 betrachteten Randoperatoren.*

In den Beispielen 3 und 4 hatten wir Randwertaufgaben betrachtet, für welche sich die Randwerte

$$Q\,\dot{u}(y) = \sum_{|\alpha| \leqq m} \dot{a}_\alpha(y)\, D^\alpha\, \dot{u}(y)$$

harmonisch in Ω fortsetzen lassen. Man kann auch im allgemeinen Fall eine Fortsetzung von $Q\,\dot{u}(y)$ in Ω erreichen, wenn $\dot{a}_\alpha$ harmonisch fortgesetzt wird. Es gilt dann im allgemeinen nicht mehr

$$\Delta_n\, Q\, u(x) = 0 \text{ in } \Omega\,.$$

Diese Randwertaufgaben führen auf Integro-Differentialgleichungen. Andere Arten der Fortsetzung von $\dot{a}_\alpha$ in Ω wurden bisher noch nicht studiert. Vielleicht kann man bei geeigneter Fortsetzung von $\dot{a}_\alpha$ eine einfachere Funktionalgleichung in Ω gewinnen.

Satz 3: *Es seien $\Omega \subset \boldsymbol{R}^n$ ein beschränktes Gebiet, $\dot{a}_\alpha$ bzw. $\dot{f}$ auf dem Rand $\partial\Omega$ erklärte stetige Funktionen, a_α bzw. f die Lösungen des Dirichletschen Problems für $\dot{a}_\alpha$ bzw. $\dot{f}$,*

$$Q\, u(x) := \sum_{|\alpha| \leqq m} a_\alpha(x)\, D^\alpha\, u(x)\,,$$

G die Greensche Funktion der Potentialgleichung für das Gebiet Ω. Jede Lösung u der Randwertaufgabe A, das heißt,

$$\Delta_n\, u = 0 \text{ in } \Omega\,, \tag{2.11}$$

$$Q\,\dot{u}(y) = \sum_{|\alpha| \leqq m} \dot{a}_\alpha(y)\, D^\alpha\, \dot{u}(y) = \dot{f}(y) \text{ auf } \partial\Omega\,, \tag{2.12}$$

für welche das Integral

$$h_u(x) := \int_\Omega G(x, \eta)\, \Delta_n\, Q\, u(\eta)\, d\eta \tag{2.13}$$

in jedem Punkt $x \in \Omega$ existiert, genügt in Ω den beiden Gleichungen

$$\Delta_n u(x) = 0\,, \tag{2.14}$$

$$Q\, u(x) = \sum_{|\alpha| \leqq m} a_\alpha(x)\, D^\alpha\, u(x) = f(x) + h_u(x)\,. \tag{2.15}$$

Umgekehrt ist jede Lösung u der beiden Gleichungen (2.14), (2.15), für welche für alle α mit $\dot{a}_\alpha \neq 0$ stetige Grenzwerte $D^\alpha\, \dot{u}$ existieren, auch eine Lösung der Randwertaufgabe A.

Beweis: Wir betrachten den Differentialausdruck

$$Q\, u(x) = \sum_{|\alpha| \leqq m} a_\alpha(x)\, D^\alpha\, u(x)\,.$$

Hieraus folgt, wenn für die harmonische Funktion u in Ω die Beziehungen

$$\Delta_n\, a_\alpha = 0\,, \qquad \Delta_n\, D^\alpha\, u = 0$$

beachtet werden,

$$\Delta_n\, Q\, u(x) = 2 \sum_{|\alpha| \leqq m} \left(\sum_{i=1}^{n} \frac{\partial a_\alpha(x)}{\partial x_i} \frac{\partial D^\alpha\, u(x)}{\partial x_i} \right). \tag{2.16}$$

4. Die Randwertaufgabe $\Delta_2 u = 0$, $Q\,\dot{u}(y) = \partial \dot{u}(y)/\partial x_1 = \dot{f}(y)$ für den Kreis

Besonders einfach und übersichtlich werden die Verhältnisse für diese Randwertaufgabe. Hit Milfe des Poissonschen Integrals und der Theorie der gewöhnlichen komplexen Differentialgleichungen gewinnt man eine explizite Lösungsformel (Satz 4). Man kann mit dieser Lösungsformel vollständig das Randverhalten der Lösung obiger Randwertaufgabe studieren (Satz 5).

Wir untersuchen jetzt ausführlich für den Kreis $K_R(x^0)$ die Randwertaufgabe

$$\Delta_2 u = 0 \quad \text{in} \quad K_R(x^0)\,, \tag{4.1}$$

$$\lim_{x \to y} \frac{\partial u(x)}{\partial x_1} = \frac{\partial \dot{u}(y)}{\partial x_1} = \dot{f}(y) \quad \text{auf} \quad \partial K_R(x^0)\,. \tag{4.2}$$

Hierbei ist $\dot{f}$ eine auf $\partial K_R(x^0)$ erklärte stetige Funktion. Nach Beispiel 3 und Beispiel 4 gehört die Randwertaufgabe (4.1), (4.2) zum Typ

$$\Delta_2 u = 0\,, \quad Q\,\dot{u}(y) = \lim_{x \to y} Q\,u(x) = \dot{f}(y)$$

mit

$$Q\,u(x) = \operatorname{Re}\left(\sum_{k=0}^{m} A_k(x)\,\frac{d^k w(x)}{dx^k}\right).$$

Wir verschaffen uns die Lösung mit Hilfsmitteln aus der Funktionentheorie.

Satz 4: *Für den Kreis $K_R(x^0)$ existiert mindestens eine Lösung der Randwertaufgabe* (4.1), (4.2). *Die Lösung u läßt sich in $K_R(x^0)$ in der Form*

$$u(x) = \int_0^{2\pi} \dot{f}(y)\,\sigma(x, y)\,d\varphi(y) + c_1 + c_2\,x_2 \tag{4.3}$$

darstellen. Hierbei gilt für jedes $y \in \partial K_R(x^0)$ bezüglich x

$$\Delta_2\,\sigma(x, y) = 0 \quad \textit{und} \quad \frac{\partial \sigma(x, y)}{\partial x_1} = \tau(x, y)\,, \tag{4.4}$$

wobei τ in (3.4) *erklärt wurde. Zwei Lösungen des Problems* (4.1), (4.2) *unterscheiden sich um die Funktion $c_1 + c_2\,x_2$.*

Beweis: Nach Satz 2 ist jede Lösung u der Randwertaufgabe (4.1), (4.2) eine Lösung der beiden Differentialgleichungen

$$\Delta_2\,u(x) = 0$$

$$Q\,u(x) = \operatorname{Re}\left(\frac{dw(x)}{dx}\right) = f(x), \quad w = u + i\,v\,.$$

Wir versuchen nun, die Lösung u als Realteil einer in $K_R(x^0)$ holomorphen Funktion w zu gewinnen. In Abschnitt 3 hatten wir die zu f konjugierte harmonische Funktion mit $\tilde{f}$ bezeichnet und $F = f + i\,\tilde{f}$ gesetzt. Nach (3.1) gilt

$$F(x) = \frac{1}{2\pi} \int_0^{2\pi} \frac{y + x - 2\,x^0}{y - x}\,\dot{f}(y)\,d\varphi(y) + i\,\tilde{f}(x^0)\,. \tag{4.5}$$

Aus der Gleichung

$$\frac{dw(x)}{dx} = F(x) \tag{4.6}$$

gewinnen wir die gesuchte Funktion $u = \operatorname{Re} w$. Nach Sätzen der Funktionentheorie hat die Lösung von (4.6) die Form

$$w(x) = \int_{x^0}^{x} F(\zeta)\, d\zeta\,,$$

wobei das Integral als komplexes Kurvenintegral aufzufassen ist. Das Kurvenintegral hängt nur von den Endpunkten x^0 und x ab und ist daher unabhängig vom Weg $\mathscr{C}$ (H. Behnke und F. Sommer [5], S. 106).

Wir setzen jetzt für F die Formel (4.5) ein. Dann gilt

$$w(x) = \int_{x^0}^{x} \left(\frac{1}{2\pi} \int_0^{2\pi} \frac{y + \zeta - 2x^0}{y - \zeta} \dot{f}(y)\, d\varphi(y) \right) d\zeta + i\,(x - x^0)\,\tilde{f}(x^0)\,. \tag{4.7}$$

In (4.7) kann man die Reihenfolge der Integrationen vertauschen. Zum Beweis schreibt man das komplexe Integral als Kurvenintegral und zerlegt das innere Integral in Realteil und Imaginärteil. In den so entstehenden reellen Doppelintegralen kann man die Reihenfolge der Integration vertauschen. Es ist also

$$w(x) = \int_0^{2\pi} \left(\int_{x^0}^{x} \frac{1}{2\pi} \frac{y + \zeta - 2x^0}{y - \zeta} d\zeta \right) \dot{f}(y)\, d\varphi(y) + i\,(x - x^0)\,\tilde{f}(x^0)\,. \tag{4.8}$$

Weiter gilt

$$\frac{y + \zeta - 2x^0}{y - \zeta} = -1 + 2\frac{y - x^0}{y - \zeta}\,.$$

Wir setzen

$$W(x, y) := \frac{1}{2\pi} \int_{x^0}^{x} \frac{y + \zeta - 2x^0}{y - \zeta} d\zeta = \frac{1}{2\pi} \int_{x^0}^{x} \left(-1 + \frac{(y - x^0)}{y - \zeta} \right) d\zeta\,. \tag{4.9}$$

Dann ist

$$W(x, y) = \frac{1}{2\pi} \left[-(x - x^0) + 2\,(y - x^0) \log \frac{y - x}{y - x^0} \right]. \tag{4.10}$$

Bei festem $y \in \partial K_R(x^0)$ ist W bezüglich x eine holomorphe Funktion. Andererseits ist bei festem x die Funktion

$$\log (y - x) - \log (y - x^0)$$

außerhalb der die Punkte x und x^0 verbindenden Kurve $\mathscr{C}$ bezüglich der komplexen Variablen y eine holomorphe Funktion (H. Behnke und F. Sommer [5], S. 198). Wir setzen

$$\sigma(x, y) + i\,\sigma(x, y) := W(x, y)\,. \tag{4.11}$$

Aus (4.9) folgt — unter Beachtung von (3.4) —

$$\frac{dW(x, y)}{dx} = \frac{y + x - 2x^0}{2\pi(y - x)} = \tau(x, y) + i\,\tilde{\tau}(x, y)\,.$$

Da W bezüglich x eine holomorphe Funktion ist, folgt daraus bei festem $y \in \partial K_R(x^0)$ unmittelbar

$$\Delta_2\,\sigma(x, y) = 0 \quad \text{in} \quad K_R(x^0)\,, \tag{4.12}$$

$$\frac{\partial\sigma(x, y)}{\partial x_1} = \tau(x, y) \quad \text{in} \quad K_R(x^0)\,. \tag{4.13}$$

Die Beziehungen (4.8) und (4.11) ergeben

$$w(x) = u(x) + i\,v(x) = \int_0^{2\pi} \dot{f}(y)\,\sigma(x, y)\,d\varphi(y) + i\int_0^{2\pi} \dot{f}(y)\,\tilde{\sigma}(x, y)\,d\varphi(y)$$
$$+\, i\,(x - x^0)\,\tilde{f}(x^0)\,. \tag{4.14}$$

Die Lösung u der Randwertaufgabe (4.1), (4.2) hat in $K_R(x^0)$ die Form

$$u(x) = \int_0^{2\pi} \dot{f}(y)\,\sigma(x, y)\,d\varphi(y) - (x_2 - x_2^0)\,\tilde{f}(x^0)\,, \tag{4.15}$$

wobei $\tilde{f}(x^0)$ der Wert der zu f konjugierten Funktion $\tilde{f}$ im Punkt x^0 ist. Aus (4.13) und (3.9) folgt unmittelbar

$$\Delta_2\,u(x) = 0 \quad \text{in} \quad K_R(x^0)$$

$$\frac{\partial u(x)}{dx_1} \to \frac{\partial \dot{u}(y)}{\partial x_1} = \dot{f}(y) \quad \text{auf} \quad \partial K_R(x^0)\,.$$

Zum Schluß zeigen wir noch, daß sich zwei Lösungen u_1 und u_2 der Randwertaufgabe höchstens um eine Funktion der Gestalt $c_1 + c_2\,x_2$ unterscheiden können. Es sei $u = u_1 - u_2$. Daraus folgt

$$\Delta_2\,u = 0\,, \quad \frac{\partial \dot{u}(y)}{\partial x_1} = 0\,.$$

Die Funktion $h(x) = \partial u(x)/\partial x_1$ stellt in $K_R(x^0)$ eine harmonische Funktion mit den Randwerten Null dar. Daher ist $\partial u/\partial x_1 = 0$ in ganz $K_R(x^0)$. Aus $\partial u/\partial x_1 = 0$ folgt

$$u(x) = k(x_2)\,,$$

und wegen $\Delta_2\,u = 0$ gilt

$$k''(x_2) = 0 \quad \text{oder} \quad k(x_2) = c_1\,x_2 + c_2\,.$$

Umgekehrt ist k eine harmonische Funktion mit $\partial u/\partial x_1 = 0$. Damit haben wir in $K_R(x^0)$ eine Lösung der Randwertaufgabe (4.1), (4.2) gefunden. Das Verhalten am Rand $\partial K_R(x^0)$ erfordert gesonderte Betrachtungen. Mit diesen Bemerkungen ist der Satz 4 bewiesen.

Wir wollen nun das Verhalten der Lösung (4.3) in der Nähe des Randes $\partial K_R(x^0)$ untersuchen. Es gilt nach (4.10) und (4.11)

$$W(x, y) = \sigma(x, y) + i\,\tilde{\sigma}(x, y)$$
$$= \frac{1}{2\pi}\Big[-(x_1 - x_1^0) + 2(y_1 - x_1^0)(\log|y - x| - \log|y - x^0|)$$
$$- 2(y_2 - x_2^0)\arg\frac{y - x}{y - x^0} + i\Big\{-(x_2 - x_0^2) + 2(y_2 - x_2^0)(\log|y - x|$$
$$- \log|y - x^0|) + 2(y_1 - x_1^0)\arg\frac{y - x}{y - x^0}\Big\}\Big].$$

Hieraus folgt

$$\sigma(x, y) = \frac{1}{2\pi}\Big[2(y_1 - x_1^0)(\log|y - x| - \log|y - x^0|) - (x_1 - x_1^0)$$
$$- 2(y_2 - x_2^0)\arg\frac{y - x}{y - x^0}\Big]. \tag{4.16}$$

Wir setzen

$$\sigma = \sigma_1 + \sigma_2$$

mit

$$\sigma_1(x, y) = \frac{1}{2\pi}[2(y_1 - x_1^0)(\log|y - x| - \log|y - x^0|) - (x_1 - x_1^0)], \tag{4.17}$$

$$\sigma_2(x, y) = -\frac{1}{\pi}(y_2 - x_2^0)\arg\frac{y - x}{y - x^0}. \tag{4.18}$$

Die im Kern σ_1 auftretende Singularität verhält sich für $x \to y$ wie die Singularität des Logarithmus. Es sei $z \in \partial K_R(x^0)$. Der Kern σ_2 besitzt im Fall $y \in \partial K_R(x^0)$ für $y \to z$ eine Unstetigkeit. Der Sprung ist höchstens $\leqq (2z_2 - x_2^0)\,2\pi$.

Satz 5: *Die Lösung u mit*

$$u(x) = \int_0^{2\pi} f(y)\,\sigma(x, y)\,d\varphi(y)$$

der Randwertaufgabe (4.1), (4.2) *für den Kreis* $K_R(x^0)$, *deren Existenz in Satz 4 bewiesen wurde, läßt sich stetig auf den Rand* $\partial K_R(x^0)$ *fortsetzen. Es gilt für* $z \in \partial K_R(x^0)$ *ebenfalls*

$$u(z) = \int_0^{2\pi} f(y)\,\sigma(z, y)\,d\varphi(y). \tag{4.20}$$

Hierbei ist σ durch (4.16) *erklärt. Die Funktion u ist also eine Lösung der Randwertaufgabe A.*

Beweis: Wir zerlegen u in die Summanden g und h,

$$g(x) = \int_0^{2\pi} f(y)\,\sigma_1(x, y)\,d\varphi(y),$$

$$h(x) = \partial_0^{2\pi} f(y)\,\sigma_2(x, y)\,d\varphi(y).$$

Hierbei ist nach Voraussetzung f stetig, σ_1 und σ_2 sind in (4.17) und (4.18) erklärt.

Das erste Integral über σ_1 enthält als unstetigen Bestandteil das Integral

$$\int_0^{2\pi} [2\dot{f}(y)\,(y_1 - x_1^0)] \log |y - x|\, d\varphi(y)\,,$$

welches als Potential einer einfachen Belegung im R^2 stetig ist.

Wir zeigen nun, daß auch h auf $\partial K_R(x^0)$ stetig erweitert werden kann. Wie wir zuvor erwähnt hatten, besitzt der Kern σ_2 im Punkt $x = z \in \partial K_R(x^0)$ einen Sprung. Daher existiert in jedem Punkt

$$z = Re^{i\varphi(z)} \in \partial K_R(x^0)$$

das Integral

$$h(z) = -2 \int_0^{2\pi} [\dot{f}(y)\,(y_2 - x_2^0)] \arg \frac{z - x}{z - x^0}\, d\varphi(y)\,. \tag{4.21}$$

Es sei $K_\delta(z)$ ein Kreis um den Punkt z mit dem Radius δ,

$$\mathfrak{U}_\delta(z) = K_R(x^0) \cap K_\delta(z)\,.$$

Der Kreis $K_\delta(z)$ schneidet aus der Kreislinie $\partial K_R(x^0)$ einen Bogen aus, welcher von den Winkeln $\varphi(z) - \psi$ und $\varphi(z) + \psi$ begrenzt wird. Es gilt $\psi \to 0$ für $\delta \to 0$. Wir setzen für $x \in \mathfrak{U}_\delta(z)$

$$h_1(x) = \int_0^{\varphi(z)-\psi} \dot{f}(y)\,\sigma_2(x, y)\, d\varphi(y) + \int_{\varphi(z)+\psi}^{2\pi} \dot{f}(y)\,\sigma_2(x, y)\, d\varphi(y)\,,$$

$$h_2(x) = \int_{\varphi(z)-\psi}^{\varphi(z)+\psi} \dot{f}(y)\,\sigma_2(x, y)\, d\varphi(y)\,.$$

Für $z \in K_R(x^0)$, $x \in \mathfrak{U}_\delta(z)$ besteht die Ungleichung

$$|h(z) - h(x)| \leqq |h_1(z) - h_1(x)| + |h_2(z)| + |h_2(x)|\,.$$

Aus der Beschränktheit von σ_2 und der Stetigkeit von $\dot{f}$ folgt die Abschätzung

$$|h_2(x)| \leqq M\,||\dot{f}|| \int_{\varphi(z)-\psi}^{\varphi(z)+\psi} d\varphi = 2\,\psi\, M\,||\dot{f}|| < \frac{\varepsilon}{3}$$

für genügend kleines $\psi < \psi_1(\varepsilon)$. Das bedeutet, daß auch $\delta < \delta_1(\varepsilon)$ sein muß. Damit ist ψ und somit auch $K_\delta(z)$ festgelegt. Der Kern σ_2 ist für $x \in \mathfrak{U}_\delta(z)$ und $y \notin K_\delta(z)$ stetig (man vergleiche hierzu auch die Formeln (4.9) bis (4.11)). Daher gilt

$$|h_1(z) - h_1(x)| < \frac{\varepsilon}{3} \quad \text{für} \quad |x - z| < \delta_2(\varepsilon)\,.$$

Hieraus folgt

$$|h(z) - h(x)| < \varepsilon \quad \text{für} \quad |x - z| < \delta(\varepsilon) = \min\big(\delta_1(\varepsilon), \delta_2(\varepsilon)\big)\,,$$

woraus die Stetigkeit von h und damit auch von $u = g + h$ in jedem Punkt $z \in \partial K_R(x^0)$ folgt. Daher ist u stetig auf $\partial K_R(x^0)$ fortsetzbar, und der Wert $u(x)$ wird durch das Integral

$$u(x) = \int_0^{2\pi} f(y)\, \sigma(x, y)\, d\varphi(y)$$

dargestellt. Damit ist der Beweis von Satz 5 abgeschlossen.

5. Das Balayage-Prinzip der Randwertaufgabe $\Delta_2 u = 0$, $\partial \dot{u}(y)/\partial x_1 = \dot{f}(y)$ für den Kreis

Beim Dirichletschen Problem ist das Balayage-Prinzip von großer Bedeutung. Es stellt eine Beziehung zwischen Potentialen dar. Man gewinnt daraus die Greensche Funktion. Umgekehrt folgt aus der Existenz der Greenschen Funktion die Lösung des Dirichletschen Problems. Wir definieren in diesem Abschnitt ein Balayage-Prinzip für die Randwertaufgabe $\Delta_2 u = 0$, $\partial \dot{u}(y)/\partial x_1 = \dot{f}(y)$ für den Kreis. Für ein beliebiges Gebiet Ω wird dieses Balayage-Prinzip in Abschnitt 8 eingeführt. Die hier angestellten Überlegungen haben nur informativen Charakter.

Die Grundlösung $\Phi\colon \boldsymbol{R}^n \times \boldsymbol{R}^n \to \overline{\boldsymbol{R}}^1$ der Potentialgleichung $-\Delta_n u = 0$ ist durch die Beziehung

$$\int \Phi(x, y)\, \Delta_n \varphi(y)\, dy = \varphi(x) \quad \text{für alle } \varphi \in \mathcal{D}(\boldsymbol{R}^n)$$

und alle $x \in \boldsymbol{R}^n$ erklärt. Es gilt im $\boldsymbol{R}^2$

$$\Phi(x, y) = \frac{1}{2\pi} \log \frac{1}{|x - y|}, \quad x \neq y;\ \Phi(x, x) = +\infty . \tag{5.1}$$

Für $z \notin \overline{K}_R(x^0)$ folgt unmittelbar aus (3.7) die Beziehung

$$\Phi(x, z) = \int_0^{2\pi} \Phi(y, z)\, \tau(x, y)\, d\varphi(y) =: \int \Phi(y, z)\, d\mu_x(y) \tag{5.2}$$

für jedes x im Innern von $K_R(x^0)$. Diese Beziehung besteht auch für $z \in \partial K_R(x^0)$, da das Integral bezüglich z ein Potential einer einfachen Belegung darstellt und somit stetig ist. Die im Punkt x gelegene Einheitsmasse wird durch ein auf $\partial K_R(x^0)$ gelegenes Maß μ_x derart ersetzt, daß auf $\partial K_R(x^0)$ die Beziehung (5.2) besteht. Allgemeiner besteht folgende Aussage (Abschnitt 7): Zu jedem auf $K_R(x^0)$ gelegenen Maß ν existiert ein auf $\partial K_R(x^0)$ gelegenes Maß μ, so daß für alle $z \in \partial K_R(x^0)$

$$\int \Phi(y, z)\, d\nu(y) = \int \Phi(y, z)\, d\mu(y)$$

gilt. Man bezeichnet diesen Sachverhalt als Balayage-Prinzip (man vergleiche etwa G. Anger [3], [4]). Die Funktion G mit

$$G(x, y) := \Phi(x, z) - \int \Phi(y, z)\, d\mu_x(y) \geqq 0 , \tag{5.3}$$

ist die Greensche Funktion der Potentialgleichung für den Kreis $K_R(x^0)$. In dieser Form lassen sich die Ergebnisse der Potentialgleichung für ein beliebiges beschränktes Gebiet $\Omega \subset \boldsymbol{R}^n$ formulieren.

Es sei λ ein auf $\partial K_R(x^0)$ gelegenes positives Maß, welches ein stetiges Potential

$$x \to \Phi\,\lambda(x) := \int \Phi(x, y)\, d\lambda(y) \tag{5.4}$$

erzeugt. Integrieren wir (5.2) mit dem Maß λ, so erhalten wir — unter Beachtung des Satzes von FUBINI —

$$\int \Phi(x, z)\, d\lambda(z) = \int \left(\int \Phi(y, z)\, d\mu_x(y)\right) d\,\lambda(z) = \int \left(\int \Phi(y, z)\, d\lambda(z)\right) d\mu_x(y)\,,$$

oder kurz geschrieben

$$\Phi\,\lambda(x) = \int \Phi\,\lambda(y)\, d\mu_x(y)\,. \tag{5.5}$$

Diese Beziehung gilt auch für alle $\lambda = \lambda^+ - \lambda^-$, wobei λ^+ und λ^- auf $\partial K_R(x^0)$ gelegene positive Maße mit stetigem Potential sind. Die Menge dieser $\Phi\,\lambda$ ist nach Hilfssatz 1 dicht im Raum $C(\partial K_R(x^0))$. Nach dem 1. Satz von HARNACK folgt hieraus

$$f(x) = \int \dot{f}(y)\, d\mu_x(y)\,.$$

Diese Überlegungen dienen uns als Vorbild für alle weiteren Betrachtungen. Es wird bei einer Randwertaufgabe — im voranstehenden Fall des DIRICHLETschen Problems — die Existenz eines auf $K := \partial K_R(x^0)$ gelegenen Maßes γ_x nachgewiesen, so daß für die speziellen Randwerte $(\Phi\,\lambda)_K = \dot{f}$ das Integral

$$\int (\Phi\,\lambda)_K\, d\mu_x = \int \Phi\,\lambda\, d\mu_x =: u(x)$$

die Lösung der Randwertaufgabe für die speziellen Randwerte $(\Phi\,\lambda)_K$ im Punkt x angibt. Hierbei bezeichnet $(\Phi\,\lambda)_K$ die Einschränkung von $\Phi\,\lambda$ auf K. Durch einen Grenzübergang (1. Satz von HARNACK) erhält man die Lösung für $\dot{f} \in C(\partial K_R(x^0))$ im Punkt x. Das Randverhalten dieser Lösung muß gesondert studiert werden. Für unsere spezielle Randwertaufgabe

$$\Delta_2\, u(x) = 0\,, \quad \frac{\partial \dot{u}(y)}{\partial x_1} = \dot{f}(y)$$

konstruieren wir einen der Randwertaufgabe angepaßten Kern Ψ und ein Maß γ_x derart, daß für alle $z \in \partial K_R(x^0)$ die Beziehung

$$\Psi(x, z) = \int \Phi(y, z)\, d\gamma_x(y) \tag{5.6}$$

besteht. Diese Beziehung ist für obige λ äquivalent der Beziehung

$$u(x) = \int \Psi(x, z)\, d\lambda(z) = \int \Phi\,\lambda(y)\, d\gamma_x(y)\,. \tag{5.7}$$

Durch den vorher beschriebenen Grenzübergang folgt hieraus für $\dot{f} \in C(\partial K_R(x^0))$ die Lösung der Randwertaufgabe im Innern von $K_R(x^0)$. Das Rechnen mit den stetigen Potentialen $\Phi\,\lambda$ gewinnt natürlich seine Bedeutung erst bei beliebigen beschränkten Gebieten. Jeder der hier angegebenen Schritte muß bewiesen werden. Für ein beliebiges beschränktes Gebiet $\Omega \subset \boldsymbol{R}^2$ gilt (5.2) auf dem Rand $\partial\Omega$, abgesehen von einer Menge der Kapazität Null. Im Fall des Kreises lassen sich aber diese Überlegungen besonders einfach darstellen. Wir verweisen in diesem Zusammenhang auf die Abschnitte 7 und 8.

Wir wollen jetzt für unsere Randwertaufgabe ein BALAYAGE-Prinzip ableiten. Zu diesem Zweck integrieren wir die Beziehung (3.6) entlang einer in

$K_R(x^0)$ gelegenen rektifizierbaren Kurve $\mathscr{C}$, welche die Punkte x und x^0 verbindet. Dabei ist z stets ein Punkt außerhalb $\overline{K}_R(x^0)$. Es gilt

$$\chi(x, z) = -\frac{1}{2\pi}\int_{x^0}^{x} \big(\log(z-\zeta) - i\arg(z-x^0)\big)\,d\zeta$$

$$= -\frac{1}{2\pi}\int_{x^0}^{x}\left(\int_0^{2\pi}\frac{y+x-2x^0}{2\pi(y-x)}\log|z-y|\,d\varphi(y)\right)d\zeta\,. \tag{5.8}$$

Für den Logarithmus müssen wir diejenigen Werte der RIEMANNschen Fläche von $\log(z-\zeta)$ nehmen, welche sich beim Durchlaufen der in $K_R(x^0)$ gelegenen Kurve $\mathscr{C}$ ergeben. Der Anfangspunkt wird durch $\log(z-x^0)$ bestimmt. Wegen $z \notin K_R(x^0)$ wird der singuläre Punkt $z=\zeta$ niemals erreicht. Beim Durchlaufen der rektifizierbaren Kurve $\mathscr{C}$ werden höchstens n Blätter der RIEMANNschen Fläche durchlaufen. Da auf RIEMANNschen Flächen der CAUCHYsche Integralsatz gilt (H. BEHNKE und F. SOMMER [5], S. 412), ist die linke Seite von (5.4) unabhängig von $\mathscr{C}$. Es sei

$$\Psi(x, z) = \operatorname{Re}\chi(x, z)\,, \quad \widetilde{\Psi}(x, z) = \operatorname{Im}\chi(x, z)\,. \tag{5.9}$$

Es gilt

$$\left.\begin{aligned}\Psi(x, z) = -\frac{1}{2\pi}\big[&-(z_1-x_1)\log|z-x| + (z_1-x_1^0)\log|z-x^0|\\ &+(x_1-x_1^0)+(z_2-x_2)\big(\arg(z-x)-\arg(z-x^0)\big)\big]\,,\\ \widetilde{\Psi}(x, z) = -\frac{1}{2\pi}\big[&-(z_2-x_2)\log|z-x| + (z_2-x_2^0)\log|z-x^0|\\ &+(x_2-x_2^0)-(z_1-x_1)\big(\arg(z-x)-\arg(z-x^0)\big)\big]\,.\end{aligned}\right\} \tag{5.10}$$

Nach (4.7), (4.14) und (4.15) ist

$$-\frac{1}{2\pi}\int_{x^0}^{x}\left(\int_0^{2\pi}\frac{y+x-2x^0}{2\pi(y-x)}\log|z-y|\,d\varphi(y)\,d\zeta\right.$$

$$\left.= -\frac{1}{2\pi}\int_0^{2\pi}\log|z-y|\,(\sigma(x,y)+i\,\tilde{\sigma}(x,y)\right)d\varphi(y)\,.$$

Unter Beachtung von (5.8) und (5.9) folgt hieraus für $z \notin \overline{K}_R(x^0)$

$$\Psi(x, z) = \int_0^{2\pi}\Phi(y, z)\,\sigma(x, y)\,d\varphi(y) =: \int \Phi(y, z)\,d\gamma_x(y)\,. \tag{5.11}$$

Dabei haben wir zur Abkürzung

$$d\gamma_x(y) = \sigma(x, y)\,d\varphi(y)$$

gesetzt. Aus (5.11) folgt unmittelbar

$$\Delta_2\Psi(x, z) = 0 \quad \text{für } x \in K_R(x^0),\ z \notin K_R(x^0)\,,$$

$$\frac{\partial\Psi(x, z)}{\partial x_1} = \Phi(x, z) \quad \text{für } x \in K_R(x^0),\ z \in K_R(x^0)\,.$$

Die Beziehung (5.11) besteht auch für Randpunkte $z \in \partial K_R(x^0)$, da die rechte Seite als Potential einer einfachen Belegung stetig ist. Wir bezeichnen (5.11) als BALAYAGE-Prinzip für die Randwertaufgabe

$$\Delta_2 u = 0\,, \quad \frac{\partial \dot{u}(y)}{\partial x_1} = \dot{f}(y)\,.$$

6. Die Randwertaufgabe $\Delta_2 u = 0$, $d\dot{u}(y)/dn = f(y)$ für den Kreis

In Abschnitt 4 hatten wir die Randwertaufgabe $\partial \dot{u}(y)/\partial x_1 = \dot{f}(y)$ betrachtet. Für jedes $\dot{f} \in C(\partial \Omega)$ existiert mindestens eine Lösung u. Im vorliegenden Fall gibt es — nach bekannten Ergebnissen — nicht für jedes $\dot{f} \in C(\partial \Omega)$ eine Lösung des Randwertproblems

$$q_0\, \dot{u}(y) = \lim_{x \to y} \frac{du(x)}{dn} = \dot{f}(y)\,.$$

Die Annahme der Randwerte ist hierbei im Sinne der Randwertaufgabe C zu verstehen. Wir erbringen den Beweis mit unserer Fortsetzungsmethode (Anmerkung 3), die notwendige und hinreichende Bedingung für die Lösbarkeit der Randwertaufgabe ist von geometrischer Natur. Das NEUMANNsche Problem für ein beliebiges Gebiet läßt sich nicht mit diesen einfachen Überlegungen lösen, sondern führt nach Satz 3 auf eine Integro-Differentialgleichung. Unser Beispiel für den Kreis verfolgt nur den Zweck, die bei unserer Methode auftretenden verschiedenen Möglichkeiten zu diskutieren. Man vergleiche hierzu auch die Anmerkung 6.

Satz 6: *Es sei $K_R(0)$ ein Kreis mit dem Mittelpunkt 0 und Radius R, $Q\,u$ der in (2.10) erklärte Differentialausdruck, $\dot{f}$ eine auf dem Rand $\partial K_R(0)$ erklärte stetige Funktion, f die Lösung des DIRICHLETschen Problems für die Randwerte $\dot{f}$, $\tilde{f}$ die zu f konjugierte harmonische Funktion, $F = f + i\,\tilde{f}$. Jede Lösung u der Randwertaufgabe*

$$\Delta_2 u = 0 \ \ in \ \ K_R(0)\,, \tag{6.1}$$

$$q_0 \dot{u}(y) = \lim_{x \to y} Q\, u(x) = \dot{f}(y) \ \ auf \ \partial K_R(0) \tag{6.2}$$

im Sinne der Randwertaufgabe C ist auch eine Lösung der gewöhnlichen komplexen Differentialgleichung

$$\frac{x}{R}\,\frac{dw(x)}{dx} = F(x)\,. \tag{6.3}$$

Hierbei ist $w = u + i\,v$, v konjugierte harmonische Funktion, in $K_R(0)$ holomorph. Aus (6.3) folgt notwendig

$$F(0) = f(0) + i\,\tilde{f}(0) = 0 \quad mit \quad f(0) = \frac{1}{2\pi}\int_0^{2\pi} \dot{f}(y)\, d\varphi(y) = 0\,. \tag{6.4}$$

Umgekehrt erfülle die Funktion $F = f + i\tilde{f}$ die Bedingung (6.4). *Dann existiert in $K_R(0)$ eine holomorphe Lösung w der Gleichung* (6.3). *Der Realteil $u = \mathrm{Re}\, w$ ist eine Lösung der Randwertaufgabe* (6.1), (6.2) *im Sinne der Randwertaufgabe C.*

Beweis: Die Randwertaufgabe (6.1), (6.2) sei im Sinne der Randwertaufgabe C lösbar. Wegen

$$Q\,u(x)\,Re = \left(\frac{x}{R}\frac{dw(x)}{dx}\right)$$

gilt, wie in Satz 2 bewiesen wurde,

$$\Delta_2\, Q\,u(x) = 0 \text{ in } K_R(0)\,,$$

und wegen (6.2) muß

$$Q\,u(x) = f(x) \text{ in } K_R(0)$$

sein. Hieraus folgt, wie im Teil b) der Beweis von Satz 2,

$$\frac{x}{R}\frac{dw(x)}{dx} = F(x) \text{ in } K_R(0)\,.$$

Da u in $K_R(0)$ harmonisch ist, müssen notwendig $w = u + i\,v$ und dw/dx in $K_R(0)$ holomorph sein. Daher ist auch F/x in $K_R(0)$ holomorph. Das bedeutet aber, daß

$$F(0) = f + i\tilde{f} = 0 \quad \text{und} \quad f(0) = \frac{1}{2\pi}\int_0^{2\pi} \dot{f}(y)\, d\varphi(y) = 0$$

sind. Die letztere Beziehung folgt aus dem POISSONschen Integral (3.10). Es sei umgekehrt für $F = f + i\tilde{f}$ die Beziehung (6.4) erfüllt. Dann ist F/x in $K_R(0)$ holomorph. Die Differentialgleichung (6.3) besitzt für solche F eine holomorphe Lösung w, und diese hat die Gestalt

$$w(x) = \int_{x^0}^{x} \frac{R}{\zeta} F(\zeta)\, d\zeta\,. \tag{6.5}$$

Weiter folgt aus (6.3) für $u = \mathrm{Re}\, w$ das Erfülltsein der Randbedingung

$$q_0\, \dot{u}(y) = \lim_{x\to y} Q(x) = \lim_{x\to y} \mathrm{Re}\, \frac{x}{R}\frac{dw(x)}{dx} = \lim_{x\to y} \frac{du(x)}{dn} = \dot{f}(y)$$

im Sinne der Randwertaufgabe C. Aussagen über das Randverhalten der Lösung $u = \mathrm{Re}\, w$ haben wir hier nicht angestellt. Das Randverhalten von u muß mit Hilfe der Lösungsformel (6.5) untersucht werden. Mit diesen Bemerkungen ist der Satz 6 bewiesen.

Anmerkung 6: *Es sei $Q\,u(x)$ ein Differentialausdruck der Gestalt* (1.8), *das heißt,*

$$Q\,u(x) = \mathrm{Re}\left(\sum_{k=0}^{m} A_k(x)\frac{d^k w(x)}{dx^k}\right).$$

Gilt für ein $x^0 \in \Omega$ stets $A_k(x^0) = 0$ für alle $k = 0, 1, \ldots, m$, so ist nach (Satz 6) die Randwertaufgabe

$$\Delta_2\, u(x) = 0\,, \quad Q\,\dot{u}(y) = \dot{f}(y)$$

nicht für jedes f lösbar.

7. Das DIRICHLETsche Problem für ein beliebiges beschränktes Gebiet Ω

Wir wollen in diesem Abschnitt die wichtigsten Ergebnisse über das DIRICHLETsche Problem zusammenstellen. Wegen der einzelnen Beweise vergleiche man M. BRELOT [7] oder G. ANGER [3], [4]. Wir werden weiterhin einen Hilfssatz beweisen, welcher eine Aussage über die Dichtheit von stetigen Potentialen — deren Masse auf dem Rand $\partial\Omega$ gelegen ist — und der Lösbarkeit des DIRICHLETschen Problems trifft. Man vergleiche hierzu auch die einführenden Betrachtungen von Abschnitt 5.

Da wir in dieser Arbeit unsere Überlegungen meistens im $\boldsymbol{R}^2$ durchführen, betrachten wir die Grundlösung nur in der Ebene. Es gilt

$$\Phi(x, y) = \frac{1}{2\pi} \log \frac{1}{|x-y|}.$$

Dieser Kern strebt bei festem y für $|x| \to \infty$ nach $-\infty$. Aus diesem Grund beschränken wir die Betrachtungen auf eine genügend große Kugel $K_{R_0}(0)$, welche Ω ganz im Inneren enthält. Anstelle von Φ nehmen wir in $K_{R_0}(0)$ die GREENsche Funktion $G_0 \geqq 0$ (vergleiche hierzu (5.3)). Wir verwenden G_0 nur, weil wir später einmal den Hilfssatz 1 benötigen. Dieser Hilfssatz konnte im $\boldsymbol{R}^2$ bisher nicht fur die Grundlösung Φ bewiesen werden. Beim Beweis des Hilfssatzes 1 verwendet man die Beziehung (7.3), welche wesentlich von der Tatsache $G(x, y) \to 0$ für $y \to y^0 \in \partial K_{R_0}(0)$ Gebrauch macht (Anwendung des Maximum-Minimum-Prinzipes). Wir schreiben für G_0 kurz Φ_0,

$$\Phi_0(x, y) = G_0(x, y) > 0 \quad \text{für} \quad x, y \in \partial K_{R_0}(0)\,. \tag{7.1}$$

Es sei $\lambda \geqq 0$ ein Maß, dessen Träger supp λ in $K_{R_0}(0)$ gelegen ist,

$$\Phi_0\lambda(x) := \int \Phi_0(x, \eta)\, d\lambda(\eta) \tag{7.2}$$

das Potential des Maßes λ im Punkt $x \in K_{R_0}(0)$. Mit $F^+(\Phi_0)$ bezeichnen wir die Menge aller $\lambda \geqq 0$ mit supp $\lambda \subset K_{R_0}(0)$ und stetigem Potential $\Phi_0\lambda$,

$$F(\Phi_0) := \{\lambda : \lambda = \lambda_1 - \lambda_2, \lambda_1, \lambda_2 \in F^+(\Phi_0)\}$$

ist der durch $F^+(\Phi_0)$ erzeugte Vektorraum. Weiter sei

$$F^+_{\partial\Omega}(\Phi_0) := \{\lambda : \lambda \in F^+(\Phi_0), \operatorname{supp}\lambda \subset \partial\Omega\}\,,$$

$$F_{\partial\Omega}(\Phi_0) := \{\lambda : \lambda = \lambda_1 - \lambda_2, \lambda_1, \lambda_2 \in F^+_{\partial\Omega}(\Phi_0)\},$$

$$D_{\partial\Omega}(\Phi_0) := \{\Phi\lambda, \lambda \in F_{\partial\Omega}(\Phi)\}\,,$$

$$D(\partial\Omega; \Phi_0) := \{f \in C(\partial\Omega), f(y) = \Phi_0\lambda(y), \lambda \in F_{\partial\Omega}(\Phi_0)\}.$$

Bekanntlich besitzt eine in einem Gebiet harmonische Funktion dort weder ein Maximum noch ein Minimum. Daraus folgt für jedes $\Phi_0\lambda \in D_{\partial\Omega}(\Phi_0)$, da zusätzlich $\Phi_0\lambda(y) = 0$ auf $\partial K_{R_0}(0)$ gilt, aus

$$\Phi_0\lambda(y) \geqq 0 \text{ auf } \partial\Omega \text{ stets } \Phi_0\lambda(x) \geqq 0 \quad \text{in } K_{R_0}(0)\,.$$

Weiter existiert (trivialerweise) ein λ^* mit $\Phi_0\lambda^*(y) > 0$ auf $\partial\Omega$. Aus diesen beiden Tatsachen ergibt sich die Existenz eines auf $\partial\Omega$ gelegenen positiven

Maßes μ_x ([1], S. 3—23), des sogenannten harmonischen Maßes μ_x, so daß in jedem Punkt $x \in K_{R_0}(0) \setminus \partial\Omega$

$$\Phi_0\,\lambda(x) = \int \Phi_0\,\lambda(y)\,d\mu_x(y) \quad \text{für alle} \quad \Phi\,\lambda \in D_{\partial\Omega}(\Phi_0) \tag{7.3}$$

gilt. Unter Anwendung des Satzes von FUBINI erhalten wir

$$\int \Phi_0(x, \eta)\,d\lambda(\eta) = \int \Phi_0\,\mu_x(\eta)\,d\lambda\,(\eta)$$

oder

$$\int \left(\Phi_0(x, \eta) - \Phi_0\,\mu_x(\eta)\right)\,d\lambda(\eta) = 0 \quad \text{für alle} \quad \lambda \in F^+_{\partial\Omega}\Phi_0)\,. \tag{7.4}$$

Diese Beziehung ist nach [2], S. 65, oder [4], S. 71, äquivalent der Aussage

$$\Phi_0(x, \eta) = \Phi_0\,\mu_x(\eta) \quad \text{auf} \quad \partial\Omega\,, \tag{7.5}$$

abgesehen von einer Menge der Kapazität Null. Die Beziehung (7.5) gilt in jedem Punkt $\eta \in \partial\Omega$ genau dann, wenn das DIRICHLETsche Problem für jedes $\dot f \in C(\partial\Omega)$ lösbar ist.

Es sei nun $\nu \geqq 0$ ein Maß mit supp $\nu \subset K_{R_0}(0)$. Dann gibt es ein auf $\partial\Omega$ gelegenes Maß $\mu \geqq 0$, so daß

$$\Phi_0\,\nu(\eta) = \Phi_0\,\mu(\eta) \quad \text{auf} \quad \partial\Omega\,, \tag{7.6}$$

abgesehen von einer Menge der Kapazität Null, gilt (G. ANGER [3]). Man bezeichnet diesen Sachverhalt als BALAYAGE-Prinzip. Die Beziehung (7.6) gilt in jedem Punkt $\eta \in \partial\Omega$ genau dann, wenn das DIRICHLETsche Problem für jedes $\dot f \in C(\partial\Omega)$ lösbar ist (M. RIESZ [13]). Mit Hilfe des harmonischen Maßes μ_x kann man μ berechnen. Es ist

$$\mu(\dot f) = \int \mu_y(\dot f)\,d\nu(y),\, \dot f \in C(\partial\Omega)\,, \tag{7.7}$$

wobei wir μ als stetige Linearform aufgefaßt haben. Wir skizzieren kurz den Beweis von (7.7). Es sei η ein fester Punkt von $\partial\Omega$. Dann ist für $\xi \in \partial\Omega$ die Funktion $\xi \to \Phi_0(\eta, \xi)$ nach unten halbstetig. Mittels monoton wachsender Folgen kann man die Beziehung (7.7) für jedes nach unten halbstetige $\dot f$ erklären. Nach (7.2) (und der symbolischen Schreibweise $\mu(f) = \int f\,d\mu$) ist

$$\mu_y(\Phi_0) = \Phi_0\,\mu_y(\eta) \quad \text{und} \quad \mu(\Phi_0) = \Phi_0\mu(\eta)\,.$$

Hieraus folgt aus (7.7) unter Beachtung von (7.5) sofort (7.6).

Die GREENsche Funktion bezüglich $\partial\Omega$ ist für $x \in K_{R_0}(0)\setminus\partial\Omega$, $y \in K_{R_0}(0)$, erklärt durch

$$G(x, y) := \Phi_0(x, y) - \Phi_0\,\mu_x(y)\,. \tag{7.8}$$

Wir betrachten nun die Abschließung $\overline{\dot D}(\partial\Omega; \Phi_0) \subset C(\partial\Omega)$ bezüglich der Topologie der gleichmäßigen Konvergenz. Es sei $f \in \overline{D}(\partial\Omega; \Phi_0)$. Dann gibt es eine Folge von Potentialen $\Phi\,\lambda_n \in D_{\partial\Omega}(\Phi_0)$, welche auf $\partial\Omega$ gleichmäßig gegen $\dot f$ konvergiert. Nach dem Satz von HARNACK konvergiert diese Folge auf ganz $K_{R_0}(0)$ gleichmäßig gegen eine stetige Funktion, welche in $K_{R_0}(0)\setminus\partial\Omega$ harmonisch ist. Aus (7.3) folgt daher

$$f(x) = \int \dot f(y)\,d\mu_x(y) \quad \text{für} \quad \dot f \in \overline{D}(\partial\Omega; \Phi_0)\,. \tag{7.9}$$

Die Funktion f ist die harmonische Fortsetzung von $\dot f$ und somit die Lösung des DIRICHLETschen Problems für diese $\dot f$.

Hilfssatz 1: *Es sei $\Omega \subset K_{R_0}(0)$ ein Gebiet, $\partial\Omega$ dessen Rand, G die zu $\partial\Omega$ gehörige* GREENsche *Funktion. Es ist $D(\partial\Omega; \Phi_0)$ genau dann dicht in $C(\partial\Omega)$, wenn für alle $x \in K_{R_0}(0)\backslash\partial\Omega$ stets*

$$G(x, y) = \Phi_0(x, y) - \Phi\mu_x(y) = 0 \quad \text{auf } \partial\Omega$$

gilt. In diesem Fall ist also jede Funktion $\dot{f} \in C(\partial\Omega)$ auf $\partial\Omega$ gleichmäßig durch stetige Potentiale $\Phi\,\lambda_n \in D_{\partial\Omega}(\Phi_0)$ approximierbar und das DIRICHLETsche *Problem für jedes $\dot{f} \in C(\partial\Omega)$ lösbar.*

Beweis: a) Die Bedingung $G(x, y) = 0$ für alle $y \in \partial\Omega$ ist notwendig. Wegen

$$\overline{D}(\partial\Omega; \Phi_0) = C(\partial\Omega)$$

gilt nach (7.9) für jedes $\dot{f} \in C(\partial\Omega)$ in jedem Punkt $x \in K_{R_0}(0)\backslash\partial\Omega$ stets

$$f(x) = \int f(y)\, d\mu_x(y)\,.$$

Nach den vor Hilfssatz 1 angestellten Überlegungen ist also das DIRICHLETsche Problem für jedes $\dot{f} \in C(\partial\Omega)$ lösbar. Daher muß notwendig

$$G(x, y) = 0 \quad \text{auf } \partial\Omega$$

sein (M. BRELOT [7], S. 104, M. RIESZ [13]).

b) Es sei jetzt $G(x, y) = 0$ auf $\partial\Omega$ für jeden Punkt $x \in K_{R_0}(0)\backslash\partial\Omega$. Angenommen, es sei

$$\overline{D}(\partial\Omega; \Phi_0) \neq C(\partial\Omega)\,.$$

Dann gibt es nach dem Satz von HAHN-BANACH eine auf $C(\partial\Omega)$ stetige Linearform $L \neq 0$, welche mit Hilfe eines auf $\partial\Omega$ gelegenen Maßes $\mu \neq 0$ in der Form $L(\dot{f}) = \int \dot{f}\, d\mu$ dargestellt werden kann, so daß

$$L(\dot{f}) = 0 \quad \text{für alle} \quad \dot{f} \in \overline{D}(\partial\Omega; \Phi_0) \neq 0$$

ist. Es seien nun μ^+ und μ^- ausgezeichnete positive Maße mit $\mu = \mu^+ - \mu^-$. Aus

$$\int \Phi\,\lambda\, d\mu = 0 \quad \text{für alle} \quad \Phi\,\lambda \in D_{\partial\Omega}\,(\Phi_0)$$

folgt

$$\int \Phi\,\lambda\, d\mu^+ = \int \Phi\lambda\, d\mu^+ \tag{7.10}$$

Wir haben auf $\partial\Omega$

$$G(x, y) = \Phi_0(x, y) - \Phi_0\,\mu_x(y) = 0$$

vorausgesetzt. Es ist $\mu_x \geqq 0$. Wegen

$$\Phi_0(x, y) = \Phi_0\,\mu_x(y) \;\text{ auf } \partial\Omega \tag{7.11}$$

ist das Potential $\Phi_0\,\mu_x$ stetig auf $\partial\Omega$. Nach dem Satz von EVANS-VASILESCO (M. BRELOT [7], S. 44) folgt hieraus die Stetigkeit von $\Phi_0\,\mu_x$ für alle $y \in K_{R_0}(0)$. Also gilt

$$\Phi_0\,\mu_x \in D_{\partial\Omega}(\Phi_0)\,.$$

Wir setzen nun dieses Potential in (7.10) und beachten dabei (7.11). Daher ist

$$\int \Phi_0(x, y)\, d\mu^+(y) = \int \Phi_0(x, y)\, d\mu^-(y)$$

in jedem Punkt $x \in K_{R_0}(0)\backslash\partial\Omega$. Auf $\partial\Omega$ gilt

$$\Phi_0\,\mu^+(x) = \Phi_0\,\mu^-(x)\,,$$

abgesehen von einer Menge der Kapazität Null. Dieser Sachverhalt folgt aus (7.10). Man vergleiche dazu etwa [3], S. 101 oder [4], S. 71. Daher gilt

$$\Phi_0\,\mu^+(x) = \Phi_0\,\mu^-(x) \quad \text{auf} \quad K_{R_0}(0)\,, \tag{7.12}$$

abgesehen von einer Menge der Kapazität Null. Jede Menge der Kapazität Null ist notwendig vom LEBESGUEschen Maß Null. Wir multiplizieren (7.12) mit $\Delta_2\,\varphi$, $\varphi \in \mathcal{D}(\boldsymbol{R}^2)$, $\varphi(y) = 0$ außerhalb $K_{R_0}(0)$, und integrieren über den $\boldsymbol{R}^2$. Es gilt also

$$\int \Phi_0\,\mu^+(x)\,\Delta_2\,\varphi(x)\,dx = \int \Phi_0\,\mu^-(x)\,\Delta_2\,\varphi(x)\,dx\,.$$

Weiter ist

$$\int \Phi_0\,\mu^+(x)\,\Delta_2\,\varphi(x)\,dx = \int \left(\int \Phi_0(x, y)\,d\mu^+(y)\right)\Delta_2\,\varphi(x)\,dx$$

$$= \int \left(\int \Phi_0(x, y)\,\Delta_2\,\varphi(x)\,dx\right)d\mu^+(y) = \int \varphi(y)\,d\mu^+(y)\,.$$

Hierbei haben wir vom Satz von FUBINI und der Beziehung

$$\int \Phi_0(x, y)\,\Delta_2\,\varphi(x)\,dx = \varphi(y)$$

Gebrauch gemacht. Daher folgt aus (7.12) sofort

$$\int \varphi\,d\mu^+ = \int \varphi\,d\mu^- \quad \text{für alle} \quad \varphi \in \mathcal{D}(\boldsymbol{R}^2) \tag{7.13}$$

mit $\varphi(y) = 0$ außerhalb $K_{R_0}(0)$. Es sei $\mathcal{K}(\boldsymbol{R}^2)$ die Menge aller im $\boldsymbol{R}^2$ erklärten stetigen Funktionen mit kompaktem Träger. Nach L. SCHWARTZ [16], S. 22, folgt aus (7.13) sofort

$$\int f\,d\mu^+ = \int f\,d\mu^- \quad \text{für alle} \quad f \in \mathcal{K}(\boldsymbol{R}^2)$$

mit $f(y) = 0$ außerhalb $K_{R_0}(0)$. Das bedeutet aber $\mu^+ = \mu^-$ oder $\mu = \mu^+ - \mu^- = 0$, was einen Widerspruch zu $\mu \neq 0$ darstellt. Also ist unter der Voraussetzung $G(x, y) = 0$ auf $\partial\Omega$, $x \in K_{R_0}(0)\backslash\partial\Omega$, notwendig $\overline{D}(\partial\Omega; \Phi_0) = C(\partial\Omega)$, was zu beweisen war.

Anmerkung: 7 *Die GREENsche Funktion G (gebildet bezüglich Φ_0) ist nichtnegativ* (M. BRELOT [7], S. 101, S. 37). *Gilt für $y \in \partial\Omega$ in einem Punkt $x^0 \in K_{R_0}(0)\backslash\partial\Omega$ die Beziehung $G(x^0, y) = \Phi_0(x^0, y) - \Phi_0\,\mu_{x^0}(y) = 0$, so ist $G(x^0, y) = 0$ für alle x derjenigen zusammenhängenden Komponente von $K_{R_0}(0)\backslash\partial\Omega$, welcher x^0 angehört. Dieser Sachverhalt folgt aus der Tatsache, daß $x \to G(x, y)$, $y \in \partial\Omega$, harmonisch ist und wegen $G(x, y) = 0$ in x^0 kein Minimum — außer $G(x, y) = 0$ — annehmen kann.*

Anmerkung 8: *Wir zeigen an einem Beispiel, daß für $x \in K_{R_0}(0)\backslash\overline{\Omega}$ und $y \in \partial\Omega$ stets $G(x, y) = 0$ ist.*

Beweis: Wir betrachten eine Kreisscheibe mit den Radien R und R_0, $R < R_0$. Für diese existiert die Lösung des DIRICHLETschen Problems (W. I. SMIRNOW [18], S. 574). Speziell für $f(y) = 0$ auf $\partial K_{R_0}(0)$ gilt

$$u(x) = \int_0^{2\pi} f(y)\,\tau(x, y)\,d\varphi(y) =: \int f(y)\,d\mu_x(y)\,.$$

Hierbei ist die Integration über $\partial K_R(0)$ zu erstrecken. Für $z \in K_R(0)$, $|z| < R$, erhalten wir wegen $\Phi_0(\eta, z) = 0$ auf $\partial K_{R_0}(0)$

$$\Phi_0(x, z) = \int \Phi_0(\eta, z)\, d\mu_x(\eta)\,.$$

Da es sich bei dem Potential um das Potential einer einfachen Belegung handelt, gilt voranstehende Beziehung auch für $y \in \partial K_R(0)$ oder

$$G(x, y) = \Phi_0(x, y) - \Phi_0\, \mu_x(y) = 0,\ R < |x| < R_0\,.$$

8. Die Randwertaufgabe $\Delta_2\, u = 0$, $\underset{\cdot}{Q}\, \dot{u}(y) = \partial \dot{u}(y)/\partial x_1 = \dot{f}(y)$ für ein beliebiges beschränktes Gebiet $\Omega \subset R^2$

Wir erbringen in diesem Abschnitt den Existenzbeweis für die Randwertaufgabe (im Sinne der Randwertaufgabe C)

$$\Delta_2 u = 0 \text{ in } \Omega\,, \tag{8.1}$$

$$q_0\, \dot{u}(y) = \lim_{x \to y} \frac{\partial u(x)}{\partial x_1} = \frac{\partial \dot{u}(y)}{\partial x_1} = \dot{f}(y) \text{ auf } \partial\Omega\,. \tag{8.2}$$

Hierbei ist Ω ein beschränktes einfach zusammenhängendes Gebiet, für welches das Dirichletsche Problem für jedes $\dot{f} \in C(\partial\Omega)$ lösbar ist. In Abschnitt 4 hatten wir für einen Kreis $K_R(x^0)$ die Lösung von (8.1), (8.2) explizit angegeben. Mit Hilfe des Balayage-Prinzipes (Formel (8.7)) gewinnen wir die Lösung obiger Randwertaufgabe für die Punkte x innerhalb eines Kreises $K_R(x^0) \subset \Omega$. Sind $K_{R_1}(x^{(1)})$ und $K_{R_2}(x^{(2)})$ zwei Kreise mit nichtleerem Durchschnitt, so unterscheiden sich die in $K_{R_1}(x^{(1)})$ bzw. $K_{R_2}(x^{(2)})$ konstruierten Lösungen u_1 bzw. u_2 in

$$K_{R_1}(x^{(1)}) \cap K_{R_2}(x^{(2)})$$

um eine homogene Lösung von (8.1), (8.2), d. h. eine Lösung für $\dot{f} = 0$. Die Schwierigkeit bei unserem Existenzbeweis besteht nun darin, eine in ganz Ω erklärte eindeutige Lösung u zu finden. Dieses geschieht in Satz 7 mittels eines Kreiskettenverfahren, ähnlich wie bei der Konstruktion einer analytischen Fortsetzung. Wichtige Dienste leistet dabei der Kern Ψ (Formel (5.9)). Wir zeigen beim Beweis des Satzes 7: Zu jedem $x \in \Omega$ existiert ein auf $\partial\Omega$ gelegenes Maß γ_x derart, daß für alle $z \in \partial\Omega$ die Beziehung

$$\Psi(x, z) = \int \Phi(y, z)\, d\gamma_x(y)$$

besteht. Durch Integration mit einem Maß $\lambda \in F_{\partial\Omega}(\Phi)$ folgt hieraus — unter Beachtung des Satzes von Fubini —

$$u(x) := \int \Psi(x, z)\, d\lambda(z) = \int \left(\int \Phi(y, z)\, d\gamma_x(y)\, d\lambda(z) = \int \Phi\, \lambda(z)\, d\gamma_x(z)\,.\right.$$

Für jede kompakte Menge $K \subset \Omega$ gilt $\|\gamma_x\| \leqq M$. Daher kann man letztere Beziehung auf

$$\overline{D}(\partial\Omega;\, \Phi) \subset C(\partial\Omega)$$

erweitern. Für solche $\dot{f} \in \overline{D}(\partial\Omega;\, \Phi)$ ist

$$x \to u(x) = \int \dot{f}(y)\, d\gamma_x(y)$$

eine Lösung der Randwertaufgabe (8.1), (8.2). Wir führen in diesem Abschnitt unsere Überlegungen für den Kern Φ_0 durch (Formel (7.1)). Dies geschieht nur aus technischen Gründen. Bisher konnte der Hilfssatz 1 nur für Φ_0 bewiesen werden. Die voranstehenden einführenden Überlegungen gelten alle auch für Φ_0.

Für den Beweis des Satzes 7 benötigen wir den Hilfssatz 1. Da dieser bisher nur für die GREENsche Funktion $\Phi_0 = G_0$ (Formel (7.1)) eines umfassenden Kreises $K_{R_0}(0)$ bewiesen wurde, führen wir die gesamten Überlegungen für Φ_0 durch.

Es gilt für $x, y \in K_{R_0}(0)$

$$\Phi_0(x, y) := G_0(x, y) = \Phi(x, y) - U_0(x, y) \to 0 \quad \text{für} \quad y \to y^0 \in \partial K_{R_0}(0) \,. \tag{8.3}$$

Hierbei haben wir

$$U_0(x, y) := \int_0^{2\pi} \Phi_0(\eta, y)\, \tau(x, \eta)\, d\varphi(\eta), \quad |\eta| = R_0 \,,$$

gesetzt. Die Funktion τ war in (3.4) und (3.5) erklärt. Es sei $y \in K_{R_0}(0)$ ein fester Punkt. Die zu U_0 konjugierte Funktion sei V_0. Wir setzen

$$W_0(x, y) := U_0(x, y) + i\, V_0(x, y) \,.$$

Nach (3.3) gilt

$$W_0(x, y) = \frac{1}{2\pi} \int_0^{2\pi} \Phi(\eta, y) \frac{\eta + x - 2x^0}{\eta - x}\, d\varphi(\eta) + i\, V_0(0) \,, \quad |\eta| = R_0 \,. \tag{8.4}$$

Es sei $K_R(a) \subset \Omega$ ein Kreis und $x \in K_R(a)$. Für festes $z \in \partial\Omega$ bezeichne $\tilde{\Phi}_0$ die zu Φ_0 konjugierte harmonische Funktion. Wir setzen

$$\mathcal{G}(x, z) := \Phi_0(x, z) + i\, \tilde{\Phi}_0(x, z) \,. \tag{8.5}$$

Nach (3.3) gilt für $z \in \partial\Omega$

$$\mathcal{G}(x, z) = \frac{1}{2\pi} \int_0^{2\pi} \Phi_0(y, z) \frac{y + x - 2x^0}{y - x}\, d\varphi(y) + i\, \tilde{\Phi}_0(a, z), \quad |y| = R \,. \tag{8.6}$$

Aus

$$\Phi_0(x, z) = \Phi(x, z) - U_0(x, z) = -\frac{1}{2\pi} \log |x - z| - U_0(x, z)$$

folgt

$$\tilde{\Phi}_0(x, z) = -\frac{1}{2\pi} \arg (x - z) - V_0(x, z)$$

und

$$\mathcal{G}(x, z) = -\frac{1}{2\pi} \log (x - z) - W_0(x, z) \,. \tag{8.7}$$

Wir setzen

$$H(x, a; z) := \mathcal{G}(x, z) - i\, \tilde{\Phi}_0(a, z) = \Phi_0(x, z) + i\, \big(\tilde{\Phi}_0(x, z) - \tilde{\Phi}_0(a, z)\big) \,. \tag{8.8}$$

Beweis: Es gilt nach (8.12) und (8.13)

$$\chi(x^{(j+1)}, x^{(j)}; z) = \int_{x^{(j)}}^{x^{(j+1)}} H(\zeta, x^{(j)}; z)\, d\zeta = \int_0^{2\pi} \Phi_0(x, z) \left(\sigma(x^{(j+1)}, y) + i\,\tilde{\sigma}(x^{(j+1)}, y)\right) d\varphi(y)$$

und nach (8.11)

$$\tilde{\Phi}_0(x^{(l+1)}, z) - \tilde{\Phi}_0(x^{(l)}, z) = \int_0^{2\pi} \Phi_0(y, z)\, \tilde{\tau}(x, z)\, d\varphi(y)\,.$$

Im ersten Integral ist die Integration über $\partial K_{R_j}(x^{(j)})$ und im zweiten Integral über $\partial K_{R_l}(x^{(l)})$ zu erstrecken. Durch Einsetzen dieser Beziehungen in Formel (8.16) erhält man (8.17), was zu beweisen war.

Satz 7: *Es sei $\Omega \subset \boldsymbol{R}^2$ ein beschränktes einfach zusammenhängendes Gebiet, für welches das* Dirichlet*sche Problem für jedes $\dot{f} \in C(\partial\Omega)$ lösbar ist. Dann gibt es in Ω mindestens eine in Ω harmonische Funktion u, für welche $\partial u(x)/\partial x_1 = f(x)$ gilt. Hieraus folgt $\partial \dot{u}(y)/\partial x_1 = \dot{f}(y)$ auf $\partial\Omega$. Zwei Lösungen dieser Randwertaufgabe unterscheiden sich höchstens um eine Funktion der Gestalt $c_1 + c^2 x^2$.*

Beweis: a) Wir zeigen zuerst, daß sich zwei Lösungen der Randwertaufgabe (8.1), (8.2) höchstens um eine Funktion der Gestalt $c_1 + c_2 x$ unterscheiden. Es seien u_1 und u_2 zwei Lösungen dieser Randwertaufgabe. Dann gilt für $u = u_1 - u_2$

$$\Delta_2\, u = 0 \quad \text{und} \quad \frac{\partial \dot{u}(y)}{\partial x_1} = \frac{\partial \dot{u}_1(y)}{\partial x_1} - \frac{\partial \dot{u}_2(y)}{\partial x_2} = 0\,.$$

Da $\partial u/\partial x_1$ in Ω harmonisch ist und die Randwerte Null besitzt, muß $\partial u(x)/\partial x_1 = 0$ für alle $x \in \Omega$ sein. Hieraus folgt

$$u(x) = k(x_2) \quad \text{und} \quad \Delta_2\, k(x_2) = k''(x_2) = 0\,.$$

Daher ist notwendig

$$k(x_2) = c_1 + c_2\, x_2\,.$$

Da $\Omega \subset \boldsymbol{R}^2$ ein einfach zusammenhängendes Gebiet ist, ist u durch die Vorgabe in einem Kreis $K_R(a) \subset \Omega$ in ganz Ω festgelegt (analytische Fortsetzung). Die Funktion $u = k$ ist in Ω harmonisch. Daher gilt

$$u_1(x) = k(x_2) + u_2(x)\,.$$

b) Wir konstruieren zuerst für den Kreis $K_R(a) \subset \Omega$ die Lösung für die Randwerte $\dot{f} \in C(\partial\Omega)$. Es sei σ die in Satz 4 angegebene Dichte, welche die Randwertaufgabe (8.1), (8.2) für den Kreis $K_R(a)$ löst. Nach (7.7) erzeugt das folgende Integral ein auf $\partial\Omega$ gelegenes Maß γ_x

$$\gamma_x(\dot{f}) := \int_0^{2\pi} \mu_\xi(\dot{f})\, \sigma(x, \xi)\, d\varphi(\xi)\,. \tag{8.18}$$

Bei festem $\dot{f}$ stellt $\xi \to \mu_\xi(\dot{f})$ die Lösung des Dirichletschen Problems für die Randwerte $\dot{f}$ dar. Das Integral (8.18) ist ein Riemannsches Integral. Für $x \notin \partial K_R(a)$ ist σ harmonisch. Hieraus folgt

$$D^\alpha u(x) = \int_0^{2\pi} \mu_\xi(\dot{f})\, D^\alpha \sigma(x, \xi)\, d\varphi(\xi)\,.$$

Daher ist speziell

$$\Delta_2 \gamma_x(\dot{f}) = \int_0^{2\pi} \mu_\xi(\dot{f})\, \Delta_2\, \sigma(x, \xi)\, d\varphi(\xi) = 0$$

und

$$\frac{\partial \gamma_x(\dot{f})}{\partial x_1} = \int_0^{2\pi} \mu_\xi(\dot{f}) \frac{\partial \sigma(x, y)}{\partial x_1} d\varphi(\xi) = \int_0^{2\pi} \mu_\xi(\dot{f})\, \tau(x,\xi)\, d\varphi(\xi)\,.$$

Mit

$$u(x) := \gamma_x(\dot{f}) = \int f(y)\, d\gamma_x(y)$$

haben wir eine Lösung unseres Problems für $K_R(a)$ angegeben.

c) Unter Verwendung der Hilfssätze 2 und 3 konstruieren wir eine Lösung in Ω. Es sei $\mathfrak{C}$ eine in Ω verlaufende Kurve, welche die Punkte a und x verbindet. Wir überdecken $\mathfrak{C}$ mit endlich vielen Kreisen $K_{R_j}(x^{(j)})$, $j = 1, \ldots, k$, $x^{(1)} = a$, derart, daß der Kreismittelpunkt $x^{(j)}$ im Innern von $K_{R_{j-1}}(x^{(j-1)})$ gelegen ist. Es sei stets $z \in \partial\Omega$ ein fester Punkt. Wir betrachten für $x \in \Omega$ die Funktion Ψ_a mit

$$\Psi_a(x, z) = \operatorname{Re} \chi_a(x, z) = \operatorname{Re}\left(\int_a^x H(\zeta, a; z)\, d\zeta\right) = \operatorname{Re}\left(\int_a^x (\mathscr{S}(\zeta, z) - i\, \Phi_0(a, z))\, d\zeta\right). \tag{8.19}$$

Diese Funktion Ψ_a übernimmt für die Randwertaufgabe (8.1), (8.2) die Funktion, wie Φ_0 für das Dirichletsche Problem (Formel (7.5)). Wir zeigen jetzt: Zu jedem Punkt $x \in \Omega$ existiert ein auf $\partial\Omega$ gelegenes Maß γ_x derart, daß

$$\Psi_a(x, z) = \int \Phi_0(y, z)\, d\gamma_x(y) \text{ auf } \partial\Omega \tag{8.20}$$

gilt. Gemäß Formel (7.7) können wir die in (8.17) auftretenden Maße

$$\sigma(x, y)\, d\varphi(y);\; \sigma(x^{(j+1)}, y)\, d\varphi(y);\; (x_2^{(j+1)} - x_2^{(j)})\, \tilde{\tau}(x^{(l)}, y)\, d\varphi(y)\,,$$

welche auf den Kreislinien

$$K_{R_k}(x^{(k)});\quad K_{R_{j+1}}(x^{(j+1)});\quad K_{R_l}(x^{(l)})$$

gelegen sind, durch and $\partial\Omega$ liegene Maße ersetzen, so daß auf $\partial\Omega$ das Potential nicht geändert wird. Wir setzen für $\dot{f} \in C(\partial\Omega)$

$$\gamma_x(\dot{f}) := \int_0^{2\pi} \mu_y(\dot{f})\, \sigma(x, y)\, d\varphi(y) + \sum_{j=1}^{k-1} \int_0^{2\pi} \mu_y(\dot{f})\, \sigma(x^{(j+1)}, y)\, d\varphi(y)$$
$$+ \sum_{j=2}^{k} \sum_{l=1}^{j-1} \int_0^{2\pi} \mu_y(\dot{f})\, (x_2^{(j+1)} - x_2^{(j)})\, \tilde{\tau}(x^{(l)}, y)\, d\varphi(y)\,. \tag{8.21}$$

Hierbei ist nach Vereinbarung $x^{(k+1)} = x$. Von x sind nur abhängig das erste Integral und der Ausdruck

$$(x_2 - x_2^{(k)}) \int_0^{2\pi} \mu_y(\dot{f})\, \tilde{\tau}(x^{(k)}, y)\, d\varphi(y)\,.$$

Die anderen Summanden garantieren, daß durch eine Art „analytische Fortsetzung“ eine in Ω harmonische Funktion entsteht. Aus (8.17) und (8.19) folgt unmittelbar (8.20).

Die in (8.20) erklärte Funktion $\gamma_x(\dot{f})$ kann noch von dem betrachteten Kreis $K_{R_k}(x^{(k)})$ abhängig sein, d. h. für

$$x \in K_{R_j}(x^{(j)}) \cap K_{R_{j+1}}(x^{(j+1)})$$

können die dazugehörigen Werte von $\gamma_x(\dot{f})$ verschieden sein. Wir zeigen nun, daß $x \to \gamma_x(\dot{f})$ eine in Ω eindeutige harmonische Funktion darstellt.

Es sei $\lambda \in F_{\partial\Omega}(\Phi_0)$. Mit diesem λ integrieren wir die Beziehung (8.20) und erhalten

$$u_a(x) := \int \Psi_a(x, z)\, d\lambda(z) = \\ = \int (\int \Phi_0(y, z)\, d\lambda(z)\, d\gamma_x(y) = \int \Phi_0\, \lambda(y)\, d\gamma_x(y)\,. \tag{8.22}$$

Aus (8.21) folgt unmittelbar, daß für $\dot{f} \in C(\partial\Omega)$ die Funktion

$$x \to \gamma_x(\dot{f}) \text{ in } K_{R_k}(x^{(k)}) \tag{8.23}$$

harmonisch ist und γ_x dort der Beziehung

$$\frac{\partial \gamma_x(\dot{f})}{\partial x_1} = \mu_x(\dot{f}) \tag{8.24}$$

genügt. Die Einschränkung von $\Phi_0\, \lambda$ auf $\partial\Omega$ ist ein solches $\dot{f}$.

Nach Konstruktion (Formel (8.15)) ist die Funktion Ψ_a für $z \in \partial\Omega$ harmonisch in Ω. Daher stellt auch die Funktion

$$x \to u_a(x) = \int \Phi_0\, \lambda(y)\, d\gamma_x(y)$$

in Ω eine eindeutige harmonische Funktion dar. Nach (8.24) gilt (lokal)

$$\frac{\partial u_a(x)}{\partial x_1} = \frac{\partial}{\partial x_1} \int \Phi_0\, \lambda(y)\, d\mu_x(y) = \int \Phi_0\, \lambda(y)\, d\gamma_x(y)\,.$$

Wir haben vorausgesetzt, daß für Ω das Dirichletsche Problem lösbar ist. Daraus folgt $G(x, z) = 0$ für jedes $x \in \Omega$ und $z \in \partial\Omega$ (M. Brelot [7], S. 113) und nach Hilfssatz 1

$$\overline{D}(\partial\Omega;\, \Phi_0) = C(\partial\Omega)\,. \tag{8.25}$$

Es sei $\dot{f} \in C(\partial\Omega)$. Wegen (8.25) existiert eine Folge von in Ω harmonischen Funktionen $\Phi_0\, \lambda_n \in D_{\partial\Omega}(\Phi_0)$, welche auf $\partial\Omega$ gleichmäßig gegen $\dot{f}$ konvergieren. Nach dem 1. Satz von Harnack konvergieren diese $\Phi_0\, \lambda_n$ auch auf $\overline{\Omega}$ gleichmäßig gegen die Lösung f des Dirichletschen Problems. Hieraus folgt

$$|\int (\Phi_0\, \lambda_m(y) - \Phi_0\, \lambda_n(y))\, d\gamma_x(y)| \leqq M(x)\, ||\Phi_0\, \lambda_m - \Phi_0\, \lambda_n||\,.$$

Daher konvergieren die in Ω harmonischen Funktionen

$$x \to \int \Phi_0\, \lambda_n(y) d\gamma_x(y)$$

nach dem 1. Satz von HARNACK auf jeder kompakten Teilmenge von Ω gleichmäßig gegen eine harmonische Funktion

$$x \to \int \dot{f}(y)\, d\gamma_x(y)\,.$$

Nach (8. .24) ist

$$\frac{\partial}{\partial x_1} \int \dot{f}(y)\, d\gamma_x(y) = \int \dot{f}(y)\, d\mu_x(y) \to \dot{f}(y) \text{ für } x \to y \in \partial\Omega\,.$$

Wir haben also mit

$$u(x) := \int \dot{f}(y)\, d\gamma_x(y)$$

eine Lösung der Randwertaufgabe (8.1), (8.2) für das Gebiet Ω gefunden. Die Annahme der Randwerte geschieht im Sinne der Randwertaufgabe C, d. h.

$$q_0\, \dot{u}(y) = \lim_{x\to y} Q u(x) = \lim_{x\to y} \frac{\partial u(x)}{\partial x_1} = \dot{f}(y)\,.$$

Untersuchungen über das Randverhalten von u findet man in Abschnitt 11. Mit diesen Bemerkungen ist der Satz 7 bewiesen.

Anmerkung 9: *Für Ω muß nicht notwendig das* DIRICHLET*sche Problem für jedes $\dot{f} \in C(\partial\Omega)$ lösbar sein. Man erhält im allgemeinen Fall die Lösung für jedes $\dot{f} \in \overline{D}(\partial\Omega;\, \Phi_0)$. Das harmonische Maß μ_x ist auch für jedes $\dot{f} \in C(\partial\Omega)$ erklärt; es gilt dann nicht notwendig.*

$$\mu_x(f) \to \dot{f}(y) \textit{ in jedem Randpunkt } y\,.$$

Anmerkung 10: *Wir sagen zur Beziehung* (8.20), *daß sie das* BALAYAGE-Prinzip *der Randwertaufgabe* (8.1), (8.2) *ist. Man vergleiche dazu auch die Beziehung* (5.7). *Die beiden Relationen unterscheiden sich nur durch den benutzten Kern. Man kann* (8.20) *natürlich auch für Φ beweisen. Der Kern Φ_0 wurde nur benutzt, um den Hilfssatz 1 anwenden zu können.*

9. Die Randwertaufgabe $\Delta_2' u = 0$, $Q\, \dot{u}(y) = \dot{f}(y)$, für den Kreis

In Abschnitt 4 hatten wir die Randwertaufgabe

$$Q\, \dot{u}(y) = \frac{\partial \dot{u}(y)}{\partial x_1} = \lim_{x\to y} \operatorname{Re}\left(\frac{dw(x)}{dx}\right) = \dot{f}(y)$$

für einen Kreis vollständig diskutiert. Jetzt betrachten wir den allgemeinen Fall

$$\Delta_2 u = 0\,, \tag{9.1}$$

$$Q\, \dot{u}(y) = \sum_{k=1}^{m} \left(\dot{a}_k(y) \frac{\partial^k \dot{u}(y)}{\partial x_1^k} + \dot{b}_k(y) \frac{\partial^k \dot{u}(y)}{\partial x_1^{k-1}\, \partial x_2} \right) + a_0\, \dot{u}(y) = \dot{f}(y)\,. \tag{9.2}$$

Hierbei seien die $A_k = a_k + i\, b_k$, $k = 1, 2, \ldots, m$, in $K_R(x^0)$ holomorph und stetig auf den Rand $\partial K_R(x^0)$ fortsetzbar; a_0 sei eine reelle Konstante.

Nach Satz 2 genügt jede Lösung u der Randwertaufgabe B in Ω den beiden Differentialgleichungen

$$\Delta_2 u(x) = 0\,, \tag{9.3}$$

$$Q\,u(x) = \sum_{k=1}^{m} \left(a_k(x) \frac{\partial^k u(x)}{\partial x_1^k} + b_k(x) \frac{\partial^k u(x)}{\partial x_1^{k-1}\, \partial x_2} \right) + a_0\, u(x) = f(x)\,. \tag{9.4}$$

Hierbei ist f die Lösung des Dirichletschen Problems. Wir setzen $F = f + i\tilde{f}$, wobei $\tilde{f}$ die zu f konjugierte harmonische Funktion ist. Weiter sei $w = u + i\,v$. Ebenfalls nach Satz 2 sind die voranstehenden beiden partiellen Differentialgleichungen (9.3), (9.4) äquivalent der gewöhnlichen komplexen Differentialgleichung

$$\sum_{k=1}^{m} A_k(x) \frac{d^k w(x)}{dx^k} + a_0\, w(x) = F(x)\,. \tag{9.5}$$

Umgekehrt ist der Realteil u jeder holomorphen Lösung $w = u + i\,v$ von (9.5) eine Lösung der beiden partiellen Differentialgleichungen (9.3), (9.4). Durch zusätzliche Untersuchungen über das Randverhalten von u zeigt man, daß u auch eine Lösung der Randwertaufgabe B oder A ist. Die in diesem Abschnitt betrachteten Randwertaufgaben bilden eine spezielle Klasse. Die Funktionentheorie liefert aber ein so umfangreiches Material zum Studium der gewöhnlichen Differentialgleichung (9.3) bzw. der Randwertaufgabe (9.1), (9.2), daß wir mit dieser speziellen Klasse von Randwertaufgaben schon viele Erfahrungen für die neue Fortsetzungsmethode sammeln können. Es sei nur kurz darauf hingewiesen, daß zu der Randwertaufgabe (9.1), (9.2) auch der Fall gehört, daß sie nicht für jedes $\dot{f} \in C(\partial K_R(x^0))$ lösbar ist. Dieser Fall tritt dann ein, wenn $A_k(b) = 0$ für alle $k = 1, \ldots, m$ und $a_0 = 0$ ist. Man vergleiche hierzu auch die früheren Ausführungen von Abschnitt 6.

Als nächstes stellen wir die wichtigsten Resultate aus der Theorie der gewöhnlichen komplexen Differentialgleichungen zusammen. Einzelheiten darüber findet man etwa bei L. Bieberbach [6] oder J. Horn [10]. Ausgangspunkt für unsere Überlegungen ist die Differentialgleichung (9.5), wobei die Koeffizienten A_k und die Funktion F in einem beschränkten einfach zusammenhängenden Gebiet $\Omega_0 \subset \boldsymbol{R}^2$ erklärt und holomorph sein sollen.

Es sei $A_m \neq 0$ in Ω_0. Unter dieser Voraussetzung besitzt die Differentialgleichung (9.5) für $F = 0$ in Ω_0 stets m linear unabhängige holomorphe Lösungen w_j. Eine Partikalärlösung w von (9.5) gewinnt man mit der sogenannten Variation der Konstanten. Man sucht die Lösung w mit Hilfe des Ansatzes

$$w(x) = \sum_{j=1}^{m} c_j(x)\, w_j(x)$$

zu gewinnen. Hierbei sind die c_j noch zu bestimmende Funktionen. Es gilt, wenn w' die komplexe Ableitung nach x bezeichnet,

$$w'(x) = \sum_{j=1}^{m} c_j(x)\, w_j'(x) + \sum_{j=1}^{m} c_j'(x)\, w_j(x)\,.$$

Man setzt zur Bestimmung der c_j die zweite Summe gleich Null. Bei den weiteren $m - 1$ Ableitungen wird dieser Vorgang wiederholt. Bei der m-ten Ableitung wird

$$\sum_{j=1}^{m} c_j'(x)\, w_j^{(m-1)}(x) = F(x)/A_m(x)$$

gesetzt. Wir erhalten also für die c_j das lineare Gleichungssystem

$$\left.\begin{aligned} &c_1'(x)\, w_1(x) + \cdots + c_m'(x)\, w_m(x) = 0\,,\\ &\vdots \qquad\qquad\quad \vdots\\ &c_1'(x)\, w_1^{(m-2)}(x) + \cdots + c_m'(x)\, w_m^{(m-2)}(x) = 0\,,\\ &c_1'(x)\, w_1^{(m-1)}(x) + \cdots + c_m'(x)\, w_m^{(m-1)}(x) = F(x)/A_m(x)\,. \end{aligned}\right\} \tag{9.6}$$

Das voranstehende Gleichungssystem besitzt, da die WRONSKIsche Determinante

$$D(x) := \begin{vmatrix} w_1(x) & \ldots & w_m(x)\\ \vdots & & \vdots\\ w_1^{(m-1)}(x) & \ldots & w_m^{(m-1)}(x) \end{vmatrix}$$

für die gewöhnliche Differentialgleichung (9.5) im Fall $A_m \neq 0$ von Null verschieden ist, genau m linear unabhängige Lösungen c_j'. Diese haben die Gestalt

$$c_j'(x) = \frac{D_j(x)}{D(x)}\,\frac{F(x)}{A_m(x)}\,.$$

Hierbei ist

$$D_j(x) := (-1)^{m+j+1} \begin{vmatrix} w_1(x) & \ldots\, w_{j-1}(x) & w_{j+1}(x) & \ldots\, w_m(x)\\ \vdots & & & \vdots\\ w_1^{(m-2)}(x) & \ldots\, w_{j-1}^{(m-2)}(x) & w_{j+1}^{(m-2)}(x) & \ldots\, w_m^{(m-2)}(x) \end{vmatrix}.$$

Es bezeichne $\mathfrak{C}$ einen in Ω_0 verlaufenden rektifizierbaren Weg mit den Endpunkten x^0 und x. Dann ist, wenn wir

$$\Delta_j(x) = \frac{D_j(x)}{D(x)\, A_m(x)} \tag{9.7}$$

setzen,

$$c_j(x) = \int_{x^0}^{x} \Delta_j(\zeta)\, F(\zeta)\, d\zeta\,. \tag{9.8}$$

Der Integrand $\Delta_j F$ stellt in Ω_0 eine holomorphe Funktion dar. Also ist auch $(c_j$ eine holomorphe Funktion. Eine Partikulärlösung w von (9.5) hat daher die Gestalt

$$w(x) = \sum_{j=1}^{m} w_j(x) \int_{x^0}^{x} \Delta_j(\zeta)\, F(\zeta)\, d\zeta\,. \tag{9.9}$$

Aus (9.6) und (9.9) folgt unmittelbar

$$\frac{d^l w(x)}{dx^l} = \sum_{j=1}^{m} \frac{d^l w_j(x)}{dx^l} \int_{x^0}^{x} \Delta_j(\zeta)\, F(\zeta)\, d(\zeta, \quad l = 0, 1, \ldots, m-1\,, \tag{9.10}$$

$$\frac{d^m w(x)}{dx^m} = \sum_{j=1}^{m} \frac{d^m w_j(x)}{dx^m} \int_{x^0}^{x} \Delta_j(\zeta)\, F(\zeta)\, d\zeta + \frac{F(x)}{A_m(x)}\,. \tag{9.11}$$

Man kann ebenfalls den Fall $A_m(b) = 0$, $b \in \Omega_0$, betrachten. Dann sind die Lösungen von (9.5) in diesem Punkt nicht notwendig holomorph. Zu diesem Typ von Differentialgleichungen gehören zum Beispiel die BESSELsche Differentialgleichung und die LEGENDREsche Differentialgleichung. Über solche singulären Differentialgleichungen liegt eine ausführliche Theorie vor. Wir gehen in dieser Arbeit nicht näher darauf ein und verweisen nur auf die entsprechende Literatur (L. BIEBERBACH [6], J. HORN [10]).

Unter der Voraussetzung $A_m \neq 0$ hat die Differentialgleichung (9.5) die allgemeine Lösung

$$w(x) = \sum_{j=1}^{m} w_j(x) \int_{x^0}^{x} \Delta_j(\zeta)\, F(\zeta)\, d\zeta + \sum_{j=1}^{m} c_j\, w_j(x)\,. \tag{9.12}$$

Wir konstruieren im Satz 8 eine Lösung u der Aufgabe (9.3), (9.4) mit Hilfe der Differentialgleichung (9.5) und zeigen, daß u eine Lösung der Randwertaufgabe C ist. Das Verhalten der Lösung am Rand wird für einen Kreis $K_R(x^0)$ in Satz 9 und für ein beliebiges beschränktes Gebiet $\Omega \subset \boldsymbol{R}^2$ in Satz 11 untersucht.

Satz 8: *Die Funktionen* $A_k = a_k + i\, b_k$, $k = 1, 2, \ldots, m$, *seien stetig auf* $\overline{K_R(x^0)}$ *und holomorph* $K_R(x^0)$, a_0 *sei eine reelle Konstante. Weiter sei* $A_m \neq 0$ *auf* $K_R(x^0)$. *Unter diesen Voraussetzungen existiert zu jedem* $f \in C(\partial K_R(x^0))$ *im Innern von* $K_R(x^0)$ *mindestens eine Lösung* $u = \operatorname{Re} w$ *der beiden partiellen Differentialgleichungen*

$$\begin{aligned} \Delta_2\, u &= 0\,, \\ Q\, u(x)\, \operatorname{Re} &= \left[\sum_{k=1}^{m} A_k(x) \frac{d^k w(x)}{dx^k} + a_0\, w(x)\right] \\ &= \sum_{k=1}^{m} \left(a_k(x) \frac{\partial^k u(x)}{\partial x_1^k} + b_k(x) \frac{\partial^k u(x)}{\partial x_1^{k-1}\, \partial x_2}\right) + a_0\, u(x) = f(x)\,. \end{aligned} \tag{9.13}$$

Die Lösung von (9.13) *hat die Gestalt*

$$u(x) = \int_0^{2\pi} f(y)\, \sigma(x, y)\, d\varphi(y) + u_h(x)\,. \tag{9.14}$$

Hierbei gilt für jedes feste $y \in \partial K_R(x^0)$, *wenn*

$$W(x, y) = \sigma(x, y) + i\, \tilde{\sigma}(x, y)$$

gesetzt wird ($\tilde{\sigma}$ *konjugierte harmonische Funktion*),

$$\begin{aligned} &\Delta_2\, \sigma(x, y) = 0\,, \\ &\sum_{k=1}^{m} \left(a_k(x) \frac{\partial^k \sigma(x, y)}{\partial x_1^k} + b_k(x) \frac{\partial^k \sigma(x, y)}{\partial x_1^{k-1}\, \partial x_2}\right) + a_0\, \sigma(x, y) \\ &\quad = \operatorname{Re}\left[\sum_{k=1}^{m} A_k(x) \frac{d^k W(x, y)}{dx^k} + a_0\, W(x, y)\right] = \tau(x, y)\,. \end{aligned} \tag{9.15}$$

Der Kern τ *wurde in* (3.4) *erklärt. Mit* u_h *bezeichnen wir den Realteil der allgemeinen Lösung der homogenen Gleichung von* (9.5). *Die Funktion* u *ist außerdem eine Lösung im Sinne der Randwertaufgabe* C.

Beweis: Nach Satz 2 ist jede Lösung u von (9.3), (9.4) bzw. (9.13) eine Lösung von (9.5). Daher läßt sich u — falls eine solche Lösung existiert — als Realteil einer holomorphen Lösung w der komplexen Differentialgleichung

$$\sum_{k=1}^{m} A_k(x) \frac{d^k w(x)}{dx^k} + a_0 w(x) = F(x) \tag{9.16}$$

gewinnen. Die Gleichung (9.16) besitzt wegen $A_m \neq 0$ für jedes holomorphe F nach (9.12) eine holomorphe Lösung der Gestalt

$$w(x) = \sum_{j=1}^{m} w_j(x) \int_{x^0}^{x} \Delta_j(\zeta)\, F(\zeta)\, d\zeta + \sum_{j=1}^{m} c_j\, w_j(x)\,. \tag{9.17}$$

In den weiteren Betrachtungen setzen wir $c_j = 0$. Für den Kreis $K_R(x^0)$ gilt nach (3.3)

$$F(\zeta) = \frac{1}{2\pi} \int_0^{2\pi} \frac{y + \zeta - 2x^0}{y - \zeta} \dot{f}(y)\, d\varphi(y) + i\tilde{f}(x^0)\,.$$

Aus (9.17) folgt

$$w(x) = \sum_{j=1}^{m} w_j(x) \int_{x^0}^{x} \Delta_j(\zeta) \left[\frac{1}{2\pi} \int_0^{2\pi} \frac{y + \zeta - 2x^0}{y - \zeta} \dot{f}(y)\, d\varphi(y) + i\tilde{f}(x^0) \right] d\zeta\,.$$

Die Reihenfolge der Integrationen ist vertauschbar. Einem ähnlichen Sachverhalt begegneten wir in Abschnitt 4. Es gilt also

$$w(x) = \int_0^{2\pi} \dot{f}(y) \left[\sum_{j=1}^{m} w_j(x) \int_{x^0}^{x} \Delta_j(\zeta) \frac{y + \zeta - 2x^0}{2\pi(y - \zeta)} d\zeta \right] d\varphi(y)$$

$$+ i\tilde{f}(x^0) \sum_{j=1}^{m} w_j(x) \int_{x^0}^{x} \Delta_j(\zeta)\, d\zeta\,. \tag{9.18}$$

Wir setzen

$$W(x, y) := \sum_{j=1}^{m} w_j(x) \int_{x^0}^{x} \Delta_j(\zeta) \frac{y + \zeta - 2x^0}{2\pi(y - \zeta)} d\zeta,\ y \in \partial K_R(x^0)\,, \tag{9.19}$$

und

$$H_m(x) := i \sum_{j=1}^{m} w_j(x) \int_{x^0}^{x} \Delta_j(\zeta)\, d\zeta\,.$$

Weiter sei

$$\sigma(x, y) := \operatorname{Re} W(x, y)\,, \quad \tilde{\sigma}(x, y) := \operatorname{Im} W(x, y)\,. \tag{9.20}$$

Unter Beachtung dieser Abkürzungen folgt aus (9.18)

$$w(x) = \int_0^{2\pi} \dot{f}(y)\, W(x, y)\, d\varphi(y) + \tilde{f}(x^0)\, H_m(x)$$

und

$$u(x) = \operatorname{Re} w(x) = \int_0^{2\pi} \dot{f}(y)\, \sigma(x, y)\, d\varphi(y) + \tilde{f}(x^0) \operatorname{Re}(H_m(x))\,. \tag{9.21}$$

Beweis: a_1) Zuerst müssen wir einige Eigenschaften von W beweisen. Für die folgenden Rechnungen vergleiche man auch die einfacheren Rechnungen des Beispieles von Abschnitt 4. Es gilt nach (9.19) für $y \in \partial K_R(x^0)$ und x im Innern von $K_R(x^0)$

$$W(x, y) = \sum_{j=1}^{m} w_j(x) \int_{x^0}^{x} \Delta_j(\zeta) \frac{y + \zeta - 2x^0}{2\pi (y - \zeta)} d\zeta , \tag{9.27}$$

wobei

$$\Delta_j(\zeta) = \frac{D_j(\zeta)}{A_m(\zeta) D(\zeta)}$$

ist. Für $x \to \xi \in \partial K_R(x^0)$ wird der unter dem Integral stehende Kern singulär. Trotzdem bleibt W endlich, was im folgenden gezeigt wird. Aus

$$\frac{y + \zeta - 2x^0}{y - \zeta} = -1 + 2 \frac{(y - x^0)}{y - \zeta}$$

folgt

$$\int_{x^0}^{x} \Delta_j(\zeta) \frac{y + \zeta - 2x^0}{y - \zeta} d\zeta = -\int_{x^0}^{x} \Delta_j(\zeta) d\zeta + 2(y - x^0) \int_{x^0}^{x} \frac{\Delta_j(\zeta)}{y - \zeta} d\zeta . \tag{9.28}$$

Wir setzen

$$a(y, \zeta) = -\log(y - \zeta) + i \arg(y - x^0) ,$$

$$b(y, \zeta) = -(y - \zeta)\big(-\log(y - \zeta) + 1 + i \arg(y - x^0)\big), \quad b(y,y) = 0 .$$

Es gilt

$$\frac{db(y, \zeta)}{d\zeta} = a(y, \zeta) , \qquad y \neq \zeta ,$$

und

$$\frac{da(y, \zeta)}{d\zeta} = \frac{1}{y - \zeta}, \qquad y \neq \zeta .$$

Zu $-\log(y - \zeta)$ haben wir $i \arg(y - x^0)$ hinzugefügt, um $a(y, \zeta)$ und $b(y, \zeta)$ bezüglich y eindeutig zu bekommen. Durch partielle Integration erhalten wir

$$\int_{x^0}^{x} \frac{\Delta_j(\zeta)}{y - \zeta} d\zeta = \Delta_j(x) a(y, x) - \Delta_j(x^0) a(y, x^0) - \int_{x^0}^{x} \frac{d\Delta_j(\zeta)}{d\zeta} a(y, \zeta) d\zeta$$

und durch nochmalige partielle Integration

$$\int_{x^0}^{x} \frac{\Delta_j(\zeta)}{y - \zeta} d\zeta = \Delta_j(x) a(y, x) - \frac{d\Delta_j(x)}{d\zeta} b(y, x)$$

$$- \Delta_j(x^0) a(y, x^0) + \frac{d\Delta_j(x^0)}{d\zeta} b(y, x^0) + \int_{x^0}^{x} \frac{d^2\Delta_j(\zeta)}{d\zeta^2} b(y, \zeta) d\zeta . \tag{9.29}$$

Wir setzen

$$H(x,y;x^0) = -\frac{d\Delta_j(x)}{d\zeta} b(y,x) + \int_{x^0}^{x} \frac{d^2\Delta_j(\zeta)}{d\zeta^2} b(y,\zeta)\,d\zeta$$

$$- \Delta_j(x^0)\,a(y,x^0) + \frac{d\Delta_j(x^0)}{d\zeta} b(y,x^0)\,,$$

und erhalten damit

$$\int_{x^0}^{x} \frac{\Delta_j(\zeta)}{y-\zeta}\,d\zeta = \Delta_j(x)\,a(y,x) + H(x,y;x^0)\,. \tag{9.30}$$

a_2) Die Funktion W nimmt — unter Beachtung der Beziehungen (9.28) bis (9.30) — folgende Gestalt an

$$W(x,y) = \sum_{j=1}^{m} w_j(x)\left(-\frac{1}{2\pi}\right)\int_{x^0}^{x} \Delta_j(\zeta)\,d\zeta$$

$$+ \sum_{j=1}^{m} w_j(x)\left(\frac{(y-x^0)}{\pi}\right)\left(\Delta_j(x)\,a(y,x) + H(x,y;x^0)\right)\,. \tag{9.31}$$

Die holomorphen Funktionen w_j, Δ_j und deren Ableitungen sind auf $\overline{K}_R(x^0)$ beschränkt. Daher gilt für $y \in \partial K_R(x^0)$

$$|W(x,y)| \leqq M_1\,|\log|x-y|| + M_2\,. \tag{9.32}$$

Wegen $\sigma = \operatorname{Re} W$ gilt entsprechend

$$|\sigma(x,y)| \leqq |W(x,y)| \leqq M_1\,|\log|x-y|| + M_2\,.$$

Aus (9.31) folgt

$$\sigma(x,y) = \operatorname{Re} W(x,y) = -h_1(x,y)\log|x-y| + h_2(x,y)\,. \tag{9.33}$$

Die Funktionen h_1 und h_2 sind beschränkt und für $x \neq y$ stetig. Die Unstetigkeit von h_1 und h_2 ist eine Folge der Unstetigkeit von $\arg(y-x)$. Aus (9.33) folgt weiterhin

$$|\sigma(x,y)| \leqq M_1'\,|x-y|^{-\alpha} + M_2'\,, \quad 0 < \alpha < 1/2\,. \tag{9.34}$$

Daher existiert auch für $x \in \partial K_R(x^0)$ das Integral

$$\int_0^{2\pi} f(y)\,\sigma(x,y)\,d\varphi(y)\,, \qquad f \in C(\partial K_R(x^0))\,,$$

und stellt auf $K_R(x^0)$ eine stetige Funktion dar. Der Beweis verläuft in der gleichen Weise wie der Beweis für die Stetigkeit des Potentials einer einfachen Belegung

b) Aus (9.10) und (9.19) folgt für alle α mit $|\alpha| < m$

$$\frac{d^l W(x,y)}{dx^l} = \sum_{j=1}^{m} \frac{d^l w_j(x)}{dx^l} \int_{x^0}^{x} \Delta_j(\zeta)\,\frac{y+\zeta-2x^0}{2\pi(y-\zeta)}\,d\zeta\,. \tag{9.35}$$

Diese Formel unterscheidet sich von (9.27) und (9.31) nur dadurch, daß

$$w_j \text{ durch } \frac{d^l w_j}{dx^l}$$

ersetzt wird. Zur Abkürzung schreiben wir für $l = 0, \ldots, m$

$$S_l(x, y) = \sum_{j=1}^{m} \frac{d^l w_j(x)}{dx^l} \int_{x^0}^{x} \Delta_j(\zeta) \frac{y + \zeta - 2x^0}{2\pi(y - \zeta)} d\zeta . \tag{9.36}$$

Es sei u eine harmonische Funktion. Für $\alpha = (\alpha_1, \alpha_2)$ gilt unter Beachtung der Beziehung

$$\frac{\partial^2 u}{\partial x_1^2} = -\frac{\partial^2 u}{\partial x_2^2}$$

stets

$$D^\alpha u = \frac{\partial^{\alpha_1+\alpha_2} u}{\partial x_1^{\alpha_1} \partial x_2^{\alpha_2}} = (-1)^s \frac{\partial^{\alpha_1+\alpha_2} u}{\partial x_1^{\alpha_1+\alpha_2}} \qquad \text{für} \quad \alpha_2 = 2s ,$$

$$D^\alpha u = \frac{\partial^{\alpha_1+\alpha_2} u}{\partial x_1^{\alpha_1} \partial x_2^{\alpha_2}} = (-1)^r \frac{\partial^{\alpha_1+\alpha_2} u}{\partial x_1^{\alpha_1+\alpha_2-1} \partial x_2} \qquad \text{für} \quad \alpha_2 = 2r + 1 .$$

Da in dem einfach zusammenhängenden Gebiet $\Omega \subset \boldsymbol{R}^2$ die harmonische Funktion u als Realteil einer holomorphen Funktion $w = u + i v$ dargestellt werden kann, folgt aus obigen Formeln

$$D^\alpha u = (-1)^s \frac{\partial^{\alpha_1+\alpha_2} u}{\partial x_1^{\alpha_1+\alpha_2}} = (-1)^s \operatorname{Re}\left(\frac{d^{\alpha_1+\alpha_2} w}{dx^{\alpha_1+\alpha_2}}\right) \qquad \text{für} \quad \alpha_2 = 2s ,$$

$$D^\alpha u = (-1)^r \frac{\partial^{\alpha_1+\alpha_2} u}{\partial x_1^{\alpha_1+\alpha_2-1} \partial x_2} = (-1)^{r+1} \operatorname{Im}\left(\frac{d^{\alpha_1+\alpha_2} w}{dx^{\alpha_1+\alpha_2}}\right) \quad \text{für} \quad \alpha_2 = 2r + 1 .$$

In unserem speziellen Beispiel ist $u(x) = \sigma(x, y)$ und $w = W(x, y)$. In $K_R(x^0)$, $y \in \partial K_R(x^0)$, gilt

$$D^\alpha \sigma(x, y) = (-1)^s \operatorname{Re}\left(\frac{d^{\alpha_1+\alpha_2} W(x, y)}{dx^{\alpha_1+\alpha_2}}\right) \qquad \text{für} \quad \alpha_2 = 2s , \tag{9.37}$$

$$D^\alpha \sigma(x, y) = (-1)^{r+1} \operatorname{Im}\left(\frac{d^{\alpha_1+\alpha_2} W(x, y)}{dx^{\alpha_1+\alpha_2}}\right) \qquad \text{für} \quad \alpha_2 = 2r + 1 . \tag{9.38}$$

Die Funktionen S_l, $l = 1, 2, \ldots, m$, verhalten sich, wie bereits am Anfang von b) erwähnt, in der Umgebung von $x = y$ wie die Funktion $S_0 = W$. Sie sind für $x \neq y$ stetig, und es gilt die Abschätzung

$$|S_l(x, y)| \leqq M_3 \left|\log |x - y|\right| + M_4 . \tag{9.39}$$

Für $l < m$ ist

$$S_l(x, y) = \frac{d^l W(x, y)}{dx^l} .$$

Daher ist $D^\alpha \sigma$ für $x \neq y$ stetig, und es besteht die Ungleichung

$$|D^\alpha \sigma(x, y)| \leqq \left|\frac{d^{\alpha_1+\alpha_2} W(x, y)}{dx^{\alpha_1+\alpha_2}}\right| \leqq M_3 \left|\log |x - y|\right| + M_4 .$$

Das Integral

$$\int_0^{2\pi} \dot{f}(y)\, D^\alpha\, \sigma(x, y)\, d\varphi(y)$$

stellt auf $K_R(x^0)$ eine stetige Funktion dar. Im Inneren von $K_R(x^0)$ kann man Differentiation und Integration vertauschen,

$$\int_0^{2\pi} \dot{f}(y)\, D^\alpha\, \sigma(x, y)\, d\varphi(y) = D^\alpha \int_0^{2\pi} \dot{f}(y)\, \sigma(x, y)\, d\varphi(y) = D^\alpha\, u(x)\,.$$

Damit ist die Formel (9.25) bewiesen.

c) Es sei jetzt $l = m$. Aus (9.11), (9.19) und (9.36) folgt

$$\frac{d^m\, W(x, y)}{dx^m} = S_m(x, y) + \frac{y + x - 2\, x^0}{2\, \pi\, (y - x)\, A_m(x)}$$

oder

$$A_m(x)\, \frac{d^m W(x, y)}{dx^m} = A_m(x)\, S_m(x) + \frac{y + x - 2\, x^0}{2\, \pi\, (y - x)}\,. \tag{9.40}$$

Auch für $l = m$ besteht die Ungleichung (9.39). Daher erzeugen für jedes $\dot{f} \in C(\partial K_R(x^0))$ die Integrale

$$\int_0^{2\pi} \dot{f}(y)\, \mathrm{Re}\, \big(S_m(x, y)\big)\, d\varphi(y) \quad \text{und} \quad \int_0^{2\pi} \dot{f}(y)\, \mathrm{Im}\, \big(S_m(x, y)\big)\, d\varphi(y) \tag{9.41}$$

auf $K_R(x^0)$ eine stetige Funktion. Im Inneren von $K_R(x^0)$ gilt — unter Beachtung von (9.40) —

$$\begin{aligned}
a_m(x)\, \frac{\partial^m u(x)}{\partial x_1^m} + b_m(x)\, \frac{\partial^m u(x)}{\partial x_1^{m-1}\, \partial x_2} &= \int_0^{2\pi} \dot{f}(y) \left(a_m(x)\, \frac{\partial^m \sigma(x, y)}{\partial x_1^m} + b_m(x)\, \frac{\partial^m \sigma(x, y)}{\partial x_1^{m-1}\, \partial x_2}\right) d\varphi(y) \\
&= \int_0^{2\pi} \dot{f}(y)\, \mathrm{Re} \left(A_m(x)\, \frac{d^m W(x, y)}{dx^m}\right) d\varphi(y) \\
&= \int_0^{2\pi} \dot{f}(y)\, \mathrm{Re} \left[A_m(x)\, S_m(x, y) + \frac{y - x - 2\, x^0}{2\, \pi\, (y - x)}\right] d\varphi(y) \\
&= \int_0^{2\pi} \dot{f}(y)\, [a_m(x)\, \mathrm{Re}\, S_m(x, y) + b_m(x)\, \mathrm{Im}\, S_m(x, y)]\, d\varphi(y) \\
&\quad + \int_0^{2\pi} \dot{f}(y)\, \tau(x, y)\, d\varphi(y)\,.
\end{aligned}$$

Der Poissonsche Kern τ wurde in (3.4) eingeführt. Es gilt

$$\int_0^{2\pi} \dot{f}(y)\, \tau(x, y)\, d\varphi(y) \to \dot{f}(\xi) \quad \text{für} \quad x \to \xi \in \partial K_R(x^0)\,.$$

Die Integrale (9.41) stellen auf $K_R(x^0)$ stetige Funktionen dar. Daher existiert der Grenzwert

$$Q_m \dot{u}(y) = \lim_{x \to y} \left(a_m(x) \frac{\partial^m u(x)}{\partial x_1^m} + b_m(x) \frac{\partial^m u(x)}{\partial x_1^{m-1} \partial x_2} \right).$$

und stellt auf $\partial K_R(x^0)$ ebenfalls eine stetige Funktion dar.

Zur Berechnung des Grenzwertes

$$q_m \dot{u}(y) = Q_m \dot{u}(y) + \sum_{k=1}^{m-1} \left(\dot{a}_k(y) \frac{\partial^k \dot{u}(y)}{\partial x_1^k} + \dot{b}_k(y) \frac{\partial^k \dot{u}(y)}{\partial x_1^{k-1} \partial x_2} \right) + a_0 \dot{u}(y)$$

betrachten wir $Q\, u(x)$ für Punkte x innerhalb $K_R(x^0)$ und lassen dann, da in obiger Formel die einzelnen Grenzwerte existieren, x nach einem Randpunkt streben. Nach (9.23) ist

$$Q\, u(x) = f(x) .$$

Da f die Lösung des Dirichletschen Problems ist, gilt

$$f(x) \to \dot{f}(y) \quad \text{für} \quad x \to y \in \partial K_R(x^0) .$$

Hieraus folgt endgültig

$$\lim_{x \to y} Q\, u(x) = q_m \dot{u}(y) = \dot{f}(y) .$$

d) Für $a_m = \text{const.}$ und $b_m = 0$ ist

$$Q_m\, u(x) = a_m \frac{\partial^m u(x)}{\partial x_1^m} .$$

In diesem Fall folgt aus der Existenz von $Q\, \dot{u}(y)$ die Existenz von

$$a_m \frac{\partial^m \dot{u}(y)}{\partial x_1^m} .$$

Die Funktion u ist unter diesen Voraussetzungen auch eine Lösung der Randwertaufgabe A. Mit diesen Bemerkungen ist der Satz 9 bewiesen.

10. Das Balayage-Prinzip der Randwertaufgabe $\Delta_2 u = 0$, $Q\, \dot{u}(y) = \dot{f}(y)$ für den Kreis

Wir führen jetzt ein Balayage-Prinzip für die Randwertaufgabe (9.1), (9.2) für den Kreis $K_R(x^0)$ ein. In Abschnitt 5 hatten wir es in einem speziellen Fall kennengelernt (Beziehung (5.6)). Die hier gewonnenen Ergebnisse finden wir in Abschnitt 11 bei der Konstruktion der Lösung der Randwertaufgabe (9.1), (9.2) für ein beliebiges Gebiet $\Omega \subset \boldsymbol{R}^2$ wieder. Unsere jetzigen Überlegungen haben wiederum nur informativen Charakter.

Für obige Randwertaufgabe gibt es — wie in Abschnitt 5 — einen Kern Ψ, welcher für diese Randwertaufgabe charakteristisch ist und bei festem $z \notin K_R(x^0)$ in $K_R(x^0)$ bezüglich x den beiden Differentialgleichungen

$$\Delta_2 \Psi(x, z) = 0 , \tag{10.1}$$

$$Q\, \Psi(x, z) = \sum_{k=1}^{m} \left(a_k(x) \frac{\partial^k \Psi(x, z)}{\partial x_1^k} + b_k(x) \frac{\partial^k \Psi(x, z)}{\partial x_1^{k-1} \partial x_2} \right) + a_0\, \Psi(x, z) = \Phi(x, z) \tag{10.2}$$

genügt. Es gilt

$$\Psi(x, z) := \operatorname{Re} \chi(x, z) , \tag{10.3}$$

wobei

$$\chi(x, z) := \sum_{j=1}^{m} w_j(x) \int_{x^0}^{x} \Delta_j(\zeta) \left(-\frac{1}{2\pi}\right) (\log (z - \zeta) - i \arg (z - x^0)) \, d\zeta \tag{10.4}$$

gesetzt wurde. Der Beweis folgt aus der Tatsache, daß

$$Q\, u(x) = \operatorname{Re} \left(\sum_{k=1}^{m} A_k(x) \frac{d^k w(x)}{dx^k} + a_0\, w(x) \right)$$

ist und für χ die Beziehung

$$\sum_{k=1}^{m} A_k() \frac{d^k \chi(x, z)}{dx^k} + a_0\, \chi(x, z) = -\frac{1}{2\pi} (\log (z - x) - i \arg (z - x^0))$$

besteht. Weiter setzen wir zur Abkürzung

$$d\gamma_x(y) = \sigma(x, y)\, d\varphi(y) .$$

Es sei x ein fester Punkt im Innern von $K_R(x^0)$. Wir stellen nun Ψ für alle $z \notin K_R(x^0)$ als Potential dar. Hierbei nehmen wir die Betrachtungen von Abschnitt 5 zum Vorbild. Wir setzen in (10.4) die Beziehung (3.6) ein und erhalten für $z \notin \overline{K}_R(x^0)$

$$\chi(x, z) = \sum_{j=1}^{m} w_j(x) \int_{x^0}^{x} \Delta_j(\zeta) \left(\int_0^{2\pi} -\frac{1}{2\pi} \log |y - z| \frac{y + \zeta - 2x^0}{2\pi (y - \zeta)} d\varphi(y) \right) d\zeta .$$

Die Vertauschung der Reihenfolge der Integration ergibt

$$\chi(x, z) = \int_0^{2\pi} -\frac{1}{2\pi} \log |y - z| \left(\sum_{j=1}^{m} w_j(x) \int_{x^0}^{x} \Delta_j(\zeta) \frac{y + \zeta - 2x^0}{2\pi (y - \zeta)} d\zeta \right) d\varphi(y)$$

$$= \int_0^{2\pi} -\frac{1}{2\pi} \log |y - z|\, W(x, y)\, d\varphi(y) = \int_0^{2\pi} \Phi(y, z)\, W(x, y)\, d\varphi(y) . \tag{10.5}$$

Dabei ist der Kern W in (9.19) erklärt. Wegen

$$W(x, y) = \sigma(x, y) + i\, \tilde{\sigma}(x, y) \quad \text{und} \quad \Psi(x, z) = \operatorname{Re} \chi(x, z)$$

gilt für $z \notin \overline{K}_R(x^0)$.

$$\Psi(x, z) = \int_0^{2\pi} \Phi(y, z)\, \sigma(x, y)\, d\varphi(y) =: \int \Phi(y, z)\, d\gamma_x(y) . \tag{10.6}$$

Diese Beziehung gilt auch für $z \in \partial K_R(x^0)$, da das Integral ein Potential einer einfachen Belegung darstellt. Wir bezeichnen (10.6) als Balayage-Prinzip für die Randwertaufgabe (9.1), (9.2) bezüglich des Kreises $K_R(x^0)$. Integrieren wir (10.6) mit einem Maß $\lambda \in F_K(\Phi)$, wobei wir zur Abkürzung $K = \partial K_R(x^0)$ gesetzt haben, so folgt aus (10.6)

$$u(x) := \int \Psi(x, z)\, d\lambda(z) = \int \left(\int \Phi(y, z)\, d\lambda(z) \right) d\gamma_x(y) = \int \Phi\, \lambda(y)\, d\gamma_x(y) . \tag{10.7}$$

Die Funktion

$$x \to u(x) = \int \Phi\,\lambda(y)\,d\gamma_x(y)$$

stellt die Lösung der Randwertaufgabe (9.1), (9.2) für die Randwerte

$$\dot{f}(y) =: (\Phi\,\lambda)_K(y) = \Phi\,\lambda(y)$$

dar. Hierbei bezeichnet $(\Phi\,\lambda)_K$ die Einschränkung von $\Phi\,\lambda$ auf K. Die Beziehung (10.6) läßt sich durch Grenzwertbildung für jedes $f \in \bar{D}(K;\, \Phi)$ erklären. Es ist dann

$$u(x) = \int \dot{f}(y)\,d\gamma_x(y)$$

die Lösung der Randwertaufgabe für die Randwerte $\dot{f}$. Wir machten zu Beginn von Abschnitt 8 darauf aufmerksam, daß das Rechnen mit stetigen Potentialen beim Nachweis der Existenz einer Lösung der Randwertaufgabe für ein beliebiges beschränktes Ω notwendig ist. Die voranstehenden Überlegungen gelten auch für den Kern Φ_0 (Formel (7.1)). Dieser Kern wurde nur aus technischen Gründen benutzt. Für Φ_0 konnte der Hilfssatz 1 bewiesen werden.

11. Die Randwertaufgabe $\Delta_2 u = 0$, $\underset{\sim}{Q}\,\dot{u}(y) = \dot{f}(y)$ für ein beliebiges beschränktes Gebiet

Wir erbringen in diesem Abschnitt den Existenzbeweis für die Randwertaufgabe

$$\Delta_2\,u = 0 \text{ in } \Omega\,, \tag{11.1}$$

$$q_0\,\dot{u}(y) = \lim_{x \to y} Q\,u(x) = \dot{f}(y) \tag{11.2}$$

im Sinne der Randwertaufgabe C. Hierbei ist $Q\,u(x)$ der in (9.1) bis (9.4) beziehungsweise in Beispiel 4 erklärte Differentialausdruck. Die hier angestellten Überlegungen entsprechen denjenigen von Abschnitt 8. Nur der Differentialausdruck $Q\,u$ ist allgemeiner. Das Gebiet $\Omega \subset \boldsymbol{R}^2$ sei stets einfach zusammenhängend und beschränkt. Über das Verhalten von u und seinen Ableitungen $D^\alpha u$ am Rand $\partial\Omega$ geben wir einige spezielle Resultate in Abschnitt 12 an.

Für einen Kreis $\dot{K}_R(x^0)$ hatten wir in Abschnitt 9 die Randwertaufgabe (9.1), (9.2) vollständig behandelt. Wir arbeiten bei einem beliebigen beschränkten Gebiet Ω — für welches das Dirichletsche Problem für jedes $\dot{f} \in C(\partial\Omega)$ lösbar ist — mit dem Kern Φ_0 (Formel (8.3)). Wir haben bereits mehrmals darauf hingewiesen, daß die Benutzung von Φ_0 nur aus technischen Gründen geschieht, weil der Hilfssatz 1 bisher nur für Φ_0 bewiesen werden konnte. Im Fall des Kernes Φ_0 müssen wir die in (10.4) auftretende Funktion

$$-\frac{1}{2\pi}\left(\log(z-x) - \log(z-x^0)\right)$$

durch die in (8.8) eingeführte Funktion

$$H(x, a; z) = \Phi_0(x, z) + i\left(\tilde{\Phi}_0(x, z) - \tilde{\Phi}_0(a, z)\right)$$

ersetzen. Für einen Kreis $K_R(a) \subset \Omega$ sei

$$\chi(x, a; z) := \sum_{j=1}^{m} w_j(x) \int_a^x \Delta_j(\zeta)\, H(\zeta, a; z)\, d\zeta\,, \tag{11.3}$$

$$\Psi_a(x, z) := \operatorname{Re} \chi(x, a; z)\,. \tag{11.4}$$

Hierbei verlaufe der Integrationsweg $\mathfrak{C}$ in $K_R(a)$. Für Punkte $x \in K_R(a)$ gilt nach (8.9) für $z \in \partial\Omega$

$$H(x, a; z) = \frac{1}{2\pi} \int_0^{2\pi} \Phi_0(y, z) \frac{y + x - 2a}{y - x}\, d\varphi(y)\,. \tag{11.5}$$

Setzen wir diese Beziehungen in (11.3) ein und beachten die Rechnungen von Abschnitt 10 und die Formel (10.6), so gilt

$$\Psi_a(x, z) = \int_0^{2\pi} \Phi_0(y, z)\, \sigma(x, y)\, d\varphi(y) =: \int \Phi_0(y, z)\, d\gamma_x'(y)\,. \tag{11.6}$$

Das Maß γ_x' kann nach Formel (7.7) durch ein auf $\partial\Omega$ gelegenes Maß γ_x derart ersetzt werden, daß auf $\partial\Omega$

$$\Psi_a(x, z) = \int \Phi_0(y, z)\, d\gamma_x(y) \tag{11.7}$$

gilt. Die Gleichheit folgt aus der Tatsache, daß für jedes $f \in C(\partial\Omega)$ das DIRICHLETsche Problem lösbar ist. Für Punkte $x \notin K_R(a)$ kann man die Formel (11.6) nicht anwenden. Daher wird wie in Abschnitt 8 der Integrationsweg $\mathfrak{C}$ mit endlich vielen Kreisen überdeckt, und danach werden die entsprechenden einzelnen Summanden als Potentiale dargestellt.

Satz 10: *Es sei $\Omega \subset \boldsymbol{R}^2$ ein beschränktes einfach zusammenhängendes Gebiet, für welches das* DIRICHLET*sche Problem für jedes $f \in C(\partial\Omega)$ lösbar ist. Weiter sei*

$$Q\, u(x) = \operatorname{Re}\left(\sum_{k=1}^{m} A_k(x) \frac{d^k w(x)}{dx^k} + a_0\, w(x)\right), \quad w = u + i v\,,$$

der in (1.8), (1.9) *erklärte Differentialausdruck, wobei $A_m(x) \neq 0$ für alle $x \in \Omega$ gilt. Dann gibt es in Ω mindestens eine Lösung u der beiden Gleichungen*

$$\Delta_2\, u(x) = 0\,, \qquad Q\, u(x) = f(x)\,.$$

Hieraus folgt die Annahme der Randwertaufgabe im Sinne der Randwertaufgabe C, das heißt,

$$q_0\, \dot{u}(y) = \lim_{x \to y} Q\, u(x) = \dot{f}(y)\,.$$

Zwei Lösungen dieser Randwertaufgabe unterscheiden sich höchstens um eine Lösung $u_h = \operatorname{Re} w_h$, wobei w_k der gewöhnlichen komplexen Differentialgleichung

$$\sum_{k=1}^{m} A_k(x) \frac{d^k w(x)}{dx^k} + a_0\, w(x) = i\, c\,, \qquad c \text{ Konstante.} \tag{11.8}$$

genügt. Bezeichnet man mit $\sum_{j=1}^{m} c_j\, w_j$ die allgemeine Lösung der homogenen Differentialgleichung von (11.8), *so hat w_h nach* (9.9) *die Gestalt*

$$w_h(x) = \sum_{j=1}^{m} w_j(x) \left(\int_a^x \Delta_j(\zeta)\, (i\, c)\, d\zeta + c_j\right). \tag{11.9}$$

Beweis: a) Wir stellen zuerst einige allgemeine Betrachtungen an. In unserem Beweis spielt die Funktion

$$(x, z) \to \chi_a(x, y) := \sum_{j=1}^{m} w_j(x) \int_a^x \Delta_j(\zeta)\, H(\zeta, a; z)\, d\zeta \tag{11.10}$$

die entscheidende Rolle. Hierbei verläuft der Integrationsweg $\mathfrak{C}$ ganz in Ω, z ist ein Punkt von $\partial\Omega$. Für $x \in K_R(a)$ ist

$$\chi_a(x, z) = \chi(x, a; z)\,.$$

Wir setzen zur Abkürzung

$$N(x, \zeta) := \sum_{j=1}^{m} w_j(x)\, \Delta_j(\zeta)\,.$$

Dann nimmt (11.10) die Form

$$\chi_a(x, z) = \int_a^x N(x, \zeta)\, H(\zeta, a; z)\, d\zeta$$

an. Für die spezielle Randwertaufgabe von Abschnitt 8 gilt $N(x, z) \equiv 1$.

b) Wir überdecken jetzt den Integrationsweg $\mathfrak{C}$ mit endlich vielen Kreisen $K_{R_s}(x^{(s)})$, $s = 1, \ldots, p$ derart, daß der Kreismittelpunkt $x^{(s+1)}$ im Innern des Kreises $K_{R_s}(x^{(s)})$ gelegen ist. Wir setzen $x^{(1)} = a$ und gebrauchen manchmal die Schreibweise $x^{(p+1)} = x$. Die Formel (8.16) nimmt hier die Gestalt

$$\begin{aligned}\chi_a(x, z) = &\int_{x^{(p)}}^{x} N(x, \zeta)\, H(\zeta, x^{(p)}; z)\, d\zeta + \sum_{s=1}^{p-1} \int_{x^{(s)}}^{x^{(s+1)}} N(x, \zeta)\, H(\zeta, x^{(s)}; z)\, d\zeta \\ &+ i \sum_{s=2}^{p} \left(\int_{x^{(s)}}^{x^{(s+1)}} N(x, \zeta)\, d\zeta \right) \sum_{l=1}^{s-1} \left(\Phi_0(x^{(l+1)}, z) - \Phi_0(x^{(l)}, z) \right)\end{aligned} \tag{11.11}$$

an.

c) Wir stellen nun die Funktion Ψ_a als eine Summe von Potentialen dar. Es gilt nach (11.3) und (11,6)

$$\begin{aligned}\chi(x, x^{(p)}; z) &= \sum_{j=1}^{m} w_j(x) \int_{x^{(p)}}^{x} \Delta_j(\zeta)\, H(\zeta, x^{(p)}, z)\, d\zeta \\ &= \int_{x^{(p)}}^{x} N(x, \zeta)\, H(\zeta, x^{(p)}; z)\, d\zeta = \int_0^{2\pi} \Phi_0(y, z) \left(\sigma(x, y) + i\, \tilde{\sigma}(x, y)\, d\varphi(y)\right)\end{aligned}$$

oder

$$\Psi_{x^{(p)}}(x, z) = \operatorname{Re} \chi(x, x^{(p)}; z) = \int_0^{2\pi} \Phi_0(y, z)\, \sigma(x, y)\, d\varphi(y)\,. \tag{11.12}$$

Hierbei ist die Integration über

$$\partial K_{R_p}(x^{(p)})$$

zu erstrecken. Weiter gilt, wenn die Beziehung (11.5) beachtet wird, für $z \in \partial\Omega$

$$\int_{x^{(s)}}^{x^{(s+1)}} N(x,\zeta)\, H(\zeta, x^{(s)}; z)\, d\zeta = \int_{x^{(s)}}^{x^{(s+1)}} N(x,\zeta) \left(\int_0^{2\pi} \Phi_0(y,z) \frac{y+\zeta-2x^{(s)}}{2\pi(y-\zeta)} d\varphi(y) \right) d\zeta$$

$$= \int_0^{2\pi} \Phi_0(y,z) \left(\int_{x^{(s)}}^{x^{(s+1)}} N(x,\zeta) \frac{y+\zeta-2x^{(s)}}{2\pi(y-\zeta)} d\zeta \right) d\varphi(y)$$

$$= \int_0^{2\pi} \Phi_0(y,z) \left(d^{(s)}(x,y) + i\, \tilde{d}^{(s)}(x,y) \right) d\varphi(y)\,. \qquad (11.13)$$

Dabei haben wir

$$d^{(s)}(x,y) = \mathrm{Re} \left(\int_{x^{(s)}}^{x^{(s+1)}} N(x,\zeta) \frac{y+\zeta-2x^{(s)}}{2\pi(y-\zeta)} d\zeta \right)$$

gesetzt. Weiter ist nach (8.11), wenn dort $x = x^{(l+1)}$ und $a = x^{(l)}$ gesetzt wird,

$$\tilde{\Phi}_0(x^{(l+1)}, z) - \tilde{\Phi}_0(x^{(l)}, z) = \int_0^{2\pi} \Phi_0(y,z)\, \tilde{\tau}(x^{(l+1)}, z)\, d\varphi(y)\,. \qquad (11.14)$$

Wir führen noch folgende Abkürzung ein

$$h_{s,l}(x, x^{(l+1)}; z) := \mathrm{Re}\left[i \left(\int_{x^{(s)}}^{x^{(s+1)}} N(x,\zeta)\, d\zeta \right) \tilde{\tau}(x^{(l+1)}, z) \right].$$

Damit folgt endgültig aus (11.11) unter Beachtung der Beziehungen (11.12), (11.13) und (11.14) für $z \in \partial\Omega$ und $x \in \Omega$

$$\Psi_a(x,z) = \mathrm{Re}\left(\chi_a(x,z)\right) = \int_0^{2\pi} \Phi_0(y,z)\, \sigma(x,y)\, d\varphi(y)$$

$$+ \sum_{s=1}^{p-1} \int_0^{2\pi} \Phi_0(y,z)\, d^{(s)}(x,y)\, d\varphi(y)$$

$$+ \sum_{s=2}^{p} \sum_{l=1}^{s-1} \int_0^{2\pi} \Phi_0(y,z)\, h_{s,l}(x, x^{(l+1)}; z)\, d\varphi(y)\,.$$

Im ersten Integral ist die Integration über $\partial K_{R_p}(x^{(p)})$ zu erstrecken, bei den mittleren Integralen über $\partial K_{R_s}(x^{(s)})$ und bei den letzteren Integralen über $\partial K_{R_l}(x^{(l)})$.

d) Nach Formel (7.7) können wir die in (11.15) auftretenden Maße durch ein auf $\partial\Omega$ gelegenes Maß γ_x derart ersetzen, daß auf $\partial\Omega$ das Potential nicht geändert wird. Es gilt

$$\gamma_x(\dot{f}) = \int_0^{2\pi} \dot{\mu}_y(f)\, \sigma(x, y)\, d\varphi(y) + \sum_{s=1}^{p-1} \int_0^{2\pi} \dot{\mu}_y(f)\, d^{(s)}(x, y)\, d\varphi(y)$$

$$+ \sum_{s=2}^{k} \sum_{l=1}^{s-1} \int_0^{2\pi} \dot{\mu}_y(f)\, h_{s,l}(x, x^{(l+1)}; z)\, d\varphi(y) \tag{11.16}$$

und

$$\Psi_a(x, z) = \int \Phi_0(y, z)\, d\gamma_x(y) \quad \text{für alle} \quad z \in \partial\Omega\,. \tag{11.17}$$

e) Wir stellen nun einige Überlegungen über die Differentiation von Ψ_a an. Es war $\Psi_a(x, y) = \operatorname{Re} \chi(x, z)$, wobei χ_a in (11.10) und (11.11) erklärt worden war. Ψ_a genügt als Realteil einer bezüglich x holomorphen Funktion χ_a der Potentialgleichung

$$\Delta_2\, \chi_a(x, z) = 0\,, \quad z \in \partial\Omega\,.$$

In (11.11) sind die Funktionen

$$x \to g(x) := \int_{x^{(s)}}^{x^{(s+1)}} N(x), \zeta)\, H(\zeta, x^{(s)}; z)\, d\zeta = \sum_{j=1}^{m} w_j(x) \int_{x^{(s)}}^{x^{(s+1)}} \Delta_j(\zeta)\, H(\zeta, x^{(s)}; z)\, d\zeta$$

und

$$x \to h(x) := i \int_{x^{(s)}}^{x^{(s+1)}} N(x, \zeta)\, d\zeta = \sum_{j=1}^{m} w_j(x) \int_{x^{(s)}}^{x^{(s+1)}} \Delta_j(\zeta)\, d\zeta$$

für $s \leqq p - 1$ Lösungen der homogenen Gleichung

$$\sum_{k=1}^{m} A_k(x) \frac{d^k w(x)}{dx^k} + a_0\, w(x) = 0\,.$$

Für $s = p$ gilt, da $x^{(p+1)} = x$ beachtet werden muß,

$$\sum_{k=1}^{m} A_k(x) \frac{d^k h(x)}{dx^k} + a_0\, h(x) = i\,,$$

also ist $u_h = \operatorname{Re} h$ eine Lösung der homogenen Gleichung

$$Q\, u_h(x) = \operatorname{Re}\Bigl(\sum_{k=1}^{m} A_k(x) \frac{d^k h(x)}{dx^k} + a_0\, h(x)\Bigr) = 0\,.$$

Daher gibt nur das Integral

$$\chi(x, x^{(p)}; z) = \int_{x^{(p)}}^{x} N(x, \zeta)\, H\bigl(\zeta, (x^{(p)}; z)\, d\zeta = \sum_{j=1}^{m} w_j(x) \int_{x^{(p)}}^{x} \Delta_j(\zeta)\, H(\zeta, x^{(p)}; z)\, d\zeta$$

einen Beitrag für die inhomogene Gleichung. Nach Konstruktion gilt

$$\sum_{k=1}^{m} A_k(x) \frac{d^k \chi(x, x^{(p)}; z)}{dx^k} + a_0\, \chi(x, x^{(p)}; z) = H\,(\zeta, x^{(p)}; z)$$

$$= \Phi_0(x, z) + i\bigl(\tilde{\Phi}_0(x, z) - \tilde{\Phi}_0(x^{(p)}, z)\,.$$

Hieraus folgt, da nach den vorhergehenden Ausführungen die anderen Summanden von (11.11) keinen Beitrag für die inhomogene Gleichung liefern

$$Q\,\Psi_a(x,z) = \sum_{k=1}^{m}\left(a_k(x)\frac{\partial^k \Psi_a(x,z)}{\partial x_1^k} + b_k(x)\frac{\partial^k \Psi_a(x,z)}{\partial x_1^{k-1}\,\partial x_2}\right) + a_0\,\Psi_a(x,z) = \Phi_0(x,z)\,. \tag{11.18}$$

f) Die weiteren Überlegungen entsprechen denjenigen des Beweises von Satz 7. Durch Integration mit einem $\lambda \in F_{\partial\Omega}(\Phi_0)$ erhalten wir

$$u_a(x) := \int \Psi_a(x,y)\,d\lambda(y) = \int \Phi\,\lambda(z)\,d\gamma_x(z)\,. \tag{11.19}$$

Die Funktion u_a stellt die Lösung unserer Randwertaufgabe für die speziellen Randwerte $\dot f(y) = (\Phi\,\lambda)_{\partial\Omega}(y)$ dar. Hierbei bezeichnet $(\Phi\,\lambda)_{\partial\Omega}$ die Einschränkung von $\Phi\,\lambda$ auf $\partial\Omega$. Durch einen Grenzübergang folgt die Lösung in Ω für beliebiges

$$\dot f \in \overline{D}(\partial\Omega;\,\Phi_0) = C(\partial\Omega)\,,$$

wobei die Beziehung $\overline{D}(\partial\Omega;\,\Phi_0) = C(\partial\Omega)$ wegen der Lösbarkeit des Dirichletschen Problems für jedes $\dot f \in C(\partial\Omega)$ gilt. Es ist

$$u(x) = \int \dot f(y)\,d\gamma_x(y)\,,\qquad \dot f \in C(\partial\Omega)\,. \tag{11.20}$$

Da in Ω immer $\Delta_2\,u = 0$ und $Q\,u(x) = f(x)$ ist, folgt hieraus die Annahme der Randwerte im Sinne der Randwertaufgabe C, d. h.

$$q_0\,\dot u(y) = \lim_{x\to y} Q\,u(x) = \dot f(y)\,.$$

Wir hatten $A_m \neq 0$ vorausgesetzt. Im voranstehenden Beweis wurde die Lösung für jedes $\dot f \in C(\partial\Omega)$ angegeben. In Abschnitt 6 zeigten wir an einem Beispiel, daß für $A_m(x^0) = 0$, $x^0 \in \Omega$, die Lösung nicht für jedes $\dot f \in C(\partial\Omega)$ existiert.

d) Wir zeigen zum Schluß, daß sich zwei Lösungen unserer Randwertaufgabe um eine Lösung u_h der homogenen Gleichung $Q\,u = 0$ unterscheiden. Dabei ist — auf Grund unserer Voraussetzungen über $Q\,u$ — die Funktion u_h der Realteil einer holomorphen Funktion w_h, welche der Differentialgleichung (11.8) genügt. Es seien also u_1 und u_2 zwei Lösungen der beiden Gleichungen

$$\Delta_2\,u(x) = 0\,,\qquad Q\,u(x) = f(x)\,.$$

Dann genügt $u_h = u_1 - u_2$ den Gleichungen

$$\Delta_2\,u_h(x) = 0\,,\qquad Q\,u_h(x) = 0\,.$$

Zu u_h existiert eine konjugierte harmonische Funktion v_h. Dann ist $w = u_h + iv_h$ in (dem einfach zusammenhängenden Gebiet) $\Omega \subset \boldsymbol{R}^2$ eindeutig und holomorph. Wenden wir die Beweistechnik von Satz 7, Teil b) auf den vorliegenden Fall ($Q\,u_h = 0$) an, so muß w_h der gewöhnlichen komplexen Differentialgleichung

$$\sum_{k=1}^{m} A_k(x)\frac{d^k w_h(x)}{dx^k} + a_0\,w_h(x) = i\,c\,,\qquad c \text{ Konstante}, \tag{11.21}$$

genügen. Hierzu ist zu beachten, daß die zu $f(x) \equiv 0$ konjugierte Funktion $\tilde{f}$ eine Konstante ist. Der Realteil $u_h = R_h\, w_h$ ist stets eine Lösung der homogenen Gleichung

$$Q\, u_h(x) = \sum_{k=1}^{m} \left(a_k(x) \frac{\partial^k u_h(x)}{\partial x_1^k} + b_k(x) \frac{\partial^k u_h(x)}{\partial x_1^{k-1}\, \partial x_2} \right) + a_0\, u_h(x)$$

$$= \operatorname{Re} \left(\sum_{k=1}^{m} A_k(x) \frac{d^k w_h(x)}{dx^k} + a_0\, w_h(x) \right) = 0\,.$$

Die allgemeine Lösung w_h von (11.19) hat dann nach (9.9) die Gestalt (11.9). Mit diesen Bermekungen ist der Satz 10 bewiesen.

Anmerkung 10: *Wir bezeichenn die Beziehung* (11.17) *als* BALAYAGE-*Prinzip der Randwertaufgabe* (9.1), (9.2) *für das Gebiet* Ω.

12. Das Randverhalten der Lösungen u der Randwertaufgabe $\Delta_2 u = 0,\ Q\, \dot{u}(y) = \dot{f}(y)$

Wir haben in den Sätzen 5 und 9 für den Kreis $K_R(x^0)$ vollständig das Randverhalten der Lösungen der Randwertaufgaben

$$\Delta_2 u = 0\,, \quad \frac{\partial \dot{u}(y)}{\partial x_1} = \dot{f}(y) \quad \text{und} \quad \Delta_2 u = 0\,, \quad Q\, \dot{u}(y) = \dot{f}(y)$$

untersuchen können. Hierbei war $Q\,u$ der in Beispiel 4 erklärte Differentialausdruck. Dabei setzten wir bei den Randuntersuchungen für $Q\,u$ zusätzlich voraus, daß die Koeffizienten A_k in einem $K_R(x^0)$ umfassenderen Kreis $K_{R'}(x^0)$ holomorph sind. Die Beweise wurden unter Verwendung der expliziten Gestalt der Lösungen dieser Randwertaufgaben geführt. In einem beliebigen beschränkten Gebiet ist nur das Maß γ_x bekannt, welches die Randwertaufgabe in Ω in der Gestalt

$$u(x) = \int \dot{f}(y)\, d\gamma_x(y)$$

löst. Zum Studium des Randverhaltens von u benötigt man weitere Eigenschaften von γ_x, zum Beispiel die gleichmäßige Beschränktheit der Norm $\|\gamma_x\|$. Diese Beschränktheit können wir vorläufig nur für einen Kreis $K_R(x^0)$ beweisen. Daher stellen wir im folgenden nur Untersuchungen für Gebiete an, für welche die Randpunkte $y \in \partial\Omega$ auch Randpunkte von Kreisen $K_R(b) \subset \overline{\Omega}$ sind. Um später auch Aussagen für ein beliebiges beschränktes Gebiet $\Omega \subset \boldsymbol{R}^2$ treffen zu können, müßte man das Kreiskettenverfahren durch ein besseres Verfahren ersetzen. Das Maß γ_x müßte sich dann günstiger abschätzen lassen. Die Ursache dafür, daß wir ein solches Verfahren noch nicht entwickeln konnten, liegt in $\boldsymbol{R}^2$ darin begründet, daß in der Formel (11.3) Integrale bezüglich des Argumentes $\arg(\zeta - z) - \arg(x^0 - z)$ auftreten und für diese Integrale noch keine Potentialdarstellung

$$\int \Phi_0(x, y)\, d\mu(y)$$

gefunden werden konnte. Über die CAUCHY-RIEMANNschen Differentialgleichung kann man jedoch $\arg(\zeta - z) - \arg(x^0 - z)$ mit Hilfe der ersten partiellen Ableitungen von $\log(\zeta - z)$ darstellen.

Satz 11: *Es sei $\Omega \subset \boldsymbol{R}^2$ ein beschränktes Gebiet mit der Eigenschaft, daß zu jedem Randpunkt $z \in \partial\Omega$ ein ganz in $\overline{\Omega}$ gelegener Kreis $K_R(b)$ mit $z \in \partial K_R(b)$ existiert. Außerdem sei für Ω das* Dirichletsche *Problem für jedes $\dot{f} \in C(\partial\Omega)$ lösbar. Sind die in Satz 10 angegebenen Funktionen A_k in einem Ω umfassenden Gebiet Ω^* holomorph, so besitzt die im Satz 10 für Ω konstruierte Lösung u Randwerte in dem Sinne*

$$u(z) = \lim_{\substack{x \to y \\ x \in K_R(b)}} u(x) \tag{12.1}$$

und es gilt

$$u(z) = \int \dot{f}(y)\, d\gamma_z(y)\,. \tag{12.2}$$

Hierbei ist γ_z ein auf $\partial\Omega$ gelegenes Maß.

Beweis: In a) zeigen wir, daß $\|\gamma_x\| \leqq M$ für alle $x \in K_R(b)$ gilt, in b) wird für $z \in \partial\Omega$ und $x \in K_R(b)$ die Beziehung

$$\lim_{x \to z} \int \Psi_a(x, y)\, d\lambda(y) = \int \Psi_a(z, y)\, d\lambda(y) \quad \text{für jedes} \quad \lambda \in F_{\partial\Omega}(\Phi_0)$$

bewiesen. Mit Hilfe des Satzes von Banach-Steinhaus zeigen wir in c)

$$\lim_{x \to y} \int \dot{f}(y)\, d\gamma_x(y) = \int \dot{f}(y)\, d\gamma_z(y)\,.$$

a) Wir betrachten einen Integrationsweg $\mathfrak{C}$, welcher durch die Punkte $x^{(1)} = a$ und $x^{(p)} = b$ geht, und betrachten auf $\mathfrak{C}$ zuerst nur die 3 Punkte $x^{(p)}$, $x^{(1)}$ und x. Dann gilt für $x \in K_R(b)$ die Formel (11.11), d. h.

$$\chi_a(x, z) = \int_b^x N(x, \zeta)\, H(\zeta, b; z)\, d\zeta + i \int_a^b N(x, \zeta)\, d\zeta \big(\tilde{\Phi}_0(b, z) - \tilde{\Phi}_0(a, z)\big)\,. \tag{12.3}$$

Wichtigster Bestandteil ist die holomorphe Funktion

$$x \to \chi(x, b; z) = \int_b^x N(x, \zeta)\, H(\zeta, b; z)\, d\zeta = \sum_{j=1}^m w_j(x) \int_b^x \Delta_j(\zeta)\, H(\zeta, b; z)\, d\zeta\,. \tag{12.4}$$

Nach (11.12) gilt

$$\Psi_b(x, z) = \operatorname{Re} \chi(x, b; z) = \int_0^{2\pi} \Phi_0(y, z)\, \sigma_b(x, y)\, d\varphi(y)\,,$$

und nach (9.33) besteht für σ_b die Beziehung

$$\sigma_b(x, y) = -\, h_1(x, y) \log |x - y| + h_2(x, y)\,,$$

wobei die Funktionen h_1 und h_2 beschränkt sind. Hieraus folgt

$$\sup_{\|\dot{f}\| = 1} \int_0^{2\pi} \dot{f}(y)\, \sigma_b(x, y)\, d\varphi(y) = \int_0^{2\pi} |\sigma_b(x, y)|\, d\varphi(y) \leqq M_1 \tag{12.5}$$

für alle $x \in K_R(b)$. Beachten wir in (11.16) auf $\partial K_R(b)$ die Beziehung $\mu_y(\dot{f}) = \dot{f}(y)$, so gilt für das die Lösung der Randwertaufgabe darstellende Maß γ_x

$$\gamma_x(\dot{f}) = \int_0^{2\pi} \dot{f}(y)\, \sigma_b(x, y)\, d\varphi(y) + \sum_{s=1}^{p-1} \int_0^{2\pi} \mu_y(\dot{f})\, d^{(s)}(x, y)\, d\varphi(y)$$
$$+ \sum_{s=2}^{p} \sum_{l=1}^{s-1} \int_0^{2\pi} \mu_y(\dot{f})\, h_{s,l}(x, x^{(l+1)}; z)\, d\varphi(y)\,.$$

In den Summen sind bezüglich x nur die Größen

$$d^s(x, y) = \mathrm{Re}\left(\int_{x^{(s)}}^{x^{(s+1)}} N(x, \zeta) \frac{y + \zeta - 2\,x^{(s)}}{2\,\pi\,(y - \zeta)}\right) d\zeta\,, \quad s \leqq p - 1\,,$$

$$h_{s,\,l}(x, x^{(l+1)}; z) = \mathrm{Re}\, i \left(\int_{x^{(s)}}^{x^{(s+1)}} N(x, \zeta)\, d\zeta\right) \tilde{\tau}(x^{(l+1)}, z)\,, \quad 1 \leqq s - 1\,, \quad s \leqq p\,,$$

mit

$$N(x, \zeta) = \sum_{j=1}^{m} w_j(x)\, \Delta_j(\zeta)$$

abhängig. Da die w_j in einem $\overline{\Omega}$ umfassenden Gebiet Ω^* holomorph sind, besteht auf $\overline{\Omega}$ die Ungleichung

$$|N(x, \zeta)| \leqq M^*\,.$$

Hieraus und aus der Ungleichung (12.5) folgt

$$||\gamma_x|| = \sup_{||f|| \leq 1} \int f(y)\, d\gamma_x(y) \leqq M \quad \text{für alle} \quad x \in K_R(b)\,. \qquad (12.6)$$

b) Zum Beweis der Beziehung

$$\lim_{x \to y} \int \Psi_a\,(x, y)\, d\lambda(y) = \int \Psi_a(z, y)\, d\lambda(y) \;\text{ für jedes } \lambda \in F^+_{\partial\Omega}(\Phi_0)\,, \qquad (12.7)$$

wobei $z \in \partial\Omega$ ein fester Punkt und $x \in K_R(b)$ ist, stellen wir folgende umfangreichen Rechnungen an. Ausgangspunkt hierzu ist die Zerlegung (12.3). Das zweite Integral ist wegen

$$N(x, \zeta) = \sum_{j=1}^{m} w_j(x)\, \Delta_j(\zeta)$$

im Punkt $z \in \partial\Omega$ stetig. Nach (8.8) gilt

$$H(x, b; y) = \Phi_0(x, y) + i\big(\tilde{\Phi}_0(x, y) - \tilde{\Phi}_0(b, y)\big)$$

mit

$$\Phi_0(x, y) = \frac{1}{2\,\pi} \log \frac{1}{|x - y|} - U_0(x, y)\,, \qquad \tilde{\Phi}_0(x, y) = -\frac{1}{2\,\pi} \arg(x - y) - V_0(x, y)\,.$$

Hieraus folgt für $|x - y| \leqq 1$

$$|\Phi_0(x, y)| \leqq \frac{1}{2\,\pi} \log \frac{1}{|x - y|} + M_1\,, \qquad |\tilde{\Phi}_0(x, y)| \leqq M_2$$

und

$$|H(x, b; y)| \leqq \frac{1}{2\,\pi} \log \frac{1}{|x - y|} + M \quad \text{für} \quad |x - y| \leqq 1\,. \qquad (12.8)$$

Wir betrachten nun

$$\Psi_b(z, y) - \Psi_b(x, y)\,.$$

Hierbei soll der Integrationsweg von $x \in K_R(b)$ nach $z \in \partial\Omega$ das durch x und z gehende Geradenstück sein. Es gilt

$$|\Psi_l(z, y) - \Psi_b(x, y)| \leqq |\chi(z, b; y) - \chi(x, b; y)|$$

$$\leqq \left| \int_b^z N(z, \zeta)\, H(\zeta, b; y)\, d\zeta - \int_b^x N(z, \zeta)\, H(\zeta, b; y)\, d\zeta \right|$$

$$+ \left| \int_b^x N(x, \zeta)\, H(\zeta, b; y)\, d\zeta - \int_b^x N(z, \zeta)\, H(\zeta, b; y)\, d\zeta \right| =: I_1(x, y) + I_2(x, y)\,.$$

Es sei $K_{R_0}(z)$ ein Kreis mit einem Radius $R_0 < 1/2$. Für $x, y \in K_{R_0}(z)$ besteht wegen (12.8), wenn wir die Additivität der Integrale beachten, folgende Abschätzung

$$|I_1(x, y)| = \left| \int_x^z N(x, \zeta)\, H(\zeta, b; y)\, d\zeta \right| \leqq M^{(0)} \int_x^z |H(\zeta, b; y)|\, |d\zeta|$$

$$\leqq M^{(1)} \int_x^z \log \frac{1}{|\zeta - y|}\, |d\zeta| + M^{(2)}\,.$$

Wir beschäftigen uns jetzt mit dem letzten Integral und setzen $|d\zeta| = ds(\zeta)$. Es sei für $x^* \in K_R(b)$

$$u(x^*, \xi; y) = \int_{x^*}^{\xi} \log \frac{1}{|\zeta - y|}\, ds(\zeta)\,; \qquad x^*, \xi, y \in K_{R_0}(z)\,.$$

Hierbei wird die Integration längs eines Geradenstückes $\mathfrak{C}^* \in K_R(b)$ erstreckt, welches die Punkte x^* und $z \in \partial\Omega$ verbindet. Für

$$\xi_1, \xi_2 \in \mathfrak{C}^* \quad \text{mit} \quad |x^* - \xi_1| \leqq |x - \xi_2|$$

gilt

$$u(x, \xi_1; y) \leqq u(x, \xi_2; y)\,.$$

Für jedes $\xi \in \mathfrak{C}^*$ ist die Funktion $y \to u(x, \xi; y)$ als Potential einer einfachen Belegung stetig. Aus der Stetigkeit dieser Funktionen und der Monotonie folgt nach dem Satz von Dini die gleichmäßige Konvergenz von

$$u(x, \xi; y) \quad \text{nach} \quad u(x, z; y)\,,$$

das heißt,

$$|u(x, \xi, y) - u(x, z; y)| = \left| \int_{x^*}^{\xi} \log \frac{1}{|\zeta - y|}\, ds(\zeta) - \int_{x^*}^{z} \log \frac{1}{|\zeta - y|}\, ds(\zeta) \right|$$

$$= \int_{\xi}^{z} \log \frac{1}{|\zeta - y|}\, ds(\zeta) < \varepsilon/2 \quad \text{für} \quad |\xi - z| < \delta_1(\varepsilon)\,.$$

und alle $y \in K_{R_0}(z)$. Diese Ungleichung gilt nicht nur für alle $\xi = x$ der Geraden $\mathfrak{C}^*$, sondern für alle $x \in K_R(b)$ mit $|x - z| < \delta_1(\varepsilon)$, da der Integrand nur von $|\zeta - y|$ abhängig ist. Durch Drehung des Koordinatensystems um den Punkt z kann man beide Potentiale ineinander überführen. Auf Grund der voranstehenden Überlegungen ist

$$\int_x^z \log \frac{1}{|\zeta - y|} ds(\zeta) < \varepsilon/2 \quad \text{für alle} \quad x \in K_R(b) \quad \text{mit} \quad |x - z| < \delta_1(\varepsilon)$$

und alle $y \in K_{R_0}(z)$. Das Integral $I_2(x, y)$ läßt sich für $|x - y| < \delta_2(\varepsilon)$ ebenfalls kleiner als $\varepsilon/2$ machen, da für $x \in K_R(b)$ und $y \in K_{R_0}(z)$ die Funktionen

$$(x, y) \to \int_b^x \Delta_j(\zeta)\, H(\zeta, b; y)\, ds(\zeta)$$

beschränkt und die Funktionen w_j in $\Omega^* \supset \Omega$ holomorph sind. Hieraus folgt endgültig

$$|\Psi_b(x, y) - \Psi_b(z, y)| < \varepsilon \quad \text{für} \quad |x - z| < \delta(\varepsilon) = \min\big(\delta_1(\varepsilon), \delta_2(\varepsilon)\big) ,$$

wobei $x \in K_R(b)$ und $y \in K_{R_0}(z)$ ist. Für $y \in \partial\Omega \backslash K_{R_0}(z)$ gilt ebenfalls

$$|\Psi_b(x, y) - \Psi_b(z, y)| < \varepsilon \quad \text{für} \quad |x - z| < \delta_0(\varepsilon) .$$

Wir benötigen in den weiteren Rechnungen den Realteil der in (12.3) erklärten Funktion χ_a. Nach den ersten Ausführungen von b) ist der zweite Summand stetig. Daher ist

$$|\Psi_a(x, y) - \Psi_a(z, y)| < \varepsilon \quad \text{für alle} \quad x \in K_R(b) \quad \text{mit} \quad |x - z| < \delta^*(\varepsilon) .$$

Hieraus folgt endgültig

$$\lim_{\substack{x \to z \\ x \in K_R(b)}} \int \Psi_a(x, y)\, d\lambda(y) = \int \Psi_a(z, y)\, d\lambda(y) \quad \text{für jedes} \quad \lambda \in F_{\partial\Omega}(\Phi_0) .$$

c) Wir betrachten für $x \in K_R(b)$ die Familie von stetigen Linearformen

$$\dot f \to L_x(\dot f) := \int \dot f(y)\, d\gamma_x(y) .$$

Für $\lambda \in F_{\partial\Omega}(\Phi_0)$ gilt nach (11.19) und (12.7)

$$\int \Phi\, \lambda(y)\, d\gamma_x(y) = \int \Psi_a(x, y)\, d\lambda(y) \to \int \Psi_a(z, y)\, d\lambda(y) \tag{12.10}$$

für $x \to z \in \partial\Omega$. Es ist

$$D(\partial\Omega; \Phi_0) = \{\dot f \in C(\partial\Omega), \quad f(y) = \Phi_0\, \lambda(y), \quad \lambda \in F_{\partial\Omega}(\Phi_0)\} .$$

Wir hatten stets die Lösbarkeit des Dirichletschen Problems für jedes $\dot f \in C(\partial\Omega)$ vorausgesetzt. Dann ist $G(x, y) = 0$ für $y \in \partial\Omega$ (M. Brelot [7], S. 113) und nach Satz 1

$$\overline{D}(\partial\Omega; \Phi_0) = C(\partial\Omega) .$$

Nach (12.6) gilt

$$\|\gamma_x\| \leqq M \quad \text{für alle} \quad x \in K_R(b) ,$$

nach (12.10) existiert der Grenzwert

$$\lim_{\substack{x \to z \\ x \in K_R(b)}} L_x(f)$$

auf der in $C(\partial\Omega)$ dichten Menge $D(\partial\Omega; \Phi_0)$. Daher konvergiert L_x nach dem Satz von BANACH-STEINHAUS (G. KÖTHE [11], S. 173) auf $C(\partial\Omega)$ gegen eine stetige Linearform $L_z \neq 0$, welche mit Hilfe eines auf $\partial\Omega$ gelegenen Maßes γ_z in der Form

$$L_z(f) = \int f(y)\, d\gamma_z(y)$$

dargestellt werden kann. Wegen $u(x) = L_x$ erhalten wir also die Beziehungen (12.1) und (12.2). Mit diesen Bemerkungen ist der Satz 11 bewiesen.

Anmerkung 11: *Man kann die Aussagen von Satz 11 auch für die Ableitungen* $D^\alpha u(x)$, $|\alpha| < m$, *für* $x \to z \in \partial\Omega$ *beweisen, da in* $K_R(b)$ *für*

$$D^\alpha u(x) = \int_0^{2\pi} f(y)\, D^\alpha \sigma(x, y)\, d\varphi(y)$$

ebenfalls

$$\int_0^{2\pi} |D^\alpha \sigma(x, y)|\, d\varphi(y) < M$$

gilt.

Anmerkung 12: *Der Satz 11 bildete den Ausgangspunkt sämtlicher bisheriger Überlegungen des Autors. Zum Beweis des Satzes 11 wurde 1956 das Rechnen mit stetigen Potentialen entwickelt, wie man es etwa bei* G. ANGER [4] *findet. Der Ausgangspunkt dieser allgemeinen Kerntheorie war also eine konkrete Aufgabenstellung der Potentialtheorie.*

Nachtrag bei der Korrektur

Man kann die Aussage von Satz 3, wenn $C^\infty(\Omega)$ den Raum aller auf Ω beliebig oft differenzierbaren Funktionen bezeichnet, folgendermaßen ergänzen: Jede Lösung u der Randwertaufgabe A genügt den Beziehungen

$$\Delta_n u = 0 \text{ in } \Omega, \tag{2.14'}$$

$$Q\, u(x) = f(x) \text{ in } \Omega\,. \tag{2.15'}$$

Hierbei ist $f \in C^\infty(\Omega)$. Gibt es umgekehrt zu einem $f \in C^\infty(\Omega)$ eine Lösung u der Gleichung (2.15') mit $\Delta_n u = 0$ und existieren für alle α mit $\dot{a}_\alpha \neq 0$ die Grenzwerte $D^\alpha \dot{u}$, so ist u auch eine Lösung von (2.11), (2.12).

Literaturverzeichnis

[1] ANGER, G., Sur le rôle des potentiels continues dans les fondements de la théorie du potentiel. Séminaire de théorie du potentiel, dirigé par M. Brelot, G. Choquet et J. Deny 2 (1957/58), Art. No. 3 (30 S.). Faculté des Sciences de Paris.

[2] ANGER, G., Die Entwicklung der Potentialtheorie im Hinblick auf ihre grundlegenden Existenzsätze, I. J.-Ber. Deutsch. Math. Verein. 64 (1961) 51–78.

[3] ANGER, G., Die Entwicklung der Potentialtheorie im Hinblick auf ihre grundlegenden Existenzsätze, II. J.-Ber. Deutsch. Math. Verein. 64 (1961) 100–134.

[4] Anger, G., Funktionalanalytische Betrachtungen bei Differentialgleichungen unter Verwendung von Methoden der Potentialtheorie, I. Akademie-Verlag Berlin 1967.
[5] Behnke, H. und Sommer, F., Theorie der analytischen Funktionen einer komplexen Veränderlichen. Springer-Verlag, Berlin-Göttingen-Heidelberg 1955.
[6] Bieberbach, L., Theorie der Differentialgleichungen, 3. Auflage, Berlin 1930.
[7] Brelot, M., Eléments de la théorie classique du potentiel. Cours de Sorbonne. Centre de Documentation Universitaire, 3e édition, Paris 1965.
[8] Hörmander, L., Linear partial differential operators. Springer-Verlag, Berlin-Göttingen-Heidelberg 1963.
[9] Hörmander, L., Pseudo-differential operators and non-elliptic boundary problems. Ann. of Math. **83** (1966) 129–209.
[10] Horn, J., Gewöhnliche Differentialgleichungen. 5. Auflage, Berlin 1948.
[11] Köthe, G., Topologische lineare Räume, I. Springer-Verlag, Berlin-Göttingen-Heidelberg 1960.
[12] Lions, J.-L. et Magenes, E., Problèmes aux limites non homogènes et applications, I, II. Paris 1968.
[13] Riesz, M., L'intégrale de Riemann-Liouville et potentiels. Acta Sci. math. **9** (1938) 1–42.
[14] Schulze, B.-W., Potentiale bei der Wellengleichung im $\boldsymbol{R}^2$ und Charakterisierung der Mengen der Kapazität Null. Dieser Kolloquiumsbericht.
[15] Schulze, B.-W., Mengen der Kapazität Null für nichtelliptische Differentialgleichungen. Dieser Kolloquiumsbericht, Band I, S. 137–157.
[16] Schwartz, L., Théorie des distributions, I. Paris 1951.
[17] Šerman, D., On the general problem of the potential theory. Izvestija Akad. Nauk SSSR, Ser. mat. **10** (1946) 121–134.
[18] Smirnow, W. I., Lehrgang der höheren Mathematik, IV. Berlin 1958.
[19] Wildenhain, G., Potentialtheorie linearer elliptischer Differentialgleichungen beliebiger Ordnung. Akademie-Verlag Berlin 1968.
[20] Vergleich verschiedener Kapazitätsbegriffe. Dieser Kolloquiumsbericht, Band II, S. 179–190.

Über nichtlineare Eigenwertprobleme von Differentialgleichungssystemen höherer Ordnung

von HERBERT BECKERT, Leipzig[1])

(Manuskripteingang: 18. Februar 1970)

Über einem regulären Gebiet des R^n $(x_1, \ldots, x_n)$ wurden r stark elliptische Differentialoperatoren $2\,m_\alpha$-ter Ordnung $L_\alpha(u^\alpha)$ für die Funktionen $u^\alpha(x_j)$ vorgegeben und ferner ein allgemeines Variationsintegral $\mathfrak{J}(u^\alpha)$ mit dem Integranden

$$F\,(x_j, u^\alpha(x_j) \ldots D^{m_\alpha}\,u^\alpha(x_j)).$$

Die Arbeit enthält u. a. Existenz- und Fortsetzungssätze im Großen zum nichtlinearen Eigenwertproblem für das System

$$L_\alpha\, L_\alpha^{p-1}\,(u^\alpha) + \nu\, D_\alpha(u^\beta) = 0 \qquad (*)$$

$$\alpha = 1, 2, \ldots, r, \quad p \text{ geradzahlig}$$

unter den Randbedingungen

$$D^\gamma\, u^\alpha(\sigma) = 0 \quad \text{längs } S$$

für $0 \leqq |\gamma| \leqq 2\,m_\alpha - 1$

bzw. für $0 \leqq |\gamma| \leqq m_\alpha - 1$

und dann noch $D^\gamma\,[L_\alpha(u^\alpha(\sigma))]^{p-1} = 0$.

$D_\alpha(u^\beta)$ bezeichnet das LAGRANGEsche System von $\mathfrak{J}(u^\alpha)$.

Benützt werden Variationsmethoden. Daneben wird noch das stetig durch einen zu $D_\alpha(u)$ analogen Differentialoperator $\mu\, F_\alpha(u^\beta)$ gestörte System (*) für kleine μ, $-\delta \leqq \mu \leqq +\delta$ untersucht und Bedingungen angegeben, unter denen die gestörten Eigenwerte und Eigenlösungen stetig von μ abhängen.

Im Folgenden werden nichtlineare Eigenwertaufgaben für ein allgemeines nichtlineares Differentialgleichungssystem höherer Ordnung im Großen studiert und Existenzsätze aufgestellt. Die Eigenlösungen werden mittels Variationsmethoden fortgesetzt, dabei müssen die lokalen Extremwerte eines gemischtfreien Variationsproblems beliebig hoher Ordnung untersucht werden. Für deren Existenz wird eine hinreichende Bedingung angegeben. Ausführliche Beweise für den größten Teil der Sätze finden sich in [2], [4]. Am Schluß gehe ich genauer auf stetige Störungen unseres nichtlinearen Eigenwertproblems ein.

Wir führen zunächst die folgenden Bezeichnungen ein: $L_2(\mathfrak{D})$ sei der HILBERT-Raum aller über dem Gebiet $\mathfrak{D} + S$ des $R^n(x_1, x_2 \ldots x_n)$ quadratisch integrablen Vektorfunktionen $f(P) = (f^\alpha(P), \alpha = 1, 2, \ldots r, P \sim (x_1 \ldots x_n) \subset \mathfrak{D}$ und L_p der

[1]) Anschrift des Autors: Prof. Dr. H. BECKERT, Karl-Marx-Universität
Leipzig, Sektion Mathematik
DDR-701 Leipzig, Talstraße 35.

bekannte BANACH-Raum der Vektorfunktionen, deren p-te Potenzen über $\mathfrak{D}$ summierbar sind mit der Norm:

$$\|f\|_{L_p} = \left\{\int_{\vartheta} \sum_{\alpha=1}^{r} |f^\alpha(Q)| \, dV_Q\right\}^{1/p}, \quad p > 1 .$$

Der BANACH-Raum der ν mal H — stetig nach dem Exponenten μ, $0 < \mu < 1$, differenzierbaren Funktionen mit der üblichen Norm wird durch $C^{\nu,\mu}$ bezeichnet. Wir verwenden die übliche Multindicesschreibweise für Ableitungen höherer Ordnung:

$$D_i^\alpha = \frac{\partial^\alpha}{\partial x_i^\alpha}; \qquad D^\beta = D_1^{\beta_1} D_2^{\beta_2} \ldots D_n^{\beta_n};$$

$$|\beta| = \sum_{j=1}^{n} \beta_j .$$

$W_{l,p}$ sind die bekannten SOBOLEWschen Räume über $\mathfrak{D}$ summierbarer Funktionen mit verallgemeinerten Ableitungen bis zur Ordnung l, welche zur p-ten Potenz summierbar sind.

In der (l, p)-Norm

$$\|u\|_{l,p} = \left\{\sum_{0 \leq |\beta| \leq l} \|D^\beta u\|_{l,p}^p\right\}^{1/p}$$

ist $W_{l,p}$ ein BANACH-Raum. Analoges gilt für Funktionenvektoren. Der Rand S von $\mathfrak{D}$ möge das Bestehen einer Kegelbedingung im Sinne von [5], [7] garantieren, so daß die bekannten Einbettungssätze zutreffen.

Über $\mathfrak{D}$ werden r stark elliptische Differentialoperatoren mit hinreichend regulären Koeffizienten

$$L_\alpha(u^\alpha) = \sum_{0 \leq |\beta|}^{2 m_\alpha} a_\beta(x_j) \, D^\beta u^\alpha , \tag{1}$$

$$\alpha = 1, 2, \ldots r.$$

unter den homogenen Randbedingungen:

$$D^\gamma u^\alpha(\sigma) = 0 \quad \text{längs } S , \tag{2}$$

$$0 \leqq |\gamma| \leqq m_\alpha - 1 , \quad \alpha = 1, 2, \ldots, r$$

betrachtet. Das DIRICHLET-Problem

$$L_\alpha(u^\alpha) = -f^\alpha \tag{3}$$

in künftiger Abkürzung:

$$u^\alpha(Q) \sim f^\alpha(Q)$$

unter (2) sei für alle $f^\alpha(Q) \in L_p$ eindeutig lösbar.

Bekanntlich liegt die Lösung

$$u^\alpha(Q) \in C^{2 m_\alpha, \nu} \quad \text{falls}$$

$$f^\alpha(Q) , \quad a_\beta^\alpha(Q) \in C^\nu$$

und

$$S \in C^{2 m_\alpha, \nu}, \quad 0 < \nu < 1 , \quad \text{vgl. [1]}$$

Es besteht ferner bei Eindeutigkeit die COERCIVE-Ungleichung in der Form:

$$||u^\alpha||^p_{2\,m_\alpha, p} \leqq K\,||f||^p_{L_p} \tag{4}$$

mit einer festen positiven Konstanten K [1], [5]. Sei weiter das allgemeine Variationsintegral:

$$\mathfrak{J}(u^\alpha) = \int_{\mathfrak{D}} F\big(Q, u^\alpha(Q), \ldots D^{m_\alpha} u^\alpha(Q)\big)\, dV_Q \tag{5}$$

mit $F \in C^{(2)}$ über $\mathfrak{D} + S$ vorgegeben mit den Abkürzungen

$$V(u^\alpha, \xi^\alpha)\,, \qquad \tilde{Q}(\xi^\alpha, \xi^\alpha)$$

für die Integrale der ersten und zweiten Variation in der Entwicklung

$$\mathfrak{J}(u^\alpha + \varepsilon\, \xi^\alpha) = \mathfrak{J}(u^\alpha) + \varepsilon\, V(u^\alpha, \xi^\alpha) + \frac{\varepsilon^2}{2}\, \tilde{Q}(\xi^\alpha, \xi^\alpha)\,, \tag{6}$$

wobei wir mit

$$\Phi(t) = F(Q, u^\alpha(Q) + t\,\varepsilon\, \xi^\alpha(Q)\,, \ldots D^{m_\alpha} u^\alpha + t\,\varepsilon\, D^{m_\alpha} \xi^\alpha)\,,$$

$$\varepsilon^2/2\; \tilde{Q}(\xi^\alpha, \xi^\alpha) = \int_0^1 \int_0^t \int_{\mathfrak{D}} \Phi''(t')\, dt'\, dt\, dV_Q$$

gesetzt haben. Zu (5) gehört das System (7) der LAGRANGEschen Differentialoperatoren:

$$D_\alpha\big(u^\beta(Q)\big) = \sum_{0 \leqq |\gamma|}^{m_\alpha} (-1)^{|\gamma|}\, D^{|\gamma|} F_{D^\gamma u^\alpha}(Q, \ldots D^{m_\beta} u^\beta)\,, \tag{7}$$

$$\alpha = 1, 2, \ldots r\,.$$

Im Folgenden werden zunächst Existenzsätze zu dem nichtlinearen Eigenwertproblem

$$-\lambda\, p\, L^*_\alpha\, L^{p-1}_\alpha(u^\alpha) + D_\alpha(u^\beta) = 0\,, \tag{8}$$

p geradzahlig, $\alpha = 1, 2 \ldots r$,.
unter den Randbedindungen (2) und

$$D^\gamma\,[L_\alpha(u^\alpha(\sigma))]^{p-1} = 0\,, \quad \alpha = 1, 2, \ldots r\,, \tag{9}$$

$$\sigma \in S\,, \quad 0 \leqq |\gamma| \leqq m_\alpha - 1$$

angegeben. Die Lösungen von (8), (2), (9) bringen offenbar die erste Variation (11) des gemischtfreien Variationsproblems:

$$M(u^\alpha) = \int_{\mathfrak{D}} -\lambda \sum_{\alpha=1}^{r} L_\alpha(u^\alpha)^p + F(Q, u^\beta, \ldots)\, dV_Q \to \text{Extr.} \tag{10}$$

unter der Randbedingung (2) zum Verschwinden:

$$V(u^\alpha, \xi^\alpha) - \lambda\,\langle f, \varphi\rangle = 0 \tag{11}$$

$$\langle f, \varphi\rangle = \int_{\mathfrak{D}} \sum_{\alpha=1}^{r} p\, f^\alpha(Q)^{p-1}\, \varphi^\alpha(Q)\, dV_Q$$

mit $L_\alpha(\xi^\alpha) = -\varphi^\alpha$, $\alpha = 1, 2, \ldots r$, und umgekehrt folgt aus (11) bei genügender Regularität von $u^\alpha(Q)$ (8). Dieser Zusammenhang legt die Anwendung von Variationsmethoden zur Lösung von (8), (2), (9) nahe, indem wir das Studium des gemischtfreien Extremalproblems (10) auch auf die Konstruktion lokaler Extremalen und deren Fortsetzung ausrichten. Von den bekannten Einbettungssätzen wird dabei laufend Gebrauch gemacht.

Bezüglich des Varitationsintegrals (5) werden zunächst die folgenden Voraussetzungen gemacht:

(A) $V(0, \xi^\alpha) \neq 0$ für geeignete $\xi^\alpha(Q)$.

(B) a) Beim Minimumproblem (5′) gelte:

stets $\tilde{Q}(\xi^\alpha, \xi^\alpha) > 0$,
für alle zulässigen Variationen: $\xi^\alpha(Q) \not\equiv 0$,

b) beim Maximumproblem (5″)

$$\tilde{Q}(\xi^\alpha, \xi^\alpha) \gtreqless 0 ,$$

je nach Wahl von

$$\zeta^\alpha(Q) .$$

(C) Wachstumsbeschränkungen der ersten und zweiten Ableitungen, deren Bedeutung sich sogleich ergeben wird:

$$\left|F_{D^\gamma u^{\alpha'}}\right| \leqq M_1 \sum_{\substack{0 \leqq |\beta| \\ \alpha=1}}^{m_\alpha, r} \left|D^\beta u^\alpha\right|^{s_{|\beta|\,|\gamma|\,\alpha,\alpha'}} + M_1'$$

$$\left|F_{D^\gamma u^{\alpha'} D^\delta u^{\beta'}}\right| \leqq M_2 \sum_{\substack{0 \leqq |\beta| \\ \alpha=1}}^{m_\alpha, r} \left|D^\beta u^\alpha\right|^{t_{|\beta|\,|\gamma|\,|\delta|\,\alpha,\alpha',\beta'}} + M_2'$$

$$q_{|\beta|,\alpha} = \frac{n\,p}{n - (2\,m_\alpha - |\beta| - \varepsilon)\,p} ; \qquad \frac{1}{q_{|\beta|,\alpha}} + \frac{1}{p_{|\beta|,\alpha}} = 1 ,$$

$$s_{|\beta|\,|\gamma|,\alpha,\alpha'} \leqq \frac{q_{|\beta|\,\alpha}}{p_{|\gamma|,\alpha'}} ,$$

$$t_{|\beta|\,|\gamma|\,|\delta|,\alpha,\alpha',\beta'} \leqq \frac{q_{|\beta|\,\alpha}}{x_\tau} ,$$

$$\frac{1}{x_\tau} + \frac{1}{q_{|\gamma|\,\alpha'}} + \frac{1}{q_{|\delta|,\beta'}} = 1 .$$

M_1, M_2 sind feste Konstanten, $\varepsilon > 0$ ist eine beliebig kleine Zahl, vgl. [2]. Wir stellen jetzt das Extremalproblem (5′) über den Teilmengen $\mathfrak{M}_{s,2m,p}$ im Sobolewschen Produktraum

$$\overline{W}_{2m,p} = W_{2m_1,p} \times W_{2m_2,p} \times \cdots W_{2m_r,p} ,$$
$$m = \operatorname*{Max}_j m_j \qquad u^\gamma(Q) \in W_{2m_\gamma,p} ,$$

für die der folgende Sachverhalt zutrifft.

$$\{u^\alpha(Q)\} \in \mathfrak{M}_{s,2m,p} \leftrightarrow L_\alpha(u^\alpha) = -f^\alpha ,$$

$$D^\gamma u^\alpha(\sigma) = 0 , \quad \sigma \in S , \quad 0 \leqq |\gamma| \leqq m_\alpha - 1 , \quad ||f||^p_{L_p} \leqq s .$$

$s > 0$ bedeutet eine positive Zahl. Die Wachstumsbeschränkungen (C) sichern, daß $V(u^\alpha, \xi^\alpha)$, $\tilde{Q}(\xi^\alpha, \xi^\alpha)$

für

$$\{u^\alpha(Q)\}, \quad \{\xi^\alpha(Q)\} \in \overline{W}_{2m,p}$$

beschränkt sind, wie aus der HÖLDERschen Ungleichung für drei Faktoren und den Einbettungssätzen folgt.

$\mathfrak{M}_{s,2m,p}$ ist in $\overline{W}_{2m,p}$ schwachkompakt und in C^j für $2m_\alpha - n/p > j$, $\alpha = 1, 2 \ldots r$ kompakt, vgl. [2].
Des weiteren ist in $\mathfrak{M}_{s,2m,p}$ das Integral (5) unter (B(a) (C) schwach unterhalbstetig.

Hieraus ergibt sich, daß wir für jedes s das Variationsproblem:

$$\mathfrak{J}(u^\alpha) \to \text{Min}, \tag{5'}$$

$\{u^\alpha(Q)\} \in \mathfrak{M}_{s,2m,p}$ eindeutig lösen können. Die Extremale $u_s^\alpha(Q)$ erfüllt (11) mit $\lambda = \lambda(s) < 0$. Aus (B) (a) erschließt man:

$\lambda(s)$ wächst, monoton stetig von $-\infty$ bis Null, wenn s das Intervall $0 \leqq s' \leqq s_e < \infty$ monoton wachsend durchläuft. Ferner ergibt sich aus (11) nach [2] ein einfacher Regularitätsbeweis für $u_s^\alpha(Q)$ bis zur beliebig oftmaligen Differenzierbarkeit unter der zusätzlichen Voraussetzung

(D)
$$s_{|\beta|\,|\gamma|\,\alpha,\alpha'} \leqq s_{|m'|\,|m'|\,\alpha^*,\alpha^*} < q_{m',\alpha^*} - 1\,,$$
$$m' = m_{\alpha^*} = \min_\alpha m_\alpha\,,$$
$$\frac{1}{q_{m',\alpha^*}} \doteq \frac{1}{p} - \frac{m' - \varepsilon}{n}\,.$$

Wir erhalten schließlich:

Satz I: *Das nichtlineare Eigenwertproblem* (8), (11) *besitzt unter den Randbedingungen des halbfreien Variationsproblems* (2), (9) *für jeden negativen Wert* λ, $-\infty < \lambda < 0$ *genau eine reguläre Lösung unter* (A), (B), (a), (C), (D).
Bei $s_e < \infty$ *ist* (5′) *über* $\overline{W}_{2m,p}$ *durch einen Extremalenvektor* $\{u_{s_e}^\alpha(Q)\}$ *mit endlicher s-Norm* s_e *lösbar. Dann bleiben die Normen der Eigenlösungen von* (8), (11) *stets unter* s_e *für* λ: $-\infty < \lambda < 0$, *im Falle* $s_e = \infty$ *wachsen sie monoton gegen* $+\infty$, *wenn* λ *monoton gegen Null konvergiert.*

Zur Untersuchung des positiven Spektrums von (8), (11) stellen wir statt (5′) das Maximumproblem, vgl. [4]:

$$\mathfrak{J}(u^\alpha) = \text{Max.}, \quad \{u^\alpha(Q)\} \in \mathfrak{M}_{s,2m,p}\,. \tag{5''}$$

Da hierbei aus der Unterhalbstetigkeitseigenschaft keine wesentlichen Folgerungen fließen, können wir (B) (b) zulassen, müssen aber die Voraussetzung (C) verschärfen, indem dort die Exponenten

$$t_{|\beta|\,|\gamma|\,|\delta|,\alpha,\alpha',\beta}$$

durch

(C′)
$$t_{|\beta|\,|\gamma|\,|\delta|,\alpha,\alpha',\beta} \leqq \frac{q_{|\beta|\,\alpha'}}{x'_\tau}$$

mit

$$\frac{1}{x'_\tau} + \frac{1}{q_{|\gamma|+1,\alpha'}} + \frac{1}{q_{|\delta|+1,\beta'}} = 1$$

abgeschätzt werden.

Dann erweist sich das Maximumproblem (5″) über $\mathfrak{M}_{s,2m,p}$ lösbar. Eine wieder mit $u_s^\alpha(Q)$ bezeichnete Extremale erfüllt (11) mit positivem $\lambda = \lambda(s)$. Ihre Regularität wird wie früher bewiesen. Wegen (B) liegt beim Maximumproblem stets der Fall $s_e = \infty$ vor, d. h., unser Eigenwertproblem (8), (11) besitzt Eigenlösungen im positiven Spektralbereich mit beliebig vorgeschriebener s-Norm. Bei (A) gilt für die Eigenwerte

$$\lim_{s_j \to 0} \lambda(s_j) = +\infty \qquad (12)$$

wie beim Minimumproblem und weiter im Fall $p = 2$ der

Satz II: *Unter den Voraussetzungen* (A), (B), (C′), (D) *existiert eine Zahl* $b > 0$, *so daß alle Zahlen* λ *des Intervalls* $\infty > \lambda \geqq b$ *einfache Eigenwerte des Eigenwertproblems* (8), (11) *sind. Die zugehörigen Eigenlösungen definieren dabei das Normintervall* $\mathfrak{J}_0$: $0 \leqq s \leqq s_0$, $s_0 > 0$, *und* $\lambda(s)$ *ist eine hierüber stetige, monoton fallende Funktion* $\infty > \lambda \geqq b$. *Für einen nichtlinearen Hauptteil* $p > 2$ *konnte dieses Resultat nicht voll bestätigt werden.*

Dagegen verdient der homogene Fall:

$$F(Q, t\,u^\alpha(Q), \ldots, t\,D^{m_\alpha} u^\alpha(Q)) = t^p\, F(Q, u^\alpha(Q) \ldots), \quad t > 0, \qquad (13)$$

der bei $p = 2$ auf die klassischen linearen Eigenwertaufgaben führt, Beachtung. Wir erhalten aus der unbeschränkten Lösbarkeit von (5″) sofort:

Satz II′: *Unter* (C′) *und* (13) *hat das Eigenwertproblem* (8), (11) *mindestens einen positiven und einen negativen Eigenwert, wenn* $\mathfrak{J}(u^\alpha)$ *positive und negative Werte annimmt, sonst mindestens einen positiven bzw. einen negativen bei*

$$\mathfrak{J}(u^\alpha) \geqq 0 \quad \text{bzw.} \quad \mathfrak{J}(u^\alpha) \leqq 0 .$$

Um die Fortsetzbarkeit eines Lösungszweiges von (8) — etwa desjenigen von Satz II — in Richtung wachsender wie fallender Norm zu untersuchen, genügt es nicht, allein die absoluten Extremalen von (5″) zu betrachten, sondern es müssen auch die lokalen Maxima studiert werden. Der Funktionenvektor

$$\{u_s^\alpha(Q)\} \sim \{f_s^\alpha(Q)\}, \quad \|f_s\|^2 = s$$

definiert ein lokales Maximum von (5″) über der Kugel:

$$K_s: \qquad \|f\|^2 \leqq s,$$

wenn $\mathfrak{J}(u_s^\alpha)$ eindeutiger Maximalwert in der hinreichend kleinen Kugelkappe A_s:

$$\|f\|^2 \leqq s, \quad (f, f_s) \geqq s - \varepsilon, \quad \varepsilon > 0$$

um f_s ist. Offenbar folgt aus $f \in A_s$:

$$\|f - f_s\| \leqq \sqrt{2\varepsilon}.$$

Aus einfachen Variationsbetrachtungen, wie sie am Schluß zur Behandlung stetiger Störungen des Systems (8) näher ausgeführt sind, ergibt sich zu jeder beliebig klein vorgegebenen Kugel Γ_{ϱ_s}: $\|f - f_s\| \leqq \varrho_s$ eine Zahl $\delta > 0$, so daß für jedes s': $-\delta + s \leqq s' \leqq \delta + s$ Lösungen $u_{s'}^\alpha(Q) \sim f_{s'}^\alpha(Q)$ von (8), (11) existieren, welche in Γ_{ϱ_s} liegen.

Für das weitere wird noch die Voraussetzung ($\overline{\mathrm{D}}$) der Stetigkeit von $Q(\xi^\alpha, \xi^\alpha)$ für feste $\zeta^\alpha(Q)$ bezüglich der s-Norm benötigt. Diese ist beispielsweise erfüllt — wie über die Einbettungssätze und die HÖLDERsche Ungleichung für 3 Faktoren folgt, wenn $F_{D^\gamma u^{\alpha'} D^\delta u^\beta}$ Linearkombinationen aus den rechts in (C) vorkommenden Potenzen

$$(D^\beta u^\alpha)^r, \quad 0 \leqq r \leqq t_{|\beta|\,|\delta|\,|\gamma|\,\alpha,\alpha',\beta'}$$

mit beschränkten Koeffizienten sind, für den allgemeinen Fall vgl. [4].

Unter den Voraussetzungen (B), (C′), ($\overline{\mathrm{D}}$) gelten die Sätze:

Satz III: *Die Lösung* $u^\alpha_{s_i}(Q) - f^\alpha_s(Q)$ *von* (8) *definiert ein lokales Maximum von* (5″) *in* K_s, *falls der zugehörige Eigenwert* $\lambda(s)$ *die Ungleichung*

$$\lambda(s) > \mu_0(s)$$

erfüllt. Bei

$$\lambda(s) < \mu_0(s)$$

existiert keine Kugelkappe vom Typ A_s, *in welcher* $\mathfrak{J}(u^\alpha_s)$ *ein lokales Maximum definiert.*

Dabei ist $\mu_0(s)$ der größte Eigenwert des quadratischen Variationsproblems

$$\mathrm{Max}\, \frac{1}{2}\, Q(u^\alpha_s)\,(\xi^\alpha, \xi^\alpha) = \mu_0(s) > 0 \tag{14}$$

unter den Nebenbedingungen für:

$$\xi^\alpha(Q) \sim \varphi^\alpha(Q)\,,$$

$$||\varphi|| = 1\,, \tag{14a}$$

$$(f_s, \varphi) = 0\,. \tag{14b}$$

Das Maximum von (14) allein unter 14(a) bezeichnen wir mit $\mu(s)$, $\mu(s) \geqq \mu_0(s)$, es definiert offenbar den größten Eigenwert des an der Stelle $u^\alpha_s(Q)$ gebildeten FRECHETschen Eigenwertproblems des Systems (8).

Über die Fortsetzung einer Lösung:

$$\{u^\alpha_{s_0}(Q)\} \sim \{f^\alpha_{s_0}(Q)\}$$

von (8) gewinnt man folgende Aussagen:

Falls unter (B), (C′), ($\overline{\mathrm{D}}$)

$$\lambda(s_0) > \mu_0(s_0)$$

zutrifft, kann die Lösung $u^\alpha_{s_0}(Q) \sim f^\alpha_{s_0}(Q)$ bzgl. der s-Norm eindeutig und stetig in einem Intervall $\mathfrak{J}_\delta$: $-\delta + s_0 \leqq s \leqq \delta + s_0$ fortgesetzt werden. Dabei ändern sich die zugehörigen Eigenwerte $\lambda(s)$ stetig, solange noch

$$\lambda(s) > \mu(s)$$

gilt, monoton fallend. Im letzten Fall bleiben die so konstruierten lokalen Extremalen von (5″) auch lokale Extremalen des gemischtfreien Maximumproblems (10).

Wenn für unseren Lösungsstamm des Satzes II bei der genannten Fortsetzung dauernd die Differenz $\lambda(s) - \mu_0(s)$ oberhalb einer positiven Größe bleibt, so führt unsre stetige Fortsetzung über das Intervall $\mathfrak{J}_0$ hinaus bis zu beliebig großen Normwerten. Dabei kann für einen bestimmten Wert $s = s'$ erstmals

$$\lambda(s') = \mu(s') > \mu_0(s')$$

zutreffen. Dann mündet unser Stamm stetig in eine Lösung von (8) ein, wofür $\lambda(s')$ ein charakteristischer Eigenwert wird. Unsre Fortsetzung führt durch diesen Wert nach wachsender Norm stetig hindurch, allerdings braucht dann der Eigenwert $\lambda(s)$, welcher sich stetig ändert, nicht mehr monoton zu fallen.

Wenn andererseits unser Lösungsstamm von Satz II nicht beliebig weit nach immer wachsender Norm fortsetzbar ist, gelangen wir mit Notwendigkeit zu einer Lösung der Norm $s = \bar{s}$ von (8) für die erstmalig:

$$\lambda(\bar{s}) = \mu_0(\bar{s})$$

zutrifft.

Bei $\mu(\bar{s}) > \mu_0(\bar{s})$ muß unsere Fortsetzung stetig über einen charakteristischen Wert $\mu(s')$ bei $s' < \bar{s}$ hinweg erfolgen, stetig in $\bar{s}$ hinein und so nach evtl. fallender Norm weiter. Umkehrpunkte in der Norm der Extremalen während der stetigen Fortsetzung liegen nur dort, wo gleichzeitig

$$\lambda(\bar{s}) = \mu_0(\bar{s})$$

zutrifft.

Die Bestimmung des absoluten Maximums in (5'') ergibt Lösungen unseres nichtlinearen Eigenwertproblems einer beliebig vorgeschriebenen s-Norm. Die zugehörigen Eigenwerte erfüllen sicher die Bedingung:

$$\lambda(s) \geqq \mu_0(s)\ .$$

Daraus erkennen wir, daß die Extremalen des absoluten Maximums stets in den Gültigkeitsbereich unserer Fortsetzungstheorie fallen und im allgemeinen im f-Raum ein System stückweis stetiger Kurven bestimmen werden.

Wir wollen jetzt statt (A):

$$V(0, \xi^\alpha) \equiv 0 \tag{16}$$

für alle

$$\xi^\alpha(Q) \in \mathfrak{M}_{s,\, 2m,\, p}$$

voraussetzen. Das Minimumproblem hat dann im Falle B (a) nur die Lösung $u^\alpha(Q) \equiv 0$. Es gibt keine negativen Eigenwerte in (8). Dagegen wird es wichtig, unter (16) das Maximumproblem zu untersuchen, in Hinblick auf Verzweigungen von der Gleichgewichtslage $u^\alpha(Q) \equiv 0$ aus.

Unsere Methode, insbesondere die Herleitung von (11) im Falle $p = 2$, hängt eng mit der auf das Theorem von Ljusternik gegründeten nichtlinearen Eigenwerttheorie zusammen, welche sich in der Literatur auf die Theorie kritischer Punkte schwachstetiger Funktionale mit vollstetigen Gradienten bezieht[1]. Die eingangs genannten und in [2] bewiesenen Eigenschaften der Mengen $\mathfrak{M}_{s,\, 2m,\, p}$ und ein einfacher Beweis von (11) erlauben den Übergang zu den allgemeinen Funktionalen (5) und zu den L_p-Räumen. Entlang der hier verwendeten Methoden ergibt sich der

[1]) Für ausführliche Literaturhinweise vgl. [6].

Satz IV: *Der größte Eigenwert $\mu(0)$ des* FRECHETschen *Eigenwertproblems* (14a) *im Ursprung $u^\alpha = 0$ ist Verzweigungspunkt von* (8) *unabhängig von der Vielfachheit.*

Ob die folgenden Eigenwerte des FRECHETschen Eigenwertproblems die gleiche Eigenschaft haben, konnte in unserem Fall noch nicht entschieden werden. Bei vollstetigem Gradienten ist unter geeigneten Voraussetzungen ein derartiges Resultat bekannt, vgl. [6].

Alle hier genannten Sätze gelten auch unter den klassischen homogenen Randbedingungen:

$$D^\gamma u^\alpha(\sigma) = 0\,, \quad \sigma \in S\,, \quad 0 \leqq |\gamma| \leqq 2\,m_\alpha - 1\,. \tag{17}$$

Hierzu definiert man die Mengen $\mathfrak{M}_{s,2m,p}$ über den Zusammenhang (3) wie früher mit dem Unterschied, daß alle regulären die Randbedingung (17) statt (2) befriedigenden Funktionen abgeschlossen werden.

Die elementare Schlußweise zur Herleitung der Fortsetzung von Extremalen, welche lokale Extremwerte definieren, läßt sich ohne Mühe auf die Behandlung stetiger Störungen unserer nichtlinearen Eigenwertprobleme anwenden.

Sei $\mathfrak{J}_1(u^\alpha)$ ein zweiter Integralausdruck vom Typ (5), welcher in der $W_{2m,2}$-Topologie stetig ist bzw. die analogen Beschränktheitsvoraussetzungen wie $\mathfrak{J}(u^\alpha)$ erfüllt, und sei ν ein kleiner Parameter.

Es möge:

$$u_s^\alpha(Q) \sim f_s^\alpha(Q)$$

das lokale Maximum $\mathfrak{J}(u_s^\alpha) = m$ über

$$A_\varepsilon: \qquad ||f||^2 \leqq s\,,\ (f, f_s) \geqq s - \varepsilon$$

definieren. K_ε bezeichne die Hyperkugel:

$$\{\,||f||^2 \leqq s\} \cap \{(f, f_s) - s - \varepsilon\}\,,$$

welche A_ε begrenzt, sie ist schwachkompakt. Wir können deshalb das Variationsproblem

$$\mathfrak{J}(u^\alpha) = \text{Max} = m_\varepsilon\,, \qquad \{u^\alpha(Q)\} \sim \{f^\alpha(Q)\} \in K_\varepsilon \tag{18}$$

in derselben Weise lösen, wie über K_s.

Es gilt

$$m_s - m_\varepsilon > 0\,,$$

da $\{\,u_s^\alpha(Q)\,\}$ ein lokales Maximum definiert. Sind n_ε, n_s durch:

$$n_\varepsilon = \text{ob. Grenze}\ |\mathfrak{J}_1(u^\alpha)|\,, \qquad u^\alpha(Q) \sim f^\alpha(Q) \in K_\varepsilon\,, \qquad n_s = |\mathfrak{J}_1(u_s^\alpha)|$$

erklärt, dann haben wir:

$$\begin{aligned}\mathfrak{J}(u_s^\alpha) - \nu\,\mathfrak{J}_1(u_s^\alpha) - \text{Max}\,\{\mathfrak{J}(u^\alpha) + \nu\,\mathfrak{J}_1\,(u^\alpha)\} &\geqq m_s - |\nu|\,n\, - (m_\varepsilon + |\nu|\,n_\varepsilon)\\ &= m_s - m_\varepsilon - |\nu|\,\{n_s + n_\varepsilon\} > 0\,, \qquad \{f^\alpha\} \in K_\varepsilon\end{aligned} \tag{19}$$

sofern:

$$\frac{m_s - m_\varepsilon}{n_s + n_\varepsilon} > |\nu| \geqq 0 \tag{20}$$

zutrifft.

Wir stellen nunmehr das Variationsproblem:

$$\mathfrak{I}(u^\alpha) + \nu \mathfrak{I}_1(u^\alpha) \to \text{Max}\,, \qquad \{u^\alpha(Q)\} - \{f^\alpha(Q)\} \in A_\varepsilon\,, \tag{21}$$

wobei ν der Ungleichung (20) genügt.

Die wie früher konstruierte Lösung

$$u_\nu^\alpha(Q) \sim f_\nu^\alpha(Q)$$

kann wegen (19) nicht in K_ε liegen, aber auch nicht innerhalb A_ε, d. h., es gilt:

$$(f_\nu, f_s) > s - \varepsilon\,, \quad \|f_\nu\|^2 = s\,. \tag{22}$$

Hieraus folgt, daß alle Variationen, die in K_s hineinführen, zulässig sind, woraus wie in [2] auf (11′) geschlossen werden kann

$$V(u_\nu^\alpha, \xi^\alpha) + \nu\, V_1(u_\nu^\alpha, \xi^\alpha) = 2\,\lambda_\nu\,(f_\nu, \varphi), \qquad \xi^\alpha(Q) \sim \varphi^\alpha(Q)\,, \quad \lambda_\nu > 0\,, \tag{11′}$$

und weiter wie früher auf die Regularität von $u_\nu^\alpha(Q)$ und die Eigenwertgleichung:

$$-\,2\,\lambda_\nu\, L_\alpha^*\, L_\alpha\left(u_\nu^\alpha(Q)\right) + D_\alpha\left(u_\nu^\beta(Q)\right) + \nu\, D_1\left(u_\nu^\alpha(Q)\right) = 0\,, \tag{23}$$

wenn D_1 den Lagrangeschen Vektordifferentialoperator von $\mathfrak{I}_1(u^\alpha)$ bezeichnet. Da $f_\nu \in A_\varepsilon$ gilt:

$$\|f_\nu - f_s\| \leqq \sqrt{2\,\varepsilon}\,, \tag{24}$$

hiernach können wir die Differenz $\lambda_\nu - \lambda(s)$ wie folgt abschätzen:

Wir subtrahieren die beiden Variationsgleichungen:

$$V(u_s^\alpha, u_\nu^\alpha) = 2\,\lambda(s)\,(f_s, f_\nu)\,, \qquad V(u_\nu^\alpha, u_\nu^\alpha) + \nu\, V_1(u_\nu^\alpha, u_\nu^\alpha) = 2\,\lambda_\nu\,(f_\nu, f_\nu)$$

voneinander und erhalten nach einfachen Umformungen:

$$\lambda_\nu - \lambda(s) = \frac{\tilde{Q}\,(u_\nu^\alpha - u_s^\alpha, u_\nu^\alpha) + \nu\, V_1\,(u_\nu^\alpha, u_\nu^\alpha) + 2\,\lambda(s)\,(f_s - f_\nu, f_\nu)}{2\,\|f_\nu\|^2}\,.$$

Unter Benutzung der Wachstumsbeschränkungen (C) gewinnt man über die Höldersche Ungleichung für drei Faktoren hieraus sofort die Abschätzung

$$|\lambda_\nu - \lambda(s)| \leqq L_1 \sqrt{\varepsilon} + L_2\, \nu\,, \tag{25}$$

wobei L_i feste nur von s abhängige Konstanten bedeuten. Da $u_s^\alpha \sim f_s^\alpha$ ein lokales Maximum von $\mathfrak{I}(u^\alpha)$ bestimmte, wollen wir nach Satz IV:

$$\lambda(s) - \mu_0(s) = \eta > 0 \tag{26}$$

annehmen. Wegen der Stetigkeit $(\overline{\text{D}})$ des Integrals der zweiten Variation, den Ungleichungen (24) und (25), existieren Zahlen $\eta_1 > 0$, $\eta_2 > 0$, so daß für

$$0 < \varepsilon < \eta_1 \tag{27}$$

und mit (20) im Einklang stehender Wahl von ν:

$$0 < |\nu| < \eta_2\,, \tag{28}$$

die zum Variationsproblem (21) gehörenden Eigenwerte λ_ε, μ_ε, welche $\lambda(s)$, $\mu_0(s)$ bei (5″) entsprechen, bei beliebiger Wahl von $u^\alpha(Q) \sim f^\alpha(Q) \in A_\varepsilon$ in den

Argumenten von (14) noch die Relationen

$$\lambda_\varepsilon - \mu_\varepsilon > \frac{\gamma}{2} > 0 \tag{29}$$

erfüllen. Daher definieren die soeben für das Intervall (28) konstruierten Extremalen $u_\nu^\alpha(Q) - f_\nu^\alpha(Q) \in A_\varepsilon$ von (21) lokale Maxima im Durchschnitt

$$K_s \cap L_q; \quad L_q: \|f_\nu - f\| \leqq q\,. \tag{30}$$

Wir können q bei (29) als unabhängig von ε annehmen (vgl. auch [4]). Deshalb dürfen η_1, η_2 von vornherein so klein gewählt werden, daß A_ε unter (27), (28) in jeder der Kugeln L_q enthalten ist, woraus folgt, daß die vorige Konstruktion die Extremalen

$$u_\nu^\alpha(Q) \sim f_\nu^\alpha(Q)$$

eindeutig bestimmte.

$f_\nu(Q)$ und λ_ν hängen stetig von ν ab. Wir können nämlich die eindeutige Fortsetzung in beliebiger Nachbarschaft einer jeden Extremalen $f_\nu(Q)$: $0 \leqq \nu \leqq \eta_2$ in der beschriebenen Weise konstruieren.

Die hier dargestellte Methode ist natürlich auch in der linearen Störungstheorie, insbesondere bei nach einem kleinen Parameter fortschreitenden, nichtlinearen Verzweigungen, anwendbar. Dabei kann der Eigenwert $\lambda(s)$ von höherer Vielfachheit als eins sein.

Es mögen $f_1, f_2, \ldots f_l$ auf K_1 den Eigenlösungsraum $\mathfrak{N}_l$ des l-fachen größten Eigenwerts λ eines linearen LAGRANGEschen Systems des Typs (13) aufspannen. $\mathfrak{J}(u^\alpha)$ ist in diesem Fall ein quadratisches Funktional, $\mathfrak{J}_1(u^\alpha)$ erfülle die früheren Voraussetzungen. Über $K_1 \cap \mathfrak{N}_l$ nimmt $\mathfrak{J}(u^\alpha)$ den Maximalwert an. Sei $\sum_{1,\varepsilon}$ die durch

$$\sum_{j=1}^{l} |(f, f_j)|^2 = 1 - \varepsilon \tag{31}$$

gekennzeichnete Punktmenge über K_1. Ein Lot von $\sum_{1,\varepsilon}$ auf $\mathfrak{N}_l$ hat höchstens die Länge $\sqrt{\varepsilon}$. An Stelle der Kugelkappe A_ε für $l = 1$ legen wir jetzt den Bereich:

$$1 \geqq \sum_{j=1}^{l} |(f, f_j)|^2 \geqq 1 - \varepsilon \tag{32}$$

zugrunde. Wegen der Schwachkompaktheit von $\sum_{1,\varepsilon}$ kann man das Maximumproblem (18) hierüber wie früher über K_ε lösen. Die anderen Schlüsse über 19) — (23) laufen analog. f_ν hat von $\mathfrak{N}_l$ einen Abstand $\leqq \sqrt{\varepsilon}$, und daher bleibt (25) gültig. Natürlich braucht nicht immer bei $l > 1$ nur ein Lösungszweig zu existieren, der für $\nu \to 0$ gegen $\mathfrak{N}_l$ konvergiert. Unsere Schlußweise gibt hierüber, wie über die mögliche Zusammenfassung zu stetigen Zweigen, noch keinen Aufschluß.

Da die COERCIVE-Ungleichung (4) die wesentlichste Grundlage unserer Schlußweise ist, können die hier genannten Resultate offenbar auch auf allgemeinere Eigenwertaufgaben (insbesondere komplementäre Randbedingungen) ausgedehnt werden.

Literatur

[1] AGMON, S., DOUGLIS, A. and NIRENBREG, L., Estimates near the boundary for solutions of elliptic partial differential equations satisfying general boundary conditions I. Comm. on Pure and Appl. Math. **12** (1959) S. 623–727.

[2] BECKERT, H., Über eine bemerkenswerte Klasse gemischtfreier Variationsprobleme höherer Ordnung. Math. Zeitschr. **103** (1968) S. 8–29.

[3] BECKERT, H., Über singuläre Störungen einer Klasse nichtlinearer elliptischer Systeme höherer Ordnung. Math. Nachr. (im Druck).

[4] BECKERT, H., Eigenwertprobleme nichtlinearer Differentialgleichungssysteme höherer Ordnung. Math. Nachr., im Druck.

[5] BROWDER, F. E., On the spectral theory of elliptic differential operators I. Math. Ann. (142) (1961) S. 22–130.

[6] KRASNOSEL'SKII, M. A., Topological Methods in the Theory of Nonlinear Integral Equations, Pergamon Press, 1964.

[7] NIRENBERG, L., Estimates and existence of solutions of elliptic equations. Comm. on Pure and Appl. Math. **9** (1956) S. 509–530.

[8] SOBOLEW, S. L., Einige Anwendungen der Funktionalanalysis auf Gleichungen der Mathematischen Physik. Akademie-Verlag, Berlin 1964.

[9] BROWDER, F., Variational methods for nonlinear elliptic eigenvalue problems. Bull. Amer. Math. Soc. **71** (1965) S. 176–183.

[10] BROWDER, F., Infinite dimensional manifolds an nonlinear elliptic eigenvalue problems. Ann. of Math. **82** (1965) S. 459–477.

[11] LYUSTERNIK, L. A., On the conditions for extremals of functionals. Math. Sb. 41, No. 3 (1934) (russisch).

[12] LYUSTERNIK, L. A., SCHNIRRELMAN, L. G., Topological methods in variational problems and their applications to the differential geometry of surfaces. Usp. Math. Nauk (N.S.) 2. No. 1 (1947) (russisch).

[13] PALAIS, R. S., Ljusternik – Schnirelman theory on Banach manifolds. Topology **5** (1966) 115–132.

Zur Theorie der Gleichungen vom gemischten Typus

von A. V. BICADZE, Novosibirsk[1])

(Manuskripteingang: 21. August 1969)

Es werden einige neuere Ergebnisse über Gleichungen vom gemischten Typus in zwei unabhängigen Veränderlichen skizziert. Hierbei werden Lösungen gesucht, für welche in einem Gebiet D_0 mehrere geschlossene Linien des Übergangs des Typs vorhanden sind. Unter speziellen Voraussetzungen führt dieses Problem auf das RIEMANN-HILBERTsche Problem oder auf das Problem von HASEMANN, woraus die normale Lösbarkeit des Ausgangsproblems folgt. Auch unter allgemeineren Voraussetzungen kann die normale Lösbarkeit des Problems gezeigt werden, aber der Beweis dieser Tatsache ist nicht trivial. Wünschenswert sind Untersuchungen über Gleichungen vom gemischten Typus, wenn die Zahl der unabhängigen Veränderlichen größer als zwei ist.

Im Laufe der letzten Jahre erschienen in der mathematischen Literatur ziemlich selten Arbeiten, die der Theorie der Gleichungen vom gemischten Typus gewidmet waren. Die Usrache dafür bilden scheinbar die großen Schwierigkeiten, die auf dem Wege der Erforschung dieser Gleichungen entstehen. Das Interesse der Vertreter der angewandten Richtungen an den Ergebnissen dieser Gleichungen ist nach wie vor groß.

Im Verlauf von mehr als vierzig Jahren wurden nach der Veröffentlichung der ersten grundlegenden Arbeiten von F. G. TRICOMI auf diesem Gebiet der Mathematik Modellprobleme untersucht, die dem bekannten TRICOMIschen Problem nahe stehen, sich jedoch nur auf einzelne Klassen von Gleichungen mit zwei unabhängigen Veränderlichen bezogen. Übersteigt die Zahl der unabhängigen Veränderlichen zwei, so kennt man bis heute nur wenige Eigenschaften der Lösungen von Gleichungen vom gemischten Typus.

Ein lebhafteres Interesse für Gleichungen vom gemischten Typus ist zu beobachten, wenn im Gebiet, in dem die Lösungen gesucht werden, mehrere Linien des Überganges des Typs vorhanden sind [1], [2], [3], [4], [5]. Nachstehend wollen wir eine Klasse solcher Gleichungen behandeln.

Im Folgenden sei $\mathcal{D}$ ein $n + 1$-fach zusammenhängendes Gebiet der komplexen Ebene $z = x + i y$ mit dem Rand $\Gamma = \Gamma_0 + \Gamma_1 + \cdots + \Gamma_n$, wobei Γ_k, $k = 0, 1, \ldots, n$, glatte geschlossene LJAPUNOW-Kurven sind, die paarweise keine gemeinsamen Punkte besitzen. Dabei liegen Γ_k, $k = 1, \ldots, n$ innerhalb Γ_0. Sei $\mathcal{D}_k$ das endliche Gebiet mit dem Rand Γ_k, $k = 0, 1, \ldots, n$. Mit $a(x, y)$, $b(x, y)$, $c(x, y)$ bezeichnen wir in $\mathcal{D}_0$ vorgegebene 2×2-Matrizen, $d(x, y)$ sei ein vorgegebener zweidimensionaler Vektor und $u(x, y)$ der gesuchte zweidimensionale Vektor.

---

[1]) Anschrift des Autors:

СССР Новосибирск 90, Институт Математики
Проф. др. А. В. Бицадзе

Auf dem Gebiet $\mathcal{D}_0$ sei folgende Gleichung gegeben

$$a\, u_x + b\, u_y + c\, u = d\,, \tag{1}$$

die im Gebiet $\mathcal{D}$ vom elliptischen und in jedem der Gebiete $\mathcal{D}_k$, $k = 1, \ldots, n$ vom hyperbolischen Typus sei.

Wir nehmen an, daß die charakteristischen Kurven der Gleichung (1) die Kurven Γ_k, $k = 1, \ldots, n$ nur in höchstens endlich vielen Punkten berühren. Mit Γ_k^*, $k = 1, \ldots, n$ bezeichnen wir die im Bereich von $\mathcal{D}_k$ liegende einfache nichtgeschlossene LJAPUNOW-Kurve mit den Enden auf Γ_k. Dabei sei Γ_k^* entweder selbst die charakteristische Kurve der Gleichung (1), oder jede Kurve aus den zwei Familien der charakteristischen Kurven dieser Gleichung schneiden sich mit Γ_k^* höchstens einmal.

$\alpha^{(0)}, \gamma^{(0)}, \alpha^{(k)}, \gamma^{(k)}$, $k = 1, \ldots, n$ seien auf Γ_0 und Γ_k^* entsprechend vorgegebene zweidimensionale stetige Vektoren.

Nachstehendes Problem: Gesucht sei in $\mathcal{D}_0$ eine Lösung u der Gleichung (1), *die den Randbedingungen*

$$(\alpha^{(0)} \cdot u)_{\Gamma_0} = \gamma^{(0)}, \quad (\alpha^{(k)} \cdot u)_{\Gamma_k^*} = \gamma^{(k)}, \; k = 1, \ldots, n \tag{2}$$

genügt, wäre überhaupt nicht korrekt gestellt.

Interessant ist es, zusätzliche Beschränkungen für

$$\alpha^{(0)}, \gamma^{(0)}, \Gamma_k^*, \alpha^{(k)}, \gamma^{(k)}, \; k = 1, \ldots, n$$

festzustellen, die eine normale Lösbarkeit des Problems (1), (2) im gewöhnlichen Sinne des Wortes garantieren.

Um die bei der Untersuchung dieses Problems auftretenden Schwierigkeiten zu veranschaulichen, wollen wir in dieser kurzen Mitteilung die Gleichung

$$u_x + b\, u_y = 0 \tag{3}$$

betrachten, wo

$$b = \begin{Vmatrix} 0 & -1 \\ \operatorname{syn}(|z|^2 - 1) & 0 \end{Vmatrix}.$$

ist. Die Gleichung (3) gehört im Kreise $|z| < 1$ zu dem hyperbolischen und außerhalb des abgeschlossenen Kreises $|z| \leqq 1$ zu dem elliptischen Typus.

Bezeichnen wir durch $\mathcal{D}_0$ die Ebene der komplexen Veränderlichen $z = x + iy$ und durch $\delta_{\alpha,\beta}$ den Abschnitt der Geraden $\alpha\, x + \beta\, y = 0$, der im Kreise $|z| \leqq 1$ liegt.

Wir untersuchen das folgende einfache Problem: *Gesucht wird eine Vektorfunktion $u = (u_1, u_2)$, die in $\mathcal{D}_0$ stetig und beschränkt ist, der Gleichung* (3) *in $\mathcal{D}_0$ überall, außer auf der Kreislinie $|z| = 1$, genügt und dessen erste Komponente u_1 auf $\delta_{1,-1}$ die vorgegebenen Werte*

$$(u_1)_{\delta_{1,-1}} = f(x), \quad -\frac{1}{\sqrt{2}} \leqq x \leqq \frac{1}{\sqrt{2}} \tag{4}$$

annimmt, wo f die reelle Funktion ist, deren erste Ableitung im Sinne von HÖLDER *stetig ist.*

Die allgemeine Lösung $u(x, y)$ der Gleichung (3) im Kreise $|z| < 1$ wird folgenderweise dargestellt:

$$u_1(x, y) = \frac{1}{2}[\Phi(x+y) + \Phi_1(x-y)], \quad u_2(x, y) = \frac{1}{2}[\Phi(x+y) - \Phi_1(x-y)], \tag{5}$$

wo Φ und Φ_1 willkürliche stetig differenzierbare Funktionen sind.

Der Bedingung (4) zufolge, erhalten wir aus (5)

$$u_1(x, y) + u_2(x, y) = 2f\left(\frac{x+y}{2}\right) - \Phi_1(0), \tag{6}$$

$$u_1(x, y) - u_2(x, y) = \Phi_1(x-y). \tag{7}$$

Infolge (6) brauchen wir nur eine Funktion $F(z) = (1-i)(u_1 + i u_2)$ zu bauen, die außerhalb des Kreises $|z| \leqq 1$ analytisch und beschränkt ist und der Bedingung

$$\operatorname{Re} F(t) = 2f\left[\frac{1}{2}(\cos\varphi + i\sin\varphi)\right] - \Phi_1(0), \quad t = e^{i\varphi}, \quad 0 \leqq \varphi \leqq 2\pi$$

genügt. Die Funktion $F(z)$ wird durch die Formel von SCHWARZ gegeben, und zwar gilt

$$F(z) = F(\infty) - \frac{1}{\pi i}\int_0^{2\pi} \frac{g(\theta)\,dt}{t-z}, \tag{8}$$

wobei

$$g(\theta) = 2f\left[\frac{1}{2}(\cos\theta + \sin\theta)\right], \quad t = e^{i\Theta}. \tag{9}$$

ist. Für $z \to t_0 = e^{i\varphi}$ erhalten wir aus (8)

$$\Phi_1(0) = -\operatorname{Re} F(\infty) + \frac{1}{2\pi}\int_0^{2\pi} g(\theta)\,d\theta,$$

$$(u_2 - u_1)_{t=e^{i\varphi}} = \operatorname{Im} F(\infty) + \frac{1}{2\pi}\int_0^{2\pi} \cot\frac{\theta-\varphi}{2}\, g(\theta)\,d\theta.$$

Folglich haben wir auf der Kreislinie $|t| = 1$

$$u_1 + u_2 = g(\varphi) + \operatorname{Re} F(\infty) - \frac{1}{2\pi}\int_0^{2\pi} g(\theta)\,d\theta, \tag{10}$$

$$u_1 - u_2 = -\operatorname{Im} F(\infty) - \frac{1}{2\pi}\int_0^{2\pi} \cot\frac{\theta-\varphi}{2}\, g(\theta)\,d\theta. \tag{11}$$

Die Lösung des Problems (3), (4) existiert nach (6), (7), (10), (11) im Kreise $|z| < 1$ dann und nur dann, wenn die Funktionen $g(\varphi)$ und

$$h(\varphi) = \frac{1}{2\pi}\int_0^{2\pi} \cot\frac{\theta-\varphi}{2}\, g(\theta)\,d\theta \tag{12}$$

den Bedingungen

$$g\left(\frac{\pi}{2}-\varphi\right)=g(\varphi)\,, \tag{13}$$

$$h\left(-\frac{\pi}{2}-\varphi\right)=h(\varphi) \tag{14}$$

genügen.

Aus der Formel (9) folgt, daß die Funktion $g(\varphi)$ auch wirklich der Bedingung (13) genügt. Was aber die Funktion $h(\varphi)$ betrifft, so muß sie überhaupt diese Eigenschaft nicht besitzen. So haben wir, z. B., bei $f(x)=2x^2-1/2$, $g(\varphi)=\sin 2\varphi$ und $h(\varphi)=\cos 2\varphi$ offensichtlich $h(-\pi/2-\varphi)\neq h(\varphi)$. Möge für die Funktion $f(x)$ eine zusätzliche Einschränkung auferlegt werden

$$f(-x)=-f(x)\,. \tag{15}$$

Dann wird, nach (9) und (12), die Funktion $h(\varphi)$ der Bedingung (14) genügen.

Folglich wird die Erfüllung der Bedingung (15) *die Lösbarkeit des Problems* (3), (4) *garantieren.*

Inkorrekt ist auch das nachstehende Problem: In der Ebene $\mathcal{D}_0$ der komplexen Veränderlichen $z=x+iy$ wird ein stetiger und eingeschränkter Vektor $u(x,y)$ gesucht, der in $\mathcal{D}_0$ eine Lösung der Gleichung (3) *außerhalb der Kreislinie $|z|=1$ ist und der Bedingung*

$$(u_1)_{\delta_{0,1}}=f(x)\,,\quad -1\leqq x\leqq 1 \tag{16}$$

genügt.

Das folgt daraus, daß das homogene Problem

$$(u_1)_{\delta_{0,1}}=0 \tag{17}$$

unendlich viele Lösungen besitzt.

In der Tat haben wir nach (17)

$$(u_1+u_2)_{t=e^{i\varphi}}-(u_2-u_1)_{t=e^{-i\varphi}}=0\,,\quad \frac{\pi}{2}\leqq\varphi\leqq\pi\,,\quad \frac{3}{2}\pi\leqq\varphi\leqq 2\pi\,. \tag{18}$$

Der Vektor $u^{(k)}=(u_1^{(k)},u_2^{(k)})$, wo

$$F_k(z)=u_1^{(k)}+i\,u_2^{(k)}=i\,z^{-4k-1}\,,\qquad k=0,1,\ldots,$$

ist offensichtlich die Lösung der Gleichung (3), falls $|z|>1$ und er der Bedingung (18) genügt. Dabei genügen die Randwerte $g_k(\varphi)$ und $h_k(\varphi)$ der reellen und imaginären Teile der Funktion $(1-i)\,F_k(z)$ auf der Kreislinie $|t|=1$ den Bedingungen

$$g_k\left(\frac{\pi}{2}-\varphi\right)=g_k(\varphi)\,,\quad h_k\left(-\frac{\pi}{2}-\varphi\right)=h_k(\varphi)\,.$$

Dies ist aber notwendig und hinreichend für die Existenz der Lösung des von uns betrachteten homogenen Problems im Kreise $|z|<1$.

Jetzt sei die Gleichung (3) in dem endlichen Gebiete $\mathcal{D}_0$ mit dem Ljapunow-Rand Γ_0 betrachtet. Im Inneren dieses Gebietes sei der geschlossene Kreis $|z|\leqq 1$ enthalten.

Betrachten wir folgendes Problem: Gesucht werde in $\overline{\mathscr{D}}_0 = \mathscr{D}_0 + \Gamma_0$ ein stetiger Vektor $u(x, y)$, der in $\mathscr{D}_0$ überall außer der Kreislinie $|z| = 1$ die Lösung der Gleichung (3) ist und folgenden Randbedingungen genügt:

$$(\alpha^{(0)} \cdot u)_{\Gamma_0} = \gamma^{(0)}, \qquad (\alpha^{(1)} \cdot u)_{\delta_{1,-1}} = \gamma^{(1)} . \tag{19}$$

Die Korrektheit dieses Problems reduziert sich zur Frage der normalen Lösbarkeit eindimensionaler singulärer Integralgleichungen mit Kernen vom CAUCHYschen Typ. Die Festlegung von zusätzlichen Forderungen, die den $\alpha^{(0)}$, $\gamma^{(0)}$, $\alpha^{(1)}$, $\gamma^{(1)}$ auferlegt werden und die Lösbarkeit des Problems (3), (19) garantieren, sind aber ziemlich schwierig.

Literatur

[1] NACHUSCHEW, A. M., Über ein Problem vom gemischten Typus für die Gleichung $y(y-1)\, U_{xx} + U_{yy} = 0$. DAN UdSSR, **166**, No. 3, 536—539 (1966).

[2] NACHUSCHEW, A. M., Ein Randproblem für eine Gleichung vom gemischten Typus mit zwei Ausartungslinien. DAN UdSSR, **170**, No. 1, 58—40 (1966).

[3] SAJNULABIDOW, M. M., Über einige Randprobleme für Gleichungen vom gemischten Typus mit zwei senkrechten Ausartungslinien. DU **5**, No. 1, 91—99 (1969).

[4] SIBNER, L. M., A Boundary Value Problem for an Equation of Mixed Type having Two Transitions. J. Different Equat. **4**, No. 4, 634—645 (1968).

[5] FALKOWISCH, S. B. and SAPUNKOWA, O. M., Gleichungen des TSCHAPLYGYN-Typus in der Magnet-Gasdynamik. Mitteilungen für Höhere Schulen. Mathematik **85**, No. 6, 88—97 (1969).

Sur les domaines d'unicité dans les espaces harmoniques

von N. Boboc et P. Mustaţă, Bucharest[1])

(Manuskripteingang: 7. Dezember 1969)

Dans ce travail nous considerons sur un espace localement compact X un faisceau harmonique $\mathcal{H}$. Si Ω est un ouvert relativement compact de X et H est un ensemble borné de functions réelles continues sur $\overline{\Omega}$ tel que l'ensemble des restrictions à $\partial\Omega$ des fonctions de H est équicontinu au point $x_0 \in \partial\Omega$ et tel que la restriction de toute fonction de H à Ω appartient à $\mathcal{H}(\Omega)$ alors H est équicontinu au point x_0. Si $X = R^n$ et $\mathcal{H}$ est le faisceau des solutions faibles de l'équation differentiel fortement elliptique

$$A\,u = \sum_{i,j=1}^{n} a^{ij} D_i D_j u + \sum_{i=1}^{n} b^i D_i u + c\,u$$

ou a^{ij} sont des fonctions réelles continues sur X, b^i, c sont des fonctions sur X mesurables et bornées, alors $\mathcal{H}$ forme un faisceau harmonique sur X. De plus, pour tout ouvert d'unicité Ω par rapport au problème de Dirichlet, et tout $p > n$, il existe une constante M telle que

$$||u||_{\mathcal{C}(\Omega)} \leqq M\,(||u||_{\mathcal{C}(\partial\Omega)} + ||A\,u||_{L_p(\Omega)})$$

pour toute fonction u continue sur $\overline{\Omega}$ dont la restriction à tout ouvert relativement compact U, $\overline{U} \subset \Omega$, appartient à l'espace de Sobolev $W_p^2(U)$.

1.

Soient X un espace localement compact et $\mathcal{H}$ un faisceau sur X tel que pour tout ouvert U, $\mathcal{H}(U)$ est un espace linéaire réel de fonctions réelles continues sur U.

Nous noterons, pour tout ouvert U de X, par $\mathcal{C}_{\mathcal{H}}(U)$ l'espace linéaire réel des fonctions réelles continues f sur $\overline{U}$ telles que $f_{|U} \in \mathcal{H}(U)$.

Un ouvert relativement compact U de X sera nommé régulier (par rapport *à* $\mathcal{H}$) si

1) $\partial U \neq \Phi$,

2) il existe une application linéaire

$$\lambda_U : \mathcal{C}(\partial U) \to \mathcal{C}_{\mathcal{H}}(U)$$

telle que

$$f \in \mathcal{C}(\partial U) \Rightarrow \lambda_U(f)|_{\partial U} = f$$

$$f \in \mathcal{C}(\partial U), f > 0 \Rightarrow \lambda_U(f) > 0\,,$$

[1]) Anschrift der Autoren: Dr. N. Boboc und Dr. P. Mustaţă,
Institutul de Matematica
Calea Griviţei 21, Bucureşti 12
R. S. Romania.

3) pour tout ouvert V, $\overline{V} \subset U$ et tout $u \in \mathscr{C}_{\mathscr{H}}(V)$ on ait

$$u|_{\partial V} \geqq 0 \Rightarrow u \geqq 0 .$$

Ici nous avons utilisé, pour une fonction réelle f sur un ensemble A, la notation $f > 0$, au lieu de

$$x \in A \Rightarrow f(x) > 0 .$$

Soit U un ouvert régulier. De la définition il résulte que pour tout $x \in U$, l'application $\lambda_{U,x}$ définie sur $\mathscr{C}(\partial U)$ par

$$f \to \lambda_{U,x}(f) =: \lambda_U(f)(x)$$

est une mesure de Radon, positive, sur ∂U. Pour toute fonction numerique f sur ∂U nous posons $\lambda_{U,x}(f)$ au lieu de l'intégrale supérieure de f par rapport à la mesure $\lambda_{U,x}$ et nous noterons par $\lambda_U(f)$ la fonction sur U définie par

$$x \to \lambda_U(f)(x) =: \lambda_{U,x}(f) .$$

Próposition 1. *Soient U un ouvert régulier et f une fonction numérique sur ∂U, inférieurement semicontinue, inférieurement bornée. Alors pour tout $y \in \partial U$ on a*

$$\liminf_{U \ni x \to y} \lambda_U(f)(x) \geqq f(y) .$$

L'assertion résulte de la définition d'un ouvert régulier et de la définition de l'intégrale supérieure.

Proposition 2. *Soient U un ouvert régulier, V un ouvert, $V \subset U$ et u une fonction sur V pour laquelle il existe une famille $(u_\nu)_{\nu \in I}$ filtrante croissante, de fonctions $u_\nu \in \mathscr{H}(V)$ telle que*

$$u(x) = \sup_{\nu \in I} u_\nu(x)$$

Supposons que pour tout $y \in \partial V$ nous avons

$$\liminf_{V \ni x \to y} u(x) \geqq 0 \quad (\text{resp. } \liminf_{V \ni x \to y} u(x) > 0) .$$

Alors on a

$$u \leqq 0 \quad (\text{resp. } u > 0) .$$

L'assertion résulte de la définition d'un ouvert régulier utilisant un procédé standard dans la théorie du potentiel.

Lemme 1. *Soient Y un espace compact, F un sous-ensemble fermé de Y, $x_0 \in F$, H un sous-ensemble borné de $\mathscr{C}(Y)$. Supposons que*

1) *H est équicontinu dans tout point de $Y - F$.*

2) *L'ensemble H_F des restrictions à F des fonctions de H, est équicontinu au point x_0,*

3) *il existe un système fondamental $\mathcal{V}_0$ de voisinages de x_0 et un nombre réel $M_0 > 0$ tels que pour tout $V \in \mathcal{V}_0$ et tout $\varepsilon > 0$ il existe un compact $K = K_{\varepsilon,V}$ contenu dans $V - F$ et un voisinage $W = W_{\varepsilon,V}$ de x_0, $W_{\varepsilon,V} \subset V$ tels que pour*

toutes u, $v \in H$ on a

$$\|u - v\|_{\mathcal{C}(K)} \leqq \varepsilon\,, \quad \|u - v\|_{\mathcal{C}(F \cap \overline{V})} \leqq \varepsilon \Rightarrow \|u - v\|_{\mathcal{C}(W)} \leqq \varepsilon\, M_0\,.$$

Alors H est équicontinu au point x_0.

Supposons que H n'est pas équicontinu au point x_0. Alors il existe $\varepsilon > 0$ tel que pour tout voisinage U de x_0 il existe $f \in H$ et $x \in U$ tels que

$$|f(x) - f(x_0)| > \varepsilon\,.$$

Posons $\varepsilon' = \varepsilon/8\, M_0$ et soit V un voisinage de x_0, $V \in \mathcal{V}_0$ tel que l'oscillation sur $V \cap F$ de toute fonction $f \in H$ soit $< \varepsilon'/2$. Utilisant l'hypothèse 3) nous pouvons construir un compact $K = K_{\varepsilon', V}$ contenu dans $\overline{V} - F$ et un voisinage $W = W_{\varepsilon', V}$ de x_0 contenu dans V tels que

$$\|u - v\|_{\mathcal{C}(W)} \leqq \varepsilon' \cdot M_0$$

pour toutes les deux fonctions u, $v \in H$ pour lesquelles

$$\|u - v\|_{\mathcal{C}(K)} \leqq \varepsilon', \quad \|u - v\|_{\mathcal{C}(F \cap \overline{V})} \leqq \varepsilon'.$$

Nous construirons inductivement une suite

$$(U_n, f_n)$$

où U_n est un voisinage de x_0, $f_n \in H$ telle que

$$\overline{U}_1 \subset W\,, \quad \omega(f_n, U_n) > \varepsilon\,,$$

$$\overline{U}_{n+1} \subset \left\{x \in U_n \mid 1 \leqq k \leqq n \Rightarrow |f_k(x) - f_k(x_0)| < \frac{\varepsilon}{2^{n+1}}\right\}.$$

Nous avons désigné par $\omega(f, U)$ l'oscillation de f sur l'ensemble U.

Puisque H est équicontinu dans tout point de $Y - F$ il résulte, passant à une sous-suite, que la suite (f_n) converge uniformement sur K. Donc il existe $n_0 \in N$ tel que

$$n \geqq n_0\,, \quad p \in N \Rightarrow \|f_{n+p} - f_n\|_{\mathcal{C}(K)} \leqq \varepsilon'\,.$$

De la construction de V nous obtenons aussi

$$\|f_{n+p} - f_n\|_{\mathcal{C}(\overline{V} \cap F)} \leqq \varepsilon'\,.$$

Il en résulte que

$$n \geqq n_0\,, \quad p \in N \Rightarrow \|f_{n+p} - f_n\|_{\mathcal{C}(W)} \leqq \varepsilon' \cdot M_0 \leqq \frac{\varepsilon}{8}\,.$$

Choississons maintenant, une suite de points (x_n) telle que

$$x_n \in U_n \text{ et } |f_n(x_n) - f_n(x_0)| \geqq \frac{\varepsilon}{2}\,.$$

Nous avons, pour $n \in N$ suffisamment grand et $p \in N$,

$$\frac{\varepsilon}{2} \leqq |f_{n+p}(x_{n+p}) - f_{n+p}(x_0)|$$
$$\leqq |f_{n+p}(x_{n+p}) - f_n(x_{n+p})| + |f_n(x_{n+p}) - f_n(x_0)|$$
$$+ |f_n(x_0) - f_{n+p}(x_0)| \leqq \frac{\varepsilon}{8} + \frac{\varepsilon}{2^{n+p}} + \frac{\varepsilon}{8} < \frac{\varepsilon}{2}$$

ce qui représent une contradiction.

Théorème 1. *Soient X un espace localement compact, $\mathcal{H}$ un faisceau sur X d'espaces linéaires réels de fonctions réelles continues, Ω un ouvert relativement compact de X, x_0 un point de $\partial\Omega$ et H un ensemble borné de $\mathcal{C}_{\mathcal{H}}(\Omega)$ tel que:*

1) *H est équicontinu dans tout point de Ω,*

2) *l'ensemble $H_{\partial\Omega}$ des restrictions à $\partial\Omega$ des fonctions de H est équicontinu au point x_0,*

3) *il existe un système fondamental $\mathcal{V}_0$ de voisinages réguliers de x_0 tel que pour tout $V \in \mathcal{V}_0$ et toute fonction réelle f, inférieurement semicontinue et bornée sur ∂V, la fonction $\lambda_V(f)$ est continue au point x_0.*
Alors H est échicontinu au point x_0.

L'assertion résultera du lemme 1 pour le cas

$$Y = \overline{\Omega}\,, \quad F = \partial\Omega\,.$$

Il est nécessaire de vérifier seulement la condition 3) du lemme.

Soient U un voisinage régulier de x_0 et $\alpha > 0$ tels que la fonction $h = \lambda_U(\alpha)$ soit $\geqq 1$. Posons

$$M_0 = \sup_{x \in U} h(x) + 1\,,$$

et soit

$$\mathcal{V} = \{\, V \in \mathcal{V}_0 \mid \overline{V} \subset U \}\,.$$

Nous montrerons que $\mathcal{V}$ sera un système fondamental de voisinage de x_0 qui satisfait la condition 3) du lemme 1. En effet soient $V \in \mathcal{V}$ et $\varepsilon > 0$. Puisque λ_{V,x_0} est une mesure sur ∂V il résulte qu'il existe un compact K, contenu dans $(\partial V) \cap \Omega$ tel que

$$\lambda_V\,(\psi_K)\,(x_0) < \frac{\varepsilon}{2}\,,$$

où Ψ_K et la fonction caractéristique de l'ensemble

$$(\partial V) \cap \Omega - K\,.$$

La fonction $\lambda_V(\Psi_K)$ étant continue au point x_0 il existe un voisinage W de x_0, $\overline{W} \subset V$ tel que

$$x \in W \Rightarrow \lambda_V(\psi_K)\,(x) < \frac{\varepsilon}{2}\,.$$

Soit $u \in \mathcal{C}_{\mathcal{H}}(\Omega)$ tel que

$$\|u\|_{\mathcal{C}(\overline{\Omega})} \leqq 1\,, \quad \|u\|_{\mathcal{C}(K)} \leqq \varepsilon\,, \quad \|u\|_{\mathcal{C}(\partial\Omega)\cap\overline{V})} \leqq \varepsilon\,.$$

Nous considérons la fonction v sur $V \cap \Omega$ définie par

$$v(x) = \lambda_V\,(\varepsilon\, h + \psi_K)\,(x) - u(x)$$
$$\big(\text{resp. } v(x) = \lambda_V\,(\varepsilon\, h + \psi_K)\,(x) + u(x)\big)\,.$$

Evidemment

$$v = \sup_f \lambda_V(f) - u$$
$$(\text{resp. } v = \sup_f \lambda_V(f) + u)$$

(où f est une minorante continue sur ∂V de $\varepsilon h + \psi_K$. Puisque pour tout $y \in \partial(V \cap \Omega)$ on a, de la proposition 1,

$$\liminf_{V \cap \Omega \ni x \to y} v(y) \geqq 0$$

il résulte, utilisant la proposition 2, que $v \geqq 0$. Donc on a, sur W,

$$|u(x)| \leqq \lambda_V (\varepsilon h + \Psi_K)(x) \leqq M_0 \cdot \varepsilon .$$

Un ouvert relativement compact Ω de X serà nommé *ouvert d'unicité* par rapport à un faisceau $\mathcal{H}$ sur X d'espaces linéaires réels de fonctions réelles continues si on ait

$$u \in \mathscr{C}_{\mathcal{H}}(\Omega), \ u|_{\partial\Omega} = 0 \Rightarrow u = 0 .$$

Corollaire. *Soient X un espace localement compact, $\mathcal{H}$ un faisceau sur X d'espaces linéaires réels de fonctions réelles continues et Ω un ouvert d'unicité par rapport à $\mathcal{H}$. Supposons que*

1) *$\mathscr{C}_{\mathcal{H}}(\Omega)$ est fermé par rapport à la convergence uniforme,*

2) *pour tout $x \in \partial\Omega$ il existe un système fondamental $\mathcal{V}_x$ de voisinages réguliers de x tel que pour tout $V \in \mathcal{V}_x$ et tout fonction réelle, bornée, inférieurement semicontinue f sur ∂V, la fonction $\lambda_V(f)$ est continue au point x,*

3) *Tout sous-ensemble borné de $\mathscr{C}_{\mathcal{H}}(\Omega)$ est équicontinue dans tout point de Ω. Alors il existe $M > 0$ tel que*

$$u \in \mathscr{C}_{\mathcal{H}}(\Omega) \Rightarrow ||u||_{\mathscr{C}(\bar{\Omega})} \leqq M \cdot ||u||_{\mathscr{C}(\partial\Omega)}.$$

Lemme 2. *Soient X un espace localement compact, H un ensemble de fonctions reelles continues sur X, $x_0 \in X$ et V un voisinage ouvert de x_0. Supposons que pour toute suite (h_n) croissante et localement bornée de fonctions de H la fonction*

$$x \to h(x) = \sup_{n \in N} h_n(x)$$

est continue dans tout point x de l'ensemble

$$V \cap \{x \in X | \ h(x) = h(x_0)\} .$$

Alors pour toute famille $(h_\nu)_{\nu \in I}$ filtrante croissante et localement bornée de fonctions de H la fonction

$$x \to h(x) = \sup_{\nu \in I} h_\nu(x)$$

sera continue dans tout point de l'ensemble

$$V \cap \{x \in X \mid h(x) = h(x_0)\} .$$

Soit $(h_\nu)_{\nu \in I}$ une famille filtrante croissante et localement bornèe de fonction de H et soit h la fonction

$$x \to h(x) = \sup_{\nu \in I} h_V(x) .$$

Supposons que h n'est pas continue dans un point $y_0 \in V \cap \{x \in X \mid h(x) = h(x_0)\}$. Il existe, alors, un nombre $\varepsilon > 0$ tel que pour tout voisinage U de y_0 l'oscillation de h sur U soit $> \varepsilon$.
Nous construirons, inductivement, une suite

$$(V_n, y_n, h_{i_n})_{n \geqq 1}$$

où V_n est un voisinage de y_0, $i_n \in I$, $y_n \in X$ telle que
V_1 est arbitraire,

$$y_1 \in V_1 \text{ et } |h(y_1) - h(y_0)| > \frac{\varepsilon}{2}$$

$$|h_{i_1}(y_1) - h(y_1)| < \frac{\varepsilon}{2}, \quad |h_{i_1}(y_0) - h(y_0)| < \frac{\varepsilon}{2}, \quad |h_{i_1}(x_0) - h(x_0)| < \frac{\varepsilon}{2}$$

et telle que

$$\overline{V}_{n+1} \subset \{x \in V_n \mid 1 \leqq k \leqq n \Rightarrow |h_{i_k}(x) - h_{ik}(x_0)| < \frac{\varepsilon}{2^{n+1}},$$

$$y_{n+1} \in V_{n+1} \text{ et } |h(y_{n+1}) - h(y_0)| > \frac{\varepsilon}{2},$$

$$h_{i_n} \leqq h_{i_{n+1}}, \quad |h_{i_{n+1}}(x_0) - h(x_0)| < \frac{\varepsilon}{2^{n+1}},$$

$$o \leqq k \leqq n+1 \Rightarrow |h_{i_{n+1}}(y_k) - h(y_k)| < \frac{\varepsilon}{2^{n+1}}.$$

Soit h' la fonction

$$x \to h'(x) = \sup_{n \in N} h_{i_n}(x).$$

Par construction nous avons

$$k \in N \Rightarrow h'(y_k) = h(y_k), \quad h'(x_0) = h(x_0).$$

D'autre part, par hypothèse, la fonction h' est continue dans tout point x de l'ensemble

$$V \cap \{x \in X \mid h'(x) = h'(x_0)\}.$$

Puisque

$$a \in \bigcap_n V_n \Rightarrow |\, h_{i_n}(a) - h_{i_n}(y_0) < \frac{\varepsilon}{2^n}$$

nous avons

$$a \in \bigcap_n V_n \Rightarrow h'(a) = h'(y_0) = h'(x_0).$$

Donc h' est continue dans tout point de $\bigcap_n V_n$.

Soit $a \in \bigcap_n V_n$ un point de l'adhérence de la suite (y_n). Nous avons

$$|h'(y_n) - h'(a)| = |h(y_n) - h'(x_0)| = |h(y_n) - h(y_0)| > \frac{\varepsilon}{2}.$$

ce qui contredit le fait que h' est continue au point a.

Théoréme 2. *Soit X un espace localement compact, H un ensemble de fonctions réelles continues sur X. Supposons que la limite de toute suite croissante et locale-*

ment bornée de fonctions de H est continue. Alors la limite de toute famille filtrante croissante et localement bornée de fonctions de H est aussi continue.

L'assertion résulte immédiatement du lemme.

La démonstration de ce théorème a été donnée aussi par A. CORNEA.

Soit X un espace localement compact et $\mathcal{H}$ un faisceau sur X d'espaces linéaires réels de fonctions réelles continues. Un fonction s inférieurement semicontinue, inférieurement localement bornée sur un ouvert V de X sera normée *$\mathcal{H}$-hyperharmonique* si pour tout $x_0 \in V$ il existe un voisinage V_0 de x_0 tel que pour tout ouvert régulier U, $x_0 \in U$, $\overline{U} \subset V_0$ on ait

$$u \in \mathcal{C}_{\mathcal{H}}(U)\,, \quad s|_{\partial U} \geqq u|_{\partial U} \Rightarrow s|_U \geqq u|_U\,.$$

Un ouvert relativement compact V de X sera dit que *satisfait le principe de minimum par rapport à $\mathcal{H}$* si tout fonction $\mathcal{H}$-hyperharmonique s sur V est positive si et seulement si pour tout $y \in \partial V$ on a

$$\liminf_{V \ni x \to y} s(x) \geqq 0\,.$$

Le faisceau $\mathcal{H}$ sera nommé *faisceau harmonique* si les conditions suivantes seront remplies:

1) il existe un base d'ouverts réguliers par rapport à $\mathcal{H}$,

2) l'ensemble d'ouverts relativement compacts qui satisfaient le principe de minimum forme un recouvrement de X,

3) pour tout ouvert U de X la limite de toute suite croissante et bornée de $\mathcal{H}(U)$ est continue.

Remarque 1. *En vertue du lemme 2, il résulte que la condition* 3) *de la définition d'un faisceau harmonique est équivalente à l'une des propriétés suivantes:*

3') *pour tout ouvert U de X, la limite d'une famille filtrante croissante et bornée de fonctions de $\mathcal{H}(U)$ est continue.*

3'') *pour tout ouvert régulier U et toute fonction f inférieurement semicontinue et borné sur ∂U la fonction $\lambda_U(f)$ est continue.*

3''') *pour tout ouvert régulier U et toute fonction réelle bornée f sur ∂U la fonction $\lambda_U(f)$ est continue.*

Remarque 2. *Si le faisceau $\mathcal{H}$ vérifie les conditions* 1) *et* 3) *de la définition d'un faisceau harmonique alors on a:*

3^{IV}) *pour tout ouvert U de X, tout ensemble borné de $\mathcal{H}(U)$ est équicontinu dans tout point de U.*

L'assertion résulte du fait que toute suite bornée de $\mathcal{H}(U)$ qui est simplement convergent la fonction limite est continue. De ce fait et du [5] il résulte que la limite de toute filtre bornée sur $\mathcal{H}(U)$ qui est simplement convergente, est continue. Donc on déduit que tout ensemble borné de $\mathcal{H}(U)$ est équicontinue dans tout point de U.

Remarque 3. *Si le faisceau $\mathcal{H}$ satisfait les conditions* 1), 3) *de la définition d'un faisceau harmonique et de plus s'il satisfait la condition suivante:*

2') *pour tout ouvert conexe U de X une fonction $u \in \mathcal{H}(U)$, $u \geqq 0$ est nulle s'il existe des points $x \in U$ tels que $u\,(x) = 0$*
alors $\mathcal{H}$ satisfait aussila condition 2) *de la définition d'un faisceau harmonique.*

Théorème 3. *Soient X un espace localement compact, $\mathcal{H}$ un faisceau harmonique sur X, Ω un ouvert relativement compact de X, x_0 un point de $\partial\Omega$ et H un sous-ensemble borné de $\mathcal{C}_{\mathcal{H}}(\Omega)$ tel que l'ensemble des restrictions à $\partial\Omega$ des fonctions de H est équicontinu au point x_0. Alors H est équicontinu au point x_0.*

L'assertion résulte du théorème 1 puisque l'ensemble H est équicontinue dans tout point de Ω (en vertu du remarque 2, propriété 3^{IV}).

Corollaire. *Soient X un espace localement compact, $\mathcal{H}$ un faisceau harmonique sur X et Ω un ouvert d'unicité par rapport à $\mathcal{H}$. Alors il existe $M > 0$ tel que*

$$u \in \mathcal{C}_{\mathcal{H}}(\Omega) \Rightarrow \|u\|_{\mathcal{C}(\bar{\Omega})} \leqq M \; \|u\|_{\mathcal{C}(\partial\Omega)}.$$

2.

Dans ce paragraph X sera l'espace R^n,

$$(a^{ij})_{i,j \in \{1,2,\ldots n\}}$$

sera un système de fonctions réeles continues sur R^n,

$$(b^i)_{i \in \{1,2,\ldots n\}}\,,\; c$$

seront des fonctions mesurables localement bornées sur R^n. Nous supposons qu'il existe $\alpha > 0$ tel que

$$\sum_{i,j=1}^{n} a^{ij}\,\xi_i\,\xi_j \geqq \alpha \cdot \sum_{i=1}^{n} \xi_i^2$$

pour tout $\xi = (\xi_1, \xi_2, \ldots \xi_n) \in R^n$.

Pour un ouvert U relativement compact de X et $p \geqq 1$ nous noterons par $W_p^2(U)$ l'espace de Banach réel qui est le complété de l'espace de fonctions $\mathcal{C}^\infty(\overline{U})$ par rapport à la norme

$$\|f\|_{W_p^2(U)} =: \sum_{i,j=1}^{n} \|D_i\,D_j f\,\|_{L_p(U)} + \sum_{i=1}^{n} \|D_i f\|_{L_p(U)} + \|f\|_{L_p(U)}.$$

Si U est un ouvert, suffisemment régulier et si $p > n$ alors on sait que tout $f \in W_p^2(U)$ est continue — differentiable sur U et que la norme

$$f \to \|f\|_{W_p^2(U)}$$

est équivalente à la norme

$$f \to \sum_{i,j=1}^{n} \|D_i\,D_j f\|_{L_p(U)} + \sum_{i=1}^{n} \|D_i f\|_{\mathcal{C}(U)} + \|f\|_{\mathcal{C}(U)}.$$

Soit A l'operateur différentiel

$$A\,u = \sum_{i,j=1}^{n} a^{ij}\,D_i\,D_j\,u + \sum_{ii=1}^{n} b^i\,D_i\,u + c\,u.$$

Les théorèmes suivantes sont bien connus ([1], [2], [4]).

A. *Soit U un ouvert de X et $p \geqq 1$. Alors pour tout ouvert relativement compact V, $\overline{V} \subset U$ il existe une constante γ telle que*

$$\|u\|_{W_p^2(V)} \leqq \gamma\left(\|A\, u\|_{L_p(U)} + \|u\|_{\mathscr{E}(U)}\right)$$

pour tout $u \in W_p^2(V)$.

B. *Si U est un ouvert relativement compact de X, suffisamment régulier, suffisamment petit et si $p > n$ alors:*

a) *il existe une constante γ telle que*

$$\|u\|_{W_p^2(U)} \leqq \gamma \cdot \|A\, u\|_{L_p(U)},$$

pour tout $u \in W_p^2(U)$ pour laquelle $u|_{\partial U} = 0$,

b) *pour tout $f \in L_p(U)$ il existe $u \in W_p^2(U)$ telle que $u|_{\partial U} = 0$ et $A\, u = f$.*

C) *Soient U un ouvert de X, $p > n$, $a \in U$ et $u \in W_p^2(U)$ tels que*

$$A\, u \leqq 0\,, \quad u(a) \leqq 0$$

et telle que

$$x \in U \Rightarrow u(x) \geqq u(a)\,.$$

Alors la fonction u est constante.

Pour tout ouvert U de X nous noterons par $\mathcal{A}(U)$ l'ensemble de fonctions réelles u continues sur U telles que pour tout ouvert relativement compact V, $\overline{V} \subset U$ on a

$$u \in \bigcap_{p \geq 1} W_p^2(V)\,, \quad A\, u = 0\,.$$

Evidemment l'application $\mathcal{A}$ definie par

$$U \to \mathcal{A}(U)$$

est un faisceau sur X, d'espaces linéaires réels de fonctions réelles continues.

Théorème 4. *Le faisceau $\mathcal{A}$ est harmonique.*

L'existence d'une base d'ouverts réguliers par rapport à $\mathcal{A}$ résulte du théoreme B et du théorème A. L'existence d'une recouvrement pour X formée par des ouverts relativement compacts qui satisfaient le principe de minimum résulte du théorème C et la remarque 3) de la définition d'un faisceau harmonique. L'axiome 3) de la définition d'un faisceau harmonique résulte du théorème A.

Corollaire. *Soient Ω un ouvert d'unicité par rapport à $\mathcal{A}$. Alors il existe une constante M telle que*

$$u \in \mathscr{C}_{\mathcal{A}}(\Omega) \Rightarrow \|u\|_{\mathscr{E}(\Omega)} \leqq M\, \|u\|_{\mathscr{E}(\partial\Omega)}\,.$$

Pour $p > n$ et U un ouvert de X nous désignerons par $W_p^2(U)$ *l'*ensemble de fonctions réelles continues u sur U telle que pour tout ouvert relativement compact V, $\overline{V} \subset U$ on a

$$u|_V \in W_p^2(V)\,.$$

Evidemment l'application W_p^2 définie par

$$U \to W_p^2(U)$$

est un faisceau sur X d'espace linéaire de fonctions réelles continues. Nous donnerons maintenant un résultat qui généralise un théorème obtenu dans [3].

Théorème 5. *Soit U un ouvert d'unicité par rapport à le faisceau $\mathcal{A}$. Alors il existe une constante $M > 0$ telle que*

$$||u||_{\mathcal{E}(U)} \leqq M\,(||A\,u||_{L_p(U)} + ||u||_{\mathcal{E}(\partial U)})$$

pour tout $u \in \mathcal{E}_{W_p^2}(U)$.

Supposons que l'assertion du théorème n'est pas vraie. Alors il existe une suite (u_n),

$$u_n \in \mathcal{E}_{W_p^2(U)}$$

telle que

$$||u_n||_{\mathcal{E}(U)} = 1\,,$$

et telle que

$$(||A\,u_n||_{L_p(U)}) \to 0\,,$$
$$(||u_n||_{\mathcal{E}(\partial U)}) \to 0\,.$$

Du théorème A il résulte que pour tout ouvert relativement compact V, $\overline{V} \subset U$ la suite

$$(||u_n||_{W_p^2(V)})$$

est bornée. Donc nous pouvons supposer, passant à une sous-suite, que la suite (u_n) converge uniformement sur tout compact de U vers une fonction $u \in W_p^2(U)$ telle que $A\,u = 0$. Soinet $x_0 \in \partial U$, V un ouvert suffisamment régulier, suffisamment petit, tel que $x_0 \in V$ et f_n la fonction sur V égale à sur $U \cap V$ est égale à zero sur $V - U$. Evidemment $f_n \in L_p(V)$.

Soit $v_n \in W_p^2(V)$ telle que $v_{n/\partial' V} = 0$ et telle que

$$A\,v_n = f_n\,.$$

En vertu du théorème B nous avons

$$||v_n||_{W_p^2(V)} \leqq \gamma'\,||f_n||_{L_p(V)} \leqq \gamma'\,||A\,u_n||_{L_p(U)}\,.$$

Donc la suite $(u_n - v_n)$ est equicontinue dans tout point de $V \cap U$ et satisfait aussi les conditions suivantes

a) $n \in N \Rightarrow (u_n - v_n)/\overline{V \cap U} \quad \in \mathcal{E}_{\mathcal{A}}(V \cap U)$,

b) la suite des restrictions à $\partial(V \cap U)$ des fonctions $(u_n - v_n)$, est équicontinue au point x_0.

En vertue du théorème 3 nous obtenons que la suite $(u_n - v_n)$ est équicontinue au point x_0. Puisque

$$(||v_n||_{\mathcal{E}(U \cap V)}) \to 0$$

il résulte que la suite (u_n) est équicontinue au point x_0. Le point $x_0 \in \partial U$ étant arbitraire on déduit que la suite (u_n) converge uniformement sur $\overline{U}$ et que la fonction

$$u = \lim_n u_n$$

este continue dans tout point $x \in \overline{U}$. Par suite

$$u \in \mathcal{E}_{\mathcal{A}}(U)\,, u|_{\partial\Omega} = 0\,.$$

Par hypothèse, l'ouvert U étant un ouvert d'unicité par rapport à $\mathcal{A}$, nous avons $u = 0$ ce qui contredit le fait que

$$||u||_{\mathcal{E}(U)} = \lim_{n\to\infty} ||u_n||_{\mathcal{E}(U)} = 1\,.$$

Bibliographie

[1] Agmon, S., Douglis, A. et Nirenberg, L., Estimates near the boundary for solutions of elliptic partial differential equations satisfying general boundary conditions I. Interscience Publishers, New York 1959.

[2] Bers, L., John, F. et Schechter, M., Partial differential equations, Interscience Publishers, New-York 1964.

[3] Boboc, N. et Mustaţă, P., Sur un problème concernant les domaines d'unicité pour le problème de Dirichlet associé à un opérateur elliptique. Acad. Naz. Lincei, serie VIII, vol. XLII, p. 181–186 (1967).

[4] Bony, J. M., Principe de maximum dans les espaces de Sobolev. C. R. Acad. Sci. Paris **265** (1967) p. 333–336.

[5] Schaefer, H., Topological vector spaces. The Macmillan Company, New-York, 1966.

Über das verallgemeinerte CAUCHY-RIEMANNsche Differentialgleichungssystem

von ISTVAN FENYÖ, Rostock[1])

(Manuskripteingang: 23. Oktober 1969)

Es wird als Verallgemeinerung der VEKUAschen Gleichung

$$\partial_{\bar{z}}\, w = A\, w + B\, \overline{w}$$

eine verallgemeinerte Differentialgleichung von der Gestalt

$$\partial_{\bar{z}}\, w = F(z, w)$$

betrachtet. Für F werden Bedingungen angegeben, unter welchen diese Gleichung in einer gewissen Funktionenklasse Lösungen besitzt. Ferner wird ein Vergleichungssatz formuliert.

Sei G ein Gebiet in der komplexen Zahlenebene, das begrenzt wird durch eine Randkurve Γ, die aus einer endlichen Anzahl einfacher, stückweise glatter rektifizierbarer JORDAN-Kurven besteht.

G_n $(n = 1, 2, \ldots)$ sei eine reguläre Folge von Gebieten (mit den Randkurven Γ_n), die so beschaffen ist, daß für einen gewissen inneren Punkt z_0 von G gilt

$$\{z_0\} = \bigcap_{n=1}^{\infty} G_n\,.$$

Wir betrachten nun eine komplexwertige Funktion $w = w(z)$ mit $Re\, w = u$, $Im\, w = v$ und bilden folgenden Grenzwert (falls er vorhanden ist)

$$\frac{1}{2\,i} \lim_{n\to\infty} \frac{1}{|G_n|} \int_{\Gamma_n} w(z)\, dz\,. \tag{1}$$

Dabei bedeutet $|G_n|$ den Flächeninhalt des Gebietes G_n. Er soll mit $\partial_{\bar{z}}\, w$, oder ausführlicher $\partial_{\bar{z}}\, w|_{z_0}$ bezeichnet werden. Ist $w(z)$ eine in der Umgebung des Punktes z_0 analytische Funktion, dann ist (1) sicher vorhanden, und es gilt

$$\partial_{\bar{z}}\, w = 0\,. \tag{2}$$

(2) ist genau das CAUCHY-RIEMANNsche Differentialgleichungssystem.

(1) ist die POMPEINsche Ableitung [1] von w im Punkt z_0. Wenn $\frac{\partial u}{\partial x}, \frac{\partial u}{\partial y}, \frac{\partial v}{\partial x}, \frac{\partial v}{\partial y}$ im Sinne der SOBOLEW-SCHWARTZ-Distributionen im Gebiet G existieren und Funktionen der Klasse $L_p(\overline{G})$ $(p > 0)$ sind, dann existiert, wie bekannt, die

[1]) Anschrift des Autors:

Prof. Dr. I. FENYÖ, Universität Rostock, Sektion Mathematik, DDR-25 Rostock, Universitätsplatz 1.

Pompeinsche Ableitung (1) fast überall in G und ist mit

$$\frac{1}{2}\left(\frac{\partial w}{\partial x} + i\,\frac{\partial w}{\partial y}\right) \quad (z = x + i\,y) \tag{3}$$

f. ü. gleich. Dies berechtigt uns, (3) auch mit $\partial_{\bar z}\, w$ zu bezeichnen.

Wir werden die Klasse derjenigen Funktionen einer komplexen Veränderlichen $w(z)$, für die $\partial_{\bar z}\, w$ für *alle* z im Sinne von (1) vorhanden ist, mit C^P (oder ausführlicher mit $C^P(G)$) bezeichnen. Wenn $A(G)$ die Klasse der in G definierten analytischen Funktionen ist, dann gilt offenbar

$$A(G) \subset C^P(G)\,.$$

Noch allgemeiner: Ist $C^{(1)}(G)$ die Menge der in G definierten, einmal stetig differenzierbaren Funktionen, $C_H(G)$ die Menge der Funktionen, die einer Hölder-Bedingung genügen, und $C(G)$ die Gesamtheit der in G stetigen Funktionen, dann gilt

$$C^{(1)}(G) \subset C^P(G) \subset C_H(G) \subset C(G)\,.$$

Wir werden ferner folgende Bezeichnungen einführen:

$$\left.\begin{aligned} M(w) &\equiv M(u,v) = 2\,Re\,\partial_{\bar z}\, w = \lim_{n\to\infty} \frac{1}{|G_n|} \int_{\Gamma_n} (v\,dx + u\,dy)\,, \\ L(w) &\equiv L(u,v) = 2\,Im\,\partial_{\bar z}\, w = -\lim_{n\to\infty} \frac{1}{|G_n|} \int_{\Gamma_n} (u\,dx - v\,dy)\,. \end{aligned}\right\} \tag{4}$$

Wenn für eine Funktion $w(z) \in C^P(G)$ die homogene Differentialgleichung (im verallgemeinerten Sinn)

$$\partial_{\bar z} w = A\,w + B\,\bar w \tag{5}$$

im Gebiet G erfüllt ist für irgendwelche Funktionen A und B, dann wird w als verallgemeinerte analytische Funktion bezeichnet [2]. Die Gleichung (5) kann als eine Verallgemeinerung des Cauchy-Riemannschen Differentialgleichungssystems aufgefaßt werden.

Unsere Betrachtungen haben zum Ziel, die Lösbarkeit eines Differentialgleichungssystems vom Typus (5) zu untersuchen, wobei jedoch an der rechten Seite nicht unbedingt ein, bezüglich w linearer, Ausdruck stehen muß.

Dazu haben wir folgende Sätze bewiesen.

Satz 1: *Sei $f(z) \in C(G)$ und f eine reelle Funktion. Wir betrachten folgende Funktionen:*

$$u(z) \triangleq -\frac{1}{2\pi}\,Re \iint_G \frac{f(\zeta)}{\bar\zeta - \bar z}\, d\xi\, d\eta\,,$$

$$v(z) \triangleq \frac{1}{2\pi}\,Im \iint_G \frac{f(\zeta)}{\bar\zeta - \bar z}\, d\xi\, d\eta$$

mit $Re\,\zeta = \xi$, $Im\,\zeta = \eta$. Dann gilt: Die Funktion $w(z) = u(z) + i\,v(z)$ ist in der Klasse $C^P(G)$ enthalten, und es wird

$$L(w) = -f(z)\,, \qquad M(w) = 0\,.$$

Aus diesem Satz folgt unmittelbar: Die mit Hilfe der Funktionen $f(z)$ und $g(z)$ aus $C(G)$ definierten Funktionen

$$u(z) \triangleq -\frac{1}{2\pi} Re \iint_G \frac{f(\zeta)}{\bar{\zeta} - \bar{z}} d\xi\, d\eta + \frac{1}{2\pi} Im \iint_G Im \frac{g(\zeta)}{\bar{\zeta} - \bar{z}} d\xi\, d\eta ,$$

$$v(z) \triangleq \frac{1}{2\pi} Im \iint_G \frac{f(\zeta)}{\bar{\zeta} - \bar{z}} d\xi\, d\eta - \frac{1}{2\pi} Re \iint_G \frac{g(\zeta)}{\bar{\zeta} - \bar{z}} d\xi\, d\eta .$$

$w(z) = u(z) + i\, v(z)$ genügt der Bedingung $w(z) \in C^P(G)$ und

$$L(w) = f(z) , \quad M(w) = g(z) .$$

Satz 2: *Sei* $w(z) \in C^P(G)$ *und stetig in* $G \cup \Gamma$. *Dann sind auch* $L(w)$ *und* $M(w)$ *stetige Funktionen in* $G \cup \Gamma$, *und wenn* $Re\, w(z) = u(z)$, $Im\, w(z) = v(z)$ *gesetzt wird, dann gelten die Formeln*

$$u(z) = \frac{1}{2\pi} \int_\Gamma \frac{u(\zeta)}{|\zeta - z|} ds_\zeta - \frac{1}{2\pi} \iint_G \left[Re \frac{L(w)_\zeta}{\bar{\zeta} - \bar{z}} + Im \frac{M(w)_\zeta}{\bar{\zeta} - \bar{z}} \right] d\xi\, d\eta ,$$

$$v(z) = \frac{1}{2\pi} \int_\Gamma \frac{u(\zeta)}{|\zeta - z|} ds_\zeta + \frac{1}{2\pi} \iint_G \left[Im \frac{L(w)_\zeta}{\bar{\zeta} - \bar{z}} - Re \frac{M(w)_\zeta}{\bar{\zeta} - \bar{z}} \right] d\xi\, d\eta .$$

Diese letzten Beziehungen können als Integralgleichungen für $L(w)$ und $M(w)$ angesehen werden, deren Lösungen die Gleichungen (4) sind.

Satz 3: *Sei* $w(z) \in C^P(G)$. *Dann ist* $M\{L(w), M(w)\}$ *unabhängig von* $v = Im\, w$ *und* $L\{M(w), L(w)\}$ *unabhängig von* $u = Re\, w$. *Es gilt sogar*

$$M\{L(w), M(w)\} = \Delta u; \quad L\{M(w), L(w)\} = \Delta v$$

mit $\Delta = \partial^2/\partial x^2 + \partial^2/\partial y^2$, *wobei die Ableitungen im Distributionssinne zu verstehen sind.*

Wir wollen folgende Bezeichnung einführen: Für zwei komplexe Zahlen Z_1 und Z_2 soll gelten $Z_1 > Z_2$, wenn $Re\, Z_1 > Re\, Z_2$ und gleichzeitig $Im\, Z_1 > Im\, Z_2$ ist; $Z_1 \geqq Z_2$, wenn

$$\genfrac{}{}{0pt}{}{Re}{Im} Z_1 \geqq \genfrac{}{}{0pt}{}{Re}{Im} Z_2$$

gilt.

Mit dieser Bezeichnung formulieren wir unseren

Satz 4: *Seien* w *und* W *Funktionen aus der Klasse* $C^P(G)$, *und setzen wir voraus, daß* $\partial_{\bar{z}} w > \partial_{\bar{z}} W$ *für* $z \in G$ *gilt. Es wird ferner vorausgesetzt, daß jede der Gleichungen*

$$\partial_{\bar{z}} f = w \quad \text{und} \quad \partial_{\bar{z}} F = W$$

eine Lösung in $\bar{G}$ *hat. Dann wird behauptet: Ist* $F \geqq f$ *für* $z \in \Gamma$, *dann gilt auch* $F \geqq f$ für $z \in G$.

Satz 5: *Es soll die verallgemeinerte Differentialgleichung*

$$\partial_{\bar{z}} w = F(z, w) \tag{6}$$

betrachtet werden in $G \cup \Gamma$.

Wir führen die Bezeichnung ein:

$$\psi(z) = \left(\iint_G \frac{d\xi\, d\eta}{|z - \zeta|^\alpha} \right)^{1/\alpha} \qquad (\zeta = \xi + i\,\eta)$$

wobei α *irgendeine Zahl für die* $1 < \alpha < 2$ *ist. Wir bezeichnen die Gesamtheit derjenigen Funktionen aus* $C^P(G)$, *für die*

$$|w| \leqq \sqrt{A^2\,\psi(z)^2 + B^2}$$

gilt (A, B *reelle Zahlen*), *mit* $\tilde{C}^P_G(A, B)$. *Über* $F(z, w)$ *setzen wir voraus:*

$$F(z, w) \in C^P(G)$$

für jede Funktion aus $w \in \tilde{C}^P_G(A, B)$. *Über das Gebiet wird vorausgesetzt, daß der* Laplace*sche Differentialoperator bezüglich* G *eine* Green*sche Funktion* $\gamma(z, \zeta)$ *hat, die einer Abschätzung von der Gestalt*

$$|\gamma(z, \zeta)| \leqq K \log |z - \zeta|$$

genügt, wobei K *eine positive Zahl ist.*

$\mathfrak{M}_F(A, B, M)$ *sei diejenige Teilmenge aus* $C^P(\overline{G})$, *für die*

$$|F(z, w)| < M$$

gilt, wobei M *irgendeine positive Zahl ist und* $w \in \tilde{C}^P_G(A, B)$.

Wenn nun für irgendein β *zwischen den hier auftretenden Konstanten die Beziehung*

$$\frac{M\,K|G|^{1/\beta}}{\pi\sqrt{2}} \leqq A$$

besteht, dann hat die Gleichung (6) *eine einzige Lesung* $w(z)$ *in* $\mathfrak{M}_F(A, B, M)$, *und es gilt*

$$Re\, w(z) = 0\,, \qquad Im\, w(z)| \leqq B$$

für $z \in \Gamma$.

Diese Arbeit ist die Zusammenfassung des Vortrages, welcher auf der Tagung gehalten wurde. Die ausführliche Ausarbeitung mit Beweisen wird demnächst erscheinen.

Literatur

[1] Pompeiu, D., Rend. Palerno **33**, 108–113 und Rend. Palerno **35**, 277–281.
[2] Vehua, I. N., Verallgemeinerte analytische Funktionen. Berlin 1963.

Ein LITTLEWOOD-Kriterium für gleichmäßig integrable Martingale und insbesondere für DIRICHLET-Lösungen

von HANS FÖLLMER, Erlangen[1])

(Manuskripteingang: 19. November 1969)

We prove a criterion for uniformly integrable martingales which, applied in classical potential theory, gives the following result. It is well known that a bounded continuous function u on the open unit disc is harmonic if only if, for each point x, the mean value of u on every circle around x coincides with $u(x)$; we show that "every" can be replaced by "at least one" supposed that u has a fine limit in almost all boundary points.

In [4] 3.8 wird das folgende Problem gestellt:

(1)[2]) u sei eine beschränkte stetige Funktion auf der offenen Einheitskreisscheibe E. Um jeden Punkt $x \in E$ gebe es *eine* Kreisscheibe K in E derart, daß $u(x)$ mit dem Mittelwert von u auf dem Rand von K übereinstimmt. Wann kann man folgern, daß u harmonisch ist?

Man kann es z.B. dann, wenn sich u stetig auf den Rand von E fortsetzen läßt (LITTLEWOOD), und einfache Beispiele zeigen, daß man ohne eine Bedingung an das Randverhalten von u nicht auskommt. Wir zeigen im folgenden, daß es genügt, wenn u in fast allen Randpunkten einen feinen Limes hat, und diese Bedingung ist auch notwendig (FATOU).

Beschränkte harmonische Funktionen — allgemeiner: DIRICHLET-Lösungen im Sinne von WIENER-BRELOT — lassen sich dadurch kennzeichnen, daß sie entlang den Trajektorien der BROWNschen Bewegung gleichmäßig integrable Martingale ergeben. Man kann deshalb (1) im wesentlichen durch die folgende Frage ersetzen:

(2) $(X_t)_{0 \leq t < \infty}$ sei eine gleichmäßig integrable Familie von Zufallsvariablen. Zu jedem s gebe es *ein* $t > s$ derart, daß X_s die bedingte Erwartung von X_t bezüglich der von den X_u $(0 \leq u \leq s)$ erzeugten σ-Algebra darstellt. Wann kann man folgern, daß (X_t) ein Martingal ist?

Wir werden zunächst (2) beantworten, also ein Kriterium für gleichmäßig integrable Martingale beweisen. Daraus leiten wir im zweiten Teil das analoge Kriterium für DIRICHLET-Lösungen ab; um es nicht nur für die LAPLACE-Gleichung, sondern z.B. auch für die Potentialtheorie von BRELOT und BAUER zur Verfügung zu haben, legen wir dabei nicht die BROWNsche Bewegung, sondern einen allgemeinen Standardprozeß zugrunde.

[1]) Anschrift des Autors:
Dr. H. FÖLLMER, Mathematisches Institut der Universität Erlangen
D-52 Erlangen, Bismarckstr. $1^1/_2$.

[2]) Den Hinweis auf (1) verdanke ich JAN ERIC BJÖRK. BJÖRK hat einen eleganten Beweis von (2.10), der die Theorie des Choquetrandes benutzt.

1. Gleichmäßig integrable Martingale

Wir werden gleichmäßig integrable Martingale über dem Zeitintervall $I := \langle 0, \infty)$ bzw. $\bar{I} := \langle 0, \infty\rangle$ betrachten.

Sei $(\Omega, \mathfrak{F}, P)$ ein vollständiger Wahrscheinlichkeitsraum, $(\mathfrak{F}_t)_{t \in \bar{I}}$ ein monoton wachsendes System von P-vollständigen σ-Algebren in $\mathfrak{F}$,

$$\bar{\mathfrak{T}} := \{T: \Omega \to \bar{I} \mid \{T \leqq t\} \in \mathfrak{F}_t \quad (t \in I)\},$$

bzw.

$$\mathfrak{T} := \{T: \Omega \to I \mid \{T \leqq t\} \in \mathfrak{F}_t \quad (t \in I)\}$$

die Menge aller bzw. aller endlichen Stopzeiten zu $(\mathfrak{F}_t)$, und für $T \in \bar{\mathfrak{T}}$ sei

$$\mathfrak{F}_T := \{A \in \mathfrak{F}_\infty \mid A \cap \{T \leqq t\} \in \mathfrak{F}_t \quad (t \in I)\}.$$

Mit $E[\cdot]$ bezeichnen wir die Erwartung bezüglich P, mit $E[\cdot \mid \mathfrak{G}]$ die bedingte Erwartung bezüglich P und einer σ-Algebra $\mathfrak{G} \subseteq \mathfrak{F}$, „f. s." heißt „fast sicher bezüglich P".

(1.1) Satz. *Sei $(X_t)_{t \in I}$ ein stochastischer Prozeß auf $(\Omega, \mathfrak{F}, P)$ mit Werten in $\langle -\infty, \infty\rangle$, der zu $(\mathfrak{F}_t)_{t \in I}$ paßt (d. h. X_t ist $\mathscr{E}_t$—meßbar für jedes $t \in I$). Wir nehmen an:*

(1.2) *(X_t) gehört zur Klasse (D), d. h. die Familie $(X_T)_{T \in T}$ ist gleichmäßig integrabel.*

(1.3) *(X_t) ist quasi-linksstetig auf I, d. h.*

$$T_n \in \mathfrak{T}, \quad T_n \uparrow T \Rightarrow X_{T_n} \to X_T \quad f.\,s.\ auf \quad \{T < \infty\}.$$

(1.4) *(X_t) ist konvergent, d. h.*

$$\exists\, X_\infty := \lim_{t \uparrow \infty} X_t \quad f.\,s.$$

(1.5) *(X_t) ist flach, d. h.*

$$\forall S \in \mathfrak{T}\ \exists\, T \in \mathfrak{T} \quad \text{mit} \quad T > S \quad f.\,s.: E[X_T \mid \mathfrak{F}_S] = X_S.$$

Dann ist (X_t) ein Martingal, d. h.

$$(1.6) \qquad \forall S \in \mathfrak{T}\ \forall T \in \mathfrak{T} \quad \text{mit} \quad T \geqq S \quad f.\,s.: E[X_T \mid \mathfrak{F}_S] = X_S.$$

Beweis: 1) Aus (1.4) und (1.2) folgt im wesentlichen ebenso wie in [6] VI 18, daß die Familie $(X_T)_{T \in \bar{T}}$ gleichmäßig integrabel ist.

2) Zu $S \in \bar{\mathfrak{T}}$ definieren wir $S' := S \vee T_0 \in \bar{\mathfrak{T}}$, wobei T_0 die zu $S_0 := S \cdot 1_{\{S < \infty\}} \in \mathfrak{T}$ gehörige Stopzeit gemäß (1.5) bezeichnet. Dann ist $S' \geqq S$ und

$$(1.7) \qquad P\{S' > S\} = 0 \Leftrightarrow P\{S < \infty\} = 0.$$

3) Zum Beweis von (1.6) genügt es zu zeigen:

$$(1.8) \qquad X_T = E[X_\infty \mid \mathfrak{F}_T] \quad (T \in \mathfrak{T}).$$

Sei also $T \in \mathfrak{T}$. Q bezeichne die Menge der abzählbaren Ordinalzahlen. Jedem $\alpha \in Q$ ordnen wir durch transfinite Induktion ein $T_\alpha \in \bar{\mathfrak{T}}$ zu:

$$T_0 := T, \quad T_{\alpha+1} := T'_\alpha \text{ (gemäß 2))}, \quad \text{und} \quad T_\alpha := \sup_{\beta < \alpha} T_\beta$$

falls α eine Limeszahl ist. Dann gilt

$$E\,[X_{T_\alpha} \mid \mathfrak{F}_T] = X_T \qquad (\alpha \in Q)$$

(der Induktionsschluß von α auf $\alpha + 1$ ist klar; für eine Limeszahl wende man, gestützt auf 1) und (1.3), den LEBESGUEschen Konvergenzsatz an). Setzt man

$$J_\alpha := \left(E\,\frac{T_\alpha}{1 + T_\alpha},\quad E\,\frac{T_{\alpha+1}}{1 + T_{\alpha+1}}\right) \quad (\alpha \in Q)\,,$$

so erhält man eine überabzählbare Menge von disjunkten offenen Intervallen in $\langle 0, 1\rangle$. Also muß $J_\alpha = \Phi$ sein für mindestens ein $\alpha \in Q$, für dieses α ist wegen (1.7) $T_\alpha = \infty$ f. s., und daraus folgt (1.8).

(1.9) *Bemerkung.* Die Bedingungen (1.2)—(1.5) sind im wesentlichen auch notwendig. Genauer: Sei $(X_t)_{t \in I}$ ein gleichmäßig integrables Martingal im üblichen Sinn, also ein gleichmäßig integrabler stochastischer Prozeß, der zu $(\mathfrak{F}_t)_{t\in I}$ paßt und der Bedingung

$$E\,[X_t \mid \mathfrak{F}_s] = X_s \qquad (s, t \in I, \quad s < t)$$

genügt. Wir nehmen an:

(1.10) $(\mathfrak{F}_t)$ *ist rechtsstetig, d. h.*

$$\bigcap_{s>t} \mathfrak{F}_s = \mathcal{F}_t \qquad (t \in I)\,,$$

(1.11) $(\mathfrak{F}_t)$ *hat keine Sprungzeiten, d. h.*

$$T_n \in \mathfrak{T}\,, \qquad T_n \uparrow T \Rightarrow \mathfrak{F}_T = \bigvee_{n=1}^{\infty} \mathcal{F}_{T_n}\,.$$

Dann gibt es ein zu (X_t) äquivalentes Martingal (Y_t), derart, daß (1.4), (1.6) und erst recht (1.5), (1.2) und (1.3) gelten (vgl. [6] VI 6, VI 13 und 14, VI 17, VII 47).

(1.12) *Bemerkung.* Wir haben bei der Definition von „flach" Stoppzeiten benutzt, um im folgenden sofort den Zusammenhang mit flachen Funktionen herstellen zu können. Wie der Beweis zeigt, gilt (1.1) natürlich auch, wenn man statt (1.5) wie in (2) annimmt:

(1.13) $$\forall\, s \in I \quad \exists\, t \in I \quad \text{mit} \quad t > s\colon \quad E\,[X_t \mid \mathfrak{F}_s] = X_s\,.$$

2. DIRICHLET-Lösungen

Sei $X = (\Omega, \mathfrak{F}, \mathfrak{F}_t, x_t, P^x)$ ein Standardprozeß mit Zustandsraum E, Lebenszeit ζ und Resolvente $(U_\lambda)_{\lambda \geq 0}$ (vgl. [1] oder [7]). Mit $\mathfrak{U}(x)$ bezeichnen wir die Menge der relativ kompakten offenen Umgebungen von $x \in E$ und mit T_A die Eintrittszeit in eine BOREL-Menge $A \subseteq E$. „f. s." bedeute im folgenden „P^x — fast sicher für jedes $x \in E$", „f. ü." bedeute „außerhalb einer Menge A mit Potential 0, d. h. mit $U_0(x, A) = 0$ $(x \in E)$". Ferner fixieren wir eine aufsteigende Folge kompakter Mengen K_n mit $\bigcup_n K_n = E$ und setzen

$$H := \bigcap_{n=1}^{n} \{T_{K_n^c} < \zeta\}\,.$$

Sei nun $u : E \to \langle 0, \infty\rangle$ eine f. ü. endliche, universell meßbare Funktion auf E; wie üblich interpretieren wir u zugleich als Funktion auf der ALEXANDROFF-Kompaktifizierung $E \cup \{\Delta\}$, indem wir $u(\Delta) := 0$ setzen. Wir sagen, u sei

(2.1) aus der *Klasse* (D), wenn die Familie $\{u(x_T) \mid T \in \mathfrak{T}\}$ für jedes $x \in \{u < \infty\}$ gleichmäßig P^x-integrabel ist;

(2.2) *rechtsstetig*, wenn die Abbildung $t \to u(x_t(\omega))$ f. s. rechtsstetig auf I ist, und *quasi-linksstetig*, wenn

$$T_n \in \mathfrak{T}, \quad T_n \uparrow T \Rightarrow u(x_{T_n}) \to u(x_T) \quad \text{auf} \quad \{T < \zeta\} \cup H^c$$
$$P^x - \text{fast sicher für jedes } x \in \{u < \infty\}$$

(2.3) eine FATOU-*Funktion*, wenn $\exists \lim_{t \uparrow \zeta} u(x_t)$ f. s. auf H.

Sind (2.1), (2.2) und (2.3) erfüllt, so nennen wir u *regulär*. u heißt

(2.4) *flach*, wenn $\quad \forall x \in E \ \exists\ U \in \mathfrak{U}(x): u(x) = E^x[u(x_{T_{U^c}})]$ [1];

(2.5) *harmonisch*, wenn $\quad \forall x \in E \ \forall\ U \in \mathfrak{U}(x): u(x) = E^x[u(x_{T_{U^c}})]$;

(2.6) eine DIRICHLET-*Lösung*, wenn u eine FATOU-Funktion ist mit

$$u(x) = E^x\left[\lim_{t \uparrow \zeta} u(x_t); H\right] \qquad (x \in E).$$

Die DIRICHLET-Lösungen sind gerade die harmonischen Funktionen der Klasse (D) ([2] 12.9); insbesondere ist jede DIRICHLET-Lösung flach. Ist X ein spezieller Standardprozeß, so ist jede DIRICHLET-Lösung regulär (ist u eine DIRICHLET-Lösung, so ist der Prozeß (U_t) aus (2.7) für jedes $x \in \{u < \infty\}$ ein gleichmäßig P^x-integrables Martingal, und nach [7] XIV 36 kann man (1.9) anwenden; im übrigen vgl. [7] XIII 23). Wir zeigen nun die folgende Umkehrung:

(2.7) Satz. *Ist u regulär und flach*, so ist *u eine* DIRICHLET-*Lösung*.

Beweis: Sei $x \in \{u < \infty\}$; wir wollen zeigen, daß durch

$$U_t(\omega) := \begin{cases} u(x_t(\omega)) & t < \zeta(\omega) \\ \lim_{s \uparrow \zeta} u(x_s(\omega))\, 1_H & t \geqq \zeta(\omega) \end{cases} \quad (t \in I) \tag{2.8}$$

ein gleichmäßig integrables Martingal bezüglich P^x erklärt ist. Zunächst hat (U_t) die Eigenschaften (1.2), (1.3) und (1.4) (zum Beweis von (1.2) kann man wieder das Argument in [6] VI 18 benutzen). Zu $S \in \mathfrak{T}$ erfüllt

$$T := \begin{cases} S + T_0 \circ \theta_S & S < \zeta \\ \infty & S \geqq \zeta \end{cases}$$

mit

$$T_0(\omega) := T_{U^c(x_0(\omega))}(\omega),$$

---

[1]) Dabei nehmen wir an, daß $U = U(x)$ meßbar von x abhängt, d. h. daß $\{(x, y) \mid x \in E, y \in U(x)\}$ produkt-meßbar ist. Man kann zeigen, daß dies im Falle von Problem (1) keine Einschränkung der Allgemeinheit bedeutet. Den Hinweis, daß man in (2.4) eine Meßbarkeitsannahme braucht, damit dann T_0 im Beweis von (2.7) eine Stopzeit ist (vgl. 6 IV T52), verdanke ich W. HANSEN.

wobei $U(x)$ die zu x gehörige Umgebung aus (2.4) bezeichnet, die Bedingung (1.5) (hier ist $T \in \bar{\mathfrak{T}}$, aber das macht beim Beweis von (1.1) nichts aus). Somit können wir (1.1) anwenden und erhalten.

$$u(x) = E^x \left[\lim_{t \uparrow \zeta} u(x_t); H\right].$$

u stimmt also f. ü. mit der DIRICHLET-Lösung $\dot{v}(.) = E^{(.)}\,[\lim u(x_t); H]$ überein, beide Funktionen sind rechtsstetig, und daraus folgt $u = v$ ([7] XV 34, 36).

(2.9) *Bemerkung.* X genüge der Hypothese (B) von KUNITA und WATANABE in [5], die Konstanten seien harmonisch, und μ_1 sei das Maß aus der MARTINschen Integraldarstellung der Konstanten 1. Dann ist u genau dann eine FATOU-Funktion, wenn u in μ_1-fast allen Punkten des MARTIN-Randes einen feinen Limes hat ([3] (5.6), (5.7)). Ist speziell X der BROWN-Prozeß auf dem Einheitskreis, so liefert (2.7) die angekündigte Verschärfung des folgenden Satzes aus der klassischen Potentialtheorie:

(2.10) Korollar (LITTLEWOOD). *Eine stetige Funktion auf dem abgeschlossenen Einheitskreis, die im Inneren flach ist, ist harmonisch.*

Literatur

[1] BLUMENTHAL, R. M., und GETOOR, R. K., Markov processes and potential theory. Academic Press 1968.

[2] DYNKIN, E. B., Markov processes. Springer 1965.

[3] FÖLLMER, H., Feine Topologie am Martinrand eines Standardprozesses. Z. f. Wahrscheinlichkeitstheorie 12 (1969).

[4] HAYMAN, W. K., Research Problems in Function Theory. Athlone Press 1967.

[5] KUNITA, H., und WATANABE, T., Markov processes and Martin boundaries I. Illinois J. Math. 9 (1965).

[6] MEYER, P. A., Probabilites et Potentiel. Hermann 1966.

[7] MEYER, P. A., Processus de Markov. Lecture notes in Mathematics 26, Springer 1967.

Априорные оценки в $\mathscr{L}_2$ решений общих граничных задач для вырождающихся эллиптических систем второго порядка

В. П. Глушко, Воронежа[1])

(Manuskripteingang: 15. Dezember 1969)

A priori estimates in $\mathscr{L}_2$ for solutions degenerating elliptic systems of second order satisfying general boundary conditions.

Coerciveness inequalitis are established for systems mentioned above. Two cases are considered: boundary conditions are taken off in the first case, and they are remained in the second one. In the last case the general boundary operators participating in estimates should satisfy the special complementary condition with respect to the considered system.

В этом сообщении результаты, изложенные в работе [1], переносятся на некоторые вырождающиеся эллиптические системы уравнений второго порядка. Ограничимся здесь лишь приведением априорных оценок для решений некоторых ,,канонических'' задач.

1. Основные обозначения и условия. В полосе $E_{n,d}$ $\big((t, y) \in E_{n,d}:$ $0 < t < d, y \in E_{n-1}\big)$ рассмотрим систему дифференциальных уравнений

$$L v = \partial_t\big(a(t)\,\partial_t v\big) + p\,(t, -i\,\partial_y)\,\partial_t v + c\,(-i\,\partial_y) = F(t, y)\,, \tag{1}$$

где $v(t, y) = \{v^1(t, y)\,,\ v^2(t, y), \ldots,\ v^\sigma(t, y)\}$, $F(t, y)$ — комплекснозначные вектор-функции порядка σ; $a(t)$ — числовая функция, положительная при $t > 0$ и равная нулю при $t = 0$; $p\,(t, -i\,\partial_y) = b + i\,\omega(t, -i\,\partial_y)$ и $c(-i\,\partial_y)$ квадратные матрицы из линейных дифференциальных операторов $-i\,\partial_y = \{-i\,\partial_{y_1}, -i\,\partial_{y_2}, \ldots, -i\,\partial_{y_{n-1}}\}$.

Условие 1. Матрица $b = \{b^{\mu\nu}\}$ постоянная и симметрична (эрмитова); матрица $\omega(t, \xi) = \{\omega^{\mu\nu}(t, \xi)\}$ симметрична, а её элементы имеют вид $\omega^{\mu\nu}(t, \xi) = \sum\limits_{k=1}^{n-1} a_k^{\mu\nu}(t)\,\xi_k$; элементы матрицы $c(\xi) = \{c^{\mu\nu}(\xi)\}$ не зависят от t и являются однородными функциями $\xi \in E_{n-1}$ второй степени: $c^{\mu\nu}(\xi) = \sum\limits_{k,l=1}^{n-1} c_{kl}^{\mu\nu}\,\xi_k\,\xi_l$.

Условие 2. Существуют пределы

$$\lim_{t\to+0} a_k^{\mu\nu}(t)\,a^{-1/2}(t) = \gamma_k^{\mu\nu}\ (1 \leqq k \leqq n-1\,,\quad 1 \leqq \mu\,,\quad \nu \leqq \sigma)\,. \tag{2}$$

---

[1]) Anschrift des Autors:

СССР Воронеж, Воронежский гос. университет, Математический институт, проф. В. П. Глушко

Из (2) следует, что для любого $\xi \in E_{n-1}$

$$\lim_{t\to+0} \omega(t, \xi)\, a^{-1/2}(t) = \omega_0(\xi)\,,$$

где

$$\omega_0(\xi) = \sum_{k=1}^{n-1} \gamma_k \xi_k\,, \qquad \gamma_k = \{\gamma_k^{\mu\nu}\}\,.$$

Для простоты изложения мы рассмотрим здесь лишь случай ,,сильного'' вырождения в системе (1), когда не только $a(0) = 0$, но и $a'(0) = 0$.

Определение 1. *Мы назовем оператор* $-L(-i\,\partial_y, \partial_t)$ *(положительно)* α*-эллиптическим в* $E_{n,d}$, *если для любых* $\xi \in E_{n-1}$ *и комплексных векторов* $\eta = \{\eta^1, \eta^2, \ldots, \eta^\sigma\}$ *и* $\zeta = \{\zeta^1, \zeta^2, \ldots, \zeta^\varrho\}$

$$Re\,[(\eta, \eta) + (\omega_0(\xi)\,\eta, \zeta) - (c(\xi)\,\zeta, \zeta)] \geqq \nu_0\,[|\eta|^2 + |\xi|^2\,|\zeta|^2]\,, \tag{3}$$

где $(\eta, \zeta) = \sum_{j=1}^{\sigma} \eta^j \overline{\zeta^j}$; $|\eta|^2 = (\eta, \eta)$; $|\xi|^2 = \sum_{j=1}^{n-1} \xi_j^2$; *постоянная* $\nu_0 > 0$.

Из условия 2 вытекает, что для некоторого $\delta_0 \in (0, d)$ и при всех $t \in [0, \delta_0]$ и $\xi \in E_{n-1}$

$$[[\omega(t, \xi) - \sqrt{a(t)}\,\omega_0(\xi)]] \leqq \frac{1}{2}\,\nu_0 \sqrt{a(t)}\,|\xi|\,, \tag{4}$$

где $[[\omega]]$ — норма оператора ω, как оператора, действующего в σ-мерном пространстве и задаваемого матрицей ω.

На гиперплоскости $t = 0$ мы будем рассматривать граничный оператор

$$B(-i\,\partial_y, \partial_t) = \sum_{s=0}^{r} \Lambda_s(-i\,\partial_y)\,\partial_t^s\,,$$

где

$$\Lambda_s(\xi) = \sum_{|\tau| = m^* - 2s} B_{\tau, s}\,\xi^\tau \quad \left(0 \leqq s \leqq r \leqq \left[\frac{m^*}{2}\right]\right).$$

$B_{\tau, s}$ — постоянные квадратные матрицы порядка σ. Число m^* определяет так называемый вырожденный порядок граничного оператора B (см. [1]).

Введем в рассмотрение матрицу

$$\vartheta(\xi) = \sum_{s=1}^{r} \Lambda_s(\xi)\,\left(-b^{-1}\,c(\xi)\right)^s + \Lambda_0(\xi)\,,$$

элементы которой являются однородными многочленами по $\xi \in E_{n-1}$ степени m^*.

Определение 2. *Мы будем говорить, что граничный оператор* B *вырожденного порядка* m^* *удовлетворяет условию дополнителвности по отношению к* L, *если при любом отличном от нуля* $\xi \in E_{n-1}$ $\det \vartheta(\xi) \neq 0$.

Замечание. *Сформулированное условие дополнительности относится к случаю ,,сильного'' вырождения* ($a'(0) = 0$). *В случае* $a'(0) > 0$ *это условие записывается несколько сложнее.*

Следующее условие определяет гладкость коэффициентов $a(t)$ и $a_k^{\mu\nu}(t)$ в (1).

Условие 3. При данном целом $m \geqq 2$ коэффициенты $a(t)$ и $a_k^{\mu\nu}(t)$ $(1 \leqq k \leqq n-1, 1 \leqq \mu, \nu \leqq \sigma)$ оператора L принадлежат $C^{m-1}[0, d]$.

На множестве функций $v(t, y)$, определенных в полосе $E_{n,d}$, введём функциональные пространства $H_\alpha^m(E_{n,d})$.

Определение 3. *Будем обозначать через* $H_\alpha^m(E_{n,d})$ ($m \geqq 0$ — *целое число*) *пространство функций* $v(t, y) \in \mathcal{L}_2(E_{n,d})$, *имеющих в* $E_{n,d}$ *обобщенные производные до порядка* m, *для которых*

$$\int_0^d \int_{E_{n-1}} \sum_{j+2s+|\tau| \leqq m} |(\alpha\ \partial_t)^j\ \partial_t^s\ \partial_y^\tau\ v(t,\ y)|^2\ dy\ dt < \infty\ ,$$

где $\alpha = \alpha(t) \equiv \sqrt{a(t)}$ — *,,весовая'' функция.*

Используя преобразование Фурье F_{n-1} по переменным $y \in E_{n-1}$, можно ввести в $H_\alpha^m(E_{n,d})$ норму по формуле

$$|v|_{m,\alpha} = \left\{ \sum_{p+j+2s=m} \int_{E_{n-1}} (1 + |\xi|^2)^p\ ||(\alpha\ \partial_t)^j\ \partial_t^s\ u(\cdot,\ \xi)||^2\ d\xi \right\},$$

где

$$u(t, \xi) = F_{n-1}\ v; \qquad \xi = (\xi_1\ \xi_2, \ldots, \xi_{n-1});$$

$$||u(\cdot, \xi)|| = \int_0^d |u(t, \xi)|^2\ dt\ .$$

Определение 4. *Через* $V^m(K_\delta)$ *обозначается линейное множество функций* $\varphi(t, y)$, *принадлежащих* C^m *в полущаре* K_δ: $t^2 + |y|^2 \leqq \delta^2$, $t \geqq 0$, *равных нулю в окрестности* $t^2 + |y|^2 = \delta^2$ *и вне* K_δ.

Как и в работе [2], при доказательстве неравенств коэрцитивности для системы (1) можно выделить два существенно различных случая: случай, когда граничные условия при $t = 0$,,сохраняются'', и случай, когда эти условия ,,снимаются''. К первому случаю относится ситуация, рассматрваемая в разделе 2; ко второму — в разделе 3.

2. Неравенства коэрцитивности в случае, когда матрица ъ отрицательно определённая. Основным результатом этого раздела является следующая

Теорема I. *Пусть целое число* $m \geqq 2$; *выполнены условия* 1—3; *граничный оператор* B *имеет вырожденный порядок* $m^* \leqq m - 2$; $a'(0) = 0$ *и в — отрицательно определённая матрица.*

Если оператор — L (*положительно*) α — *эллиптичен в* $E_{n,d}$, *а* B *удовлетворяет условию дополнительности по отношению к* L, *то существует такое* $\delta \in (0, d)$, *что для всех* $v(t, y) \in H_\alpha^m(E_{n,d})$ *и* $\varphi(t, y) \in V^m(K_\delta)$

справедливо неравенство

$$|\varphi v|^2_{m,\alpha} \leqq c_m \{ |L(\varphi v)|^2_{m-2,\alpha} + \langle \Gamma B(\varphi v)\rangle^2_{m-m^*-1} + |\varphi v|^2_0 \}, \tag{5}$$

где Γ — оператор перехода к пределу при $t \to +0$ и

$$\langle w\rangle^2_m = \int\limits_{E_{n-1}} \sum_{|\tau|=m} |\partial_y^\tau w(y)|^2 \, dy .$$

Постоянная $c_m > 0$ не зависит от φ и v.

Наметим путь доказательства неравенства (5). С помощью преобразования Фурье F_{n-1} по переменным $y_1, y_2, \ldots, y_{n-1}$ доказательство неравенства (5) сводится к установлению соответствующей оценки для решений $u(t, \xi)$ следующей граничной задачи

$$\begin{gathered} L(\xi, \partial_t)\, u = (a(t)\, u')' + p(t, \xi)\, u' + c(\xi)\, u = f(t, \xi); \\ \Gamma B(\xi, \partial_t)\, u = g(\xi); \\ u|_{t=d} = 0 . \end{gathered} \tag{6}$$

где

$$u(t, \xi) = F_{n-1}(\varphi v); \quad f(t, \xi) = F_{n-1}[L(\varphi v)];$$
$$g(\xi) = F_{n-1}[\Gamma B(\varphi v)]; \quad 0 \leqq t \leqq d .$$

В дальнейшем мы будем считать $d > 0$ в задаче (6) достаточно малым. В частности, будем предполагать, что неравенство (4) выполняется при всех $t \in [0, d]$. Тогда в теореме I можно положить $\delta = d$.

Лемма 1. *Пусть целое число $m \geqq 2$; выполнены условия 1, 3, $a'(0) = 0$ и b — отрицательно определённая матрица. Тогда для любого граничного оператора B, имеющего вырожденный порядок $m^* \leqq m - 2$, существует граничный оператор B_0. такой, что*

1) $$\Gamma B_0(\xi, \partial_t)\, u = \vartheta(\xi)\, u(0, \xi) \tag{7}$$

для любого решения $u(t, \xi)$ уравнения

$$L(\xi, \partial_t)\, u = (a(t)\, u')' + p(t, \xi)\, u' + c(\xi)\, u = 0; \tag{8}$$

2) $$\langle \Gamma B v - \Gamma B_0 v\rangle_{m-m^*-1} \leqq \varepsilon |v|_{m,\alpha} + c_m(\varepsilon) |v|_0 , \tag{9}$$

где $v(t, y) \in H^m_\alpha(E_{n,d})$; $\alpha^2(t) = a(t)$; ε — любое положительное число; постоянная $c_m(\varepsilon) > 0$ не зависит от v.

Доказательство леммы I основано на асимптотическом представлении решений уравнения (8) (см. [3] и [4]).

Лемма 2. *Пусть коэффициенты $a(t)$ и $a_k^{\mu\nu}(t)$ ($1 \leqq k \leqq n-1, 1 \leqq \mu, \nu \leqq \sigma$) принадлежат $C^1[0, d]$; $f(t, \xi) \in \mathcal{L}_2(0, d)$; выполнено условие 1 и неравенства (3)—(4); b — отрицательно определённая матрица. Тогда для любого решения $u(t, \xi)$ уравнения $L(\xi, \partial_t)\, u = f(t, \xi)$, обращающегося в нуль при $t = d$, справедлива оценка*

$$\nu_0^2 |\xi|^4 \, ||u(\cdot, \xi)||^2 \leqq \beta\, \nu_0 |\xi|^2 \, |u(0, \xi)|^2 + 2\, ||f(\cdot, \xi)||^2 , \tag{10}$$

где константы $\nu_0 > 0$ и $\beta > 0$ не зависят от ξ, $u(t, \xi)$ и $f(t, \xi)$.

Если умножить (скалярно) уравнение $L(\xi, \partial_t)\, u = f(t, \xi)$ на $u(t, \xi)$, то после интегрирования по частям и проведения простых оценок, основанных на неравенствах (3)—(4), получим неравенство (10).

Из результатов работы [4] следует, что любое решение уравнения

$$L(\xi, \partial_t)\, u = \big(a(t)\, u'\big)' + p(t, \xi)\, u' + c(\xi)\, u = f(t, \xi)\,, \tag{11}$$

обращающееся в нуль при $t = d$ $\big(u(d, \xi) = 0\big)$, представимо при $\xi \neq 0$ в виде

$$u(t, \xi) = W(t, d, \xi)\, \mu(\xi) - \int\limits_t^d W(t, \tau, \xi)\, c^{-1}(\xi)\, f(\tau, \xi)\, d\tau\,, \tag{12}$$

где $\mu(\xi)$ — некоторый вектор порядка σ; матрица $W(t, \tau, \xi)$ порядка σ определяется с помощью ряда

$$W(t, \tau, \xi) = \sum_{\varkappa=1}^{\infty} M_\varkappa^-(t, \tau, \xi) \qquad (0 < t < \tau \leqq d)\,,$$

в котором

$$M_1^-(t, \tau, \xi) = -\int\limits_t^\tau U(s, \tau, \xi) c(\xi) \frac{ds}{a(s)}\,; \quad M_\varkappa^-(t, \tau, \xi) = \int\limits_t^\tau M_{\varkappa-1}^-(t, s, \xi)\, M_1^-(s, \tau, \xi)\, ds$$

$(\varkappa \geqq 2)$; $U(t, s, \xi)$ — разрешающий оператор для уравнения

$$a(t) \frac{du}{dt} + \big(b + i\, \omega(t, \xi)\big)\, u = 0 \qquad (0 < t < d) \tag{13}$$

в σ — мерном пространстве.

Если выполнено условие I и собственные значения матрицы b отрицательны, то для разрешающего оператора уравнения (13) при $0 < t < s \leqq d$ и $\xi \in E_{n-1}$ справедлива оценка

$$[[U(t, s, \xi)]] \leqq \exp\left(-\lambda \int\limits_t^s \frac{d\varrho}{a(\varrho)}\right),$$

где постоянная $\lambda > 0$ не зависит ξ.

Наряду с граничной задачей (9) мы рассматриваем граничные задачи

$$L(\xi, \partial_t)\, u = f(t, \xi)\,; \quad \Gamma B_0(\xi, \partial_t)\, u = g(\xi)\,; \quad u(d, \xi) = 0\,, \tag{14}$$

$$L(\xi, \partial_t)\, u = 0\,; \quad \Gamma B_0(\xi, \partial_t)\, u = g(\xi)\,; \quad u(d, \xi) = 0\,. \tag{15}$$

Лемма 3. *Пусть целое число $m \geqq 2$; выполнены условия* 1, 3 *и неравенства* (3)—(4); $a'(0) = 0$; *собственные значения матрицы b отрицательны. Если вырожденный порядок m^* граничного оператора B_0 не превосходит $m - 2$, то граничная задача* (15) *однозначно разрешима при любых $\xi \neq 0$ и $g(\xi)$ в том и только в том случае, когда* $\det \vartheta(\xi) \neq 0$.

С помощью (12), (7) *и* (10) *можно показать, что решение граничной задачи* (15) *представимо в виде* $u(t, \xi) = h(t, \xi)\, \vartheta^{-1}(\xi)\, g(\xi)$ *где* $\xi \neq 0$ *и* $h(t, \xi) = W(t, d, \xi)\, W^{-1}(0, d, \xi)$.

Лемма 4. *Пусть выполнены условия леммы 2. Тогда при любом $\xi \neq 0$ существует непрерывное на $[0, d]$ решение $u^-(t, \xi)$ уравнения (11), удовлетворяющее условиям $u^-(0, \xi) = u^-(d, \xi) = 0$.*

Как видно из (12), таким решением будет вектор-функция

$$u^-(t, \xi) = \int_0^d h(t, \xi)\, W(0, \tau, \xi)\, c^{-1}(\xi) f(\tau, \xi)\, d\tau - \int_t^d W(t, \tau, \xi)\, c^{-1}(\xi) f(\tau, \xi)\, d\tau\,.$$

Определение 5, *Функция $u(t)$ принадлежит пространству $\widetilde{H}^m_\alpha(0, d)$, если $u(t) \in \mathcal{L}^2(0, d)$ имеет обобщенные производные до порядка m на $(0, d)$ и конечна норма*

$$\Big\{\sum_{j+2s\leqq m} ||(\alpha\, \partial_t)^j\, \partial_t^s\, u||^2\Big\}^{1/2},$$

где $\alpha(t)$ — „весовая" функция, введенная выше.

Лемма 5. *Пусть целое число $m \geqq 2$; $a(t) \equiv \alpha^2(t) \in C^{m-1}[0, d]$; $a'(0) = 0$; $a_k^{\mu\nu}(t) \in C^{m-1}[0, d]$ $(1 \leqq k \leqq n-1,\ 1 \leqq \mu, \nu \leqq \sigma)$; $f(t, \xi) \in \widetilde{H}^{m-2}_\alpha(0, d)$; собственные значения матрицы b отрицательны. Тогда любое решение $u(t, \xi)$ уравнения (11) принадлежит $\widetilde{H}^m_\alpha(0, d)$ и справедлива оценка* (16)

$$\sum_{p+j+2s=m} |\xi|^{2p}\, ||(\alpha\, \partial_t)^j\, \partial_t^s\, u||^2 \leqq c_m \Big\{(1 + |\xi|^2)^m\, ||u||^2 + \\ + \sum_{p+j+2s=m-2} (1 + |\xi|^2)^p\, ||(\alpha\, \partial_t)^j\, \partial_t^s f||^2\Big\}, \tag{16}$$

где постоянная $c_m > 0$ не зависит от $\xi, f(t, \xi)$ и $u(t, \xi)$.

При доказательстве леммы 5 используются результаты работы [4].

Лемма 6. *Пусть выполнены условия леммы 5. Если граничный оператор $B_0(\xi, \partial_t)$ имеет вырожденный порядок $m^* \leqq m-2$; выполнены условие 1 и нерваенства (3)—(4); $\det \vartheta(\xi) \neq 0$ при $\xi \neq 0$, то при $\xi \neq 0$ существует единственное решение задачи (14). Для этого решения справедлива оценка*

$$\sum_{p+j+2s=m} |\xi|^{2p}\, ||(\alpha\, \partial_t)^j\, \partial_t^s\, u||^2 \leqq c_m \Big\{|\xi|^{2(m-m^*-1)}\, |g(\xi)|^2 + \\ + \sum_{p+j+2s=m-2} (1 + |\xi|^2)^p\, ||(\alpha\, \partial_t)^j\, \partial_t^s f||^2 + ||u||^2\Big\}. \tag{17}$$

Постоянная $c_m > 0$ не зависит от ξ, $f(t, \xi), g(\xi)$.

Решение задачи (14), очевидно, представимо в виде

$$u(t, \xi) = u^-(t, \xi) + h(t, \xi)\, \vartheta^{-1}(\xi)\, [g(\xi) - \Gamma B_0(\xi, \partial_t)\, u^-]\,.$$

В силу неравенства (10) справедливы оценки при $\xi \neq 0$

$$||u^-(\cdot, \xi)||^2 \leqq \frac{2}{\nu_0^2\, |\xi|^4}\, ||f(\cdot, \xi)||^2; \tag{18}$$

$$||h(\cdot, \xi)\, \vartheta^{-1}(\xi)\, [g(\xi) - \Gamma B_0(\xi, \partial_t)\, u^-]||^2 \leqq \\ \leqq \beta\, \nu_0^{-1}\, |\xi|^{-2}\, |\vartheta^{-1}(\xi)\, [g(\xi) - \Gamma B_0(\xi, \partial_t)\, u^-]|^2 \leqq \\ \leqq 2\, \beta\, \nu_0^{-1} \max_{|\dot\xi|=1} [[\vartheta^{-1}(\dot\xi)]]\, |\xi|^{-2(m^*+1)}\, [|g(\xi)|^2 + |\Gamma B_0(\xi, \partial_t)\, u^-|^2]\,. \tag{19}$$

Для того чтобы получить (17) из (16), (18) и (19), следует ещё воспользоваться неравенством

$$|\xi|^{2(m-m^*-1)}\,|\Gamma B_0(\xi,\partial_t)\,u^-|^2 \leqq c_{r+1}\sum_{j=0}^{r}(1+|\xi|^2)^{m-2-2j}\,||f^{(j)}||^2\,.$$

Справедливость теоремы 1 вытекает из леммы 6 и неравенства (9).

3. Неравенства коэрцитивности в случае, когда матрица b положительно определённая. В этом разделе мы наметим путь доказательства следующей теоремы.

Теорема 2. *Пусть целое число $m \geqq 2$; выполнены условия 1—3; $a'(0)=0$ и матрица b положительно определённая. Если оператор $-L$ (положительно) α — эллиптичен в $E_{n.d}$, то существует такое $\delta \in [0,d]$, что для всех $v(t,y)\in H^m_\alpha(E_{n,d})$ и $\varphi(t,y)\in V^m(K_\delta)$ справедливо неравенство*

$$|\varphi v|^2_{m,\alpha} \leqq c_m\,\{|L(\varphi v)|^2_{m-2,\alpha} + |\varphi v|^2_0\}\,,$$

где постоянная $c_m > 0$ не зависит от φ и v.

В силу результатов работы [4] при $f(t,\xi)\in\mathcal{L}_2(0,d)$ существует семейство решений $u(t,\xi)\in\widetilde{H}^2_\alpha(0,d)$ уравнения (11)

$$u(t,\xi)=\left[I+\int_0^t Z(t,s,\xi)\,ds\right]\mu(\xi)-\int_0^t Z(t,s,\xi)\,c^{-1}(\xi)\,f(s,\xi)\,ds\,, \tag{20}$$

где $\mu(\xi)$ — произвольный вектор порядка σ; матрица $Z(t,s,\xi)$ порядка σ определяется с помощью ряда

$$Z(t,s,\xi)=\sum_{\varkappa=1}^{\infty} M^+_\varkappa(t,s,\xi) \quad (0<s<t\leqq d)\,,$$

в котором

$$M^+_1(t,s,\xi)=-\int_s^t U(\tau,s,\xi)\,c(\xi)\frac{d\tau}{a(\tau)};\ \ M^+_\chi(t,s,\xi)=\int_s^t M^+_{\varkappa-1}(t,\tau,\xi)\,M^+_1(\tau,s,\xi)\,d\tau$$

$(\varkappa \geqq 2)$; $U(t,s,\xi)$ — разрешающий оператор для уравнения (13). Любое решение $u(t,\xi)$ уравнения (11), принадлежащее $\widetilde{H}^2_\alpha(0,d)$, представимо в виде (20).

Легко доказать при выполнении условий теоремы 2 справедливость оценки

$$[[U(t,s,\xi)]] \leqq \exp\left(\lambda\int_t^s \frac{d\varrho}{a(\varrho)}\right),$$

где $0<s<t\leqq d$ и постоянная $\lambda>0$ не зависит от ξ.

Лемма 7, *Пусть целое число $m\geqq 2$; $a(t)\equiv\alpha^2(t)\in C^{m-1}[0,d]$; $a'(0)=0$; $a^{\mu\nu}_k(t)\in C^{m-1}[0,d]$ $(1\leqq k\leqq n-1,\ 1\leqq\mu,\nu\leqq\sigma)$; $f(t,\xi)\in\widetilde{H}^{m-2}_\alpha(0,d)$; собственные значения b положительны. Если $u(t,\xi)\in\widetilde{H}^2_\alpha(0,d)$ — решение уравнения (11), то $u(t,\xi)\in\widetilde{H}^m_\alpha(0,d)$ и для $u(t,\xi)$ справедлива оценка (16).*

В следующей лемме, доказательство которой аналогично доказательству леммы 2, устанавливается „энергетическое" неравенство для гладких решений уравнения (11).

Лемма 8. *Пусть выполнены условия леммы 2, но собственные значения матрицы b положительны. Тогда для решения $u(t, \xi)$ уравнения* (11), *принадлежащего $C[0, d]$ и удовлетворяющего условию $u(d, \xi) = 0$, справедлива оценка*

$$||u(\cdot, \xi)||^2 \leqq 2\, \nu_0^{-2}\, |\xi|^{-4}\, ||f(\cdot, \xi)||^2 \tag{21}$$

при любом $\xi \neq 0$.

Существование решения $u(t, \xi)$ уравнения (11), о котором говорится в лемме 8, гарантируется в приводимой ниже лемме.

Лемма 9. *Пусть выполнены условия леммы 8. Тогда при $\xi \neq 0$ существует единственное непрерывное на $[0, d]$ решение $u(t, \xi)$ уравнения* (11), *удовлетворяющее условию $u(d, \xi) = 0$. Это решение представимо в виде* (12), *где*

$$\mu(\xi) = \left[I + \int_0^d Z(d, s, \xi)\, ds\right]^{-1} \int_0^d Z(d, s, \xi)\, c^{-1}(\xi)\, f(s, \xi)\, ds\,.$$

Для доказательства теоремы 2 следует воспользоваться неравествами (16) и (21).

В заключение отметим, что системы уравнений типа (1) можно рассматривать в ограниченной области n-мерного эвклидова пространства с гладкой границей. Для таких систем можно доказать нормальную разрешимость (нетеровость) общих граничных задач при условиях, аналогичных условиям теорем 1 и 2.

Литература

[1] Глушко, В. П., Априорные оценки в $\mathcal{L}_2$ решений общих граничных задач для вырождающихся эллиптических уравнений второго порядка. ДАН СССР, т. I **87**, № 2 (1969) 245—248.

[2] Глушко, В. П., Коэрцитивность в $\mathcal{L}_2$ общих граничных задач для вырождающегося эллиптического уравнения второго порядка, Функциональный анализ и его приложения. Т. **2**, вып. 3 (1968) 87—88,

[3] Глушко, В. П., Вырождающиеся линейные дифференциальные уравнения. IУ, Дифференциальные уравнения, Т. **5**, № 4 (1969) 599—611.

[4] Глушко, В. П. и Крейн, С. Г., О вырождающихся линейных дифференциальных уравнениях в банаховом пространстве, ДАН СССР, т. **181**, № 4 (1968) 784—787.

On the Index of Pseudodifferential Operators

by LARS HÖRMANDER, Lund[1])

(Manuskripteingang: 3. November 1969)

1. Introduction

The purpose of this paper is to give two supplements to the proof of the index theorem recently published by ATIYAH and SINGER [3]. The first is an extension of the index theorem from the class of elliptic pseudodifferential operators to some classes of hypoelliptic pseudodifferential operators introduced in HÖRMANDER [4]. The second is a direct determination of the analytical index of a certain elliptic symbol in R^n, the "Bott element", which plays a fundamental role in [3]. In the terminology of [3] we thus verify Axiom B 2 for the analytical index directly without reference to the other axioms. Together with the product formula of [3] this leads to a proof of the index theorem making no explicit reference to equivariant K-theory.

The topological arguments analogous to the first part can be found in section 2 of ATIYAH and SINGER [3]. They occur on the proof that if X is a locally compact manifold and TX its cotangent bundle, then every element in $K(TX)$ can be realized as a homogeneous complex of degree 0 which is trivial at infinity. (K always refers to K-theory with compact supports in this paper.) Our proof consists roughly speaking in replacing homotopy invariance in K-theory by results proved in section 2 below which assert the stability of the index of unbounded operators which vary continuously with a parameter in a rather weak sense. In section 3 we review the results on hypoelliptic operators of type ϱ, δ proved in HÖRMANDER [4] and note how they extend to families of such operators. In view of the results of section 2 we conclude that the index is stable for such families. In section 4 we then construct a one parameter family of hypoelliptic operators of type ϱ, δ connecting a given hypoelliptic operator of type ϱ, δ to elliptic operators of degree 0. This gives immediately the desired extension of the index theorem to hypoelliptic operators. In section 5, finally, we construct a connected family of operators containing elliptic pseudodifferential operators in $\boldsymbol{R}^n$ of degree 0 which are trivial at infinity and have the BOTT element as symbol, and also an operator whose index is closely related to the DE RHAM cohomology in $\boldsymbol{R}^n$ and so can be calculated explicitly. In view of the results of section 2 this determines the index of the Bott element. (Section 5 is independent of section 4.)

[1]) Anschrift des Autors:
Prof. Dr. L. HÖRMANDER, Lunds Universitet Matematiska Institutionen
22007 Lund 7, Sweden.

The author is greatly indebted to M. F. Atiyah for a number of discussions which led to this paper. In particular the definition of the topological index of a hypoelliptic operator is due to him.

2. The stability of the index

In this section we shall study the index of families of unbounded operators using only rather weak hypotheses concerning continuity with respect to the parameters. Let I be a compact space (in our applications I is the interval $[0, 1]$ or a product of two such intervals). If E and F are two Banach spaces we shall say that we have a family of operators from E to F indexed by I if for every $t \in I$ we are given a linear densely defined operator P_t with domain contained in E and range contained in F. We define the graph of the family to be the set

$$G = \{(t, u, f);\ t \in I,\ u \in \mathcal{D}_{P_t},\ P_t u = f\} \subset I \times E \times F .$$

If G is closed we say that the family is *closed*; obviously this implies that each P_t is closed. If P_t is a bounded operator which is a continuous function of t in the strong topology we shall say that the family is *strongly continuous*. Note that this means precisely that the map

$$I \times E \ni (t, u) \to P_t u \in F$$

is continuous. If the image of $I \times B_E$ is relatively compact in F when B_E is the unit ball in E, we say that the family is *compact*.

If H is a Banach space and H_t is a subspace of H for every $t \in I$, we say that we have a closed (locally compact) family of subspaces if $\{(t, h), t \in I, h \in H_t\}$ is a closed (locally compact) subset of $I \times H$.

Proposition 2.1. *Let $\{P_t\}_{t \in I}$ be a closed family of operators from E to F. Then each of the following properties implies the succeeding one:*

(i) *The family is almost left invertible in the sense that there exists a strongly continuous family $\{Q_t\}_{t \in I}$ from F to E and a compact family $\{K_t\}_{t \in I}$ from E to E such that for every $t \in I$ we have $Q_t P_t \subset I_E + K_t$ where I_E is the identity in E.*

(ii) *If B_E is the unit ball in E and if K_F is a compact set in F, then $G \cap (I \times B_E \times K_F)$ is compact.*

(iii) *For every locally compact family K_t of subspaces of F the spaces*

$$L_t = \{(u, f) \in G_t;\ \ f \in K_t\}$$

form a locally compact family of subspaces of $E \oplus F$. Moreover, the range of P_t is closed for every t.

(iv) dim ker P_t *is a finite upper semi-continuous function of t, the range of P_t is closed for every t and* ind P_t = dim ker P_t − *codim R_{P_t} is upper semi-continuous. If* dim ker P_t *is constant it follows that these spaces form a vector bundle over I with the topology induced from $I \times E$.*

For the proof we need a lemma.

Lemma 2.2. *Let* $\{K_t\}_{t\in I}$ *be a locally compact family of subspaces of a* BANACH *space* B. *Then*

(i) $\dim K_t$ *is a finite upper semi-continuous function of* t.

(ii) *If* $\dim K_t$ *is constant the spaces* K_t *form a vector bundle, with the topology induced from* $I \times B$.

Proof. When I is a point the proposition reduces to the statement $\dim K_t < \infty$, which is a classical theorem of F. RIESZ [6]. Moreover, his proof shows that

$$\{t; \dim K_t \geqq n\} = \{t; \exists\, e_1, \ldots, e_n \in K_t;\ \|e_j\| = 1\,,\ \ \|e_j - \sum_{k<j} \alpha_k e_k\| \geqq 1/2$$
$$\text{for } j = 1, \ldots, n \text{ and arbitrary } \alpha_k \in \boldsymbol{C}\}\,.$$

Since this is the projection on I of a compact set in $\bigcup_t K_t \times K_t \times \cdots \times K_t$, it is compact, hence closed. Thus $\{t; \dim K_t < n\}$ is open for every integer n, so $\dim K_t$ is upper semi-continuous.

Let $\dim K_t = n$ for $t \in I$. For every fixed t we can choose n continuous linear forms $L_1, \ldots, L_n$ on B such that the map

$$K_t \ni f \to \big(L_1(f), \ldots, L_n(f)\big) \to \boldsymbol{C}^n$$

is an isomorphism. Since

$$\{(s, f) \in I \times B,\quad f \in K_s,\quad \|f\| = l,\ L_1(f) = \cdots = L_n(f) = 0\}$$

is compact, its projection on I is a compact set which does not contain t. For all s in a neighborhood U of t it follows that the map

$$K_s \ni f \Rightarrow (L_1(f), \ldots, L_n(f)) \in \boldsymbol{C}^n$$

is injective, hence an isomorphism since $\dim K_t = n$. A routine argument now shows that the map is a homeomorphism of $\bigcup_{t\in U} (t, K_t)$ on $U \times \boldsymbol{C}^n$. This completes the proof.

Proof of Proposition 2.1. (i) $\Rightarrow$ (ii). For let $t \in I$, $u \in B_E$, $f \in K_F$ and $P_t u = f$. Then it follows that

$$u = Q_t f - K_t u\,.$$

Since $\{Q_t\}$ defines a continuous map of $I \times F$ into $I \times E$ it follows that $Q_t f$ belongs to a compact set and so does $K_t u$ because of the compactness of the family $\{K_t\}$. (ii) $\Rightarrow$ (iii). The first statement follows immediately if we apply (ii) to the union of the family of unit balls in the spaces K_t. To prove that the range of P_t is closed for every fixed t, we let V be a topological supplement of $\ker P_t$. Then we claim that

$$\|u\| \leqq C\,\|P_t u\|\,,\quad u \in \mathcal{D}_{P_t} \cap V\,, \tag{2.1}$$

which implies the assertion since P_t is closed and its range is equal to the range of its restriction to V. To prove (2.1) we assume that it does not hold for any constant C. Then it does not hold for $C = j$, so we can find a sequence $u_j \in \mathcal{D}_{P_t} \cap V$ so that $\|u_j\| = 1$ and $\|P_t u_j\| \leqq 1/j$. Since $P_t u_j \to 0$, it follows from condition (ii) that the sequence u_j is precompact. If u is a limit point we have $||u|| = l$, $u \in V$ and $u \in \ker P_t$ since P_t is closed. This is a contradiction which proves (2.1). (iii) $\Rightarrow$ (iv). If we take for K in (iii) the zero section it follows in view of Lemma 2.2 that $\dim \ker P_t$ is upper semi-continuous and that $\ker P_t$ is a vector bundle when the dimensions is constant. To prove the semi-continuity of the index we choose for fixed $t \in I$ a finite dimensional subspace W of F which meets the range of P_t only at 0. We now apply (iii) with $K_s = W$ for every s. Then $\dim L_t = \dim \ker P_t$ and

$$\dim L_s = \dim \ker P_s + \dim W \cap R_{P_s} \geqq \dim \ker P_s + \dim W - \operatorname{codim} R_{P_s},$$

that is,

$$\operatorname{ind} P_s \leqq \dim L_s - \dim W \leqq \dim L_t - \dim W = \dim \ker P_t - \dim \mathrm{W}\,.$$

Since we can choose W so that $\dim W$ is any integer $\leqq \operatorname{codim} R_{P_t}$, the semi-continuity of the index follows.

We shall now give an example showing that the semi-continuity of the index is the best conclusion that can be drawn from condition (i) in Proposition 2.1. To do so we let E and F be the space l^2 of sequences $x = (x_1, x_2, \ldots)$ with $||x||^2 = \sum_1^\infty |x_j|^2 < \infty$. When s is an integer $\geqq 0$ we define the shift operator P_s by $(P_s x)_j = x_{j-s}$ if $j > s$ and $(P_s x)_j = 0$ if $j \leqq s$, and set $P_\infty = 0$. We shall extend this definition to all $s \in [0, \infty]$ as follows. If $2^{-k-1} \leqq$ $\leqq s \leqq 2^{-k}$, $k = 0, 1, 2, \ldots$ we set

$$(P_s x)_j = x_j \text{ if } j \leqq k\,, \quad (P_s x)_j = x_{j-1} \text{ if } j \geqq k + 3$$

$$(P_s x)_{k+1} = x_{k+1} \sin 2^k s \pi\,, \quad (P_s x)_{k+2} = -x_{k+1} \cos 2^k s \pi\,.$$

It is then clear that P_s is isometric, that ist, $P_s^* P_s = I$, and that P_s and P^* are stongly continuous functions of $s \in [0, 1]$. We extend the definition of P_s to all $s \geqq 0$ by writing $P_s = P_n P_{s-n}$ when $n < s < n + 1$; then P_s and P_s^* are strongly continuous and $P_s^* P_s = 1$ für $s \in [0, \infty]$. If I is a compact space and φ a continuous function from I to $[0, \infty]$, the family $t \to P_{\varphi(t)}$ satisfies condition (i) in Proposition 2.1 and the index is $[-\varphi]$, the largest integer $\leqq -\varphi$. Since any upper semi-continuous integer valued function $\leqq 0$ can be written in this way, and we can add a constant to the index by taking the direct sum with a fixed operator of finite index, we conclude that the index of a family satisfying (i) can be any upper semicontinuous function on I whose values are integers or $-\infty$.

In our applications of Proposition 2.1 we shall have the same hypotheses fulfilled by the adjoint family also, and then we can immediately conclude that the index is stable. The condition (i) in Proposition 2.1 is of course very closely related to the existence of a parametrix so we shall review this question for hypoelliptic operators in the following section.

3. Families of hypoelliptic operators

In this section we shall first recall the definitions and main properties of hypoelliptic operators of type ϱ, δ given in HÖRMANDER [4], in a form which is adapted to our purposes and is hopefully more transparent. The rather obious extensions to families will be discussed at the end of the section.

Let X be a paracompact C^∞ manifold of dimension n, and let E, F be two C^∞ complex vector bundles on X with projections π_E and π_F and fiber dimensions N_E and N_F. If ϱ and δ are fixed numbers with $0 \leqq 1 - \varrho \leqq \delta < \varrho \leqq 1$, a class $L^m_{\varrho,\delta}(X; E, F)$ of pseudo-differential operators of order m and type ϱ, δ from E to F was defined in [4] as follows:

i) The elements $\mathcal{P}$ of $L^m_{\varrho,\delta}$ are continuous linear operators

$$C_0^\infty(X, E) \to C^\infty(Y, F) .$$

ii) Let U be an open set in X such that there is a diffeomorphism

$$x\colon U \to \omega \subset \boldsymbol{R}^n$$

and compatible vector bundle maps

$$\varphi_E\colon \pi_E^{-1}\, U \to \omega \times \boldsymbol{C}^{N_E},\ \varphi_F\colon \pi_F^{-1}\, U \to \omega \times \boldsymbol{C}^{N_F} .$$

For every $f \in C_0^\infty(U)$ the $N_F \times N_E$ matrix defined by

$$p_f(.,\xi)\, a = e^{-i<.,\xi>}\, (\varphi_F^{-1})^*\, \mathcal{P}\, (f\, \varphi_E^*\, a\, e^{i<-.,\xi>})\ ,\ \xi \in \boldsymbol{R}^n,\ a \in \boldsymbol{C}^{N_E}\ , \qquad (3.1)$$

shall then be a C^∞ function in $\omega \times R^n$, and for every $K \subset \omega$ and arbitrary multi-orders α and β there shall exist a constant C such that

$$||p^{(\alpha)}_{f(\beta)}(x,\xi)|| \leqq C(1 + |\xi|)^{m-\varrho|\alpha|+\delta|\beta|},\ x \in K\ ,\ \xi \in \boldsymbol{R}^n. \qquad (3.2)$$

Here we have used any norm in $\boldsymbol{R}^n$ and in the space of $N_F \times N_E$ matrices; we have written $< x\,, \xi > = x_1\,\xi_1 + \cdots + x_n\,\xi_n$ and

$$p^{(\alpha)}_{f(\beta)}(x,\xi) = \partial^{|\alpha|+|\beta|}\, p_f(x,\xi)/\partial\xi^\alpha\, \partial x^\beta\ .$$

If $\hat{u}$ is the Fourier transform of u defined by

$$\hat{u}(\xi) = \int u(x)\, e^{-i<x,\xi>}\, dx\ ,$$

it follows in view of the Fourier inversion formula that

$$(\varphi_F^{-1})^*\, \mathcal{P}\, f\, \varphi_E^*\, u(x) = (2\,\pi)^{-n} \int p_f(x,\xi)\, \hat{u}(\xi)\, e^{i<x,\xi>}\, d\xi,\ x \in \omega\ ,\ u \in C_0^\infty\ (\omega, \boldsymbol{C}^{N_E}). \qquad (3.3)$$

It was proved in [4] (see also the appendix in Atiyah and Bott [2]) that it is sufficient to assume (ii) for so many choices of U, χ, φ_E, φ_F and f that for $V = \{x; f(x) \neq 0\}$ the corresponding sets $V \times V$ cover $X \times X$. That these data determine $\mathcal{P}$ uniquely is obvious in view of (3.3).

The operator $\mathcal{P}$ has a kernel which is a distribution section of Hom (E, F) tensored with the volume bundle of X. The support of the kernel is a closed subset S of $X \times X$. If the two projections from S to X are proper maps, the operator P is said to be compactly supported. In this case $\mathcal{P}$ maps $C_0^\infty(X, E)$ into $C_0^\infty(X, F)$ and $\mathcal{P}$ can be extended to a map from $C^\infty(X, E)$ to $C^\infty(X, F)$. In what follows we assume that $\mathcal{P}$ is compactly supported, which is of course no restriction when X is compact.

Let TX be the cotangent bundle of X and let π be the projection $TX \to X$. If K is a compact set in X such that $f = 1$ in a neighborhood of K, we set for $\xi \in T_x$ and $x \in K$

$$P^{(\alpha)}_{(\beta)}(\xi) = \varphi_F^{-1}\, p^{(\alpha)}_{f(\beta)}\big((\varkappa(x), {}^t\varkappa'(x)^{-1}\xi\big)\, \varphi_E\,,$$

which is thus a linear map $E_x \to F_x$. We shall say that P is a symbol for $\mathcal{P}$ in $\pi^{-1} K$. It is clear that $P^{(\alpha)}_{(\beta)}$ depends on all the choices made, but if P' is another symbol over K we have

$$P'(\xi) \sim \sum P^{(\alpha)}(\xi)\, \varphi_\alpha(\xi)\,, \quad \xi \in \pi^{-1} K\,, \tag{3.4}$$

where $\varphi_0 = 1$ and all φ_α are C^∞ sections of Hom (E, E) lifted to $\pi^{-1} K$, which are polynomials of degree $\leqq |\alpha|/2$ when ξ varies in a fiber of T. The meaning of the asymptotic sum is explained in Theorem 2.7 in [4], and (3.4) follows from Theorems 2.10 and 2.16 there. A similar transformation law can be written for $P'^{(\alpha)}_{(\beta)}$.

It is convenient for us to consider the lifted bundles π^*E and π^*F and to regard $P^{(\alpha)}_{(\beta)}(\xi)$ as a linear map from $(\pi^*E)_\xi$ to $(\pi^*F)_\xi$. Since π^*E is a subset of $E \times T$, we have of course a natural isomorphism $E_x \cong (\pi^*E)_\xi$ if $\xi \in T_x$. If $e \in E_x$ we shall write e_ξ for the corresponding element in $(\pi^*E)_\xi$. The advantage of considering π^*E and π^*F is that we can use hermitian metrics there which are not induced by metrics in E and in F but can be adapted to the symbol of the operator being studied.

Definition 3.1. *A continuous hermitian metric on π^*E will be called tempered if for every compact set $K \subset X$ there exist constants C and M such that*

$$C^{-1}(1 + |\xi|)^{-M}\, \|e_0\| \leqq \|e_\xi\| \leqq C\,(1 + |\xi|)^{M}\, \|e_0\|\,; \quad e \in E_x\,, \xi \in T_x,\ x \in K\,. \tag{3.5}$$

Here $|\xi|$ is defined by means of some RIEMANNian metric in X which we shall keep fixed in all that follows. Similarly we define tempered metrics in π^*F. The corresponding norms on operators $E_\xi \to F_\xi$ and $F_\xi \to E_\xi$ and so on we denote by $|\ |$.

The hypoelliptic operators of [4] are now defined as follows:

Definition 3.2. *An operator $\mathcal{P} \in L^m_{\varrho,\delta}(X; E, F)$ is said to be hypoelliptic of type ϱ, δ if for every compact set $K \subset X$ and every symbol P for $\mathcal{P}$ over K the map $P(\xi)\colon (\pi^*E)_\xi \to (\pi^*F)_\xi$ is an isomorphism for all $\xi \in \pi^{-1}K$ outside some compact set, and there exist constants such that*

$$|P(\xi)^{-1}| \leqq C_1\,; \ \xi \in \pi^{-1} K\,, |\xi| > C_2\,; \tag{3.6}$$

$$|P^{(\alpha)}_{(\beta)}(\xi)| \leqq C_{\alpha,\beta}(1 + |\xi|)^{-\varrho|\alpha| + \delta|\beta|}\,; \ \xi \in \pi^{-1} K\,. \tag{3.7}$$

Here the norms are taken with respect to some fixed tempered hermitian structures in π^*E and in π^*F.

By Theorem 4.4 in [4] it is sufficient to make this hypothesis for some definition of the symbol over each compact set K in a locally finite covering of X. (The statements given in [4] differ formally from those given above but become identical if the norm $\|e_\xi\|$ is written as $\|B(\xi)e\|$, $e \in E_{\pi\xi}$, where $B(\xi)$ is a linear map $E_{\pi\xi} \to E_{\pi\xi}$, and $\|f_\xi\|$ is similarly written as $\|A(\xi)f\|$.) By Theorem 4.3 in [4] the adjoint of a hypoelliptic operator of type ϱ, δ is also a hypoelliptic operator of type ϱ, δ, and by Theorem 4.2 in [4] there exists a parametrix which is also hypoelliptic of type ϱ, δ from F to E (with the same hermitian structures); we shall discuss these results in more detail below for the case of families. It follows that operators of type ϱ, δ satisfying the conditions in Definition 3.2 are hypoelliptic, that is, if $u \in \mathcal{D}'(X, E)$ and $\mathcal{P}u \in C^\infty(X, F)$, then $u \in C^\infty(X, E)$.

Before proceeding we give some examples which indicate that metrics in π^*E and in π^*F should be thought of as a definition of some kind of degree for the operators $\mathcal{P}$ considered. First let the hermitian structures be obtained by lifting some hermitian structures in E and in F. Definition 3.2 is then satisfied by all elliptic (classical) pseudodifferential operators of degree 0. If instead we define the norms so that

$$\|e_\xi\| = (1 + |\xi|)^s \|e_0\|, \quad \|f_\xi\| = (1 + |\xi|)^t \|f_0\|,$$

the definition is satisfied by elliptic operators of degree $s - t$. If we have a splitting of the bundles E and F and use different degrees for the different components, we obtain instead the elliptic systems of Douglis and Nirenberg.

The motivation for Definition 3.2 comes of course from the case of operators with constant coefficients $P(D)$ between two trivial bundles over $\mathbf{R}^n$ with fiber $\mathbf{C}$. If e is a complex number identified with elements in E_ξ and F_ξ the condition (3.6) means in view of (3.7) that $\|e\|_{E_\xi}$ and $|P(\xi)| \, \|e\|_{F_\xi}$ shall be equivalent for large $|\xi|$, so (3.7) reduces to

$$|P^{(\alpha)}(\xi)/P(\xi)| \leqq C|\xi|^{-\varrho|\alpha|}, \quad |\xi| > C,$$

and it is well known that this is valid for some $\varrho > 0$ if and only if $P(D)$ is hypoelliptic.

Let $\mathcal{P}$ be an operator satisfying the conditions in Definition 3.2. We shall say that $\mathcal{P}$ is trivial at infinity if there exists a section $P_0 \in C^\infty(X, \operatorname{Hom}(E, F))$ such that P_0 is an isomorphism outside a compact set $X_0 \subset X$ and the kernel of the operator $\mathcal{P} - \mathcal{P}_0$ has its support in $X_0 \times X_0$. Here $(\mathcal{P}_0 u)(x) = P_0(x)\, u(x)$. If $\mathcal{P}u = 0$ we can then conclude that the support of u lies in X_0, and since $\mathcal{P}$ is hypoelliptic it follows that Ker $\mathcal{P}$ is locally compact, hence finite dimensional. Similarly the cokernel of $\mathcal{P}$ (as an operator from $C^\infty(X, E)$ to $C^\infty(X, F)$ or $\mathcal{D}'(X, E)$ to $\mathcal{D}'(X, F), \ldots$) is finite dimensional so we have a well defined analytical index

$$a\text{-ind}\, \mathcal{P} = \dim \operatorname{Ker} \mathcal{P} - \dim \operatorname{Coker} \mathcal{P}.$$

To define a topological index we first note that over a compact set $K \subset X$ where we have two symbols P_1 and P_2 defined for P, it follows from (3.4) and (3.7) that

$$|P_1(\xi) - P_2(\xi)| \leqq C|\xi|^{1-2\varrho}, \quad \xi \in \pi^{-1}(K). \tag{3.8}$$

If $0 \leqq t \leqq 1$ it follows from (3.6) and (3.8) that $t\, P_1(\xi) + (1 - t)\, P_2(\xi)$ is invertible when $\xi \in \pi^{-1}(K)$ and $|\xi|$ is sufficiently large; in fact, we obtain for large $|\xi|$

$$|(t\, P_1(\xi) + (1 - t)\, P_2(\xi))^{-1}| \leqq 2\, C_1.$$

Note that $P_0(\xi) = P_0(\pi\,\xi)$ is the unique symbol of $\mathcal{P}$ outside X_0.

Now choose a finite partition of unity $1 = \sum_0^\mu \varphi_j$ such that $\varphi_0 = 1$ and 0 in a neighborhood of infinity and X_0 respectively, and there is some symbol P_j for $\mathcal{P}$ defined over supp φ_j when $j \neq 0$. Then the preceding argument shows that

$$P(\xi) = \sum_0^\mu \varphi_j(\pi\,\xi)\, P_j(\xi)$$

is an isomorphism of $(\pi^*E)_\xi$ on $(\pi^*F)_\xi$ for all $\xi \in T\,X$ outside a compact set. Thus P' defines an element of $K(TX)$. (See ATIYAH-SINGER [3], section 2.) This element is independent of the choices of partition of unity and the symbols P_j, for if P and P' are defined by different such choices, then $t\,P + (1 - t)\,P'$ is an isomorphism outside a compact subset of TX for all $t \in [0, 1]$. Now a topological index was assigned to every element of $K(TX)$ in ATIYAH and SINGER [3], so we obtain a uniquely defined topological index denoted by t-ind $\mathcal{P}$. The equality of the analytical and topological indices was proved by ATIYAH and SINGER [3] for elliptic operators, and in the next section we shall extend this result to hypoelliptic operators of type ϱ, δ. The proof will result from the study of families of hypoelliptic operators which we shall now make.

Let I be a compact parameter space. By a continuous family of operators in $L^m_{\varrho,\delta}(X; E, F)$ indexed by I we shall mean a map $\mathcal{P}\colon I \to L^m_{\varrho,\delta}(X; E, F)$ such that

i) $\mathcal{P}\colon C_0^\infty(X, E) \times I \to C^\infty(X, F)$ is continuous

ii) for the symbols p_j defined by (3.1), which are now continuous functions from $\omega \times \boldsymbol{R}^n \times I$ to $N_F \times N_E$ matrices, (3.2) is valid on $K \times \boldsymbol{R}^n \times I$.

One of the simplest facts concerning pseudo-differential operators is that the kernel is C^∞ off the diagonal ([4], Theorem 2.2). In view of the closed graph theorem or the proof of this regularity theorem bounds for the derivatives are obtained in terms of the bounds occurring in (3.2). Hence we have, if ω is the volume bundle on X lifted to $X \times X$ via the projection on the second factor and Hom (E, F) is the bundle on $X \times X$ with fiber at (x, y) given by Hom (E_y, F_x):

Lemma 3.3. *If $\mathcal{P}$ is a continuous family of operators in $L^m_{\varrho,\delta}(X; E, F)$, then the kernels define a continuous map $I \to C^\infty(X \times Y \setminus \Delta$, Hom $(E, F) \otimes \omega)$.*

In fact, the map is continuous for the distribution topology and its range lies in a compact sat.

Let M be a compact set in X and let $H^{\mathrm{loc}}_{(s)}(X)$ and $H^{\mathrm{comp}}_{(s)}(M)$ be defined for real s as in [4], section 5; elements in the second space have their support in M. Then Theorem 5.3 in [4] shows that the operators $\mathcal{P}_t$, $t \in I$, are equi-continuous from $H^{\mathrm{comp}}_{(s)}(M)$ to $H^{\mathrm{loc}}_{(s-m)}(X)$. Thus we have

Lemma 3.4. *A continuous family $\mathcal{P}$ of operators in $L^m_{\varrho,\delta}(X; E, F)$ defines a strongly continuous family of operators from $H^{\mathrm{comp}}_{(s)}(M, E)$ to $H^{\mathrm{loc}}_{(s-m)}(X, F)$. For arbitrary s and t the family of possibly unbounded operators from $H^{\mathrm{comp}}_{(s)}(M, E)$ to*

$H_{(t)}^{\mathrm{loc}}(X, F)$ with the graph

$$\{(t, u, f) \in I \times H_{(s)}^{\mathrm{comp}}(M, E) \times H_{(t)}^{\mathrm{loc}}(X, F),\ \mathcal{P}_t u = f)\}$$

is closed.

The second part of the lemma is obviously a consequence of the first.

The definition of hypoelliptic families is an obvious modification of Definitions 3.1 and 3.2. We first modify Definition 3.1 by considering the lifting of E to $T(X) \times I$ and a hermitian metric satisfying (3.5) over $K \times I$. By a continuous family of hypoelliptic operators of type ϱ, δ we then mean a continuous family of operators in $L_{\varrho,\delta}^m(X; E, F)$ for some m such that for some choice of tempered hermitian metric in E and F, lifted to $T(X) \times I$, the estimates (3.6), (3.7) hold over $K \times I$. Note that it follows from (3.5), (3.7) that we can always assume $m \leqq 2M$.

If $\mathcal{P}$ is a hypoelliptic operator of type ϱ, δ from E to F, it follows from Theorem 4.3 in [4] that the adjoint ${}^t\mathcal{P}$ is a hypoelliptic operator of type ϱ, δ from $F' \otimes \omega$ to $E' \otimes \omega$ with the tempered hermitian metric obtained by duality from those in π^*E and π^*F and any hermitian metric in the line bundle ω. This result can immediately be carried over to families:

Lemma 3.5. *If $\mathcal{P}$ is a continuous hypoelliptic family of type ϱ, δ from E to F, it follows that ${}^tP$ is a continuous hypoelliptic family of type ϱ, δ from $F' \otimes \omega$ to $E' \otimes \omega$.*

Next we shall carry over the construction of a parametrix given in Theorem 4.2 of [4] to the case of families. In order to have no problems from the composition of operators on a non-compact space, we assume that the family $\mathcal{P}$ is compactly supported in the sense that there exists a closed set $M \subset X \times X$ with proper projection on each component such that the support of the kernel of $\mathcal{P}_t$ belongs to M for every $t \in I$.

Lemma 3.6. *If $\mathcal{P}$ is a continuous compactly supported hypoelliptic family of type ϱ, δ from E to F indexed by I, it follows that there exists a family $\mathcal{Q}$ from F to E with the same properties, relative to the same hermitian structures, such that the kernels of $\mathcal{K}_t = \mathcal{Q}_t \mathcal{P}_t - 1$ are C^∞ and define a continuous map $I \to C^\infty(X \times X, \mathrm{Hom}(E, E) \otimes \omega)$. The same conclusion is also true for $\mathcal{P}_t \mathcal{Q}_t - 1$.*

Proof. The essential point is that the proof of Theorem 4.2 in [4] is immediately applicable when there are parameters also. However, since the passage from the local to the global situation was only hinted briefly in [4] we shall discuss this in some detail.

Let $\{U^i\}$ be a locally finite covering of X by open relatively compact sets such that in U^i we have local coordinates $\varkappa^i$: $U^i \to \omega^i \subset \boldsymbol{R}^n$ and trivialisations φ_E^i and φ_F^i of E and F over U^i. We choose functions ψ_i, ψ_i', ψ_i'' in $C_0^\infty(U_i)$ such that $\psi_i'' = 1$ in a neighborhood of supp ψ_i', $\psi_i' = 1$ in a neighborhood of supp ψ_i, and $\sum \psi_i = 1$. We shall write the desired parametrix in the form

$$\mathcal{Q} = \sum \psi_i \mathcal{Q}_i \psi_i'$$

where $\mathcal{Q}_i$ is a map from $C_0^\infty(U^i, F)$ to $C^\infty(U^i, E)$ which we shall construct using local coordinates. We have suppressed the parameter t in the notation. Note that

$$\mathcal{Q}\,\mathcal{P} = \sum \psi_i\, \mathcal{Q}_i\, \psi_i'\, \mathcal{P} = \sum \psi_i\, \mathcal{Q}_i\, \psi_i'\, \mathcal{P}\, \psi_i'' + \sum \psi_i\, \mathcal{Q}_i\, \psi_i'\, \mathcal{P}(1 - \psi_i'') \,. \quad (3.9)$$

In view of Lemma 3.3 the kernel of $\psi_i'\, \mathcal{P}\,(1 - \psi_i'')$ is a continuous function on I with values in $C_0^\infty\,(U^i \times U^i,\ \mathrm{Hom}\,(E, F) \otimes \omega)$. When we have constructed $\mathcal{Q}_i$ it will therefore be clear that the last sum has a kernel in $C^\infty\big(X \times X,\ \mathrm{Hom}\,(E, E) \otimes \Omega\big)$ which is a continuous function of t.

Denote by $p^i(x, \xi)$ the continuous function on I with values in $C^\infty(\omega^i \times \boldsymbol{R}^n)$ which is defined according to (3.1) with $f = \psi_i''$. Since $\psi_i'' = 1$ near supp ψ_i', this is a symbol for $\mathcal{P}$ over supp ψ_i', when pulled back to X and the bundles π^*E and π^*F. If A and B are matrices related to the hermitian metrics in π^*E and π^*F as indicated after Definition 3.2, the hypotheses of Theorem 4.2 in [4] are therefore fulfilled by p^i over $\varkappa^i$ supp ψ_i' uniformly when $t \in I$. Inspection of the proof of that theorem therefore shows that one can choose a continuous function q^i on I with values in $C^\infty(\omega^i \times \boldsymbol{R}^n)$ such that for $\nu \geqq 0$ one has uniformly on I

$$|\varphi_E^{i-1}\, D_\xi^\alpha\, D_x^\beta \Big(\sum_{|\gamma| < \nu} q^{i(\gamma)}\,(x, \xi)\, D_x^\gamma\, p^i(x, \xi)/\gamma! - 1\Big)\, \varphi_E^i|$$
$$\leqq C_{\alpha, \beta, \nu}\,(1 + |\xi|)^{-(\varrho - \delta)\nu - \varrho|\alpha| + \delta|\beta|}\,, \quad x \in \varkappa^i \operatorname{supp} \psi_i'\,, \quad (3.10)$$

$$|\varphi_E^{i-1}\, D_\xi^\alpha\, D_x^\beta\, q^i\,(x, \xi)\, \varphi_F^i| \leqq C_{\alpha, \beta}\,(1 + |\xi|)^{-\varrho|\alpha| + \delta|\beta|}\,, \ x \in \varkappa^i \operatorname{supp} \psi_i'\,. \quad (3.11)$$

Here l is the $N_E \times N_E$ unit matrix. (In the proof of Theorem 4.2 in [4] the operator $p(x, D)$ was put to the left of $q(x, D)$ but that does not affect the argument.)

Set $\chi_i = \varphi_i \circ \varkappa^{i-1}$ and $\chi_i' = \varphi_i' \circ \varkappa^{i-1}$. Then we obtain since $\chi_i' = 1$ in a neighborhood of supp χ_i

$$\Big|\varphi_E^{i-1}\, D_\xi^\alpha\, D_x^\beta \Big(\sum_{|\gamma| < \nu} \chi_i(x)\, q^{i(\gamma)}(x, \xi)\, D_x^\gamma\big(\chi_i'(x)\, p^i(x, \xi)/\gamma!\big) - \chi_i(x)\, 1\Big)\, \varphi_E^i\Big|$$
$$\leqq C_{\alpha, \beta, \nu}\,(1 + |\xi|)^{-(\varrho - \delta)\nu - \varrho|\alpha| + \delta|\beta|}\,, \quad (3.10')$$

so it follows from Theorems 2.2 and 2.10 in [4], both of which can be supplied with bounds in view of the closed graph theorem, that the operator

$$\chi_i(x)\, q^i(x, D)\, \chi_i'(x)\, p^i(x, D) - \chi_i(x)\, 1$$

has a kernel belonging to a bounded subset of $C^\infty\,(\omega^i \times \omega^i)$ (with values in $N_E + N_F$ matrices). Since the corresponding operator is a continuous function of t it follows that the kernel is a continuous function of t with values in $C^\infty\,(\omega^i \times \omega^i)$.

We now pull the operator $q^i(x, D)$ back to U^i by setting

$$\mathcal{Q}_i\, u = \varphi_E^{i*}\, q_i(x, D)\, (\varphi_F^{i-1})\, u, \quad u \in C_0^\infty\,(U^i, F)\,,$$

and define $\mathcal{Q}$ as indicated above. The preceding remarks then show that the kernel of $\mathcal{Q}\mathcal{P} - 1$ has the asserted properties, and from (3.11) we obtain that $\mathcal{Q}$ is a continuous hypoelliptic family of type ϱ, δ, if we note that (3.10) with $\nu = 0$ shows that the norm the of $Q(\xi) - P(\xi)^{-1}$ tends to 0 at infinity if P and Q are symbols for $\mathcal{P}$ and $\mathcal{Q}$. In view of Lemma 3.5 we can construct a family having the same properties with respect to the adjoints. But this means that there is also a right parametrix with analogous properties; as in the remarks preceding Theorem 4.2 of [4] we conclude that the difference between a right and left parametrix is a continuous function from I to $C^\infty(X \times X, \mathrm{Hom}(E, F) \otimes \omega)$. This proves the last statement.

We can now prove the result in which we are interested:

Theorem 3.7. *Let $\mathcal{P}$ be a continuous hypoelliptic family of type ϱ, δ from E to F, indexed by the compact set I, which is trivial outside a fixed compact set. Then it follows that* a-ind $\mathcal{P}$ *and* t-ind $\mathcal{P}$ *are continuous functions on I, thus constant if I is connected. Furthermore,* dim Ker $\mathcal{P}$ *is semi-continuous from above.*

Proof. Let X' be an open relatively compact subset of X such that all operators in the family are trivial outside a fixed compact set $X_0 \subset X'$. Let $H_{(s)}(X', E)$ be defined as the set of distribution sections of E over X' which can be extended to an element of $H_{(s)}^{\mathrm{loc}}(X, E)$; this is a HILBERT space with the quotient topology. In view of Lemma 3.4 we obtain from $\mathcal{P}$ for arbitrary s and t a closed possibly unbounded family of operators from $H_{(s)}(X', E)$ to $H_{(t)}(X', F)$, with the same index and kernel as when $\mathcal{P}$ operates from $C^\infty(X, E)$ to $C^\infty(X, F)$. The parametrix family of Lemma 3.6 can be chosen trivial outside a compact subset of X' too. For suitable m it follows from Lemma 3.4 that it defines a strongly continuous family of operators from $H_{(t)}(X', F)$ to $H_{(t-m)}(X', E)$. Thus condition (i) in Proposition 2.1 is fulfilled by the family of operators from $H_{(s)}(X', E)$ to $H_{(s+m)}(X', F)$ defined by $\mathcal{P}$. Hence ind $\mathcal{P}$ and dim Ker $\mathcal{P}$ are upper semi-continuous. Now Lemma 3.5 shows that the adjoint family has the same properties as $\mathcal{P}$, so the analytical index is in fact continuous. The same result for the topological index is an immediate consequence of homotopy invariance in K-theory and the definition of the topological index given above.

Remark. The continuity of the index can also be obtained from Lemma 3.6 by noting that (ATIYAH-BOTT [2])

$$a\text{-ind}\ \mathcal{P} = Tr(l_E - \mathcal{Q}\mathcal{P}) - Tr(l_F - \mathcal{P}\mathcal{Q}).$$

However, the results of section 2 will be essential in section 5.

4. Elliptic approximations and the index theorem

For elliptic operators ATIYAH and SINGER [3] proved that the analytical and the topological index ar equal. In view of Theorem 3.7 this result must remain true for all operators in a hypoelliptic family with connected parameter space if it contains some elliptic operator. Using this fact we shall now prove

Theorem 4.1.[1]) *For every hypoelliptic operator $\mathcal{P}$ of type ϱ, δ which is trivial at ∞ we have*

$$a\text{-ind}\ \mathcal{P} = t\text{-ind}\ \mathcal{P}.$$

As in the proof of Lemma 3.6 we choose a locally finite covering $\{U^i\}$ of X by open relatively compact sets such that in U^i we have local coordinates

[1]) A much shorter proof involving no localizations could be based on the methods in a forthcoming paper on Fourier integral operators.

$\varkappa^i: U^i \to \omega^i \subset \mathbf{R}^n$ and trivialisations φ^i_E, φ^i_F. We choose functions ψ_i, ψ_i', $\psi_i'' \in C_0^\infty(U_i)$ such that $\psi_i'' = 1$ in a neighborhood of supp ψ_i', $\psi_i' = 1$ in a neighborhood of supp ψ_i, and $\sum \psi_i = 1$. However, we now let p^i denote the matrix valued function $p_{\psi_i'}$. From these functions we can essentially reconstruct $\mathcal{P}$, for if

$$\mathcal{P}_0 u = \sum \psi_i \mathcal{P} \psi_i' u$$

the difference $\mathcal{P} - \mathcal{P}_0$ has a C^∞ kernel of compact support because $\psi_i \mathcal{P}(1-\psi_i')$ has a C^∞ kernel. Since $\psi_i' = \psi_i' \psi_i''$, we have

$$\mathcal{P}_0 u = \sum \psi_i \varphi_F^{i*} p^i(x, D) (\varphi_E^{i-1})^* \psi_i'' u .$$

Thus $\mathcal{P}$ and $\mathcal{P}_0$ have the same index in the analytical and topological sense.

We want to define new symbols essentially by pulling a symbol of $\mathcal{P}$ back via a retraction of the cotangent bundle to the disk bundle with radius $1/\varepsilon$, where ε is small. To do so we choose a decreasing function $\chi \in C^\infty(\mathbf{R})$ such that

$$\chi(t) = 1 \text{ when } t < 1 \text{ and } \chi(t) = 2/t \text{ when } t > 3 .$$

We shall consider the maps

$$\Phi_\varepsilon: TX \ni \xi \to \xi \chi(\varepsilon |\xi|) \in TX , \quad 0 \leqq \varepsilon \leqq 1$$

where $|\xi|$ is defined with respect to some fixed Riemannian structure in X. This map is the identity when $|\xi| < 1/\varepsilon$ and is the projection $\xi \to 2\xi/\varepsilon|\xi|$ on the sphere bundle with radius $2/\varepsilon$ for $|\xi| > 3/\varepsilon$. If $I = [0, 1]$ the tempered hermitian structure on E associated with $\mathcal{P}$ now gives rise to a family indexed by I if we set

$$||e_\xi||_\varepsilon = ||e_{\Phi_\varepsilon(\xi)}|| , \quad e \in E_{\pi\xi} .$$

It satisfies (3.5) with no change of the constants there, and for $\varepsilon = 0$ we have the original structure. The corresponding norms on linear maps are denoted by $|\ |_\varepsilon$ in what follows.

In order to define deformations of the operator we must work in local coordinates so we introduce

$$r^i(\varkappa^i(x), \xi) = |{}^t\varkappa^{i\prime}(x)\, \xi| , \quad \xi \in \mathbf{R}^n , \quad x \in U_i$$

where on the right hand side we have the Riemannian metric in TX. Thus $r^i(x, \xi)^2$ is a positive definite quadratic form in $\xi \in \mathbf{R}^n$ with coefficients in $C^\infty(\omega^i)$. For $\varepsilon \in I$ we now define

$$p^i_\varepsilon(x, \xi) = p^i\left(x, \xi\, \chi\left(\varepsilon\, r^i(x, \xi)\right)\right) , \tag{4.1}$$

and we set

$$\mathcal{P}_\varepsilon u = \sum \psi_i \varphi_F^{i*} p^i_\varepsilon(x, D) (\varphi_E^{i-1})^* \psi_i'' u , \tag{4.2}$$

which is in agreement with our previous definition of $\mathcal{P}_0$ when $\varepsilon = 0$. Since p^i_ε is a homogeneous function of ξ of degree 0 where $r^i(x, \xi) > 3/\varepsilon$, the operator $\mathcal{P}_\varepsilon$ is for $\varepsilon > 0$ a classical pseudo-differential operator of degree 0 which is trivial at infinity, in fact equal to $\mathcal{P}$ there. If we write

$$P^i(\xi) = \varphi_F^{i-1} p^i(\varkappa^i(x), {}^t\varkappa^{i\prime}(x)^{-1} \xi)\, \varphi_E^i , \quad \pi\xi = x \in U_i ,$$

which is a symbol for $\mathcal{P}$ over supp ψ_i, the principal symbol of $\mathcal{P}_\varepsilon$ is given by

$$\sum \psi_i(x)\, P^i(2\, \xi/\varepsilon\, |\xi|)\ ;$$

thus $\mathcal{P}_\varepsilon$ is elliptic for small ε. It remains for us to prove that $\mathcal{P}_\varepsilon$ is a continuous hypoelliptic family of type ϱ, δ for small ε. Since it is obvious that $\mathcal{P}_\varepsilon$ defines a continuous map $I \times C_0^\infty(X; E) \to C(X, F)$ there are only certain estimates to prove. The main trouble in doing so comes from the fact that terms in $\mathcal{P}_\varepsilon$ are defined by means of different coordinate systems so we must consider formulas for changing variables.

Lemma 4.2. *In the identity*

$$D_\xi^\alpha\, D_x^\beta\, F(x, \xi\, \chi\, (\varepsilon\, r^i(x, \xi))) = \sum F_{(\beta')}^{(\alpha')}\, (x, \xi\, \chi\, (\varepsilon\, r^i\, (x, \xi)))\ \varphi_{\alpha'\beta'}^{\alpha\beta}\, (x, \xi, \varepsilon)$$

we have $|\alpha' + \beta'| \leqq |\alpha + \beta|$, $|\beta'| \leqq |\beta|$ *in the sum, the coefficients belong to* $C^\infty\, (\omega^i \times \boldsymbol{R}^n \times I)$, *and for compact sets* $K \subset \omega^i$ *we have*

$$\left|D_\xi^{\gamma'}\, D_x^{\gamma''}\, \varphi_{\alpha'\beta'}^{\alpha\beta}\, (x, \xi, \varepsilon)\right| \leqq C_{\alpha, \beta, \gamma', \gamma'', K}\ |\xi|^{|\alpha'| - |\alpha| - |\gamma'|}\ ,\quad x \in K,\ \ \varepsilon \in I\,,$$

for arbitrary multiorders γ' *and* γ''.

Proof. When $\varepsilon\, r^i(x, \xi) \leqq 1$ all $\varphi_{\alpha'\beta'}^{\alpha\beta}$ are constants of absolute value $\leqq 1$, so the statement is true then. When $\varepsilon\, r^i(x, \xi) > 3$, the function on the left of (4.3) is homogeneous in ξ of degree $-\ |\alpha|\ -\ |\gamma'|$, so the estimate follows if it is true when $\varepsilon\, r^i(x, \xi) = 3$. Hence we may assume that $1 \leqq \varepsilon\, r^i(x, \xi) \leqq 3$ which implies that $\varepsilon\, |\xi|$ lies between two positive bounds when $x \in K$ so that we can replace ε by $1/|\xi|$ in our estimates. We have

$$\left|D_\xi^{\gamma'}\, D_x^{\gamma''}\, \chi\, (\varepsilon\, r^i(x, \xi))\right| \leqq C_{\gamma', \gamma'', K}\ |\xi|^{-|\gamma'|}\ ,\quad x \in K\,,\quad \varepsilon \in I\,,\ 1 \leqq \varepsilon\, r^i(x, \xi) \leqq 3 \tag{4.4}$$

Indeed, since

$$D\chi\, (\varepsilon\, r^i(x, \xi)) = \varepsilon\, \chi'(\varepsilon\, r^i(x, \xi))\ D\, r^i(x, \xi)$$

and $\partial r^i(x, \xi)/\partial \xi_k$ is homogeneous of degree 0 in ξ while $\partial r^i(x, \xi)/\partial x_k$ is homogeneous of degree 1, this follows easily by induction with respect to $|\gamma' + \gamma''|$. But then we obtain (4.3) by induction with respect to $|\alpha + \beta|$. The details of the verification are left for the reader.

For $\xi \in T_x$, $x \in U^i$, we write

$$P_{\varepsilon(\beta)}^{i(\alpha)}(\xi) = \varphi_F^{-1}\, p_{\varepsilon(\beta)}^{i(\alpha)}(\varkappa^i(x),\ {}^t\varkappa^{i\prime}(x)^{-1}\xi)\ \varphi_E\,.$$

Then Lemma 4.2 gives

$$P_{\varepsilon(\beta)}^{i(\alpha)}(\xi) = \sum P_{(\beta')}^{i(\alpha')}\, (\Phi_\varepsilon(\xi))\ \psi_{\alpha'\beta'}^{\alpha\beta}(\xi, \varepsilon) \tag{4.5}$$

where $|\alpha' + \beta'| \leqq |\alpha + \beta|$ and $|\beta'| \leqq |\beta|$ in the sum, and

$$\left|\psi_{\alpha'\beta'}^{\alpha\beta}(\xi, \varepsilon)\right| \leqq C\, (1 + |\xi|)^{|\alpha'| - |\alpha|} \tag{4.6}$$

uniformly in ε, over compact subsets of U_i.

When $\pi\, \xi \in$ supp ψ_i, we obtain from (3.6), (3.7) if ε is small

$$\left|P_\varepsilon^i(\xi)\right|_\varepsilon \leqq C_1\,,\quad \left|P_\varepsilon^i(\xi)^{-1}\right|_\varepsilon \leqq C_1\,,\quad |\xi| > C_2\,. \tag{4.7}$$

Now it follows from the transformation law (3.4) and from (3.7) that over the set $\operatorname{supp} \psi_i \cap \operatorname{supp} \psi_j$ where P^i and P^j are both symbols for P we have

$$|P^i(\xi) - P^j(\xi)| = O(|\xi|^{1-2\varrho}) ,$$

which implies that

$$\left|P^i_\varepsilon(\xi) - P^j_\varepsilon(\xi)\right|_\varepsilon = O(\Phi_\varepsilon(\xi))^{1-2\varrho}.$$

Since $2\,\varrho > 1$ by hypothesis, it now follows from (4.7) that for small ε

$$\left|\Sigma\, \psi_i(\pi\,\xi)\, P^i_\varepsilon(\xi)\right|_\varepsilon \leqq 2\, C_1 , \quad \left|(\Sigma\, \psi_i\,(\pi\,\xi)\, P^i_\varepsilon(\xi))^{-1}\right| \leqq 2\, C_1 , \quad |\xi| > C_2' , \tag{4.8}$$

Next we prove that over $\operatorname{supp} \psi_i$

$$\left|P^{i(\alpha)}_{\varepsilon(\beta)}(\xi)\right|_\varepsilon \leqq C_{\alpha\beta}\,(1 + |\xi|)^{-\varrho|\alpha|+\delta|\beta|} \tag{4.9}$$

where $C_{\alpha\beta}$ is independent of ε. Since $P^{i(\alpha)}_{\varepsilon(\beta)}$ is homogeneous of degree $-\,|\alpha| \leqq \leqq -\,\varrho\,|\alpha| + \delta\,|\beta|$ when $|\xi| > 3/\varepsilon$ it suffices to prove (4.9) when $|\xi| < 3/\varepsilon$. Then we have $|\xi|/2 < |\Phi_\varepsilon(\xi)| < |\xi|$, so it follows from (4.5), (4.6) and the hypoellipticity of P that

$$\left|P^{i(\alpha)}_{\varepsilon(\beta)}\,(\xi)\right|_\varepsilon \leqq C\, \Sigma\,(1 + |\xi|)^{-\varrho|\alpha'|+\delta|\beta'|+|\alpha'|-|\alpha|}$$

with summation for $|\alpha' + \beta'| \leqq |\alpha + \beta|$ and $|\beta'| \leqq |\beta|$. Since

$$-\,\varrho\,|\alpha'| + \delta\,|\beta'| + |\alpha'| - |\alpha| + \varrho\,|\alpha| - \delta\,|\beta| =$$
$$= \big(\delta - (1-\varrho)\big)\,(|\beta'| - |\beta|) + (1-\varrho)\,(|\alpha' + \beta'| - |\alpha + \beta|) \leqq 0$$

we conclude that (4.9) is valid.

In particular, it follows from (4.9) that each term in the definition (4.2) of $\mathcal{P}_\varepsilon$ is a continuous family of operators in $L^{2M}_{\varrho,\delta}\,(X;\, E,\, F)$ where M is the exponent in Definition 3.1 for E and for F. Hence $\{\mathcal{P}_\varepsilon\}$ is such a family and it is trivial outside a fixed compact set. In view of (3.4) which is valid uniformly for operators in bounded subsets of $L^{2M}_{\varrho,\delta}$ it follows if P_ε is any symbol for $\mathcal{P}_\varepsilon$ over a compact set that

$$\left|P_\varepsilon(\xi) - \Sigma\, \psi_i(\pi\,\xi)\, P^i_\varepsilon(\xi)\right|_\varepsilon \leqq C\, |\xi|^{1-2\varrho} ,$$

so using (4.8) we obtain for large $|\xi|$

$$|P_\varepsilon(\xi)|_\varepsilon < 3\, C_1, \quad |P_\varepsilon(\xi)^{-1}|_\varepsilon < 3\, C_1 .$$

All these estimates are uniform with respect to ε when $\varepsilon \in I$ and ε is sufficiently small.

In order to prove that we have a hypoelliptic family it only remains to show that the conditions (3.7) are satisfied uniformly. It suffices to verify this separately for each term in the definition of $\mathcal{P}_\varepsilon$, using the coordinate system occurring in its definition (cf. Theorem 4.4 in [4]). But this is an immediate consequence of (4.9). Thus we can find ε_0 with $0 < \varepsilon_0 \leqq 1$ so that the family $\mathcal{P}_\varepsilon$ is hypoelliptic of type ϱ, δ for $0 \leqq \varepsilon \leqq \varepsilon_0$. It follows that Theorem 4.1 is valid for $\mathcal{P}_0$, hence also for $\mathcal{P}$ since $\mathcal{P} - \mathcal{P}_0$ has a C^∞ kernel with compact support.

5. The analytical index of the Bott element

Our purpose in this section is to give a direct determination of the analytical index of the Bott element which generates $K(T\boldsymbol{R}^n)$. This element is defined as follows. The tangent space of $\boldsymbol{R}^n$ can be identified with $\boldsymbol{C}^n$ by writing its elements as $x + i\,\xi$ where x determines the base point and ξ the location in the fiber. The exterior algebra of $\boldsymbol{C}^n$ lifted to $\boldsymbol{C}^n$ defines a complex over $\boldsymbol{C}^n$ which is exact outside the origin, if in the fiber over z we define the maps as exterior multiplication by z. The exterior complex therefore determines an element $\lambda \in K(T\boldsymbol{R}^n)$, and by BOTT's periodicity theorem this is a generator for $K(T\boldsymbol{R}^n)$. In ATIYAH and SINGER [3] the analytical index of λ is defined as the analytical index of an elliptic pseudodifferential operator in $\boldsymbol{R}^n$ of degree 0 which is trivial at infinity and whose symbol also defines the element λ in $K(T\boldsymbol{R}^n)$. A key result in [3] is that the index is 1, also when regarded as a character of the orthogonal group $O(n)$.

The formal analytical analogue of the complex used to define λ above is the complex

$$0 \to C^\infty(\Lambda^0) \to C^\infty(\Lambda^1) \to \cdots \to C^\infty(\Lambda^n) \to 0$$

where Λ^j denotes the jth exterior power of $\boldsymbol{C}^n$ and the maps are $x^e + d$ where d is exterior differentiation and x^e exterior multiplication by x considered as a covector, that is, as the differential form $d(x^2/2)$. More precisely, we shall study the cohomology of this complex when restricted to L^2 sections. Writing $x^2 = x_1^2 + \cdots + x_n^2$ we note that

$$x^e + d = e^{-x^2/2}\, d\, e^{x^2/2}$$

so this amounts to studying the cohomolyg of the DE RHAM complex restricted to sections which are square integrable with respect to the density e^{-x^2}. Since e^{x^2} is rapidly increasing at infinity we can expect the cohomology to be equal to the cohomology with arbitrary supports, that is, $\boldsymbol{C}$ in dimension 0 and 0 in positive dimensions. We shall now prove that this is indeed the case. Note that since x^2 is invariant under the orthogonal group, it follows that $O(n)$ commutes with the operators in the complex if the action of a mapping on a differential form is defined in the usual way.

First consider a function $u \in L^2$ such that $(x^e + d)\, u = 0$. This means that $\partial u/\partial x_i = -\, x_i\, u$ for $i = 1, \ldots, n$, hence that u is a multiple of $e^{-x^2/2}$, which is an L^2 function. Thus the kernel of the first operator is isomorphic to $\boldsymbol{C}$. We shall prove that there is no cohomology in positive dimensions by an argument which is well known in the complex case (the ∂ NEUMANN problem; see e. g. HÖRMANDER [5], section 4.2) and is even simpler in the real case.

Let δ be the adjoint of exterior differentiation and let x^i be interior multiplication by x, which is the adjoint of x^e. Then the adjoint of $x^e + d$ is $x^i + \delta$.

Lemma 5.1. *If $u \in L^2(\Lambda^q)$ and $(x^e + d)\, u \in L^2(\Lambda^{q+1})$, $(x^i + \delta)\, u \in L^2(\Lambda^{q-1})$, we can choose a sequence $u_\nu \in C_0^\infty(\Lambda^q)$ such that $u_\nu \to u$, $(x^e + d)\, u_\nu \to (x^e + d)\, u$ and $(x^i + \delta)\, u_\nu \to (x^i + \delta)\, u$ in L^2.*

Proof. Choose $\chi \in C_0^\infty$ with $\chi(0) = 1$ and set $\chi_\varepsilon(x) = \chi(\varepsilon\, x)$. Then $\chi_\varepsilon\, u \to u$, and $(x^e + d)\, \chi_\varepsilon\, u = \chi_\varepsilon\, (x^e + d)\, u + (d\chi_\varepsilon) \wedge u \to (x^e + d)\, u$ since $d\chi_\varepsilon = O(\varepsilon)$.

Similarly $(x^i + \delta)\chi_\varepsilon u \to (x^i + \delta) u$. This reduces the proof to the case where u has compact support, but then one can argue in the same way using convolution instead of multiplication to approximate by elements in C_0^∞.

Lemma 5.2. *If* $f \in L^2(\Lambda^q)$, $q > 0$, *and* $(x^e + d) f \in L^2(\Lambda^{q+1})$, $(x^i + \delta) f \in L^2(\Lambda^{q-1})$, *it follows that*

$$2\, q\, ||f||^2 \leqq ||(x^e + d) f||^2 + ||(x^i + \delta) f||^2. \tag{5.1}$$

Proof. By Lemma 5.1 we may assume that $f \in C_0^\infty(\Lambda^q)$. We shall then use the identities on pp. 83—84 in HÖRMANDER [5]. Let the components of f be f_I, where I is a multi-index of lenght q with indices ranging from 1 to n and f_I is an antisymmetric function of I. With $\sum'$ denoting summation over increasing multi-indices and $\partial_j = \partial/\partial x_j$ we have then

$$||(x^e + d)||^2$$
$$= \sum_j \sum_{|I|=q}' ||(x_j + \partial_j) f_I||^2 - \sum_{j,k} \sum_{|K|=q-1}' \left((x_k + \partial_k) f_{jK},\ (x_j + \partial_j) f_{kK}\right), \tag{5.2}$$

$$||(x^i + \delta) f||^2 = \sum_{|K|=q-1}' \left((x_j - \partial_j) f_{jK}, (x_k - \partial_k) f_{kK}\right). \tag{5.3}$$

Since

$$[(x_k + \partial_k),\ (x_j - \partial_j)] = 2\, \delta_{jk}\,, \tag{5.4}$$

we obtain after an integration by parts

$$||(x^e + d) f||^2 + ||(x^i + \delta) f||^2 = \sum_i \sum_{|I|=q}' ||(x_j + \partial_j) f_I||^2 + 2\, q\, ||f||^2\,. \tag{5.5}$$

This implies (5.1).

Applying for example Lemma 4.1 in HÖRMANDER [5] we can now conclude that the sequence

$$x^e + d: 0 \to L^2(\Lambda^0) \to L^2(\Lambda^1) \to \cdots \to L^2(\Lambda^n) \to 0$$

is exact at Λ^q for $q > 0$. (The various operators are of course defined on the L^2 forms where they give rise to L^2 forms when applied in the sense of distribution theory.) Thus the cohomology is indeed equal to $\boldsymbol{C}$ at Λ^0 and 0 at Λ^q for $q > 0$; moreover, the elements in the kernel of the first operator are left fixed by the orthogonal group so the EULER characteristic is 1 even as a character of $O(n)$.

Since it is difficult to deform a complex we shall split the complex above in the usual way. Thus we note that for $q > 1$ the range of the operator $(x^i + \delta)$ from $L^2(\Lambda^q)$ to $L^2(\Lambda^{q-1})$ is equal to the orthogonal complement of the range of the operator $(x^e + d)$ from $L^2(\Lambda^{q-2})$ to $L^2(\Lambda^{q-1})$, again by Lemma 4.1 in [5], for example. Hence the differential operator

$$(x^e + d) + (x^i + \delta) : L^2(\Lambda^{\text{even}}) \to L^2(\Lambda^{\text{odd}})$$

is surjective and its kernel consists of the multiples of $e^{-x^2/2}$, so it is one dimensional and left fixed by the orthogonal group. It is this operator we shall now perturb in order to make it pseudo-differential of degree 0 and trivial (that is, algebraic) at infinity.

Let $\varphi \in C_0^\infty(R^n)$ be equal to 1 when $|x| < 1$, and depend on $|x|^2$ only. Also choose r function $\chi \in \mathscr{S}(\boldsymbol{R}^n)$ depending on $|\xi|$ only, such that $\chi(0) = 1$, $\chi > 0$,

$|\xi|\,\chi(\xi) \to 1$, $\xi \to \infty$, $D^\alpha \chi(\xi) = O(|\xi|^{-|\alpha|-1})$ for every α and $\hat{\chi}$ has compact support. All this can be arranged by letting χ be the FOURIER transform of the product of $|x|^{1-n}$ and a suitable function with compact support. Both φ and χ are chosen real valued. We set $I = \{(\varepsilon, \delta); 0 \leqq \varepsilon \leqq 1, 0 \leqq \delta \leqq 1\}$ and define for $(\varepsilon, \delta) \in I$

$$A_j = A_j^{\varepsilon,\delta} = \varphi(\delta\, x)\, \chi(\varepsilon\, D)\, \partial_j \varphi(\delta\, x)\,.$$

For $\varepsilon = \delta = 0$ we obtain $A_j = \partial_j$, but for positive ε and δ we have a pseudo-differential operator of degree 0 which vanishes at infinity and has the principal symbol $\varphi(\delta\, x)^2\, i\, \xi_j/\varepsilon\, |\xi|$. We write d_A and δ_A for the operators obtained by replacing ∂_j by A_j in d and in δ, and we introduce the operator

$$P^{\varepsilon,\delta} = (x^e + d_A) + (x^i + \delta_A) : L^2(\Lambda^{\text{even}}) \to L^2(\Lambda^{\text{odd}})\,.$$

It is pseudo-differential of order 0 and at infinity it coincides with the algebraic operator $x^e + x^i$. The symbol is defined by

$$(x + i\, \varphi(\delta\, x)^2\, \xi/\varepsilon\, |\varepsilon|)^e + (x + i\, \varphi(\delta\, x)^2\, \varepsilon/\varepsilon\, |\xi|)^i$$

so it defines the same element in $K(T\boldsymbol{R}^n)$ as the complex of the exterior algebra with the map defined by exterior multiplication with $x + i\, \varphi(\delta x)^2\, \xi/\varepsilon\, |\xi|$ in the fiber over $x + i\, \xi$. But this is precisely the BOTT element λ in $K(T\, \boldsymbol{R}^n)$ as well as in $K_{O(n)}(T\boldsymbol{R}^n)$ (see ATIYAH-SINGER [3], section 2).

Theorem 5.3. *The operators $P^{\varepsilon,\delta}$ as well as their adjoints satisfy condition* (ii) *of Proposition* 2.1 *when $(\varepsilon, \delta) \in I$. For sufficiently small ε and δ the kernel is of dimension* 1 *and its elements are invariant under $O(n)$; furthermore the cokernel is equal to* 0 *so the $O(n)$ index is equal to* 1.

The second part of the statement follows from the first in view of Theorem 2.2. In fact, the index of $P^{\varepsilon,\delta}$ is equal to the index of $P^{0,0}$ which is 1, and the cokernel has dimension 0 for small ε, δ so the kernel must have dimension 1. Again by Proposition 2.2 one can find $u_{\varepsilon,\delta} \in \operatorname{Ker} P^{\varepsilon,\delta}$ for small ε, δ as a continuous function of ε, δ with $u_{0,0}(x) = e^{-|x|^2/2}$. The average of $g^*\, u_{\varepsilon,\delta}$ when g varies over $O(n)$ still has the same property so it is not 0 for small ε, δ, and it is invariant under $O(n)$. Since the kernel has dimension 1 it must therefore be left fixed by the orthogonal group.

It remains to prove that condition (ii) of Proposition 2.1 is fulfilled. This will be done by combining the results of section 3 with a variant of the partial integrations used in proving Lemma 5.2.

Lemma 5.4. *There is a constant C such that*

$$\|\,|x| f\| \leqq \|P^{\varepsilon,\delta} f\| + C\, \|f\|\,, \quad f \in C_0^\infty(\Lambda^{\text{even}})\,, \tag{5.6}$$

$$\|\,|x| f\| \leqq \|P^{\varepsilon,\delta *} f\| + C \|f\|\,, \quad f \in C_0^\infty(\Lambda^{\text{odd}})\,. \tag{5.7}$$

Proof. We shall prove (5.6) but leave the parallel proof of (5.7) to the reader. Write

$$f = \sum f_{2q}$$

where f_{2q} is of degree $2\,q$. Then

$$\|P^{\varepsilon,\delta} f\|^2 = \sum \|(x^e + d_A)\, f_{2q} + (x^i + \delta_A)\, f_{2q+2}\,\|^2$$

$$= \sum \|(x^e + d_A)\, f_{2q}\|^2 + \sum \|(x^i + \delta_A)\, f_{2q}\|^2 + 2 \operatorname{Re} \sum \left((x^e + d_A)^2 f_{2q}, f_{2q+2}\right)\,. \tag{5.8}$$

Here we have shifted a factor $(x^i + \delta_A)$ in the cross products, noting the fact that δ_A is the adjoint of d_A since A_j is skew adjoint. The last sum would be 0 if the operators $x_j + A_j$ commuted, as is the case for $\varepsilon = \delta = 0$. We shall now study the commutator for arbitrary ε and δ. Since

$$[x_k + A_k, x_j + A_j] = [A_k, x_j] + [A_j, x_k] + [A_k, A_j]$$

we need only study $[A_k, x_j]$ and $[A_k, A_j]$. Writing

$$\chi_{jk}(\xi) = i\, \partial(\chi(\xi)\, \xi_k)/\partial \xi_j$$

which is a bounded function of ξ, we have

$$[A_k, x_j] = \varphi(\delta\, x)\, \chi_{jk}(\varepsilon\, D)\, \varphi(\delta\, x)\, .$$

If $C \geqq \sup |\varphi|^2 \sup |\chi_{jk}|$ we conclude that

$$\|[A_k, x_j]\| \leqq C\, . \tag{5.9}$$

Next we note that

$$\begin{aligned}[A_k, A_j] &= \varphi(\delta\, x)\, \chi(\varepsilon\, D)\, \big(\partial_k\, \varphi(\delta\, x)^2\, \partial_j - \partial_j\, \varphi(\delta\, x)^2\, \partial_k\big)\, \chi(\varepsilon\, D)\, \varphi(\delta\, x) \\ &= 2\, \varphi(\delta\, x)\, \chi(\varepsilon\, D)\, \delta\big(\varphi^{(k)}(\delta\, x)\, A_j - \varphi^{(j)}(\delta\, x)\, A_k\big)\, .\end{aligned}$$

Hence we obtain for $(\varepsilon, \delta) \in I$ with C independent of (ε, δ)

$$\|[A_k, A_j]\, u\| \leqq C\, (\|A_j\, u\| + \|A_k\, u\|)\, , \quad u \in C_0^\infty\, . \tag{5.10}$$

Using (5.9) and (5.10) to estimate the last sum in (5.8) we obtain

$$\begin{aligned}&\sum \|(x^e + d_A)\, f_{2q}\|^2 + \sum \|(x^i + \delta_A)\, f_{2q}\|^2 \\ &\leqq \|P^{\varepsilon,\delta} f\|^2 + C\, \|f\| \left(\sum_1^n \|A_j\, f\| + \|f\|\right)\end{aligned} \tag{5.11}$$

where $A_j f$ denotes the form obtained when A_j acts on each coefficient of f.

We shall now use the identities (5.2), (5.3) with ∂_j replaced by A_j. Recalling that A_j is skew adjoint we obtain with sums over increasing multi-indices

$$\begin{aligned}\|(x^e + d_A)\, f_{2q}\|^2 + \|(x^i + \delta_A)\, f_{2q}\|^2 &= \sum_{|I|=2q} \|(x_j + A_j)\, f_I\|^2 \\ &+ \sum_{j,k=1}^n \sum_{|K|=2q-1} ([x_k + A_k, x_j - A_j]\, f_{jK}\, , f_{kK})\, .\end{aligned} \tag{5.12}$$

The last sum shall be omitted when $q = 0$. For arbitrary q its terms can be estimated using (5.9) and (5.10). Furthermore, we have for $u \in C_0^\infty$

$$\begin{aligned}\|(x_j + A_j)\, u\|^2 &= \sum \|x_j\, u\|^2 + \sum \|A_j\, u\|^2 + \sum (x_j\, u, A_j\, u) + \sum (A_j\, u, x_j\, u) \\ &= \||x|\, u\|^2 + \sum \|A_j\, u\|^2 + ([x_j, A_j]\, u, u).\end{aligned}$$

The last term can be estimated by (5.9). Taking $u = f_I$ we now obtain in view of (5.11) and (5.12)

$$\||x|\, f\|^2 + \sum \|A_j f\|^2 \leqq \|P^{\varepsilon,\delta} f\|^2 + C\, \|f\| \left(\sum_1^n \|A_j f\| + \|f\|\right).$$

It we note that

$$C\,\|f\|\,\Sigma\,\|A_j f\| \leqq \Sigma\,\|A_j f\|^2 + n\,C^2\,\|f\|^2/4\,,$$

we conclude that (5.6) is valid. The lemma is proved.

While Lemma 5.4 will give us control of what happens at infinity, the following lemma will give us local information:

Lemma 5.5. *The family $P^{\varepsilon,\delta}$, $(\varepsilon, \delta) \in I$, is compactly supported and hypoelliptic of type* 1, 1/2 *with respect to the norm*

$$\|f\|\,\left(|x| + \varphi(\delta x)^2\,(1 + |\xi|)/(1 + \varepsilon|\xi|)\right)$$

in the fiber of Λ^{even} over $x + i\,\xi$, ε, δ and the norm $\|f\|$ in all fibers of Λ^{odd}.

Proof. *If* $|x| \leqq M$ in the support of $\hat{\chi}$ we have $|x - y| \leqq M$ if (x, y) is in the support of the kernel of $P^{\varepsilon,\delta}$, $\varepsilon \leqq 1$. By the construction of χ we have

$$|D^\alpha\,\chi(\varepsilon\,\xi)| \leqq C_\alpha\,\varepsilon^{|\alpha|}(1 + \varepsilon\,|\xi|)^{-|\alpha|-1} \leqq C_\alpha\,(1 + \varepsilon\,|\xi|)^{-1}\,(1 + |\xi|)^{-|\alpha|}\,. \tag{5.13}$$

If a_j is the symbol of A_j we have

$$a_j(x, \xi) \sim \sum_\alpha \varphi(\delta\,x)\,D_x^\alpha\,\varphi(\delta\,x)\,(i\,D_\xi)^\alpha\,\left(i\,\xi_j\,\chi(\varepsilon\,\xi)\right)/\alpha\,! \tag{5.14}$$

The terms with $|\alpha| = k$ can be bounded by $C\,(l + \varepsilon\,|\xi|)^{-1}\,(1 + |\xi|)^{1-k}$ and so can the remainder term if we only include the terms with $|\alpha| < k$ in the sum. Since by the inequality between geometric and arithmetic means we have

$$1 + |x| + \varphi(\delta\,x)\,(1 + |\xi|)^{1/2}\,(1 + \varepsilon\,|\xi|)^{-1} \leqq C\,\left(|x| + \varphi(\delta\,x)^2\,(1 + |\xi|)/(1 + \varepsilon\,|\xi|)\right) \tag{5.15}$$

it follows that only the leading term in (5.14) need be considered in the proof of (3.6). Thus (3.6) is an immediate consequence of the exactness of the exterior complex outside the origin. To prove (3.7) finally we have to show that

$$|D_\xi^\alpha\,D_x^\beta\,a_j(x, \xi)| \leqq C_{\alpha\beta}\,\left(|x| + \varphi(\delta\,x)^2\,(1 + |\xi|)\,/\,(1 + \varepsilon\,|\xi|)\right)\,(1 + |\xi|)^{|\beta|/2-|\alpha|}\,. \tag{5.16}$$

This is obvious when $|\beta| \geqq 2$ since (5.13) gives the bound $C\,(1 + |\xi|)^{1-|\alpha|}$ for the left hand side. When $\beta = 0$ we have the bound $C\,\left(\varphi(\delta\,x)^2\,(1 + |\xi|)^{1-|\alpha|} \times (1 + \varepsilon\,|\xi|)^{-1} + (1 + |\xi|)^{-|\alpha|}\right)$, so (5.16) is valid then, and when $|\beta| = 1$ we can argue in the same way using (5.15). The details may be left to the reader.

Proof of Theorem 5.3. Since the graph of the family $P^{\varepsilon,\delta}$, $(\varepsilon, \delta) \in I$, is obviously closed, we shall know that condition (ii) in Proposition 2.1 is fulfilled if we show that for every compact set $K \subset L^2(\Lambda^{\mathrm{odd}})$ the set

$$M = \{f \in L^2(\Lambda^{\mathrm{even}}),\ \|f\| = 1,\ P^{\varepsilon,\delta} f \in K \text{ for some } (\varepsilon, \delta) \in I\}$$

is releatively compact. Since the argument used to prove Lemma 5.1 can also be used to extend (5.6) to all $f \in L^2(\Lambda^{\mathrm{even}})$ such that $P^{\varepsilon,\delta} f \in L^2(\Lambda^{\mathrm{odd}})$, we have a uniform bound for $\|\,|x|f\|$ when $f \in M$. Thus it only remains to show that M is relatively compact in L^2_{loc}. By Lemma 3.6 there exists a continuous compactly supported family $Q^{\varepsilon,\delta}$ from $L^2(\Lambda^{\mathrm{odd}})$ to $L^2(\Lambda^{\mathrm{even}})$ such that the kernels of

$Q^{\varepsilon,\delta} P^{\varepsilon,\delta} - 1 = K^{\varepsilon,\delta}$ lie in a bounded set in C^∞. We have

$$f = Q^{\varepsilon,\delta} P^{\varepsilon,\delta} f - K^{\varepsilon,\delta} f , \quad f \in M .$$

It is clear that the second term belongs to a compact set in L^2_{loc}. Since the metric in Λ^{even} used in Lemma 5.5 is bounded from below by the standard metric times a constant, it follows that the operators $Q^{\varepsilon,\delta}$ form a strongly continuous family from L^2_{loc} to L^2_{loc}. (See Theorem 3.1 in [4].) This proves that M is relatively compact. In the same way we conclude that the adjoint family satisfies condition (ii) of Proposition 2.10.

Remark. It would have been possible to work in the class of operators of type $1, \delta$ for any $\delta > 0$ but not in the class $1, 0$. The reason for this is that a hypoelliptic (differential) operator of type $1, 0$ cannot change degree, as our operators do when $\varepsilon = 0$, since a function f with $|f'| \leqq C|f|$ cannot have a zero without vanishing identically.

References

[1] Atiyah, M. F., Lectures on K-theory. Benjamin 1967.
[2] Atiyah, M. F. and Bott, R., A Lefschetz fixed point formula for elliptic complexes I. Ann. of Math. **86** (1967) 374–407.
[3] Atiyah, M. F. and Singer, I. M., The index of elliptic operators I. Ann. of Math. **87** (1968) 484–530.
[4] Hörmander, L., Pseudo-differential operators and hypoelliptic equations. Proc. Amer. Math. Soc. Symp. Pure Math. **10** (1967) 138–183.
[5] Hörmander, L., An introduction to complex analysis in several variables. D. van Nostrand, Princeton, N. J., 1966.
[6] Riesz, F., Über lineare Funktionalgleichungen. Acta Math. **41** (1918) 71–98.
[7] Segal, G., Equivariant K-theory. Publ. Math. Inst. Hautes Etudes Sci. (Paris), **34** (1968) 105–151.

Принцип родственности для эллиптических уравнений

М. А. Красносельский и Е. А. Лифшиц, Воронежа [1])

(Manuskripteingang: 31. März 1969)

A principle of relationship for elliptic equations.

In the paper some nonlinear boundary value problems are considered. These problems can be dealt with in two ways. On the one hand one can determine the boundary values of the sought solutions, that means the determination of the zeros of a completely continuous vector field Φ in the space E_1 of functions defined on the boundary of the region, and on the other hand the same solutions can be found immediately as the zeros of a vector field Ψ in the space E_2 of functions defined on the closure of the region.

Bounded regions $\Omega_1 \subset E_1$ and $\Omega_2 \subset E_2$ will be called "regions with the same heart", if the fields Φ and Ψ do not vanish on their boundaries and if the set of zeros of the field Φ in the region Ω_1 is just the set of boundary functions of the zeros of the field Ψ in the region Ω_2. It is given a formula that connects rotations of the fields Φ and Ψ on the boundary of regions with the same heart. This formula is called principle of relationship.

Principles of relationships introduced formerly by the authors for parabolic equations (periodical problem) and for ordinary differential equations (arbitrary non-singular boundary conditions) were already applied in several ways. The way of applying the principle introduced in this paper is clear.

Как хорошо известно, многие граничные задачи для обыкновенных дифференциальных уравнений и уравнений с частными производными могут быть сведены к исследованию неподвижных точек вполне непрерывных операторов в функциональных пространствах или, что то же, к исследованию нулей вполне непрерывных векторных полей. Переход к задачам о неподвижных точках позволяет широко применять топологические методы нелинейного функционального анализа, которые позволяют доказывать различные теоремы существования, позволяют оценивать сверху и снизу число решений, позволяют в ряде случаев устанавливать связность множества решений, позволяют совсем просто обосновывать сходимость различных приближенных методов, оценивать погрешности, изучать проблему собственных функций и т. д. В частности, при исследовании уравнений с вполне непрерывными операторами важную роль играет теория вращения вполне непрерывных векторных полей.

Одной и той же граничной задаче часто можно сопоставить разные векторные поля в различных пространствах. Простейшим при-

---

[1]) Anschrift der Autoren:

СССР Воронеж, Воронежский Государст. Университет
математический институт
проф. др. М. А. Красносельскому и Е. А. Лифщицу

мером являются задачи о периодических решениях разнообразных эволюционных уравнений. Здесь, с одной стороны, можно искать начальные значения неизвестных периодических решений — тогда задача сводится к исследованию векторных полей в фазовом пространстве; с другой стороны, можно пытаться непосредственно искать решение — тогда задача сводится к векторным полям в пространствах функций. Векторные поля, порожденные одной и той же задачей, мы называем *родственными*. Как оказалось, родственные векторные поля для многих краевых задач имеют одинаковое вращение на границах соответствующих областей в соответствующих пространствах (или эти вращения отличаются постоянным множителем).

Формулы, связывающие вращения родственных векторных полей, мы называем *принципом родственности*.

Первые принципы родственности были установлены для задачи о периодических решениях систем обыкновенных дифференциальных уравнений (М. А. Красносельский, В. В. Стрыгин, Е. А. Лифшиц, В. И. Борздыко) и квазилинейных параболических уравнений (М. А. Красносельский и Е. А. Лифшиц). Эти принципы нашли немедленные приложения к задачам о периодических решениях уравнений с распределенными аргументами: частично полученные здесь результаты освещены в монографии М. А. Красносельского ,,Оператор сдвига по траекториям дифференциальных уравнений'', издательство ,,Наука'', Москва, 1966 г.

Дальнейший шаг был сделан в работе авторов ,,Принцип двойственности для граничных задач'' (Доклады АН СССР, 176, № 5, 1967), в которой был установлен принцип родственности для произвольных несингулярных граничных задач для обыкновенных дифференциальных уравнений и указаны его приложения к исследованию задач типа Штурма-Лиувилля для уравнений с распределенными аргументами. Область приложений этого принципа недавно существенно расширена В. С. Климовым.

Настоящий доклад посвящен принципу родственности для эллиптических уравнений.

1. Пусть G — ограниченная область в пространстве R^n, S — её граница. Через $C(\overline{G})$ и $C(S)$ будем обозначать пространства непрерывных, соответственно на $\overline{G}$ и на S, функций.

Рассмотрим квазилинейную граничную задачу

$$L u = f(x, u) , \quad l u = B u . \tag{1}$$

Здесь $u(x)$ — искомая функция (элемент пространства $C(\overline{G})$); L — эллиптический дифференциальный оператор второго порядка: $f(x, u)$ — непрерывная по совокупности переменных функция; l — оператор сужения заданной на $\overline{G}$ непрерывной функции на границу S; B — некоторый нелинейный оператор, действующий из $C(\overline{G})$ в $C(S)$.

Будем предполагать, что для линейной граничной задачи

$$L u = f , \quad l u = g \tag{2}$$

существует функция Грина. Иначе говоря, будем предполагать, что при любых $f \in C(\overline{G})$, $g \in C(S)$ задача (2) имеет единственное решение $u(x)$, которое задается формулой

$$u(x) = \int_S K_0(x,s)\, g(s)\, ds + \int_{\overline{G}} K(x, \sigma)\, f(\sigma)\, d\sigma\,. \tag{3}$$

При этом мы будем считать, что действующий из $C(S)$ в $C(\overline{G})$ оператор

$$K_0\, g(x) = \int_S K_0(x, s)\; g(s)\, ds \tag{4}$$

непрерывен, а действующий из $C(\overline{G})$ в $C(\overline{G})$ оператор

$$K\, f(x) = \int_{\overline{G}} K(x, \sigma)\, f(\sigma)\, d\sigma \tag{5}$$

вполне непрерывен.

При сделанных предположениях граничная задача (1) сводится к отысканию неподвижных точек оператора

$$A\, u(x) = \int_S K_0(x, s)\; B\, u(s)\, ds + \int_{\overline{G}} K(x, \sigma)\, f[\sigma, u(\sigma)]\, d\sigma\,. \tag{6}$$

Если B вполне непрерывен как оператор из $C(\overline{G})$ в $C(S)$, то A вполне непрерывен в $C(\overline{G})$.

2. Предположим теперь, что каждая граничная задача

$$L\, u = f(x, u)\,, \qquad l\, u = g \tag{7}$$

при фиксированном $g \in C(S)$ имеет единственное решение $Q\, g$, причем оператор Q непрерывен и ограничен на каждом ограниченном множестве функций $g(s)$.

Функция $g(s) \in C(S)$ определяет решение $u = Q\, g$ задачи (1) в том и только том случае, если $g(s)$ — неподвижная точка оператора

$$U\, g = B\, Q\, g\,. \tag{8}$$

Если B вполне непрерывен, то и оператор (8) вполне непрерывен в пространстве $C(S)$.

3. Таким образом, задача (1) может быть сведена к отысканию неподвижных точек двух операторов (6) и (8), причем первый из них действует и вполне непрерывен в пространстве $C(\overline{G})$ функций, непрерывных на замкнутой области $\overline{G}$, а второй — в пространстве $C(S)$ функций, непрерывных на границе S этой области. Первый из этих операторов задан явной формулой, второй — нет.

Пусть Ω_1 и Ω_2 — ограниченные области соответственно в пространствах $C(\overline{G})$ и $C(S)$. Будем говорить, что эти области имеют *одинаковую сердцевину* по отношению к задаче (1), если на границе Π_1 области Ω_1 нет решений задачи (1), если на границе Π_2 области Ω_2 нет таких функций $g(s)$, которые являются неподвижными точками оператора (8), и если множество лежащих в области Ω_1 решений

Поэтому вращение поля Φ_1 на $\Pi_1(r)$ совпадает с вращением поля Φ_2 на $\Pi_1(r)$. Значит, вместо (14) нам достаточно доказать равенство

$$\gamma(\Phi_2, \Pi_1(r)) = \gamma_0 \cdot \gamma(\Psi, \Pi_2) . \tag{21}$$

Простая проверка показывает, что поле Φ_2 можно записать как суперпозицию

$$\Phi_2 u = \Phi'' \Phi' u \tag{22}$$

векторного поля

$$\Phi' u = u(x) - \int_S K_0(x, s) B Q l u(s) ds \tag{23}$$

и векторного поля

$$\Phi'' u = u(x) + u_0(x) - \int_{\overline{G}} K(x, \sigma) f[\sigma, u(\sigma) + u_0(\sigma)] d\sigma ; \tag{24}$$

оба эти поля вполне непрерывны. Поле (24) обращается в нуль в единственной точке — в нуле пространства $C(\overline{G})$; индекс этого нуля поля (24) обозначим через γ_0. Из общих теорем о произведении вращений вытекает тогда равенство

$$\gamma(\Phi_2, \Pi_1(r)) = \gamma_0 \cdot \gamma(\Phi', \Pi_1(r)) .$$

Поэтому вместо (21) достаточно доказать равенство

$$\gamma(\Phi', \Pi_1(r)) = \gamma(\Psi, \Pi_2). \tag{25}$$

Обозначим через C_0 множество функций $v(x) \in C(\overline{G})$ вида

$$v(x) = \int_S K_0(x, s) g(s) ds \quad (g \in C(S)) .$$

Функции g восстанавливаются по функциям $v \in C_0$ равенством

$$g = l v .$$

Поэтому C_0 линейно изоморфно и гомеоморфно пространству $C(S)$. В частности, отсюда вытекает, что C_0 является подпространством пространства $C(\overline{G})$.

Векторное поле (23) можно записать в виде $\Phi' u = u - A' u$, где A' — вполне непрерывный оператор со значениями в C_0. Из общих теорем о вполне непрерывных векторных полях вытекает тогда, что вращение поля Φ' на $\Pi_1(r)$ совпадает с вращением того же поля, но рассматриваемого только в пространстве C_0, на границе $\Gamma_1(r)$ пересечения $\Omega_1^*(r)$ области $\Omega_1(r)$ с пространством C_0. Поэтому вместо (25) достаточно доказать равенство

$$\gamma(\Phi', \Gamma_1(r)) = \gamma(\Psi, \Pi_2) . \tag{26}$$

Из определения области $\Omega_1(r)$ вытекает, что при достаточно больших r отображение l осуществляет гомеоморфизм между Ω_2 и $\Omega_1^*(r)$ и, следовательно, между Π_2 и $\Gamma_1(r)$. Далее, очевидно равенство

$$\Psi l u = l \Phi' u \qquad (u \in \Gamma_1(r)) ,$$

из которого вытекает (26).

Теорема доказана.

5. Доказанная теорема без труда распространяется на более широкие классы граничных задач — нужно лишь, чтобы имели смысл значения рассматриваемых функций на границе области G.

Сделаем ещё два замечания.

От граничных задач можно переходить к разнообразным отличным от (6) операторам. Например, если оператор B не обладает свойством полной непрерывности, то часто удобно граничную задачу заменять отысканием неподвижных точек оператора

$$A_1 u = \int_S K_0(x, s)\ B \left\{\int_S K_0(\sigma, s_1)\, l\, u(s_1)\, ds_1 + \int_{\overline{G}} K(\sigma, \sigma_1) f[\sigma_1, u(\sigma_1)]\, d\sigma_1\right\} ds + \\ + \int_{\overline{G}} K(x, \sigma)\, f[\sigma, u(\sigma)]\, d\sigma\,. \tag{27}$$

Второе замечание относится к переходу от одних пространств функций к другим пространствам функций, заданных на тех же множествах. Здесь, как правило, не нужно устанавливать новые утверждения типа доказанной выше теоремы, а следует пользоваться принципом инвариантности вращения.

Интерполяция линейных операторов и свойства решений эллиптических уравнений

С. Г. Крейн, Воронежа[1])

(Manuskripteingang: 15. November 1969)

Interpolation of linear operators and properties of solutions of elliptic equations

The main point of this report is the investigation of the regular elliptic boundary value problem $A(x, D)u = f$ in Ω_t, $B_j(x, D)u = g_j$ on Γ_t $(j = 0, \ldots, m-1)$ over a smooth family of regions in R^n with boundaries Γ_t under uniqueness condition. The properties of continuity, Hölder continuity, differentiability of solutions with respect to parameter t in the norms of spaces $H_p^l(\Omega_t)$ have been studied (see the author's paper in Studia Math. XXXI (1958) 421–424).

The investigation is based on interpolation theorems for linear operators and theorems on homeomorphisms induced by elliptic operator obtained with their aid (J. A. Roitberg, Dokl. Akad. Nauk SSSR, 180, 3 (1968) 542–545). Roitberg's theorems on homeomorphism are described in details.

Inequalities, which compose the main part of theorems on homeomorphisms, give the opportunity to study the resolvent of the operator generated by a regular elliptic problem over a smooth family of regions. Alongside with the well known estimate $||R_\lambda|| \leqq M(1 + |\lambda|)^{-1}$ in the space $\mathcal{L}_p$ we obtain the estimate of the derivative with respect to parameter in the same space: $||\partial R_\lambda/\partial t|| \leqq \mathcal{M}|\lambda|^{1-1/2m}$.

With the help of these estimates one can prove some existence theorems in $\mathcal{L}_p$ for parabolic equations in noncylindrical regions as the consequence of the theory of abstract Cauchy problem for evolution equations in a Banach spaces. The corresponding schema being a change of Kato-Tanabe's one is proposed by G. J. Laptev and the author (Diff. equat. USSR V, 8 (1969) 1458–1469).

Пусть A-линейный оператор, действующий из линейного топологического пространства $\mathcal{E}$ в линейное топологическое пространство $\mathcal{F}$. Можно находить различные банаховы пространства E и F, вложенные в $\mathcal{E}$ и $\mathcal{F}$ соответственно, (здесь и в дальнейшем под вложением понимается алгебраическое и топологическое вложение), такие, что оператор A является ограниченным оператором, определенным на E и действующим в F. При рассмотрении различных задач для уравнения $A\,u = f$ выбирают различные пространства правых частей и разыскивают соответствующие пространства решений. Если при этом оператор $A: E \to F$ оказывается нётеровым, т.е. имеет замкнутую область значений и конечномерные ядро и коядро, то можно построить непрерывные проекционные операторы P и Q в пространствах E и F соответственно так, что оператор A осуществляет взаимно однозначное

[1]) Anschrift des Autors:
СССР Воронеж, Воронежский гос. университет, Математический Институт проф. С. Г. Крейну

и взаимно непрерывное т. е. гомеоморфное, соответствие между пространствами PE и QF. Всякое утверждение о том, что оператор A устанавливает гомеоморфное соответствие между двумя банаховыми пространствами в дальнейшем называется теоремой о гомеоморфизме.

Если для оператора A и пространств E, F справедлива теорема о гомеоморфизме, то из неё можно получить множество других теорем о гомеоморфизме. Если E_1, любое подпространство E, то для пространств E_1 и $F_1 = A E_1 \subset F$ справедлива теорема о гомеоморфизме. Далее, оператор A порождает естественный гомеоморфизм между пространствами E/E_1 и F/F_1.

Если H банахово пространство плотно вложенное в пространство F, а $G = A^{-1} H$, то на G можно ввести норму графика $\|u\|_G = \|u\|_E + \|A u\|_H$, после чего G становится банаховым пространством и оператор A осуществляет гомеоморфизм между G и H.

Менее тривиальный способ получения новых теорем о гомеоморфизмах дает теория интерполяции линейных операторов. Если E_0 и E_1 два банаховых пространства, вложенных в $\mathscr{E}$, то вводятся пространства $E_0 + E_1$ и $E_0 \cap E_1$ и всякое банахово пространство E, содержащее $E_0 \cap E_1$ и вложенное в $E_0 + E_1$ называется промежуточным. Интерполяцонные методы, разработанные в последнее время, позволяют по пространствам $E_0, E_1 \subset \mathscr{E}$ и пространствам $F_0, F_1 \subset \mathscr{F}$ строить такие промежуточные пространства E и F, что всякий оператор, ограниченно действующий из E_i в F_i $(i = 0, 1)$, является ограниченным оператором и из E в F (см. [1], [2], [3], [4]). В частности, если для A справедлива теорема о гомеоморфизме относительно пар E_0, F_0 и E_1, F_1, то она справедлива и относительно пары E и F.

Отметим, что наибольшее применение в теории уравнений с частными производными пока нашли методы комплексной интерполяции (метод А. П. Кальдерона, Ж. Л. Лионса, и близкий метод автора) и методы следов и средних (Ж. Л. Лионса, Ж. Л. Лионса и Ж. Петре).

I. Гомеоморфизмы осуществляемые эллитическим оператором

В ограниченной области Ω пространства R^n, граница Γ которой является бесконечно дифференцируемым многообразием размерности $n-1$, рассматривается регулярная эллиптическая краевая задача

$$A(x, D)\, u = f \quad \text{в} \quad \Omega, \; B_j(x, D)\, u = g_j \quad \text{на} \quad \Gamma (j = 0, \ldots, m-1)\,.$$

Для упрощения изложения коэффициенты выражений A и B_j предполагаются бесконечно дифференцируемыми в $\overline{\Omega}$. Напомним, что регулярность задачи означает, что $A(x, D)$ — правильно эллиптическое дифференциальное выражение порядка $2\,m$, а граничные выражения $B_j(x, D)$ порядков $m_j \leqq 2\,m - 1$ образуют нормальную систему и удовлетворяют условию накрывания Шапиро — Лопатинского (см. [2], [5], [6]). Приводимые в дальнейшем теоремы о гомеоморфизмах будут связаны со шкалами пространств $H_p^l(\Omega)$ $(-\infty < l < \infty$, $1 < p < \infty)$, которые при целых положительных l совпадают с пространствами Соболева, и пространств $B_p^l(\Gamma)$ $(-\infty < l < \infty$, $1 < p < \infty)$, которые при дробных положительных l совпадают с пространствами Соболева — Слободецкого (пространства Бесова, см [1]). Заметим, что при отрицательных l пространства $H_p^l(\Omega)$ и $B_p^l(\Gamma)$ определяются как сопряженные к $M_{p'}^{-l}(\Omega)$ и $B_{p'}^{-l}(\Gamma)$ в смысле скалярного произведения $\mathcal{L}_2(\Omega)$ и $\mathcal{L}_2(\Gamma)$ соответственно.

С задачей (I) связывается оператор A, ставящий в соответствие функциям $u(x)$ в Ω наборы функций $(A\,u, B_0\,u, \ldots, B_{m-1}\,u)$. При $s \geqq 0$ он отображает пространство $H_p^{2m+s}(\Omega)$ в прямое произведение $H_p^s(\Omega) \times \prod_{j=0}^{m-1} B_p^{2m-m_j-1/p+s}(\Gamma)$ и, как известно, является нётеровым. Ядро и коядро оператора состоят из бесконечно дифференцируемых функций и не зависят от s. В связи с этим возникают два проекционных оператора P и Q, непрерывные в пространствах $H_p^l(\Omega)$ и $H_p^l(\Omega) \times \prod_{j=0}^{m-1} B_p^{2m-m_j-1/p+l}(\Gamma)$ при всех $l \in (-\infty, \infty)$. Оператор A осуществляет гомеоморфизм между пространствами $P\,H_p^{2m+s}(\Omega)$ и $Q\,H_p^s(\Omega) \times \prod_{j=0}^{m-1} B_p^{2m-m_j-1/p+s}(\Gamma)$ $(s \geqq 0)$.

Однако, для многих важных вопросов теорем о разрешимости краевых задач при гладких правых частях недостаточно, и поэтому желательны теоремы о гомеоморфизмах для соответствующих пространств при $s < 0$. Наиболее общие такие теоремы, повидимому, принадлежат Я. А. Ройтбергу (см. [7], [8]). Для их формулировки вводится пространство $\tilde{H}_p^l(\Omega)$, являющееся при целых l пополнением $C^\infty(\overline{\Omega})$ по норме

$$\|u\|_{\tilde{H}_p^l(\Omega)} = \left(\|u\|_{H_p^l(\Omega)}^p + \sum_{j=0}^{2m-1} \left\|\frac{\partial^j u}{\partial \nu^j}\right\|_{B_p^{l-j-1/p}(\Gamma)}^p\right)^{1/p} \tag{2}$$

(ν — вектор нормали к Γ). Если $l \geqq 2\,m$, то, в силу теорем о следах, эта норма эквивалентна норме $\|u\|_{H_p^l(\Omega)}$ и поэтому $\tilde{H}_p^l(\Omega) = H_p^l(\Omega)$. При $l < 2\,m$ эти пространства не совпадают. Норма (2) такова, что пространство $\tilde{H}_p^l(\Omega)$ замыканием отображения $u \to \left(u, u\Big|_\Gamma, \frac{\partial u}{\partial \nu}\Big|_\Gamma, \ldots, \frac{\partial^{2m-1} u}{\partial \nu^{2m-1}}\Big|_\Gamma\right)$ $(u \in C^\infty)$ изометрично вкладывается в произведение $H_p^l(\Omega) \times \prod_{j=0}^{2m-1} B_p^{l-j-1/p}(\Gamma)$. При этом оказывается, что при $l < 2\,m$ образом элемента $u \in \tilde{H}_p^l(\Omega)$ будет набор $(u_0, v_0, \ldots, v_{2m-1})$, где $v_j = \frac{\partial^j u_0}{\partial \nu^j}$ при $l - j \geqq 0$ и v_j, вообще говоря, произвольные элементы из $B_p^{l-j-1/p}(\Gamma)$ при $l - j < 0$.

При нецелых l пространства $H_p^l(\Omega)$ определяются с помощью метода комплексной интерполяции между пространствами $\tilde{H}_p^{[l]}(\Omega)$

и $\tilde{H}_p^{[l]+1}(\Omega)$. Проекционный оператор P естественным образом распространяется на пространства $\tilde{H}_p^l(\Omega)$ и основная теорема Я. А. Ройтберга утверждает, что *оператор A осуществляет гомеоморфизм между пространствами* $P\,\tilde{H}_p^{2m+s}(\Omega)$ *и* $Q\big(H_p^s(\Omega) \times \prod_{j=0}^{m-1} B_p^{2m-m_j-1/p+s}(\Gamma)\big)$ *при всех* $s \in (-\infty, \infty)$.

Следует отметить, что интерполяционные теоремы здесь применяются по существу не только при определении пространств $\tilde{H}_p^l(\Omega)$ при дробных l, но и при доказательстве основного утверждения даже для целых s, заключенных в интервале $(-2m, 0)$.

Из основной теоремы о гомеоморфизме можно с помощью соображений, изложенных в самом начале доклада (также принадлежащих Я. А. Ройтбергу), получать другие важные теоремы о гомеоморфизмах. Для их формулировки напомним формулу Грина для регулярной эллиптической задачи

$$\int_\Omega A\,u\,\bar{v}\,dx + \sum_{j=0}^{m-1} \int_\Gamma B_j\,u\,\overline{C_j^+\,v}\,ds = \int_\Omega u\,\overline{A^+\,v}\,dx + \sum_{j=0}^{m-1} \int_\Gamma C_j\,u\,\overline{B_j^+\,v}\,ds\,,$$

где $A^+(x, D)$ формально сопряженное к $A(x, D)$ выражение $\{B_j^+\}$ — какая либо сопряженная к $\{B_j\}$ система граничных выражений, $\{C_j\}$ и $\{C_j^+\}$ системы граничных выражений, дополняющие системы $\{B_j\}$ и $\{B_j^+\}$ соответственно до систем Дирихле.

Теперь можно дать ответ на следующий вопрос: в какие пространства отображает оператор A, отвечающий регулярной краевой задаче, пространства $H_p^l(\Omega)$ Для упрощения формулировок в дальнейшем предполагается, что ядро и коядро задачи состоят лишь из нуля ($P = I$, $Q = I$). Пространство $\tilde{H}_p^l(\Omega)$ изометрично фактор-пространству пространства $\tilde{H}_p^l(\Omega)$ по подпространству $E_{1,l}$ состоящему из всех элементов вида $\{0, v_0, \ldots, v_{2m-1}\}$. Фактор-пространство пространства $H_p^s(\Omega) \times \prod_{j=0}^{m-1} B_p^{2m-m_j-1/p+s}(\Gamma)$ по образу $A\,E_{1,s}$ может быть отождествлено с сопряженным к подпространству пространства $H_{p'}^{-s}(\Omega) \times \prod_{j=0}^{m-1} H_p^{-(2m-m_j-1/p+s)}(\Gamma)$, являющемуся замыканием множества наборов $\{w, C_0^+\,w, \ldots, C_{m-1}^+\,w\}$, где w-любая функция из $H_{p'}^{\max(2m,-s)}(\Omega)$, удовлетворяющая условиям $B_0^+\,w = 0, \ldots, B_{m-1}^+\,w = 0$. При этом сопряженное пространство понимается в смысле скалярного произведения в $\mathcal{L}_2(\Omega) \times \underbrace{\mathcal{L}_2(\Gamma) \times \cdots \times \mathcal{L}_2(\Gamma)}_{m}$ Оператор A осуществляет гомеоморфное отображение пространства $H_p^{2m+s}(\Omega)$ на описанное выше пространство.

Введем следующие обозначения: при $l > 0$ через $H_{p,\Gamma p}^l(\Omega)$ $\big(H_{p',\Gamma p+}^l(\Omega)\big)$ обозначается замыкание в $H_p^l(\Omega)$ $\big(H_{p'}^l(\Omega)\big)$ множества всех функций u из $C^\infty(\overline{\Omega})$, удовлетворяющих условиям $B_j\,u = 0$ ($B_j^+\,u = 0$) ($j = 0, \ldots, m-1$). Через $H_{p,\Gamma p}^l(\Omega)$ при $l < 0$ обозначается пространство, сопряженное в смысле скалярного произведения в $\mathcal{L}_2(\Omega)$ к пространству $H_{p',\Gamma p+}^{-l}(\Omega)$. Факторизация пространства $\tilde{H}_p^l(\Omega)$ по некоторому другому множеству приводит к пространству $H^l_{p,B}(\Omega)$ являющемуся пополнением $C^\infty(\overline{\Omega})$ в норме

$$||u||_{H^l_{p,B(\Omega)}} = \left(||u||^p_{H^l_p(\Omega)} + \sum_{j=0}^{m-1} ||B_j u||^p_{H_p^{l-m_j-1/p}(\Gamma)}\right)^{1/p}.$$

Например, для целых $s \leqq 0$ оператор A осуществляет гомеоморфное соответствие

$$H^{2m+s}_{p,B}(\Omega) \overset{A}{\to} H^s_{p,\Gamma p}(\Omega) \times \prod_{j=0}^{m-1} H_p^{2m-m_j-1/p+s}(\Gamma)\,. \tag{3}$$

Переходом к подпространству из последнего вытекает гомеоморфизм

$$H^{2m+s}_{p,\Gamma p} \overset{A}{\to} H^s_{p,\Gamma p}(\Omega)\,,$$

отвечающий эллиптической задаче с однородными краевыми условиями (ср. [9], [10]).

Если, наконец, в пространстве $H^s_{p,\Gamma p}(\Omega) \times \prod_{j=0}^{m-1} H_p^{2m-m_j-1/p+s}(\Gamma)$ рассмотреть вложенное в него пространство $\mathscr{L}_p(\Omega) \times \prod_{j=0}^{m-1} H_p^{2m-m_j-1/p+s}(\Gamma)$. то, вводя норму графика на прообразе этого пространства при отображении (3), приходят к пространству $H_p^{2m+s,0}(\Omega)$, которое является пополнением $C^\infty(\overline{\Omega})$ в норме

$$||u||_{H_p^{2m+s,0}(\Omega)} = \left(||u||^p_{H_p^{2m+s}(\Omega)} + ||A\,u||^p_{H^0_p(\Omega)}\right)^{1/p}.$$

Справедлива теорема о гомеоморфизме

$$H_p^{2m+s,0}(\Omega) \overset{A}{\to} \mathscr{L}_p(\Omega) \times \prod_{j=0}^{m-1} H_p^{2m-m_j-1/p+s}(\Gamma)$$

установленная при дополнительных предположениях в [11].

Следует отметить, что недавно Я. А. Ройтбергу [13] удалось доказать основную теорему о гомеоморфизмах без условия нормальности системы граничных выражений B_j порядков $m_j \leqq 2m-1$. Доказательство основано на полученной им в [12] формуле Грина для ненормальных граничных условий.

Теоремы о гомеоморфизмах существенно применяются в вопросе о локальном вплоть до границы повышении гладкости решений эллиптических задач при локальной гладкости правых частей (см. [15]). Далее они позволяют получать оценки вплоть до границы функции Грина задачи, рассматривать задачи, правые части уравнений которых содержат любые степенные особенности и др. Следует, однако, отметить, что, например, оценки функции Грина получаемые на основе приведенных теорем о гомеоморфизмах не являются предельно точными. Это связано с тем фактом, что δ — функция, так же как и функции со степенными особенностями, не имеют определенного местоположения в шкале пространств $H^l_p(\Omega)$

в том смысле, что при l_0, равному максимуму тех l, при которых они принадлежат $H_p^l(\Omega)$, они не принадлежат $H_p^{l_0}(\Omega)$. Повидимому предельно точные оценки можно будет получить, если теоремы о гомеоморфизмах установить в шкале пространств не обладающей указанным дефектом.

Ниже приводятся другие приложения теорем о гомеоморфизмах.

2. Поведение решений эллиптических задач при вариации области

В области Ω рассматривается семейство областей $\Omega_t\ (0 \leqq t \leqq T)$ с границами Γ_t, являющимися бесконечно дифференцируемыми многообразиями размерности $n-1$. Предполагается, что семейство Ω_t достаточно гладко зависит от t в следующем смысле: существует $\delta > 0$ такое, что при $|\Delta t| \leqq \delta$ уравнение поверхности $\Gamma_{t_0+\Delta t}$ $(0 \leqq t_0 \leqq T)$ в некоторой локальной системе координат $(s_1, \ldots, s_{n-1})$ на поверхности Γ_{t_0} задается уравнением $\nu = \varkappa(s_1, \ldots, s_{n-1}; t_0, \Delta t) = \varkappa(s; t_0, \Delta t)$, где функция $\varkappa$ и все её частные производные по s достаточно высокого порядка являются величинами порядка Δt равномерно по $s \in \Gamma_{t_0}$ и t_0 Далее предел

$$\lim_{\Delta t \to 0} \frac{\varkappa(s; t_0, \Delta t)}{\Delta t} = \xi(s, t_0) \tag{4}$$

существует и является достаточно гладкой функцией от s и t_0. На гладкую зависимость Ω_t от t налагается еще ряд неявных требований, заключающихся в равномерной по t ограниченности констант, встречающихся в некоторых неравенствах.

В области Ω заданы дифференциальные выражения $A(x, D)$ и $B_j(x, D)$ $(j = 0, \ldots, m-1)$ с бесконечно дифференцируемыми в Ω коэффициентами. Рассматривается семейство задач

$$\begin{gathered} A(x, D)\, u = f(x) \text{ в } \Omega_t \\ B_j(x, D)\, u = g_j(x) \text{ на } \Gamma_t \ (j = 0, \ldots, m-1) \end{gathered} \tag{5}$$

где $f(x)$ и $g_j(x)$ функции, заданные в области Ω.

Пусть $u(t, x)$ решение задачи (5), принадлежащее какому либо пространству $H_p^l(\Omega_t)$ $(l > 0)$, тогда его можно с сохранением гладкости продолжить на всю область Ω. Полученную в Ω функцию обозначим через $u_t(t, x)$. Ставится вопрос о поведении фукции $u_t(t, x)$ при изменении t.

Пусть функция $f \in \mathcal{L}_p(\Omega)$, а функции $g_j \in H_p^{2m-m_j}(\Omega)$. Если предположить, что при всех $t \in [0, T]$ задача (5) является регулярной эллиптической краевой задачей и решение её единственно, то $u_t(t, x) \in H_p^{2m}(\Omega)$ и как абстрактная функция со значениями в пространстве $H_p^l(\Omega)$ при $l < 2m$ непрерывна по t. Более того, при $2m - l = \gamma \leqq 1/p'$ и любом $\varepsilon > 0$ справедливо неравенство

$$||u_{t+\Delta t} - u_t||_{H_p^l(\Omega_t)} \leqq C\, |\Delta t|^{\gamma - \varepsilon} \left\{ ||f||_{\mathcal{L}_p(\Omega)} + \sum_{j=0}^{m-1} ||g_j||_{H_p^{2m-m_j}(\Omega)} \right\} \tag{6}$$

(C — зависит от ε).

Далее, если кроме предыдущих условий выполнено условие $m_j \leqq 2m - 2$ то решение u_t дифференцируем о по t как абстрактная функция со значениями в пространстве $H_p^l(\Omega_t)$ при $l < 2m - 1$ и его производная $v(t, x)$ по t является в Ω_t обобщенным решением краевой задачи

$$A(x, D)\, v = 0 \quad \text{в} \quad \Omega_t\,,$$

$$B_j\, v = -\zeta \frac{\partial}{\partial \nu} B_j\, u + \zeta \frac{\partial g_j}{\partial \nu} \quad \text{на} \quad \Gamma_t \ (j = 0, \ldots, m-1) \tag{7}$$

(здесь ζ - скорость движения точки границы из (4)).

Заметим, что правые части в краевых условиях для функции v могут уже не принадлежать пространству $B_p^{2m-m_j-1/p}(\Gamma_t)$. Можно лишь гарантировать их принадлежность пространству $B_p^{2m-m_j-1/p-1}(\Gamma_t)$ поэтому, в силу теоремы о гомеоморфизмах производная $v = \frac{\partial u_t}{\partial t}$ при каждом t принадлежит пространству $H_p^{2m-1}(\Omega_t)$.

Наконец, при $0 < 2m - 1 - l = \gamma \leqq 1/p'$ производная удовлетворяет условию Гёльдера

$$||\Delta_t v||_{H_p^l(\Omega_t)} \leqq C\, |\Delta t|^{\gamma-\varepsilon} \left\{ ||f||_{\mathcal{L}_p(\Omega)} + \sum_{j=0}^{m-1} ||g_j||_{H_p^{2m-j}(\Omega)} \right\}. \tag{8}$$

Сформулированные факты установлены в работе автора [14] и в некоторых последующих еще неопубликованных работах. Доказательства основаны на некоторых оценках функций, определенных в тонких слоях $\delta\Omega$ между соседними поверхностями Γ_{t_0} и $\Gamma_{t_0+\Delta t}$ и теореме о гомеоморфизмах (3). Для функций, определенных в указанном тонком слое рассматриваются два оператора: оператор

$$S_\Delta\, \varphi = \varphi\left(s, \varkappa\,(s;\, t_0, \Delta t)\right) - \varphi(s, 0)\,,$$

определенный на функциях в $\delta\Omega$ и ставящий им в ссответствие функции на Γ_{t_0}, и оператор

$$R_\Delta\, \varphi = \varphi(x) - \varphi(s, 0)$$

где s — точка пересечения нормали к Γ_{t_0}, проведенной из точки x, действующий в функциональных пространствах в $\delta\Omega$. Например, справедливы оценки типа

$$||S_\Delta\, \varphi||_{B_p^l(\Gamma_{t_0})} \leqq C\, |\Delta t|^\gamma\, ||\varphi||_{H_p^{l+1/p+\gamma+\varepsilon}} \,(\delta\Omega)\,(l < 0\,,\ 0 \leqq \gamma \leqq 1\,)\,, \tag{9}$$

$$||R_\Delta\, \varphi||_{H_p^l(\Omega)} \leqq C\, |\Delta t|^\gamma\, ||\varphi||_{H_p^{l+\gamma+\varepsilon}} \,(\delta\Omega)\,(0 \leqq \gamma \leqq 1/p)\,. \tag{10}$$

При получении этих неравенств использовались интерполяционные теоремы.

Теорема (3) о гомеоморфизмах использовалась в виде неравенства

$$||u||_{H_p^{2m-k}(\Omega)} \leqq C \left\{ ||A\, u||_{H_{p,\,\Gamma p}^{-k}(\Omega)} + \sum_{j=0}^{m-1} ||B_j\, u||_{H_p^{2m-m_j-1/p-k}(\Gamma)} \right\},\ (k \geqq 0\,) \tag{11}$$

которое выражает содержание одной части этой теоремы. Заметим, что хотя теорема (3) сформулирована лишь для целых s, неравенство (11) справедливо и при дробных k. Это снова следует из интерполяционных соображений.

При изучении задачи (5) предполагалось, что константа в (11) не зависит от $t \in [0, T]$. Это условие можно немного ослабить ничего не требуя от задачи (5) в конечном числе точек отрезка $[0, T]$, оставив требование (11) с одной и той же константой C для всего оставшегося множества значений t. Все сформулированные утверждения о поведении u_t остаются в силе.

Условие $m_j \leqq 2m - 2$ является существенными для дифференцируемости функции u_t. Так уже для одномерной задачи $u'' + u = f$, $u(0) = 0$, $u'|_{x=t} = 0$ в переменной области $[0, t]$ $(0 \leqq t \leqq 1)$ при разрывной функции $f \in \mathcal{L}_p [0, 1]$ решение u_t не имеет производной при всех $t \in [0, 1]$ ни в каком пространстве $H^l_p [0, 1]$.

Интересно было бы исследовать тот случай, когда, например, при $t = T$ в задаче (5) нарушается единственность. Как указывалось, в этом случае константа C в неравенстве (11) не может быть равномерно ограниченной при $t \in [0, T)$. Некоторые примеры показывают, что при выполнении условий ортогональности в Ω_T правых частей в заддаче (5) решениям однородной сопряженной краевой задачи при $t = T$, решение u_t стремится к некоторому определенному решению u_T задачи (5) при $t = T$. Однако общие теоремы такого типа автору не известны.

Наличие ε во всех приведенных выше оценках возможно связано с методом доказательства.

3. Резольвента эллиптического оператора. Рассматривается регулярная эллиптическая задача с параметром

$$\begin{gathered} A(x, D)\, u(x) - \lambda\, u(x) = f(x) \quad \text{в} \quad \Omega\,, \\ B_j(x, D)\, u(x) = g\,(x) \quad \text{на} \quad \Gamma \quad (j = 0\,, \ldots, m-1)\,. \end{gathered} \tag{12}$$

Предполагается, что при $\alpha \leqq \varphi \leqq \beta$ вспомогательные задачи

$$\left.\begin{aligned} &A(x, D)\, v(x, \tau) - e^{i\varphi}\left(i\frac{\partial}{\partial\tau}\right)^{2m} v(x, \tau) = f(x, \tau) \quad \text{в} \quad \Omega \times (-\infty, \infty)\,, \\ &B_j(x, D)\, v(x, \tau) = g_j(x, \tau) \quad \text{на} \quad \Gamma \times (-\infty, \infty) \quad (j = 0, \ldots, m-1) \end{aligned}\right\} \tag{13}$$

являются регулярными эллиптическими в цилиндре $\Omega \times (-\infty, \infty)$. В этом случае из раличных неравенств, выражающих содержание теорем о гомеоморфизмах, для задач (13), получается ряд важных неравенств для задачи (12) с параметром. Проще всего это делается методом С. Агмона [15], заключающимся в том, что соответствующее неравенство для (13) применяется к функциям вида $e^{i|\lambda|^{1/2m} t}\zeta(t)\, U(x)$, где $\zeta(t)$ — срезающий множитель.

В частности из теоремы Я. А. Ройтберга о гомеоморфизме (3) и соответствующего ей неравенства (11) получается следующее неравенство: при $\alpha \leqq \arg \lambda \leqq \beta$ и любом неотрицательном $k \leqq 2m$.

$$\sum_{r=0}^{2m-k} |\lambda|^{1-k+r/2m} \, ||u||_{H_p^2(\Omega)} \leqq C \Big\{ ||f||_{H_{p,\Gamma}^{-k} p(\Omega)} + \sum_{j:\,2m-m_j-k>0} \times \Big(||G_j||_{H_p^{2m-m_j-k}(\Omega)} + |\lambda|^{1-m_j+k/2m} \, ||G_j||_{\mathcal{L}_p(\Omega)} \Big) + \sum_{j:\,2m-m_j-k\leqq 0} ||G_j||_{H_p^{2m-m_j-k}(\Omega)} \Big\} \tag{14}$$

где $G_j \in H_p^{2m-m_j}(\Omega)$ продолжение функций $g_j \in H_p^{2m-m_j-k-1/p}(\Gamma)$ внутрь области Ω. При $k \leqq 0$ такие неравенства хорошо известны (см. [2], [15], [16]).

Если рассмотреть однородную краевую задачу

$$\left.\begin{aligned} A(x, D)\, u(x) - \lambda\, u(x) &= f(x) \ \text{ в } \Omega\,, \\ B_j(x, D)\, u(x) &= 0 \ \text{ на } \Gamma \ \ (j = 0, \ldots, m-1)\,, \end{aligned}\right\} \tag{15}$$

то из неравенства (14) при $k = 0$ следует, что оператор, порожденный этой задачей в пространстве $\mathcal{L}_p(\Omega)$ имеет резольвенту $R(\lambda, A)$, определенную в секторе $\alpha \leqq \arg \lambda \leqq \beta$, для которой справедлива оценка

$$||R(\lambda, A)||_{\mathcal{L}_p(\Omega)} \leqq \frac{c}{1 + |\lambda|} \quad (\alpha \leqq \arg \lambda \leqq \beta)\,.$$

Возвратимся теперь к задаче (5) в гладком семействе областей Ω_t и предположим, что неравенства (14) выполнены в Ω_t с константой не зависящей от t. Если еще, кроме того, $m_j \leqq 2m - 2$, то решение u_t задачи (12) будет как абстрактная функция со значениями в пространствах $H_p^l(\Omega_t)$ при $l < 2m - 1$ и следовательно, как абстрактная функция со значениями в $\mathcal{L}_p(\Omega_t)$ иметь производную по t, являющуюся решением задачи

$$\left.\begin{aligned} A(x, D)\, \dot{v}(x) - \lambda\, v(x) &= 0 \ \text{ в } \ \Omega_t \\ B_j(x, D)\, v(x) &= -\zeta \frac{\partial}{\partial \nu} B_j u \ \text{ на } \Gamma \quad (j = 0, \ldots, m-1)\,. \end{aligned}\right\} \tag{16}$$

Неравенство (14) при $k = 0$ для решения (15) дает неравенства

$$||\dot{u}||_{H_p^r(\Omega)} \leqq c\, |\lambda|^{-(1-r/2m)} \, ||f||_{\mathcal{L}_p(\Omega)} \quad (z = 0, \ldots, 2m)\,.$$

Это же неравенство (14) при $k = 1$ для решения (16) в комбинации с предыдущими неравенствами приводит к оценке

$$||v||_{\mathcal{L}_p(\Omega_t)} \leqq C\, |\lambda|^{1-1/2m} \, ||f||_{\mathcal{L}_p(\Omega_t)}\,.$$

или

$$\left\| \frac{\partial}{\partial t} R(\lambda, A(t)) \right\|_{\mathcal{L}_p(\Omega)} \leqq C\, |\lambda|^{1-1/2m} \quad (\alpha \leqq \arg \lambda \leqq \beta)\,.$$

4. О параболических уравнениях в нецилиндрических областях

Перейдем теперь к изучению параболического уравнения

$$\frac{du}{dt} = A(x, D)\, u(t, x) + \mathcal{F}(t, x) \tag{17}$$

в ограниченной области G пространства $[0, T] \times R^n$. Предполагается, что сечения Ω_t области G плоскостями $t = \text{const}$ образуют гладкое семейство областей. Ставится смешанная краевая задача

$$B_j(x, D)\, u(t, x) = 0 \quad \text{на } \Gamma_t \quad (j = 0, \ldots, m-1;\ 0 \leqq t \leqq T)$$
$$\text{и} \quad u(0, x) = u_0(x) \quad \text{в } \Omega_0. \tag{18}$$

Известно, что теория абстрактной задачи Коши для эволюционных уравнений в банаховых пространствах применяется к изучению задачи (17). (18) в случае, когда G — цилиндрическая область $[0, T] \times \Omega$ (см. [17], [18] и имеющуюся там библиографию). Ниже будет изложена схема, предложенная Г. И. Лаптевым и автором [19], позволяющая применять теорию абстрактных уравнений к некоторым задачам типа (17), (18) и в нецилиндрических областях. Эта схема является некоторым видоизменением схемы Т. Като и Х. Танабе (см. [17]).

Пусть задано банахово пространство E с нормой $\|\cdot\|$ и сильно непрерывное в нем семейство ограниченных проекционных операторов $\mathcal{P}(t)$ $(0 \leqq t \leqq T)$. Через $E(t)$ обозначается подпространство $\mathcal{P}(t)\, E$. Различные функции $x(t)$, которые при каждом t принимают значения из $E(t)$, можно рассматривать как функции со значениями в E и поэтому для них естественным образом определены понятия сильной непрерывности, дифференцируемости и т. п.

Если $B(t)$ является при каждом t линейным ограниченным оператором, определенным и действующим в пространстве $E(t)$, то его можно продолжить до оператора на всем E по формуле

$$\tilde{B}(t) = B(t)\, \mathcal{P}(t)\,.$$

Рассматривается дифференциалньое уравнение

$$\frac{du}{dt} = A(t)\, u + f(t)\,, \tag{19}$$

где $A(t)$ $(0 \leqq t \leqq T)$ замкнутый линейный оператор с плотной в $E(t)$ областью определения $\mathcal{D}(A(t))$, действующий в $E(t)$, на который налагаются следующие ограничения:

1°. При $u \in \mathcal{D}(\mathcal{A}(t))$

$$\lim_{\Delta t \to 0} \frac{\mathcal{P}(t + \Delta t) - \mathcal{P}(t)}{\Delta t}\, v = 0\,.$$

2°. Существует ограниченный обратный $A^{-1}(t)$, причем

$$\lim_{\Delta t \to 0} \widetilde{A^{-1}}(t)\, \frac{\mathcal{P}(t + \Delta t) - \mathcal{P}(t)}{\Delta t}\, v = 0$$

при любом $c \in E$.

3^0. Оператор $\widetilde{A^{-1}}(t)$ сильно дифференцируем по t и его производная удовлетворяет условию

$$\left\| \frac{d}{dt} \widetilde{A^{-1}}(t) - \frac{d}{d\tau} \widetilde{A^{-1}}(\tau) \right\| \leqq c\, |t - \tau|^{\gamma} ,$$

где $0 < \gamma \leqq 1$.

4^0. Резольвенты $R(\lambda, A(t)) = (A(t) - \lambda I)^{-1}$ (I — единичный оператор в $E(t)$) определена при $Re\,\lambda \geqq 0$ и удовлетворяет условию

$$\|R(\lambda, A(t))\| \leqq M\,(1 + |\lambda|)^{-1} \qquad (Re\,\lambda \geqq 0)$$

5^0. Продолжение резольвенты $\widetilde{R(\lambda, A(t))}$ сильно дифференцируемо по t и

$$\left\| \frac{d}{dt} \widetilde{R(\lambda, A(t))} \right\| \leqq C\, |\lambda|^{-1+\varrho} \quad (0 \leqq \varrho < 1) .$$

Доказывается, что существует эволюционный оператор $U(t, s)$ такой, что при $f(t)$, удовлетворяющей условию Гёльдера, формула

$$u(t) = U(t, s)\, u_s + \int_s^t U(t, \tau)\, f(\tau)\, d\tau$$

дает единственное ослабленное решение задачи Коши для уравнения (19), т. е. функцию $u(t)$, которая при каждом $t \in [s, T]$ вместе с производной du/dt принадлежит $E(t)$ и удовлетворяет уравнению (19), и которая непрерывна на $[s, T]$ и удовлетворяет заданному начальному условию

$$u(s) = u_s \in E(s) .$$

Сформулированное утверждение и применяется к рассмотрению задачи (17), (18). За пространство E, например, принимается пространство $\mathcal{L}_p(\Omega)$. Проекционные операторы $\mathcal{P}(t)$ определяются формулой

$$\mathcal{P}(t)\, u(x) = \begin{cases} u(x) & \text{при} \quad x \in \Omega_t \\ 0 & \text{при} \quad x \,\overline{\in}\, \Omega_t . \end{cases} \tag{20}$$

При этом пространство $E(t)$ изометрично $\mathcal{L}_p(\Omega_t)$. Роль оператора $A(t)$ играет оператор, пороженный в $\mathcal{L}_p(\Omega_t)$ регулярной эллиптической задачей $A(x, D)\, u = f$ в Ω_t, $B_j(x, D)\, u = 0$ на Γ_t ($j = 0, \ldots, m-1$).

Предполагается, что неравенство (14) выполнено в полуплоскости $Re\,\lambda \geqq 0$. Наконец, налагаются условия, что $m_j \leqq 2m - 2$ и порядки сопряженных граничных выражений $m_j^+ \leqq 2m - 2$. При этих требованиях удается проверить условия $1^0 - 5^0$, Проверка свойств $1^0 - 2^0$ основана на неравенствах типа (9) и (10). Условие 3^0 фактически совпадает с неравенством (8) и следовательно выполнено при $\lambda < 1/p'$. Свойства резольвенты $4^0 - 5^0$ получены в предыдущем пункте при этом $\varrho = 1/2m$. Таким образом получаются теоремы существования решений в $\mathcal{L}_p(\Omega)$ задачи (17), (18).

Изложенная схема является достаточно грубой. В ней, например, свойств резольвенты $R(\lambda, A(t))$ использовались при продолжении её вне области Ω_t тождественным нулём. Повидимому можно рассматривать схемы, где это продолжение делается другим, более гибким способом так, чтобы избавиться от ограничения $m_j, m_j^+ \leqq 2m - 2$. Ряд результатов на этом пути получен Г. И. Лаптевым.

Литература

[1] Magenes, E., Spazi di interpolazione ed equazioni a derivate parzioli. Atti VII Congresso U. M. I., Genova 1963, Ediz. Cremonese, Roma, 1964, 134—197.

[2] Lions, J. L. et Magenes, E., Problèmes aux limites non homogènes et applications, V. I, II, Dunod, Paris, 1968.

[3] Крейн, С. Г., и Петунин, Ю. И., Шкалы банаховых пространств, Успехи мат. наук, т. XXI, в 2 (128) (1966) 89—168.

[4] Butzer, P. L. and Berens, M., Semi-Groups of Operators and Approximation, Springer-Verlag, 1967.

[5] Березанский, Ю. М., Разложение по собственным функциям самосопряженных операторов. И-во ,,Наукова думка", Киев, 1965.

[6] Necas, J., Les méthodes directes dans la théorie des equations elliptiques. Editions Acad. Tschécoslovaque Sci., Prague, 1967.

[7] Ройтберг, Я. А., Теорема о гомеоморфизмах, осуществляемых эллиптическими операторами, и локальное повышение гладкости обобщенных решений. Укр. мат. ж., т. 17, № 5 (1965) 122—129.

[8] Ройтберг, Я. А., Теоремы о гомеоморфизмах, осуществляемых эллиптическими операторами. Докл. АН СССР, т. 180, № 3 (1968) 542—545.

[9] Schechter, M., On $\mathcal{L}^p$ estimates and regularity, I, II. Amer. J. Math., **85**, 1 (1963) 1—13; Math. Scand., **13**, 1 (1963) 47—69.

[10] Березанский, Ю. М., Крейн, С. Г., и Ройтберг, Я. А., Теорема о гомеоморфизмах и локальное повышение гладкости вплоть до границы решений эллиптических уравнений. Докл. АН СССР, т. 157, 4 (1964) 745—748.

[11] Lions, J. L. et Magenes, E., Problèmes aux limites non homogenes. Ann. Sc. Norm. Sup. Pisa, **16**, 1 (1962) 1—44.

[12] Ройтберг, Я. А., Формула Грина и теорема о гомеоморфизмах для общих эллиптических граничных задач с граничными условиями, не являющимся нормальными, Укр. мат. ж., **21**, 3 (1969) 406—413.

[13] Ройтберг, Я. А., Теорема о гомеоморфизмах для общих эллиптических граничных задач с граничными условиями, не являющимся нормальными, Докл. АН СССР, т. 191, 6 (1970) 1228—1231

[14] Крейн, С. Г., Поведение решений эллиптических задач при вариации области. Studia Math., т. XXXI (1968) 411—424.

[15] Agmon, S., On the eigenfunctions and on the eigenvalues of general elliptic boundary value problems. Comm. Pure Appl. Math., **15** (1962) 119—147.

[16] Агранович, М. С., и Вишик, М. И., Эллиптические задачи с параметром и параболические задачи общего вида. Успехи мат. наук, XIX, 3 (1964) 53—161.

[17] Крейн, С. Г., Линейные дифференциальные уравнения в банаховом пространстве. И-во ,,Наука", Москва, 1967.

[18] Lions, J. L., Equations differentielles operationnelles et problèmes aux limites. Springer-Verlag 1961.

[19] Крейн, С. Г. и Лаптев, Г. И., Абстрактная схема рассмотрения параболических задач в нецилиндрических областях. Дифф. ур-я, 1969 V, 8 (1969), 1458—1469

О квазилинейных неравномерно эллиптических уравнениях

О. А. Ладыженская, Ленинград [1])

(Manuskripteingang: 12. März 1970)

Der Vortrag behandelt quasilineare Gleichungen zweiter Ordnung, im wesentlichen vom elliptischen Typ. Im allgemeinen Fall besitzen sie die Gestalt.

$$\sum_{i,j=1}^{n} a_{ij}(x, u, u_x)\, u_{ij} = a(x, u, u_x), \tag{1}$$

$u_i \equiv u_{x_i}$, $u_{ij} = u_{x_i x_j}$). Eine Gleichung heißt gleichmäßig elliptisch, wenn für beliebiges p und ξ und $x \in \overline{\Omega}$ die Ungleichungen

$$\nu(u)\, \xi^2 \leqq a_{ij}(x, u, p)\, \xi_i\, \xi_j \leqq \mu(u)\, \xi^2 \tag{2}$$

($\xi^2 = \sum_{i=1}^{n} \xi_i^2$) richtig sind, wobei $\nu(\tau)$ und $\mu(\tau)$ stetige positive Funktionen von τ sind. Wir erinnern daran, daß die Bedingung der Elliptizität für (1) die Gestalt

$$\nu(u, p)\, \xi^2 \leqq a_{ij}(x, u, p)\, \xi_i\, \xi_j \leqq \mu(u, p)\, \xi^2 \tag{3}$$

besitzt, wobei $\nu(u, p)$ und $\mu(u, p)$ stetige positive Funktionen ihrer Argumente sind und der Ausdruck $\mu(u, p)/\nu(u, p)$ im allgemeinen Fall nicht notwendig beschränkt sein muß für $|u| + |p| \to \infty$. Wir interessieren uns für die Aufstellung einer a priori-Abschätzung von $\max |u_x|$ für die Lösung $u(x)$ der Gleichung (1). Die Größe von $\max_\Omega |u| = M$ nehmen wir als bekannt an, so daß die Ungleichungen (2) oder (3) nur für $|u| \leqq M$ erfüllt zu sein brauchen.

Es ist bekannt, daß gegen Ende der dreißiger Jahres die Frage nach der Lösbarkeit der grundlegenden Randwertaufgaben für die Gleichung (1) auf eine a priori-Abschätzung der Hölder-Norm

$$|u|_{1,\alpha,\Omega} \equiv \max_\Omega |u| + \max_\Omega |u_x| + |u_x|_{\alpha,\Omega}$$

für die Lösung geführt hatte. Um die sechziger Jahre herum waren Methoden für die Abschätzung der Hölder-Konstanten $|u_x|_{\alpha,\Omega}$ für die Lösung $u(x)$ geschaffen worden unter der Bedingung, daß die Größen M und $M_1 = \max_\Omega |u_x|$ bekannt sind (vgl. in diesem Zusammenhang das Buch "Lineare und quasilinare Gleichungen vom elliptischen Typ" von O. A. Ladyženskaja und N. N. Ural'ceva). Von diesem Standpunkt aus sind die Fälle (2) und (3) nicht verschieden, denn bei $|u| \leqq M$ und $|p| \leqq M_1$ können die Funktionen ν und μ durch positive Zahlen ν_0 und μ_0 ersetzt werden. Demgegenüber sind bei der Frage nach der a priori-Abschätzung von $\max_\Omega |u_x|$ die Fälle (2) und (3) wesentlich verschieden. Der Fall

---

[1]) Anschrift des Autors:
СССР Ленинград, Фонтанка 25, Математический Институт АН СССР, Проф. Др. О. А. Ладыженской.

(2) wurde hauptsächlich bis Ende der fünfziger Jahre untersucht. Ihnen sind auch unsere gemeinsamen Arbeiten mit N. N. URAL'CEVA gewidmet. Eine der wichtigsten Etappen für uns war die Herstellung der Abschätzung von max $|u_x|$. Sie basierte auf einer meiner Arbeiten im Jahre 1956, welche den quasilinearen parabolischen Gleichungen galt. In dieser Arbeit wurde eine Methode zur Abschätzung von max $|u_x|$ angegeben, total und lokal, welche dann angewendet und weiterentwickelt wurde von mir, meinen Schülern und einer Reihe anderer Mathematiker für verschiedene Fälle elliptischer und parabolischer Gleichungen. Diese Methode erlaubte, allgemeinere Fälle als gleichmäßig elliptische Gleichungen zu untersuchen. Es zeigte sich, daß sie anwendbar war auf ziemlich große Klassen nichtgleichmäßig elliptischer (und parabolischer) Gleichungen.

In gemeinsamen Arbeiten mit N. N. URAL'CEVA wurde eine Reihe von Klassen nichtgleichmäßig elliptischer Gleichungen ausgesondert, für welche die genannte Methode eine totale Abschätzung von $\max\limits_{\Omega} |u_x|$ zuließ. Diese Klassen umfassen solche interessanten Gleichungen der Geometrie wie die Gleichung zur Bestimmung der Fläche $u = u(x)$ aus ihrer mittleren Krümmung im euklidischen und allgemeinen RIEMANNschen Raum. Dazu gehören auch die EULERschen Gleichungen für parametrische Variationsaufgaben. In diesen und anderen Gleichungen ist die Ordnung der Nichtgleichmäßigkeit zwei (d. h. $\mu(u, p)/\nu(u, p) \approx p^2$ für $|p| \to \infty$).

Доклад касается квазилинейных уравнений второго порядка, в основном, эллиптического типа. В общем случае они имеют вид:

$$\sum_{i,j=1}^{n} a_{ij}(x, u, u_x)\, u_{ij} = a(x, u, u_x)\,, \tag{1}$$

$(u_i = u_{x_i}, u_{ij} = u_{x_i x_j})$. Уравнение называется равномерно эллиптическим, если при любых p и ξ и $x \in \bar{\Omega}$ справедливы неравенства

$$\nu(u)\, \xi^2 \leqq a_{ij}(x, u, p)\, \xi_i \xi_j \leqq \mu(u)\, \xi^2\,, \tag{2}$$

$\left(\xi^2 = \sum\limits_{i=1}^{u} \xi_i^2\right)$, где $\nu(\tau)$ и $\mu(\tau)$ суть непрерывные положительные функции τ. Напомним, что условие эллиптичности для (1) имеет вид:

$$\nu(u, p)\, \xi^2 \leqq a_{ij}(x, u, p)\, \xi_i \xi_j \leqq \mu(u, p)\, \xi^2\,, \tag{3}$$

где $\nu(u, p)$ и $\mu(u, p)$ — непрерывные неположительные функции своих аргументов, причем отношение $\dfrac{\mu(u, p)}{\nu(u, p)}$ в общем случае не обязано быть ограниченным при $|u| + |p| \to \infty$. Нас интересует нахождение априорной оценки max $|u_x|$ для решений $u(x)$ уравнения (1). Величину же $\max\limits_{\Omega} |u| \equiv M$ будем считать известной, так что неравенства (2) или (3) должны выполняться лишь при $|u| \leqq M$.

Хорошо известно, что к концу 30-х годов вопрос о разрешимости основных краевых задач для уравнений (1) был сведен к получению априорной оценки нормы Гёльдера

$$|u|_{1,\alpha,\Omega} = \max_{\Omega} |u| + \max_{\Omega} |u_x| + |u_x|_{\alpha,\Omega}$$

для их решений. Около 1960 года были созданы методы оценки константы Гёльдера $|u_x|_{\alpha,\Omega}$ для решений $u(x)$ при условии, что величины M и $M_1 = \max_\Omega |u_x|$ известны (см. в связи с этим книгу [1]: ,,Линейные и квазилинейные уравнения эллиптического типа'' О. А. Лацыженской и Н. Н. Уральцевой). С точки зрения этого вопроса случаи (2) и (3) неразличимы, ибо при $|u| \leqq M$ и $|p| \leqq M_1$ функции ν и μ в них могут быть заменены положительными числами ν_0 и μ_0 ($\nu_0 = \min_{|u| \leqq M} \nu(u)$, $\mu_0 = \max_{|u| \leqq M} \mu(u)$ и $\nu_0 = \min_{|u| \leqq M, |p| \leqq M_1} \nu(u, p)$, $\mu_0 = \max_{|u| \leqq M, |p| \leqq M_1} \mu(u, p)$ соответственно).

Напротив, в вопросе получения априорной оценки $\max_\Omega |u_x|$ случаи (2) и (3) существенно различны. Случай (2) являлся основным объектом изучения до конца 50-х годов. Ему посвящены и наши совместные с Н. Н. Уральцевой работы, подытоженные в упомянутой выше монографии [1].

Одним из важных для нас этапов было получение оценок $\max |u_x|$. Оно базировалось на одной моей работе 1956 г. ([2]), посвященной квазилинейным параболическим уравнениям. В этой работе был дан метод получения оценок $\max |u_x|$, тотальных и локальных, который потом применялся и развивался мною, моими учениками и рядом других математиков применительно к различным случаям эллиптических и параболических уравнений. Он позволил исследовать наиболее общие случаи равномерно эллиптических уравнений. Оказалось, что он применим и к довольно широким классам неравномерно эллиптических (и параболических) уравнений.

В наших совместных с Н. Н. Уральцевой работах [3] и [4] выделен ряд классов неравномерно эллиптических уравнений, для которых упомянутый метод из работы [2] позволил дать тотальную оценку $\max_\Omega |u_x|$ (при выводе такой оценки считается известной помимо M величина $M_2 \equiv \max_s |u_x|$). Эти классы включают в себя такие интересные уравнения геометрии как уравнение определения поверхности $u = u(x)$ по ее средней кривизне в евклидовом и общем римановом пространстве. К ним относятся и уравнения Эйлера для параметрических вариационных задач, записанные для явного задания поверхности $u = u(x)$, $x = (x, \ldots x_n)$. В тех и других ,,порядок неравномерности'' уравнений равен двум $\left(\text{т. е.} \frac{\mu(u, p)}{\nu(u, p)} \approx p^2 \text{ при } |p| \to \infty\right)$.

Наши классы включают и все классы, рассмотренные Серрином в мемуаре [5].

Начнем с получения тотальных оценок $\max_\Omega |u_x|$

п. 1. Тотальные оценки

Опишем кратко метод получения оценки $\max_\Omega |u_x|$ в той форме, в какой он был дан в работе [1]. При этом предполагается, что $u \in C^3 \times (\Omega) \cap C^1(\bar{\Omega})$ и известны $M = \max_\Omega |u|$ и $M_2 = \max_{\partial\Omega} |u_x|$. (В книге [2] его изложение усложнено тем, что относительно $u(x)$ предполагалось меньшее: $u(x) \in W_2^2(\Omega)$ и $\max\limits_{\Omega} |u_x| < \infty$).

Введем вместо $u(x)$ новую неизвестную функцию v с помощью равенства: $u = \varphi(v)$ и вместо $\max\limits_{\Omega} u_x^2$ оценим $\max\limits_{\Omega} v_x^2$ Для определения функции $\varphi(\tau)$ будет получено обыкновенное дифференциальное уравнение, причем $\varphi'(\tau)$ будет положительной функцией. Подставим в (1) вместо u_{ij} равное ему выражение $u_{ij} = \varphi' v_{ij} + \varphi'' v_i v_j$ и сократим на φ'. Это даст соотношение

$$a_{ij}(x, u, u_x)\, v_{ij} = \frac{1}{\varphi'}\left[a(x, u, u_x) - \frac{\varphi''}{\varphi'^2}\mathscr{E}\right] \tag{4}$$

где $\mathscr{E} = a_{ij}(x, u, u_x)\, u_i u_j$. Вычислим от обеих частей (4) оператор $\sum\limits_{k=1}^{n} v_k \frac{d}{dx_k}$ и полученное равенство запишем как линейное уравнение для функции $w \equiv v_x^2$, именно:

$$\frac{1}{2} a_{ij} w_{ij} + [\ \ ] = l(w_x)\,. \tag{5}$$

В нем через $l(w_x)$ обозначена сумма слагаемых, имеющих вид произведения непрерывной функции на производную вида $w_{x_i} \equiv w_i$. Поделив обе части (5) на $-\frac{u_x^2}{\varphi'^2}\mathscr{E}$, придем к соотношению вида

$$-\frac{\varphi'^2}{2 u_x^2 \mathscr{E}} a_{ij} w_{ij} + \left\{-\left(\frac{\varphi''}{\varphi'^3}\right)' + \cdots\right\} = l(w_x)\,. \tag{6}$$

Если функция φ будет найдена так, что при $|u_x| \geqq M_3$ в точках максимума $w(x)$ скобка $\{\ \} > 0$, то в силу (6) w не может достигать максимума во внутренних точках множества $\Omega_1 = \{x: x \in \bar{\Omega}, |u_x| \geqq M_3\}$ (ибо, в точке максимума w правая часть (6) равна нулю, а левая часть положительна). Поэтому

$$\max_{\Omega} w(x) = \max_{\Omega} \frac{u_x^2}{\varphi'^2(v)} \leqq \max\left\{\frac{M_3^2}{\min\limits_{\Omega}\varphi'^2}\,;\,\frac{M_2^2}{\min\limits_{\Omega}\varphi'^2}\right\}. \tag{7}$$

Если $\varphi(v)$ такова, что $\varphi'(v) > 0$ и v меняется в конечных пределах $[v^{(1)}, v^{(2)}]$, когда $u = \varphi(v)$ пробегает значение от $u^{(1)} \equiv \min\limits_{\Omega} u(x)$ до $u^{(2)} \equiv \max\limits_{\Omega} u(x)$, то

$$\infty > \max_{[v^{(1)}, v^{(2)}]} \varphi'(v) = \max_{\Omega} \varphi'\left(\varphi^{-1}(u(x))\right) \geqq \min_{\Omega} \varphi'\left(\varphi^{-1}(u(x))\right) = \min_{[v^{(1)}, v^{(2)}]} \varphi'(v) > 0$$

и (7) дает желаемую оценку сверху для $w(x)$, а тем самым и для $u_x^2 = \varphi'^2(v)\, w$.

Итак, вопрос об оценке w сведен к изучению того, когда $\{\ \} > 0$ при $x \in \Omega, |u| \leqq M$, $|u_x| \geqq M_3$ в точке максимума w. Выпишем явно выражение, стоящее в фигурных скобках:

$$\underline{-\left(\frac{\varphi''}{\varphi'}\right)'} + \left(\frac{\varphi''}{\varphi'}\right)^2\left(2 - \frac{p\,\mathscr{E}_p}{\mathscr{E}}\right) - \varphi''\left(\frac{\delta\mathscr{E}}{|u_x|\mathscr{E}} + \frac{a - p\,a_p}{\mathscr{E}}\right) + (\varphi')^2 \frac{\delta a}{|u_x|\,\mathscr{E}}$$

$$\underline{+ (\varphi')^4 \frac{a_{ij} v_{ki} v_{kj}}{u_x^2 \mathscr{E}}} - \varphi' \varphi'' \frac{p\, a_{ijp}}{\mathscr{E}} v_{ij} - (\varphi')^3 \frac{\delta a_{ij}}{|u_x|\,\mathscr{E}} v_{ij} > 0\,. \tag{8}$$

Здесь я использовала удобные обозначения, введенные Серрином, именно:

$$p\, a_p(x, u, u_x) = u_k \frac{\partial a}{\partial u_k}, \quad \delta\, a(x, u, u_x) = \frac{u_k}{|u_x|} \frac{\partial a}{\partial x_k} + |u_x| \frac{\partial a}{\partial u}.$$

Подчеркнутые в (8) члены являются главными во всех случаях. При тех или иных предположениях относительно поведения функций $a_{ij}(x, u, p)$ и $a(x, u, p)$ при больших $|p|$ мы от (8) переходим к более грубому, но простому соотношению

$$-\left(\frac{\varphi''}{\varphi'}\right)' + c' \left(\frac{\varphi''}{\varphi'}\right)^2 \geqq c\,\varphi'^2 + c''\,|\varphi''|, \tag{9}$$

постоянные в котором определяются нашими предположениями относительно a_{ij} и a. Это соотношение и есть обещанное выше уравнение для определения $\varphi(v)$. Его надо решать при дополнительных условиях:

$$\varphi'(v) > 0 \quad \text{и} \quad \int_{v^{(1)}}^{v^{(2)}} \varphi'(v)\, dv = u^{(2)} - u^{(1)} \equiv \omega\,. \tag{10}$$

Оказывается, задача (9), (10) разрешима, если $c' \geqq 1$ или если

$$\int_{\alpha_0}^{\infty} \frac{d\alpha}{(1 - c')\,\alpha^2 + c''\,\alpha + c} > \omega \tag{11}$$

при каком-либо положительном α_0. Это условие заведомо выполняется, если $c' = 1$, или если полином $(1 - c')\,\alpha^2 + c''\,\alpha + c$ обращается в нуль при каком-либо $\alpha \geqq 0$, или если C или M достаточно малы.

Итак, условия на a_{ij} и a сводятся к тому, чтобы была разрешима задача (9), (10) и чтобы из (9) следовало неравенство (8). Оказалось, что налагаемые для этого условия, в основном, и необходимы для случая равномерно эллиптических уравнений (см. книгу [1]). На этом же пути удалось получить и наиболее сильные результаты по тотальным оценкам $|u_x|$ для неравномерно эллиптических уравений. Для равномерно эллиптических уравнений главными членами в (8) являются только подчеркнутые: через них оцениваются все остальные, и получается уравнение (9) (в общем случае с $c' < 1$). Для неравномерно же эллиптических уравнений отношение $\frac{\mu(u, p)}{\nu(u, p)} \to \infty$ при $|p| \to \infty$, и потому казалось, что оценка двух последних членов (8) через подчеркнутые члены и другие члены, входящие в (8), возможна лишь в мало интересных случаях. Однако более внимательный анализ членов (8) показал, что это не так. Например, в ряде уравнений геометрии поверхностей и в параметрических вариационных задачах „вырождение" формы $a_{ij}(x, u, u_x)\, \xi_i\, \xi_j$ происходит лишь в направлении градиента u_x (т. е. отношение $\dfrac{\max\limits_{|\xi|=1,(\xi,p)=0} a_{ij}(x, u, p)\, \xi_i\, \xi_j}{\min\limits_{|\xi|=1,(\xi,p)=0} a_{ij}(x, u, p)\, \xi_i\, \xi_j}$ ограничено при $|p| \to \infty$). Поэтому для них форма $a_{ij}(x, u, u_x)\, v_{ki}\, v_{kj}$, входящая в (8), в точке максимума $w = v_x^2$ не вырождается (ибо в этой точке производные $w_i = v_k v_{ki} = 0$, $i = 1, \ldots, n$, т. е. вектора $u_x = \psi' v_x$ и $(v_i)_x$ ортогональны) и через нее можно оценивать сверху величину $\max\limits_{|\xi|=1,(\xi, u_x)=0} a_{ij}(x, u, u_x)\, \xi_i \xi_j v_{xx}^2$.

Другое полезное обстоятельство состоит в том, что при определенной структуре функций $a_{ij}(x, u, p)$ могут выпасть из (8) некоторые из ,,неприятных'' членов, подлежащих в общем случае оценке сверху. Так, например, если $a_{ij}(x, u, p)$ 0-однородны по p, то $p\, a_{ijp} = 0$. Для случая уравнения средней кривизны в евклидовом прострамстве $a_{ij}(p) = \left(1 + \frac{1}{p^2}\right)\delta_i^j - \frac{p_i p_j}{p^2}$, а $p\, a_{ijp} = \frac{-2\delta_i^j}{p^2}$, так что из $p\, a_{ijp}$ выпали члены, не стремящиеся к нулю при $|p| \to \infty$. В ряде случаев неравномерность формы $a_{ij}\, \xi_i \xi_j$,,помогает'', приводя к коэффициенту $c' = 1$. Приведем одну из теорем, доказанных описанным здесь способом:

Теорема I. *Пусть решение $u(x)$ уравнения* (1) *принадлежит классу $C^3(\Omega) \cap C^1(\bar\Omega)$ и $M \equiv \max\limits_{\Omega} |u(x)|$, $M_2 \equiv \max\limits_{\partial\Omega} |u_x|$. Пусть при $x \in \bar\Omega$, $|u| \leqq M$ и $|p| \geqq M_3 \geqq M_2$ фукнции $a_{ij}(x, u, p)$, $a(x, u, p)$ дифференцируемы и удовлетворяют условиям:*

$$\left.\begin{aligned} &\mathscr{E} \equiv a(x, u, p)\, p_i p_j > 0, \quad 2 - \frac{p\,\mathscr{E}_p}{\mathscr{E}} \geqq c_1 \\ &\Big[\sum_{ij} (p\, a_{ijp})^2\Big]^{1/2} \leqq c_2 \frac{\sqrt{\nu\mathscr{E}}}{|p|}; \quad \Big[\sum_{ij} (\delta a_{ij})^2\Big]^{1/2} \leqq c_3 \sqrt{\nu\,\mathscr{E}} \\ &|\delta\mathscr{E}| \leqq c_4\, \mathscr{E}\, |p|, \quad |a - p\, a_p| \leqq c_5\, \mathscr{E}, \quad \delta a \leqq c_6\, |p|\, \mathscr{E}, \end{aligned}\right\} \tag{12}$$

$$\min_{\xi;(\xi,p)=0} a_{ij}(x, u, p)\, \xi_i \xi_j \geqq \nu\, \xi^2, \quad \nu > 0, \tag{13}$$

причем постоянные в них таковы, что удовлетворяется неравенство (11) *с* $c' = c_1 - \frac{c_2^2}{2}$, $c'' = c_4 + c_5$; $c = -c_6 + \frac{c_3^2}{2}$, *или неравенство,* $c' \geqq 1$. *Тогда $\max\limits_{\Omega} |u_x|$ мажорируется постоянной, определяемой лишь M_1, M_2, M_3 и постоянными, входящими в условия* (12), (13).

Для уравнения

$$\left[\left(1 + \frac{1}{u_x^2}\right)\delta_i^j - \frac{u_i u_j}{u_x^2}\right] u_{ij} = n\, \mathscr{H}(x, u, u_x)\, \frac{(1 + u_x^2)^{3/2}}{u_x^2}, \tag{14}$$

определяющего среднюю кривизну поверхности $u = u(x)$, условия теоремы 1 состоит в следующем:

$$|\mathscr{H}(x, u, p)| \leqq c, \quad |p\, \mathscr{H}_p| \leqq \frac{c}{|p|}, \quad |\mathscr{H}_x| \leqq c \ \text{ и } \ \mathscr{H}_u \geqq 0 \text{ при } x \in \bar\Omega, \ |u| \leqq M.$$

п. 2. Локальные оценки

В работе [2] был дан также способ получения локальных оценок $|u_x(x)|$, т. е. оценок $\max\limits_{\Omega'} |u_x(x)|$ только через $\max\limits_{\Omega} |u(x)|$, расстояние от Ω' до $\partial\Omega$ и какие-либо характеристики функций a_{ij} и a. Ясно, что эти оценки требуют, вообще говоря, дополнительных по сравнению с п. I предположений о a_{ij} и a. С помощью этого метода были даны ([1]) локальные оценки $|u_x|$ для всего класса равномерно эллиптических уравнений. Мы проанализировали его возможности и для неравномерно эллиптических уравнений. Оказалось, что он применим ко всем тем случаям, которые описаны в п. I, если только выполнено дополнительное условие: „порядок вырождения“ $a_{ij}(x, u, p) \times \xi_i \xi_j$ меньше 2, т. е. $\frac{\mu(u, p)}{|p|^2 \nu(u, p)} \to \infty$ при $|p| \to \infty$. Более точно, доказана следующая теорема.

Теорема 2. *Пусть решение $u(x)$ уравнения* (1) *принадлежит $c^3(\Omega)$, $M = \max_{\Omega} |u(x)| < \infty$ и функции $a_{ij}(x, u, p)$, $a(x, u, p)$ дифференцируемы и удовлетворяют всем условиям теоремы* 1, *и условию*

$$a_{ij}(x, u, p)\, \xi_i \xi_j \geqq \xi^2 \nu \left[1 - \mu_1 \left(\frac{p}{|p|}, \frac{\xi}{|\xi|}\right)\right], \quad \nu > 0, \quad \mu_1 \geqq 0 \tag{15}$$

при $x \in \bar{\Omega}$, $|u| \leqq M$, $|p| \geqq M_3$. Кроме этого, пусть выполнены условия:

$$\mathcal{E} \equiv a_{ij}(x, u, p)\, p_i p_j \geqq \nu_0 \nu\, |p|^k, \quad \nu_0 > 0, \quad k > 0, \tag{16}$$

$$\left[\sum_{i,j,l} \left(\frac{\partial a_{ij}(x, u, p)}{\partial p_l}\right)^2\right]^{1/2} \leqq \frac{4 \nu \sqrt{c_7}}{|p|}, \quad \left[\sum_l \left(\frac{\partial a}{\partial p_l}\right)^2\right]^{1/2} \leqq 2\sqrt{2\, c_7 \nu \mathcal{E}} \tag{17}$$

и

$$\left[\sum_l \left(\frac{\partial \mathcal{E}}{\partial p_l}\right)^2\right]^{1/2} \leqq 4\sqrt{c_7 \nu \mathcal{E}}, \quad \left(\sum_{i,j=1}^{n} a_{ij}^2\right)^{1/2} \leqq c_7 \nu .$$

Тогда имеет место оценка $u_x^2(x)\, \zeta(x) \leqq c$, постоянная c в которой определяется только входящими в условия теоремы постоянными, а фукнция $\zeta(x) = \eta^{4/k}(x)$, где $\eta(x)$-произвольная неотрицательная функция из $C^2(\Omega)$, непревосходящая 1 с носителем в Ω.

Замечание 1. В теоремах 1 и 2 можно снизить условия на $u(x)$, заменив их на принадлежность $u(x)$ к $W_2^2(\Omega) \cap C^1(\bar{\Omega})$.

Замечание 2. Теоремы 1 и 2 остаются в силе для решений параболических уравнений

$$u_t - a_{ij}(x, t, u, u_x)\, u_{ij} + a(x, t, u, u_x) = 0$$

при тех же предположениях относительно функций $a_{ij}(x, t, u, p)$, $a(x, t, u, p)$, если $(x, t) \in \bar{Q}_T = \Omega \times [0, T]$. Доказывается это теми же методами, что и теоремы 1, 2.

Как отмечалось выше, условия теоремы 2 существенно отличаются от условий теоремы 1 одним требованием-неравенством (16) (вместо него в теореме 1 предполагалось лишь, что $\mathcal{E} > 0$). Это предположение не выполняется в таких важных уравнениях, как уравнение (14) и уравнение Эйлера для параметрического функционала

$$\mathcal{J}(\mathcal{S}) = \int \mathcal{F}\,(X_1, \ldots X_{n+1}, \mathcal{D}_1, \ldots \mathcal{D}_{n+1})\, dx, \quad x = (x_1 \ldots x_n), \tag{18}$$

где $\mathscr{S}$-поверхность:

$$X_i = X_i(x),\ i = 1 \ldots n+1,\ a\quad \mathscr{D}_i = \det\left|\frac{\partial(X_1 \ldots X_{i-1}, X_{i+1} \ldots X_{n+1})}{\partial(X_1, \ldots, X_n)}\right|,$$

в окрестности точки, где $|\mathscr{D}| = \sqrt{\sum_{i=1}^{n+1} \mathscr{D}_i^2} \neq 0$. (Условия же теоремы 1 для них выполнены). Чтобы охватить эти случаи пришлось прибегнуть к другому методу локальных оценок $|u_x|$, ведущему свое начало от работы [6] Де Джорджи, в которой исследовано уравнение (14) с $\mathscr{H} \equiv 0$. Я не буду описывать здесь этот подход, а приведу лишь установленный нами (совместно с Н. Н. Уральцевой) результат (см. [7]):

Теорема 3. *Пусть $u(x)$ есть классическое решение уравнения*

$$\sum_{i=1}^{n} \frac{d}{dx_i} a_i(x, u, u_x) = a(x, u, u_x) \tag{19}$$

и $M = \max_{\Omega} |u(x)|$. Предположим, что при $x \in \overline{\Omega}$, $|u| \leqq M$, $-\infty < p_i < \infty$ функции $a_i(x, u, p)$ непрерывны и имеют непрерывные частные производные первого и второго порядков, $a(x, u, p)$-непрерывна и непрерывно дифференцируема и

$$|a_i(x, u, p)| \leqq \mu_0\,, \qquad a_i(x, u, p)\, p_i \geqq \mu_1 \sqrt{1+p^2} - \mu_2\,,$$

$$|a(x, u, p)| \geqq \mu_3 \quad \text{и} \quad \mu_4 \frac{|\xi'|^2}{\sqrt{1+p^2}} \leqq \frac{\partial a_i(x, u, p)}{\partial p_j} \xi_i \xi_j \leqq \mu_5 \frac{|\xi'|^2}{\sqrt{1+p^2}}\,,$$

где постоянные $\mu_0, \mu_1, \mu_3, \mu_4, \mu_5 > 0$, $\mu_2 \leqq 0$, а $\xi' \equiv (\xi_1, \ldots, \xi_{n+1})$ вычисляются по вектору $\hat{\xi} \equiv (\hat{\xi}_1, \ldots \hat{\xi}_{n+1}) \equiv (\xi_1, \ldots \xi_n, 0)$ так: $\xi' = \hat{\xi} - (\hat{\xi}, n)\, n$, $n = \frac{1}{\sqrt{1+p^2}}(-p_1, \ldots -p_n, 1)$.

Кроме этих условий должны выполняться следующие:

$$\left|\frac{\partial a_i(x, u, p)}{\partial u} - \frac{\partial a(x, u, p)}{\partial p_i}\right| \leqq \frac{c}{|p|^2}, \quad \left|\frac{\partial^2 a_e}{\partial p_i\, \partial u}\right| \leqq \frac{c}{|p|^2}, \quad \left|\frac{\partial^2 a_e}{\partial p_i\, \partial x_j}\right| \leqq \frac{c}{|p|},$$

$$\left|\frac{\partial^2 a_e}{\partial p_j\, \partial u} p_j\right| \leqq \frac{c}{|p|^2}, \quad \left|\frac{\partial^2 a_e}{\partial p_i\, \partial x_j} p_i\, p_j\right| \leqq c\,, \quad \left|\frac{\partial^2 a_i}{\partial u\, \partial u} u_i - \frac{\partial a}{\partial u}\right| \leqq \frac{c}{|p|},$$

$$\left|\frac{\partial^2 a_i}{\partial u\, \partial x_e} p_i - \frac{\partial a}{\partial x_e}\right| \leqq c\,, \quad \left|\frac{\partial^2 a_i}{\partial u\, \partial x_i}\right| \leqq \frac{c}{|p|}, \quad \left|\frac{\partial^2 a_i}{\partial x_e\, \partial x_i}\right| \leqq c\,,$$

где c-какая-нибудь постоянная. Тогда для любой строго внутренней подобласти Ω' области Ω $\max_{\Omega'} |u_x(x)|$ оценивается сверху постоянной, определяемой расстоянием Ω' до $\partial\Omega$, размерностью n и постоянными, входящими в условия теоремы.

Если $\mathscr{H}$ в уравнении (14) зависит только от x, то все условия теоремы 3 сводятся к одному: $\left|\frac{\partial \mathscr{H}(x)}{\partial x}\right| \leqq c$. Для функционала (18) все условия теоремы 3 будет выполнены, если функция $\mathcal{F}(X, \mathcal{D})$ обладает следующими свойствами:

$$\mathcal{F}(X, \lambda \mathcal{D}) = \lambda \mathcal{F}(x, \mathcal{D}) , \quad \lambda = \text{const} > 0 , \tag{20}$$

$$\mu_1 \frac{|\xi'|^2}{|\mathcal{D}|} \leqq \sum_{i,j=1}^{n+1} \mathcal{F}_{\mathcal{D}_i \mathcal{D}_j}(X, \mathcal{D}) \xi_i' \xi_j' \leqq \mu_2 \frac{|\xi'|^2}{|\mathcal{D}|} , \quad \mu_1, \mu_2 > 0 \tag{21}$$

для всех векторов ξ', ортогональных $\mathcal{D} = (\mathcal{D}_1, \ldots, \mathcal{D}_{n+1})$,

$$\mathcal{F}(X, \mathcal{D}) \geqq \mu_3 |\mathcal{D}| , \quad \mu_3 > 0 , \tag{22}$$

$$\left| \frac{\partial^{k_1+k_2}}{\partial X_i^{k_1} \partial \mathcal{D}_j^{k_2}} \mathcal{F}(X, \mathcal{D}) \right| \leqq \mu_4 |\mathcal{D}|^{1-k_1-k_2} , \quad k_1 + k_2 \leqq 3 . \tag{23}$$

Все эти условия должны выполняться для точек X, лежащих в ограниченной области Π пространства E_{n+1}, в которой по условию располагается исследуемый кусок поверхности $\mathcal{S}$. Относительно этого куска поверхности предполагается, что он может быть задан явным уравнением: $u = u(x)$, $x = (x, \ldots x_n)$, причем $u(x) \in C^2(\Omega)$, $x \in \Omega$. Условие (20), как известно, выражает тот факт, что интеграл (18) не зависит от параметрического представления $\mathcal{S}$, неравенства (21) есть условие регулярности (эллиптичности) вариационной задачи, а неравенство (22) гарантирует полуограниченность $\mathcal{J}(\mathcal{S})$.

Результаты, описанные в п. 1 опубликованы, в основном, в статьях [3], [4], а результаты п. 2 будут опубликованы в статье [7].

Литература

[1] Ладыженская, О. А. и Уральцева, Н. Н., Линейные и квазилинейные уравнения эллиптического типа. Москва, 1964.

[2] Ладыженская, О. А., Решение первой краевой задачи в целом для квазилинейных параболических уравнений. ДАН СССР, № 107 (1956) 636—639; Труды Моск. Матем. об-ва, **7** (1958) 149—177.

[3] Ладыженская, О. А. и Уральцева, Н. Н., О некоторых классах неравномерно эллиптических уравнений, Записки науч. семинаров ЛОМИ, т. **5** (1967) I, 151; т. 11 (1968) 129—149.

[4] Ладыженская, О. А. и Уральцева, Н. Н., О тотальных оценках первых производных по x решений квазилинейных эллиптических и параболических уравнений, Записки науч. сем. ЛОМИ, т. **14** (1969) 127—155.

[5] Serrin, I., The problem of Dirichlet for quasilinear elliptic differential equations with many independent variables. Philosophical Transactions of the Royal Soc. of London, Ser. A, **264**, No. 1153 (1969) 413—496.

[6] De Giorgi, E., Une maggiorazione a priori relativa alle ipersuperfici minimali. Atti del Convegno di Analisi Funzionale, Roma 1968.

[7] Ладыженская, О. А. и Уральцева, Н. Н., Local Estimates for Gradients of Solutions of Non-Uniformly Elliptic and Parabolic Equations, Commun. Pure and Appl. Math., vol. XXIII, 1970, 677—703.

Randwertaufgaben in Gebieten mit feinkörnigem Rand

von V. A. MARČENKO, Charkow[1])

(Manuskripteingang: 21. Oktober 1969)

Wir betrachten Randwertaufgaben für den LAPLACEschen Operator in den Gebieten $D^{(n)}$, die Komplemente von abgeschlossenen Mengen $K^{(n)}$ im dreidimensionalen Raum E_3 sind:

$$D^{(n)} = E_3 \setminus K^{(n)} .$$

Die Menge $K^{(n)}$ soll von einer sehr komplizierten Struktur sein, z. B. kann sie aus einer großen Zahl von kleinen einfach zusammenhängenden Komponenten bestehen. Wir zeigen, daß unter bestimmten Bedingungen die Lösungen der betrachteten Aufgaben durch die Lösung einer gewissen elliptischen Randwertaufgabe im ganzen Raum ersetzt werden können, und zwar mit einem Fehler, der gegen Null strebt, wenn die Durchmesser der Komponenten von $K^{(n)}$ sich dem Nullwert nähern.

Ich berichte über die Ergebnisse, die ich zusammen mit CHRUSLOW und SUSIKOW erhalten habe.

1. Erste Randwertaufgabe

Mit $U_n(x)$ bezeichnen wir die Lösung der Randwertaufgabe:

$$\Delta U_n(x) - \lambda\, U_n(x) = \varphi(x)\,, \quad x \in D^{(n)}\,, \quad \lambda > 0$$

$$U_n(x)\Big|_{\partial D^{(n)}} = 0\,,$$

die der Einfachheit halber durch den Wert Null auf $K^{(n)} = E_3 \setminus D^{(n)}$ fortgesetzt ist. (Hier hängt $\varphi(x) \in L^2(E_3)$ nicht von n ab.)

Wir bezeichnen mit $K^{(n)}(x, \varrho)$ den Durchschnitt von $K^{(n)}$ mit der abgeschlossenen Kugel vom Radius ϱ und dem Mittelpunkt x, und mit $C[K^{(n)}(x, \varrho)]$ die Kapazität dieser Menge.

Satz 1. *Wenn*

$$\lim_{\varrho \to 0} \left\{ \overline{\lim_{n \to \infty}}\ \frac{3\,C\,[K^{(n)}(x, \varrho)]}{4\,\pi\,\varrho^3} \right\} = \lim_{\varrho \to 0} \left\{ \underline{\lim_{n \to \infty}}\ \frac{3\,C\,[K^{(n)}(x, \varrho)]}{4\,\pi\,\varrho^3} \right\} = f(x) \tag{1}$$

wo $f(x) \in C(E_3)$, dann gilt in der Metrik des Raumes $L^2(E_3)$ die Gleichung

$$\lim_{n \to \infty} U_n(x) = V(x)$$

---

[1]) Anschrift des Autors:
СССР Харьков-77, Харьковский Государст. Университет мат-мех Факультет проф. др. В. А. Марченко

wo $V(x)$ die Lösung der Gleichung

$$\Delta V(x) - 4\pi f(x)\, V(x) - \lambda\, V(x) = \varphi(x)$$

ist.

Satz 2. *Wenn für $n \to \infty$ der Abstand der Menge $K^{(n)}$ von einer gewissen* Ljapunoff*schen Fläche Γ gegen Null strebt und für alle $x \in \Gamma$*

$$\lim_{\varrho\to 0}\left\{\overline{\lim_{n\to\infty}}\, \frac{C\,[K^{(n)}(x,\varrho)]}{\pi\,\varrho^2}\right\} = \lim_{\varrho\to 0}\left\{\underline{\lim_{n\to\infty}}\, \frac{C\,[K^{(n)}(x,\varrho)]}{\pi\,\varrho^2}\right\} = f(x) \tag{2}$$

dann gilt für alle $x \,\overline{\in}\, \Gamma$ die Gleichung

$$\lim_{n\to\infty} U_n(x) = V(x)$$

wo $V(x)$ die Lösung folgender Randwertaufgabe ist

$$\Delta V(x) - \lambda\, V(x) = \varphi(x)\,, \qquad x \,\overline{\in}\, \Gamma$$

$$V^{+}(x)|_{\Gamma} = V^{-}(x)|_{\Gamma} = V(x)\,,$$

$$\left(\frac{\partial V(x)}{\partial \mathfrak{n}}\right)^{+} - \left(\frac{\partial V(x)}{\partial \mathfrak{n}}\right)^{-} = 4\pi f(x)\, V(x)|_{\Gamma}\,.$$

Hier sind durch $\pm$ die Grenzwerte einer Funktion auf der Fläche Γ bezeichnet, $\mathfrak{n}$ ist die Normale zu Γ.

Die Bedingungen (1) und (2) sind im allgemeinen Fall schwer nachzuprüfen. Wenn aber die Menge $K^{(n)}$ aus vielen kleinen einfach zusammenhängenden Komponenten besteht: $K^{(n)} = \bigcup_j K_j^{(n)}$ dann kann man verhältnismäßig einfache hinreichende Bedingungen für ihre Gültigkeit angeben.

Die Bedingung (1) von Satz 1 ist erfüllt, wenn

$$\lim_{n\to\infty}\left\{\max_j d_j^{(n)}\right\} = 0\,,$$

$$\lim_{\varrho\to 0}\left\{\overline{\lim_{n\to\infty}}\, \max_{i_0} \sum_{\substack{j\neq i_0\\ r_{j,i_0}^{(n)}<\varrho}} \frac{C\,[K_j^{(n)}]}{r_{j,i_0}^{(n)}}\right\} = 0\,,$$

$$\lim_{n\to\infty} \sum_{K_j^{(n)}\subset V} C[K_j^{(n)}] = \iiint_{(V)} f(x)\, dx\,,$$

wo V eine beliebige Kugel in E_3, $d_j^{(n)}$ — der Durchmesser der Komponente $K_j^{(n)}$ und $r_{j,i}^{(n)}$ — der Abstand zwischen den Komponenten $K_j^{(n)}$ und $K_i^{(n)}$ ist.

Ebenso besteht es mit der Bedingung (2) von Satz 2.

2. Zweite Randwertaufgabe

Sei Γ eine gewisse abgeschlossene Ljapunoffsche Fläche, $\Gamma^{(n)}$ der Teil von Γ, der durch Entfernung von offenen zusammenhängenden Stückchen $S_j^{(n)}$ entsteht:

$$\Gamma^{(n)} = \Gamma \setminus \bigcup_j S_j^{(n)} \quad \text{und} \quad D^{(n)} = E_3 \setminus \Gamma^{(n)}\,.$$

Bezeichnen wir mit $U_n(x)$ die Lösung der Randwertaufgabe

$$\Delta U_n(x) - \lambda\, U_n(x) = \varphi(x)\,, \qquad x \in D^{(n)}\,, \qquad \lambda > 0\,, \qquad \left.\frac{\partial U_n(x)}{\partial n}\right|_{\Gamma^{(n)}} = 0\,.$$

Sei weiter $d_j^{(n)}$ der Durchmesser von $S_j^{(n)}$, $r_{j,i}^{(n)}$ der Abstand zwischen $S_i^{(n)}$ und $S_i^{(n)}$, $C[S_j^{(n)}]$ — die Kapazität von $S_j^{(n)}$.

Satz 3. *Wenn*

$$\lim_{n\to\infty}\left\{\max_j d_j^{(n)}\right\} = 0\,,$$

$$\lim_{\varrho\to 0}\left\{\overline{\lim_{n\to 0}}\max_{i_0}\sum_{\substack{j\neq i_0\\ r_{j,i_0}^{(n)}<\varrho}}\frac{C\,[S_i^{(n)}]}{r_{j,i_0}^{(n)}}\right\} = 0\,,$$

$$\lim_{\varrho\to\infty}\frac{1}{\pi\varrho^2}\left\{\overline{\lim_{n\to\infty}}\sum_{S_j^{(n)}\subset V} C[S_j^{(n)}]\right\} = \lim_{\varrho\to 0}\frac{1}{\pi\varrho^2}\left\{\underline{\lim_{n\to\infty}}\sum_{S_j^{(n)}\subset V} C[S_j^{(n)}]\right\} = f(x)\,, \qquad (x\in\Gamma)$$

(hier bei ist V die Kugel vom Radius ϱ, mit dem Mittelpunkt $x \in \Gamma$), dann

$$\lim_{u\to\infty} U_n(x) = V(x)\,,$$

wo $V(x)$ — die Lösung der folgenden Randwertaufgabe ist

$$\Delta V(x) - \lambda\, V(x) = \varphi(x)\,, \qquad x \overline{\in} \Gamma\,,$$
$$\left(\frac{\partial V(x)}{\partial n}\right)^+ = \left(\frac{\partial V(x)}{\partial n}\right)^- = \pi f(x)\,[V^-(x) - V^+(x)]\Big|_\Gamma\,. \tag{3}$$

Dieser Satz ist analog dem Satz 2. Mann kann auch einen Satz erhalten, der dem Satz 1 analog ist. Dabei stellt sich heraus, daß die Funktion $V(x)$, gegen die die Folge der Lösungen $U_n(x)$ strebt, eine Lösung der Differentialgleichung der Form

$$\sum_{i,j}\frac{\partial}{\partial x_i}\left(a_{ij}(x)\,\frac{\partial V}{\partial x_j}\right) - \lambda\, V = \varphi(x)\,, \qquad x \in E_3$$

ist.

Wenn z.B. $U_n(x)$ die Lösung der zweiten Randwertaufgabe in den Gebieten $D^{(n)}$ ist, deren Grenzen aus durchlöcherten Ebenen, die parallel der Ebene $X_2\,0\,X_3$ sind, bestehen und wenn für $n \to \infty$ die Anzahl der Ebenen gegen Unendlich strebt (dabei streben die Durchmesser der Löcher $S_j^{(n)}$ bedeutend schneller gegen Null, als der Abstand zwischen den Ebenen) dann ist $\lim\limits_{n\to\infty} U_n(x) = V(x)$, wo $V(x)$ die Lösung der Gleichung

$$\frac{\partial}{\partial x_1}\left(\frac{a(x)}{1+a(x)}\,\frac{\partial}{\partial x_1}\,V(x)\right) + \frac{\partial^2 V(x)}{\partial x_2^2} + \frac{\partial^2 V(x)}{\partial x_3^2} - \lambda\, V(x) = \varphi(x)$$

ist.

Zum Schluß möchte ich folgende Bemerkungen machen:

1. Analoge Ergebnisse gelten für die dritte und die gemischte Randwertaufgaben.

2. Diese Ergebnisse verallgemeinern sich auf die allgemeine elliptische Randwertaufgabe, wo anstatt Δ der Operator

$$\sum_{i,j} \frac{\partial}{\partial x_i} \left(a_{ij}(x) \frac{\partial}{\partial x_j} \right)$$

auftritt. Dieses wurde von Michailenko durchgeführt.

3. Man kann die zweite Randwertaufgabe mit einem Rand der Form wie im Satz 2 betrachten. Aber dabei kann die Funktion $f(x)$, die in die Formel (3) eingeht, nicht mehr durch den Begriff der Kapazität ausgedrückt werden.

Sie wird durch eine andere Charakteristik ausgedrückt, und zwar durch die Leitfähigkeit.

4. In einer Reihe von Spezialfällen gelten analoge Resultate für den Operator Δ^2, aber für den allgemeinen Fall fehlt ein Beweis.

5. Es wäre sehr interessant, entsprechende Ergebnisse für Systeme von Gleichungen zu erhalten, in erster Linie für das Maxwellsche System, aber auch für Gleichungen höherer Ordnung.

Literatur

[1] Марченко, В. А. и Хруслов, Е. Я., Краевые задачи с мелкозернистой границей. Матем. сб. т. **65**, 107:3 (1964) 458—472.

[2] Хруслов, Е. Я., Первая краевая задача в областях со сложной границей. Записки мех.-мат. факультета и Харьковского матем. общества, т. **32** (1966) 3—16.

[3] Марченко, В. А. и Сузиков, Г. В., Вторая краевая задача в областях со сложной границей. Матем. сб. т. **69** III:1 (1966) 35—60.

[4] Сузиков, Г. В. и Хруслов, Е. Я., Об усредненном граничном условии для задачи диффузии в областях с кусочно полупроницаемой границей. Теория функций, функциональный анализ и их приложения, выпуск 4, издательство ХГУ, Харьков, 1967 г.

Der allgemeine Dualitätssatz für automorphe Formen und elliptische Operatoren

von KRZYSZTOF MAURIN, Warszawa[1])

Es sei G eine beliebige lokalkompakte Gruppe, Γ eine Untergruppe von G; (j, V) eine unitäre Darstellung (u. D.) von Γ im HILBERTschen Raume V. Wenn (U^j, H^j) die von j induzierte u. D. und (U, H) eine u. D. von G bedeutet, so bezeichnet man mit $I(U, U^j)$ den Raum derjenigen beschränkten Operatoren $T: H \to H^j$, daß $TU(g) = U^j(g)T$ für jedes $g \in G$ gilt. Im § 2 beweisen wir den folgenden Dualitätssatz: Es sei (U, H) eine irreduzible u. D. von G, dann ist der Raum $I(U, U^j)$ dem Raume $A(U, j)$ der (U, j)-automorphen Formen isomorph. Den berühmten Satz von GELFAND und PIATECKIJ-ŠAPIRO [3] bekommt man durch die folgende Spezialisierung: G — LIEsch und halbeinfach, Γ — diskret und G/Γ kompakt; j — eindimensional und trivial (vgl. auch [9]).

Es sei (G, K) ein RIEMANNsches symmetrisches Paar, wobei K eine kompakte Untergruppe einer LIEschen Gruppe G ist. Im § 3 führen wir *j-automorphe* Formen ein: Das sind Eigenvektoren der U^j-Repräsentanten elliptischer Operatoren auf dem homogenen Raum $K\backslash G$. Wir zeigen, daß die j-automorphen Formen ein Spezialfall der (U, j)-automorphen aus § 2 sind. Sie „indizieren" irreduzible Unterdarstellungen von (U^j, H^j) der Klasse I (Satz 3.1.). Wir beweisen, daß j-automorphe Formen — automorphe Formen von TAMAGAWA sind (vgl. 11).

1. Bezeichnungen und Hilfssätze

Der Raum $\Phi(U)$. Es sei (U, H) eine u. D. von G

$\Phi(U) = \Phi = \{ \sum U(\psi_i) h_i : h_i \in H, \psi_i \in C_0(G) \}$, wo

$U(\psi)h := \int_G \psi(t)\, U(t)\, h\, dt$, dt — das linke HAARsche Maß auf G. Der Raum $C_0(G)$ der stetigen Funktionen mit kompaktem Träger ist wie üblich mit der lokal konvexen induktiven Topologie ausgestattet:

$C_0(G) = \lim \text{ind.}\, \mathcal{D}^0(K)$, wo $\mathcal{D}^0(K) = \{f \in C_0(G): \operatorname{supp} f \subset K,\ K\text{-kompakt}\}$, $\|f\|_K = \sup |f(K)| = \|f\|_\infty$. Aus einem Satz von GROTHENDIECK [4] folgt

$$C_0(G) \otimes H = \lim \text{ind} \left(\mathcal{D}^0(K) \otimes H\right) \tag{1.1}$$

wo $\otimes$ das projektive Tensorprodukt bezeichnet. Es sei Q die lineare Surjektion Q: $C_0(G) \otimes H \to \Phi$, wo $Q(\psi \otimes h) := U(\psi)\, h$. Wir statten Φ mit der von Q induzierten Topologie aus, d. h. mit der feinsten Topologie, für welche Q (noch) stetig ist. Wir beweisen das einfache

---

[1]) Anschrift des Autors:

Prof. Dr. K. MAURIN, Warszawa, Górska 7, 35 VR Polen.

Lemma 1.1. *Es sei $L: \Phi \to W$ eine lineare Abbildung, wo $(W, \| \ \|_W)$ ein normierter Raum ist. L ist stetig dann und nur dann, wenn es für jede kompakte Untermenge $K \subset G$ eine solche positive Konstante $c(K)$ gibt, daß*

$$\|L(U(\psi)\, h)\|_W \leqq c(K)\, \|\psi\|_\infty\, \|h\|\,, \quad \text{für} \quad \psi \in D^0(K)\,, \quad h \in H\,. \tag{1.2}$$

Beweis. (1.2) besagt, daß $L \circ Q$: $C_0 \otimes H \to W$ stetig ist (vgl. (1.1)). Aber bekanntlich ist L dann und nur dann stetig, wenn $L \circ Q$ stetig ist.

Wir fassen einige wichtige Eigenschaften des Raumes Φ zusammen.

Satz 1.1. a) *Φ ist dicht in H.*

b) *Die Einbettung $\Phi \to H$ ist stetig.*

c) *Für jedes $\varphi \in \Phi$ ist die Abbildung $G \ni g \to U(g)\, \varphi \in \Phi$ stetig.*

d) *Für jede Folge $h_i \to h$ in H konvergiert die Folge $U(\psi)\, h_i \to U(\psi)\, h$ in Φ, $\psi \in C_0(G)$.*

Beweis. a) klar.

b) $\|U(\psi)\, h\| \leqq \int |\psi(t)|\, \|U(t)\, h\|\, dt \leqq c(K)\, \|\psi\|_\infty\, \|h\|$, für $\psi \in D^0(K)$ (es genügt als $c(K)$ das Maß von K zu nehmen).

c) $U(g)\, U(\psi)\, h = \int \psi(t)\, U(g\, t)\, h\, dt = \int \tau_g \psi(x)\, U(x)\, h\, dx = U(\tau_g\, \psi)\, h$. Aber $G \ni g \to \tau_g\, \psi := \psi(g^{-1} \circ) \in C_0(G)$ ist stetig, daher ist $G \ni g \to U(g)\, U(\psi)\, h = Q(\tau_g\, \psi) \otimes h) \in \Phi$ stetig.

d) Für $h^i \to h$ in H konvergiert $\psi \otimes h_i \to \psi \otimes h$ in $C_0(G) \otimes H$, daher $U(\psi)\, h_i = Q(\psi \otimes h_i) \to Q(\psi \otimes h) = U(\psi)\, h$ in Φ.

2. Der allgemeine Dualitätsatz für automorphe Formen

Es sei (j, V) eine u. D. der Untergruppe $\Gamma \subset G$ in dem Hilbertschen Raum $(V, < \cdot | \cdot >)$. Es sei $p: G \to G/\Gamma$ die kanonische Abbildung: $p(g) = g\, \Gamma$. Auf dem momogenen Raum G/Γ ist das p — Bild des (linken) Haarschen Maßes dg quasi-invariant, und es gibt eine solche strikt positive, stetige Funktion ϱ auf G, daß für jedes $f \in C_0(G)$ die folgende Identität gilt (vgl. [1], [2])

$$\int_G \varrho(g)\, f(g)\, dg = \int_{G/\Gamma} d\mu(g\, \Gamma) \int_\Gamma f(g\, \gamma)\, d\nu(\gamma)\,,$$

wobei $d\nu$ das (linke) Haarsche Maß auf Γ bedeutet und daß Maß $d\mu$ dem Maß $p(dg)$ äquivalent ist; $\varrho(g\, \gamma) = \varrho(g)\, \varrho(\gamma)$, $g \in G$, $\gamma \in \Gamma$.

Die von j induzierte Darstellung (U^j, H^j) wird nach Mackey (vgl. [5], [2]) folgendermaßen definiert: H^j ist die Menge der (Äquivalenzklassen) meßbarer V-Funktionen f auf G für die

1° $f(g\, \gamma) = \varrho(\gamma)^{1/2}\, j(\gamma)\, f(g)\,, \quad \gamma \in \Gamma\,, \quad g \in G$ („$\varrho^{1/2}\, j$-Kovarianz").

2° $\int_{G/\Gamma} \varrho(g)^{-1}\, \|f(g)\|_v^2\, d\mu(g\, \Gamma) < \infty\,.$

$$(f_1 | f_2)_{H^j} := \int \varrho(g)^{-1} < f_1(g) \,|\, f_2(g) > d\mu(g\, \Gamma)\,,$$

$$U^j(g)\, f(x) := f(g^{-1}\, x)\,, \quad g, x \in G\,, \quad f \in H^j\,.$$

Lemma 2.1. *Es sei* $f \in C_0(G)$, $\operatorname{supp} f = Z$, *und es sei* $p\colon G \to G/\Gamma$ *die kanonische Einbettung. Dann gibt es eine solche positive (von* f *unabhängige) Konstante* $a(Z)$, *daß*

$$\Big(\int\limits_{p(Z)} d\mu(t\,\Gamma)\,\Big|\int\limits_{\Gamma} f(t\,\gamma)\,d\nu(\gamma)\Big|^2\Big)^{1/2} \leqq a(Z)\,\|f\|_\infty\,.$$

Beweis.

$$\int\limits_{p(Z)} d\mu(t\,\Gamma)\Big|\int\limits_{\Gamma} f(t\,\gamma)\,d\nu(\gamma)\Big|^2 \leqq \|f\|_\infty \int\limits_{p(Z)} d\mu(t\,\Gamma)$$

$$\times\Big|\int\limits_{\Gamma} 1_Z(t\,\gamma)\,d\nu(\gamma)\Big|^2 \approx \|f\|_\infty\Big(\int\limits_{p(Z)} d\mu(t\,\Gamma)\Big|\int\limits_{\Gamma} 1_{t^{-1}Z}(\gamma)\,d\nu(\gamma)\Big|^2\Big)^{1/2} =$$

$$= \|f\|_Z\Big(\int\limits_{p(Z)} (\nu(\Gamma \cap t^{-1} Z))^2\,d\mu(t\,\Gamma)^{1/2} \leqq \|f\|_Z\,\nu(\Gamma \cap Z^{-1} Z)^2\,\big(\mu(p(Z))\big)\Big)^{1/2}$$

$$= a(Z)\,\|f\|_\infty\,,$$

da $p(Z)$ und $\Gamma \cap Z^{-1} Z$ kompakt und μ, ν Radonsche Maße sind.

Satz 2.1. *Jedes* $T \in I(U, U^j)$, *d. h.* $T\colon H \to H^j$, $T\,U(g) = U^j(g)\,T$, *definiert mit* $\Phi \ni \varphi \to (T\,\varphi)\,(e) =: \eta(\varphi) \in V$ *eine lineare Abbildung* $\eta = \eta_T : \Phi \to V$ *die:*

1° *stetig ist, d. h.* $\eta_T \in L(\Phi, V)$.

2° *Die Funktion* $G \ni g \to T\,\varphi(g) := \eta_T\big(U(g^{-1})\,\varphi\big) \in V$ *ist stetig.*

3° η *ist* $\varrho^{1/2} j$ *— kovariant* : $\eta\big(U(\gamma^{-1})\,\varphi\big) = \varrho(\gamma)^{1/2}\,j(\gamma)\,\eta(\varphi)$, $\gamma \in \Gamma$.

4° *Falls* U *irreduzibel ist, so ist* η U*-zyklisch.*

5° *Für jedes* $\varphi \in \Phi$ *ist* $\big(f_{\varphi,\eta}(g)\big) \in H^j$, *wo* $f_{\varphi,\eta}(g) := \eta\big(U(g)\,\varphi\big)$.

Beweis. 1° Es sei $\psi \in C_0(G)$, $Z = \operatorname{supp}\psi$, $\varphi := U(\psi)\,h$. Da $1_Z(g) = 1_{p(Z)}(g\,\Gamma)$, $\|T\,h(t\,\gamma\|_V = \varrho(\gamma)^{1/2}\,\|T\,h(t)\|_V$, haben wir $\big(\psi^*(t) = \Delta(t)\,\psi(t^{-1})\big)$

$$\begin{aligned}
\|\eta(\varphi)\|_V &= \|\eta(U(\psi)\,h\|_V = \|(T\,U(\psi)\,h)\,(e)\|_V = \|\textstyle\int \psi(t)\,T\,U(t^{-1})\,h\,dt(e)\|_V\\
&\leqq \textstyle\int |\psi(t)|\,\|U^j(t^{-1})\,T\,h(e)\|_V\,dt = \int |\psi(t)|\,\|T\,h(t)\|_V\,dt\\
&= \int\limits_G |\psi^*(t)|\,\varrho(t)^{-1}\,1_Z(t)\,\|T\,h(t)\|_V\,\varrho(t)\,dt\\
&= \int\limits_{G/\Gamma} d\mu(T\,\Gamma)\int\limits_{\Gamma} |\psi^*(t\,\gamma)|\,\varrho(t\,\gamma)^{-1}\,1_Z(t\,\gamma)\,\|T\,h(t\,\gamma)\|_V\,d\nu(\gamma)\\
&= \big(\text{da } \varrho(t\,\gamma) = \varrho(t)\,\varrho(\gamma)\big)\\
&= \int\limits_{G/\Gamma} d\mu(t\,\Gamma)\,1_{p(Z)}\,(t\,\Gamma)\,\big(\varrho(t)^{-1/2}\,\|T\,h(t)\|_V\big)\int\limits_{\Gamma}\frac{|\psi^*(t\,\gamma)|}{\varrho\,(t\,\gamma)^{1/2}}\,d\nu(\gamma)\\
&\leqq \Big(\int\limits_{p(Z)} \varrho(t)^{-1}\,\|T\,h(t)\|_V^2\,d\mu(t\,\Gamma)\Big)^{1/2}\Big(\int\limits_{p(Z)}\Big|\int |\psi^*(t\gamma)\,\varrho(t\,\gamma)^{-1/2}\,d\nu(\gamma)\Big|^2\,d\mu(t\,\Gamma)\Big)^{1/2}\\
&\leqq \|T\,h\|_{H^j}\,\|\psi\|_\infty\cdot c(Z) \leqq c_1(Z)\,\|\psi\|_\infty\,\|h\|\ \text{(vgl. Lemma 4).}
\end{aligned}$$

Aus Lemma 1.1 folgt also die Stetigkeit von η.

2° $(T\,\varphi)\,(g) = U^j(g^{-1})\,(T\,\varphi)\,(e) = \big(T\,U(g^{-1})\,\varphi\big)\,(e) = \eta\big(U(g^{-1})\,\varphi\big)$. Die Stetigkeit von $(T\,\varphi)\,(\,\cdot\,)$ folgt also aus 1° und Lemma 3,3°.

3° $\eta\big(U(\gamma^{-1})\,\varphi\big) = (T\,\varphi)\,(\gamma) = \varrho(\gamma)^{1/2}\,j(\gamma)\,(T\,\varphi)\,(e) = \varrho(\gamma)^{1/2}\,j(\gamma)\,\eta(\varphi)$.

4° Es sei $\eta \neq 0$, und $0 \equiv \eta\big(U(g^{-1})\,\varphi\big) = (T\,\varphi)\,(g)$ identisch für $g \in G$. Da $U(\,\cdot\,)$ irreduzibel ist und da $T\big(U(g^{-1})\,(e) = U^j(g^{-1})\,T\,\varphi(e) = T\,\varphi(g)$, folgt aus dem

Schurschen Lemma, daß T injektiv ist, also $(T \neq 0, T\varphi = 0) \Rightarrow (\varphi = 0)$, d. h., η ist U-zyklisch.

Wir können jetzt sachgemäß die von Gelfand und Piateckij-Šapiro gegebene Definition automorpher Formen auf folgende Weise verallgemeinern:

Definition. *Ein* $\eta \in L(\Phi), V)$, *das den Bedingungen* 2°, 2°, 5° *genügt, nennen wir eine* (U, j)*-automorphe Form. Der Raum der* (U, j)*-automorphen Formen wird mit* $A(U, j)$ *bezeichnet.*

Der Satz 2 zeigte, daß $T \to \eta_T$, wo $\eta_T(\varphi) := (T\varphi)(e)$ eine lineare Abbildung

$$I(U, U^j) \ni T \to l(T) := \eta_T \in A(U, j) \qquad (*)$$

definiert. Der Dualitätssatz behauptet, daß l ein Isomorphismus ist:

Dualitätssatz. *Es sei* (U, H) *eine u. irreduzible Darstellung einer l. k. Gruppe* G, $(j(\cdot), V)$ *eine u. D. einer Untergruppe* $\Gamma \subset G$ *und* (U^j, H^j) *die von* j *induzierte Darstellung von* G. *Es sei* Φ *der* Gårding*-Raum von* U, $A(U, j)$ *der Raum* (U, j)*-automorpher Formen,* $I(U, U^j)$ *der Raum der* $T \in L(H, H^j)$, *für die* $T\, U(g) = U^j(g)$, $g \in G$.

a) *Dann sind die Räume* $I(U, U^j)$ *und* $A(U, j)$ *isomorph. Genauer: Die Abbildung* (*) *ist ein Isomorphismus. Also*

b) $\dim A(U, j) =$ "intertwinning number" $:= \dim I(U, U^j) =$ (*die Vielfachheit von* U *in* U^j).

Beweis. Da die erste Gleichung in b) aus a) und die zweite aus einer bekannten Bemerkung von Mackey [5] folgt, genügt es, den Punkt a) zu beweisen. Dazu konstruieren wir eine lineare Abbildung

$k: A(U, J) \to I(U, U^j)$, die zu $l: I(U, U^j) \to A(U, j)$ invers ist:

$l\,k\,\eta = \eta$, für $\eta \in A(U, j)$ und $k\,l\,T = T$ für jedes $T \in I(U, U^j)$.

Es sei $\mathring{T}_\eta \varphi(\cdot) := \eta(U(\cdot)\varphi)$, daher ist $\mathring{T}_\eta \in L(\Phi, H^j)$, und wir dürfen $\mathring{T} = \mathring{T}_\eta$ unter das schwache Integral in Φ führen:

$$\mathring{T}\, U(\psi)\, h = \int \psi(t)\, \mathring{T}\, U(t)\, h\, dt = \int \psi(t)\, U^j(t)\, \mathring{T} h\, dt = U^j(\psi)\, T\, h \quad \text{(vgl. [1])}.$$

Daher gilt

$$\mathring{T}\, U(\psi)\, h = U^j(\psi)\, \mathring{T} h, \quad \text{für} \quad h \in \Phi, \quad \Phi \in C_0(G). \qquad (2.3)$$

Wir zeigen jetzt, daß $\mathring{T}$, betrachtet als ein Operator im Hilbertschen Raume H mit dem Definitionsbereich $D(\mathring{T}) := \Phi$, abschließbar ist. Es sei $\varphi_i \to 0$ in H und $\mathring{T}\varphi_i \to f$ in H^j. Aus (2.2), der Stetigkeit von $\mathring{T}: \Phi \to H^j$ und Satz 1.1 d) bekommen wir

$$U^j(\psi) f = U^j(\psi) (\lim \mathring{T} \varphi_i) = \lim U^j(\psi)\, T\, \varphi_i = \lim \mathring{T}\, U(\psi)\, \varphi_i = 0\,.$$

Also gilt $U^j(\psi) f = 0$ identisch für $\psi \in C_0(G)$, und daher $f = 0$; $\mathring{T}$ ist abschließbar. Es sei T_η die Abschließung von $\mathring{T} = \mathring{T}_\eta$. Wir haben für $h \in D(T_\eta)$

$$U^j(g)\, T_\eta\, h = \lim U^j(g)\, \mathring{T}\, \varphi_i = \lim \mathring{T}\, U(g)\, \varphi_i = T_\eta\, U(g)\, h\,. \qquad (2.4)$$

Da (U, H) irreduzibel ist, es folgt aus einem Satz von v. NEUMANN und NAJMARK (vgl. [8]), daß $T_\eta \in I(U, U^j)$. Wir setzen jetzt $k\,\eta := T_\eta$. Wir haben für jedes $\varphi \in \Phi$: $l\,k\,\eta(\varphi) = l\,T_\eta\,\varphi = \eta(\varphi)$, daher $l\,k\,\eta = \eta$. Für jedes $g \in G$, $\varphi \in \Phi$ hat man

$$k\,l\,T(\varphi)(g) = T_{lT}(\varphi)\,(g) = l\,T\big(U(g)\,\varphi\big) = T\,\big(U(g)\,\varphi\big)\,(e) = T\,\varphi(g)\,,$$

also $k\,l\,T = T$, für jedes $T \in I(U, U^j)$. Damit ist der Satz bewiesen.

Der Fall des kompakten Raumes G/Γ (vgl. auch [6], [9]).

Wir zeigen, daß im Falle eines kompakten homogenen Raumes G/Γ die Bedingung 4° eine Folge von 1° und 2° ist. Wir haben also den

Satz 2.3. *Wenn* G/Γ kompakt ist, ist jedes η, das 1° und 2° *genügt, eine* (U, j)-*automorphe Form und* $\mathring{T}_\eta \in L(\Phi, H^j)$.

Beweis. Es sei K eine solche kompakte Untermenge von G, daß $G = K \cdot \Gamma$, d. h. jedes $g = k \cdot \gamma$, wo $k \in K$, $\gamma \in \Gamma$. Da η den Bedingungen 1° und 2° genügt, haben wir für jedes $\psi \in D^0(K_1)$

$$\begin{aligned}\varrho(g)^{-1/2}\,\|\eta\big(U(\tau\,g\,\psi)\,h\big)\|_V &= \varrho(k)^{-1/2}\;\varrho(\gamma)^{-1/2}\,\|\eta\big(U(\tau_{k_\gamma}\,\psi)\,h\big)\|_V\\ &= \varrho(k)^{-1/2}\,\|\eta\big(U(\tau_k\,\psi)\big)\,h\|_V\\ &\leqq c\,(K\cdot K_1)\cdot \sup \varrho^{-1/2}(K)\,\|\psi\|_\infty\,\|h\| = c_1(K_1)\,\|\psi\|_\infty\,\|h\|\,.\end{aligned}$$

Also haben wir für $\eta\big(U\,(\,\cdot\,)\,U(\psi)\,h\big) = T_\eta\,\big(U(\psi)\,h\big)$

$$\begin{aligned}\|\mathring{T}_\eta\big(U(\psi)\,h\big)\|_{H^j} &= \int_{G/\Gamma} \varrho(g)^{-1}\,\|\eta\big(U(\tau_g\,\psi)\,h\|_V^2\,d\mu(g\,\Gamma)^{1/2}\\ &\leqq c_1(K_1)\,\|\psi\|_\infty\,\|h\|\cdot \int_{G/\Gamma} 1\cdot d\mu \leqq c_2(K_1)\,\|\psi\|_\infty\,\|h\|\,.\end{aligned}$$

3. Dualitätssatz und elliptische Operatoren

In diesem Abschnitt zeigen wir, daß (U, j) – automorphe Formen (a. F.) eine natürliche Verallgemeinerung klassischer a. F. sind.

Es sei G eine LIEsche Gruppe, K eine kompakte Untergruppe von G und (G, K) ein RIEMANNsches symmetrisches Paar (wegen nachstehender Definitionen, vgl. K. MAURIN „General Eigenfunction Expansions ..." Warsaw 1968, im folgenden mit G. E. E. abgekürzt). Dann hat man bekanntlich folgende wichtige Fakten:

I. *Die Faltungsalgebra* $C_0(K \setminus G/K)$ *stetiger* K – *biinvarianter Funktionen auf* G *mit kompakten Trägern ist vertauschbar.*

II. *Die Algebra* $\mathcal{D}(K \setminus G)$ *invarianter Differentialoperatoren auf dem homogenen Raum* $K \setminus G$ *ist vertauschbar* (SEELBERG, HELGASON).

Definition. *Eine rechts-K-invariante Funktion* ω *auf* G *heißt zonal-sphärisch* (z. s.), *falls*

$$A\,\omega = \lambda_A\,\omega\,, \qquad \text{für alle} \qquad A \in \mathcal{D}(K \setminus G)\,.$$

Es gilt das wichtige (vgl. G. E. E.).

Lemma 3.1 (Helgason). *Es sei* $\omega \in C(K \setminus G/K)$.

$$(\omega \textit{ ist z. s.}) \Leftrightarrow \left(f^* \omega = \lambda_f \omega\,, \quad \textit{für alle} \quad f \in C_0(K \setminus G/K)\right)$$

Da es in $\mathfrak{D}(K \setminus G)$ *einen elliptischen Operator* A *gibt, sind z. s. Funktionen sogar analytisch.*

In [11] haben wir die folgende Verallgemeinerung der von Tamagawa untersuchten Funktionen eingeführt.

Definition. *Es sei* (G, K) *ein symmetrisches Paar. Ein* $\eta \in H^j$ *heißt* Tamagawa *automorphe Form* (a. F.) *falls* η *gemeinsames Eigenelement der (vertauschbaren) Operatoren* $A_f := \int_G f(t)\, U^j(t)\, dt$, $f \in C_0(K \setminus G/K)$, *ist.*

In [11] wurde die folgende Charakterisierung der a. F. von Tamagawa gegeben.

Lemma 3.2 (vgl. [11], Theorem 3.1). $\eta \in H^j$ *ist eine* Tamagawa *a. F. dann und nur dann, falls* $\omega(\cdot) := \left(\eta \,|\, U^j(\cdot)\, \eta\right)_{H^j}$ *eine z. s. Funktion ist.*

Bekanntlich (vgl. G. E. E. S. 233) definiert jede positiv definite Funktion ω eine unitäre Darstellung (U_ω, H_ω) und den positiv definiten z. s. Funktionen entsprechen eineindeutig Äquivalenzklassen *irreduzibler*, die s. g. u. D. der Klasse I: Sie sind durch die Existenz eines $U(k)$— invarianten Vektors $k \in K$ ausgezeichnet. Die von einer Tamagawa a. F. via $\omega(\cdot) := \left(\eta \,|\, U^j(\cdot)\, \eta\right)_{H^j}$ induzierte irreduzible Darstellung wird mit (U_η, H_η) bezeichnet.

In G. E. E. wurde eine allgemeine Klasse automorpher Formen folgendermaßen eingeführt:

Auf dem Gårding-Raum $\Phi(U^j)$ der Darstellung (U^j, H^j) werden Operatoren $U^j(A)\colon \Phi \to \Phi$ mit $U^j(\mathrm{A})\, U^j(\psi)\, h := (A\, \psi)\, h$, $\psi \in \mathfrak{D}(G)$, $h \in H^j$ definiert. Es sei $P := \int_K U^j(k)\, dk$ die orthogonale Projektion auf den $U(k)$ — invarianten Unterraum. Dann gilt das folgende

Lemma 3.3. (*G. E. E.*) *Alle Operatoren* $U^j(A)$ *für* $A = A^+ \in \mathfrak{D}\,(K \setminus G)$ *sind wesentlich selbstadjungiert (w. s. a.) und stark vertauschbar. Die Operatoren* $P\, U^j(A)$ *sind w. s. a. und stark vertauschbar.*

Im folgenden werden wir den s. a. Operator $\overline{U^j(A)}$ (d. h. die Abschließung von $U^j(A)$) oft einfach mit $U^j(A)$ bezeichnen.

Dies führt uns zu einer natürlichen Verallgemeinerung klassischer automorpher Formen (die bekanntlich als Eigenfunktionen des Beltrami-Operators definiert waren).

Definition. *Ein* $\eta \in H^j$ *heißt eine j-automorphe Form, falls*

1° η — $U^j(k)$ — *invariant ist,* $k \in K$,

2° $U(A)\, \eta = \lambda_A\, \eta$, *für alle* $A \in \mathfrak{D}(K \setminus G)$ *ist,*

d. h., falls es ein K-invariantes gemeinsames Eigenelement der Operatoren $U^j(A)$ ist. Wir bekommen jetzt als das wichtigste Ergebnis dieses Abschnittes den

Satz 3.1. *Es sei* η *eine j-automorphe Form, und es sei* $\omega(\cdot) := \left(\eta \,|\, U^j(\cdot)\eta\right)_j$. Dann ist ω K-biinvariant.

a) $\omega(\cdot) \in C^\infty(G)$.

b) $A\,\omega = \lambda_{A\omega}$, *für* $A \in \mathfrak{D}\,(K \setminus G)$, *d. h.,* ω *ist eine z. s. Funktion.*

c) *Es sei* H^j_η *ein* U^j*-invarianter Unterraum von* H^j *mit* η *als einem* U^j*-zyklischen Vektor, und es sei* $U^j_\eta := U^j | H^j_\eta$, *dann ist* (U^j_η, H^j_η) *eine irreduzible Darstellung von* G.

d) *Die durch die positiv definite Funktion* $(\eta | U^j(\cdot)\eta)_{H^j}$ *induzierte Darstellung* U_η *ist also irreduzibel und von der Klasse* I; U_η *ist* U^j_η *äquivalent, daher ist also* U^j_η *von der Klasse* I.

e) *Die Abbildung* $T_\eta : H_\eta \to H^j_\eta$, *wobei* $T_\eta[\psi] := \int \psi(t)\, U^j(t)\, \eta\, dt$, *ist eine Isometrie und* $T\,\eta \in (U_\eta, U^j_\eta)$.

f) *Jede j-automorphe Form* η *ist eine automorphe Form von* TAMAGAWA.

g) *Jede j-automorphe Form definiert mit*

$$\eta([\varphi]) := \int \varphi(t)\, \eta(t^{-1})\, dt, \quad \varphi \in C_0(G)$$

ist eine (U_η, j)*-automorphe Form.*

h) $\big(U^j(A)\,\eta_i = \lambda_A\,\eta_i,\;\; P\,\eta_i = \eta_i,\;\; i = 1, 2\big) \Leftrightarrow$ *(Darstellungen* $U^j_{\eta_1}$, $U^j_{\eta_2}$ *sind äquivalent).*

Bemerkung. *Dieser Satz (g) begründet die im Dualitätssatz eingeführte Bezeichnung „(U, j)-automorphe Form" und zeigt, daß jede Unterdarstellung vom* U^j *der Klasse I höchstens eine j-automorphe Form enthalten kann.*

Beweis. a), b) Es sei $\varphi = U^j(\psi)\,h$, dann ist bekanntlich $A\;U^j(\psi)\,h = U^j(A\,\psi)\,h$, für $\psi \in C_0^\infty(G)$. Also

$$\begin{aligned} A\big(\varphi | U^j(\cdot)\,\eta\big)_{H^j} &= \big(U(A)\,\psi)\,h \,\big|\, (U^j(\cdot)\,\eta\big)_{H^j} = \big(U(A)\,\varphi | U^j(\cdot)\,\eta\big)_{H^j} \\ &= \big(\varphi | U^j(\cdot)\; U^j(A)\,\eta)\big) = \lambda_A\,\big(\varphi | U^j(\cdot)\,\eta\big)_{H^j}. \end{aligned}$$

Es sei $f \in C_0^\infty(G)$, und es sei (φ_n) eine Folge von Elementen des GÅRDING-Raumes $\Phi(U^j)$. Dann gilt

$$\begin{aligned} \int \overline{A\,f} \cdot \omega &= \lim_n \int \overline{A\,f}\,(\varphi_n | U^j(\cdot)\,\eta)_j = \lim_n \int \bar{f}\,A^+\,(\varphi_n | U^j(\cdot)\,\eta)\,j \\ &= \lim_n \int \bar{f}(\varphi_n | U^j(\cdot)\,\eta)_j\,\lambda_A = \int \bar{f}\,\lambda_A\,\omega(\cdot)\,, \quad \text{mit } (\cdot\,|\,\cdot)_j = (\cdot\,|\,\cdot)_{H^j}\,. \end{aligned}$$

Damit ist ω eine schwache Lösung der Gleichung $A\,\omega = \lambda_A\,\omega$, $A \in \mathfrak{D}\,(K \setminus G)$. Da aber $\mathfrak{D}$ einen elliptischen Operator enthält, ist $\omega \in C_0^\infty(G)$ — womit a) und b) bewiesen ist.

f) Folgt aus b), Lemma 3.1. und 3.2.

f) Da die Punkte c) — g) in [11] sogar für TAMAGAWA-Formen bewiesen wurden, gelten sie wegen f) für j-automorphe Formen. Auf diese Weise ist c) — g) bewiesen.

h $\Leftarrow$ Es sei $U^j_{\eta_1} \cong U^j_{\eta_2}$ und $T\,\eta_1 = \eta_2$, wobei $T \in I(U^j_{\eta_1}, U^j_{\eta_2})$.

Es sei $U(A)\,\eta_1 = \lambda_A\,\eta_1$. Dann haben wir, da T mit $U^j(A)$ vertauschbar ist:

$$U^j(A)\,\eta_2 = U^j(A)\,T\,\eta_1 = T\,U^j(A)\,\eta_1 = T\,\lambda_A\,\eta_1 = \lambda_A\,T\,\eta_1 = \lambda_A\,\eta_2\,.$$

Da beide η_1, η_2 dieselbe zonal spärische Funktion definieren ($A\,\omega_i = \lambda_A\,\omega_i$, identisch für $A \in \mathfrak{D}$, also $\omega_1 = \omega_2$) sind die Darstellungen $U^j_{\eta_1}$, $U^j_{\eta_2}$ äquivalent.

Der Satz ist also vollständig beweisen.

Bemerkung. *Der Satz* 3.1 *ist eine Verallgemeinerung eines von* LIDIA MAURIN *bewiesenen Satzes* (vgl. [7]). *Ein entsprechender Satz wurde von ihr für klassische automorphe Formen (d. h. für* $\dim j = 1$, *j-trivial) bewiesen.*

Abschließende Bemerkungen.

Wir haben gezeigt, daß jede j-automorphe Form auch eine automorphe Form von TAMAGAWA ist. Es gilt aber auch die Umkehrung (vgl. [7], [11]).

Satz 3.2. *Es sei* $\eta \in H^j$ *eine* TAMAGAWA *a. Form, d. h.* $A_f \eta = \lambda_f \eta$, *für alle* $f \in C_0^\infty(K \setminus G/K)$. *Dann ist* η *eine j-automorphe Form, d. h.* $U^j(A)\, \eta = \lambda_A \eta$, *für* $A \in \mathfrak{D}$.

Beweis. Es sei $\omega_1(\cdot) := (\eta | U^j(\cdot)\, \varphi)_j$, wo $\varphi \in \Phi(U^j)$. Dann haben wir $f^*\omega_1 = (A_f \eta | U^j(\cdot)\, \varphi)_j = \lambda_f\, (\eta | U^j(\cdot)\, \varphi)_j = \lambda_f\, \omega_1$. Also ist ω_1 rechts-spärisch (vgl. G. E. E., S. 231). Daher

$$A\, \omega_1 = \lambda_A\, \omega_1. \quad \text{also} \quad A\, (\varphi | U^j(\cdot)\, \eta)_j = (U(A) \varphi | U^j(\cdot)\, \eta)_j .$$

Wir haben also

$$\int_G \psi_n\, A(\varphi | U^j(\cdot)\, \eta)_j = \int_G \psi_n\, (U(A)\, \varphi | U^j(\cdot)\, \eta)_j = \int \psi_n\, \lambda_A\, (\varphi | U^j(\cdot)\, \eta) \qquad (3.2)$$

identisch für $\psi_n \in C_0^\infty(G)$, $\varphi \in \Phi(U^j)$. Wir lassen jetzt ψ_n gegen δ_e konvergieren; dann haben wir aus (3.1)

$$(U^j(A)\, \varphi | \eta)_j = (\varphi | \lambda_A\, \eta)_j, \quad \varphi \in \Phi(U^j),$$

d. h. $U^j(A)\, \eta = \lambda_A\, \eta$. Wegen $P\eta = \eta$ ist η eine j-automorphe Form.

Aus den Sätzen (3.1), (3.2) erhalten wir das

Korollar. *Es sei G eine* LIE*sche Gruppe, K eine solche kompakte Untergruppe von G, daß (G, K) ein* RIEMANN*-symmetrisches Paar ist. Es sei* (U^j, H^j) *eine von j-induzierte u. D. von G. Dann sind die j-automorphen Formen mit den automorphen Formen von* TAMAGAWA *identisch. Jede solche a. Form* η *ist eine* (U^j, j)*-automorphe Form.*

Literatur

[1] BOURBAKI, N., Elem. de Math. Livre VI. Integration, Chap. 6—7, Paris 1963.

[2] BRUHAT, F., Sur les representations induites des groups de LIE, Bull. Soc. Math. France, 84 (1956) 97—205.

[3] GELFAND, I. M. und PIATECKIJ-ŠAPIRO, I. I., Usp. Mat. Nauk., 14, 86 (1959) 171—194.

[4] GROTHENDIECK, A., Produits tensoriels topologiques et espaces nucleaires. Mem. Amer. Math. Soc., No. 16 (1955).

[5] MACHEY, G. W., Induced representations of locally compact groups I, Ann. of Math. 55 (1952) 101—139.

[6] MAURIN, L., Dualitätssatz für automorphe Funktionen auf einer lokalkompakten unimodularen Gruppe. Bulletin de l'Academic Pol. Sci. Ser. Sci. Math. 14 (1966) 493—496.

[7] MAURIN, L., Dualitätssatz für automorphe Funktionen auf einer lokalkompakten unimodularen Gruppe, Teil II. Bull. de l'Academic Pol. Sci. Ser. Sci. Math. **15** (1967) 465–472.
[8] NEUMARK, M. A., Normierte Algebren. Berlin 1959, Seite 298.
[9] OLSANSKI, G. I., On the Frobenius Duality Theorem, Funkc. Analiz **3**(4) (1969) 49–58 (russisch).
[10] TAMAGAWA, T., On SELBERG's trace formula, T. Fac. Sci. Univ. Tokyo Sect. I (1960) 363–386.
[11] MAURIN, K. and MAURIN, L., A generalisation of the Duality Theorem of GELFAND and PIATECKIJ-ŠAPIRO and TAMAGAWA Automorphic Forms. ibid (1970) vol. XVII part 1 u. 2, pp. 331–339 im Druck (Festband für Prof. K. YOSIDA).

Über die Lokalisierung des wesentlichen Spektrums des SCHRÖDINGER-Operators

von ERICH MÜLLER-PFEIFFER, Erfurt[1])

(Manuskripteingang: 30. Dezember 1969)

With the aid of estimations used in SOBOLEV's embedding theorem and a lemma of KATO theorems about semiboundedness and essential selfadjointness of the SCHRÖDINGERoperator $-\Delta + q(x)$, $x = (x_1, \ldots, x_n) \in R_n$, are formulated. The essential spectrum of the SCHRÖDINGER operator is localized by middle-values of the function $q(x)$ over balls (or cubes) at infinity.

In einer Reihe von Arbeiten ([1], [2], [4], [8], [12]) werden Bedingungen dafür angegeben, daß das wesentliche Spektrum [2]) des SCHRÖDINGER-Operators $-\Delta + q(x)$ mit der positiven Halbachse übereinstimmt. Das Grundgebiet der Operatoren ist jeweils der n-dimensionale euklidische Raum R_n, $x = (x_1, \ldots, x_n)$, und das Potential $q(x)$ ist eine reelle Funktion. Die in den genannten Arbeiten formulierten Bedingungen für $q(x)$ sind i. a. Integralbedingungen für $|q(x)|$: Es wird u. a. gefordert, daß Integrale über die Einheitskugel gewisser Potenzen von $|q(x)|$ gegen Null konvergieren, wenn die Kugel jeweils ins Unendliche abwandert. Im folgenden werden die Bedingungen über $q(x)$ dahingehend abgeschwächt, daß Integralmittelwerte von $q(x)$ selbst betrachtet werden.

Der zugrunde liegende HILBERT-Raum ist $L_2(R_n)$. $q(x)$ gehöre lokal zu $L_2(R_n)$, $q(x) \in L_{2,\mathrm{loc}}(R_n)$. Die Menge der im R_n zweimal stetig differenzierbaren und finiten Funktionen sei der Definitionsbereich $D(A)$ von $A = -\Delta + q(x)$.

$$A = -\Delta + q(x)\,, \quad D(A) = C_0^2(R_n); \quad q(x) \in L_{2,\mathrm{loc}}(R_n)\,. \tag{1}$$

A ist offenbar symmetrisch, und im folgenden wird mitgeteilt, unter welchen zusätzlichen Voraussetzungen über $q(x)$ der Operator (1) wesentlich selbstadjungiert ist und welchen Einfluß die Integralmittelwerte von $q(x)$ im Unendlichen auf die Lokalisierung des wesentlichen Spektrums von $\bar{A}$ — das ist der Abschluß von A — haben. Mit Hilfe der SOBOLEVschen Einbettungssätze ([13; §§ 8,10]) kann leicht eine hinreichende Bedingung für die Halbbeschränktheit von A angegeben werden. Es gilt diesbezüglich folgender

---

[1]) Anschrift des Autors:
Prof. Dr. E. MÜLLER-PFEIFFER, Pädagog. Hochschule Erfurt-Mühlhausen, Sektion Mathematik, DDR-501 Erfurt, Nordhäuser Str. 63

[2]) Das wesentliche Spektrum eines selbstadjungierten Operators ist die Menge derjenigen Punkte des Spektrums, die keine isolierten Eigenwerte endlicher Ordnung sind.

Satz 1: *Bedeutet* $\{K_\varkappa\}$ *die Menge aller Kugeln im Raum* R_n *mit dem Radius* $\varkappa$, *so ist für* $n \geqq 3$ *der Operator* A *halbbeschränkt nach unten, wenn für* $\varkappa \to 0$

$$\sup_{\{K_\varkappa\}} \left(\int_{K_\varkappa} |q(x)|^{n/2}\, dx \right) = o(1) \tag{2}$$

ist.

Im Falle $n = 2$ *ist* A *halbbeschränkt nach unten, wenn für ein* $r > 1$

$$\sup_{\{K_1\}} \left(\int_{K_1} |q(x)|^r\, dx \right) < \infty \tag{3}$$

gilt. [1])

Analog gewinnt man mit Hilfe eines bekannten Kriteriums von KATO ([9]) und Abschätzungen aus den Einbettungssätzen eine hinreichende Bedingung für die wesentliche Selbstadjungiertheit von A. Nach dem Kriterium von KATO ist der Operator A, der aus dem wesentlich selbstadjungierten Operator $-\Delta$, $D(-\Delta) = C_0^2(R_n)$, durch eine Störung mittels $q(x)$ hervorgeht, wesentlich selbstadjungiert, wenn ein ε, $0 < \varepsilon < 1$, derart existiert, daß für alle $u(x) \in C_0^2(R_n)$

$$||q\, u||^2 \leqq \varepsilon\, ||-\Delta u||^2 + C_\varepsilon\, ||u||^2$$

gilt (C_ε ist eine von $u(x)$ unabhängige positive Konstante). Es gilt folgender

Satz 2: *Im Falle* $n > 4$ *ist* A *wesentlich selbstadjungiert, wenn für* $\varkappa \to 0$

$$\sup_{\{K_\varkappa\}} \left(\int_{K_\varkappa} |q(x)|^{n/2}\, dx \right) = o(1)$$

ist.

Im Falle $n = 4$ ist A wesentlich selbstadjungiert, wenn für ein $r > 2$

$$\sup_{\{K_1\}} \left(\int_{K_1} |q(x)|^r\, dx \right) < \infty$$

ist. In den Fällen $n = 2, 3$ gilt der entsprechende Sachverhalt für $r = 2$.

Bemerkung: Nach einem Satz von WIENHOLTZ ([14]) folgt aus der Halbbeschränktheit von A bereits die wesentliche Selbstadjungiertheit, wenn $q(x)$ lokal beschränkt ist (gl. [3]). Unter diesen zusätzlichen Voraussetzungen über $q(x)$ ist in den Fällen $n = 4{,}3$ und 2 der Operator A wesentlich selbstadjungiert, wenn (2) erfüllt ist ($n = 4{,}3$) bzw. (3) gilt ($n = 2$).

Wenn die Voraussetzungen des Satzes 2 gelten, ergibt sich für den Definitionsbereich des selbstadjungierten Operators $\bar{A}$ der SOBOLEVsche Raum $W_2^2(R_n)$, $D(\bar{A}) = W_2^2(R_n)$.

Über die Lokalisierung des wesentlichen Spektrums von $\bar{A}$ gilt nun folgendes. An die Funktion $q(x)$ werden weitere zusätzliche Bedingungen gestellt:

Es sei für $\omega > 0$

$$q_\omega(x) = \begin{cases} q(x)\,, & |q(x)| \leqq \omega \\ \omega\,, & q(x) \geqq \omega \\ -\omega\,, & q(x) \leqq -\omega \end{cases}$$

und

$$d_\omega(x) = q(x) - q_\omega(x)\,.$$

[1]) Der Fall $n = 1$ wird in [11] behandelt.

1. Wenn

$$r = \begin{cases} \dfrac{n}{2}, & n \geqq 3 \\ > 1, & n = 2, \end{cases}$$

so sei für $\omega \to \infty$

$$\sup_{\{K_1\}} \left(\int_{K_1} |d_\omega(x)|^r \, dx \right) = o(1) .$$

2. Es existiere eine Funktion $\delta(\omega) = o(1)$, so daß für jedes fest gewählte $\varkappa > 0$

$$\overline{\lim_{|x_\varkappa| \to \infty}} \frac{1}{|Q_\varkappa|} \left| \int_{Q_\varkappa} d_\omega(x) \, dx \right| \leqq \delta(\omega)$$

gilt. Dabei ist $Q_\varkappa$ ein Würfel mit der Kantenlänge $\varkappa$, $|Q_\varkappa|$ sein Maß und $x_\varkappa$ sein Mittelpunkt; $\delta(\omega) = o(1)$ strebt gegen Null für $\omega \to \infty$.

3. Für die Mittelwerte

$$\eta[Q_\varkappa] = \frac{1}{|Q_\varkappa|} \int_{Q_\varkappa} q(x) \, dx$$

gelte

$$\underline{\lim}_{|x_\varkappa| \to \infty} \mu[Q_\varkappa] \geqq 0$$

für jedes fixierte $\varkappa > 0$.

Satz 3: a) *Erfüllt $q(x)$ die Voraussetzungen des Satzes 2 und die Bedingungen 1—3, so gilt für das wesentliche Spektrum $C(\bar{A})$ von $\bar{A}$*

$$C(\bar{A}) \cap (-\infty, 0) = \emptyset .$$

b) *Existiert im Raum R_n zusätzlich ein quasikonisches Gebiet G*[1]*, so daß für jeden Würfel $Q_\varkappa$, der in G nach Unendlich geschoben wird, der Mittelwert von $q(x)$ gegen Null strebt,*

$$\lim_{|x_\varkappa| \to \infty} \frac{1}{|Q_\varkappa|} \int_{Q_\varkappa} q(x) \, dx = 0 ,$$

so gehört $\lambda = 0$ zu $C(\bar{A})$.

Bemerkungen: I. Wenn $q(x)$ beschränkt ist, sind die Voraussetzungen des Satzes 2 und die Bedingungen 1 und 2 trivialerweise erfüllt.

II. Wenn für die Mittelwerte der Funktion $q(x)$

$$\underline{\lim}_{|x_\varkappa| \to \infty} \mu\,[Q_\varkappa] \geqq \alpha$$

gilt, kann durch die Transformation $\tilde{q}(x) = q(x) - \alpha$ der hier behandelte Spezialfall

$$\underline{\lim}_{|x_\varkappa| \to \infty} \tilde{\mu}[Q_\varkappa] \geqq 0 , \qquad \tilde{\mu}[Q_\varkappa] = \frac{1}{|Q_\varkappa|} \int_{Q_\varkappa} \tilde{q}(x) \, dx$$

erreicht werden.

---

[1]) Ein Gebiet G heißt nach GLAZMAN ([5]) quasikonisch, wenn es beliebig große Kugeln enthält.

III. Wenn für eine Folge von Würfeln $Q_{\varkappa_\nu}^{(\nu)}$ mit unbegrenzt wachsender Kantenlänge $\varkappa_\nu$ $(\nu = 1, 2, \ldots)$

$$\lim_{\nu\to\infty} \frac{1}{|Q_{\varkappa_\nu}^{(\nu)}|} \int_{Q_{\varkappa_\nu}^{(\nu)}} q^2(x)\,dx = 0$$

gilt ([5]) und die Voraussetzungen a) des Satzes 3 erfüllt sind, so ergibt sich $C(\bar{A}) = [0, \infty)$.

Man kann den Satz 3 mit gewissen Einschränkungen auf gleichmäßig elliptische Differentialoperatoren höherer Ordnung

$$A = \sum_{|\alpha|\leqq m} D^\alpha\,[a_\alpha(x)\,D^\alpha]\,, \qquad D(A) = C_0^\infty(R_n)\,,$$

$$D_j = -\,i\frac{\partial}{\partial x_j}, \quad \alpha = (\alpha_1, \ldots, \alpha_n), \quad |\alpha| = \alpha_1 + \cdots + \alpha_n\,, \quad D^\alpha = D_1^{\alpha_1}\cdots D_n^{\alpha_n}\,,$$

$$\sum_{|\alpha|\leqq m} a_\alpha(x)\,\xi^{2\alpha} \geqq C_0\,|\xi|^{2m}, \quad c_0 > 0\,; \quad \xi^{2\alpha} = \xi_1^{2\alpha_1}\ldots\xi_n^{2\alpha_n}\,, \quad \xi = (\xi_1, \ldots, \xi_n)$$

ausdehnen. Die Koeffizienten $a_\alpha(x)$ seien beschränkte und „hinreichend glatte" Funktionen. Gilt für alle Multiindizes α für jedes $\varkappa > 0$

$$\varliminf_{|x_\varkappa|\to\infty} \frac{1}{|Q_\varkappa|} \int_{Q_\varkappa} a_\alpha(x)\,dx \geqq a_\alpha$$

und bezeichnet μ das Minimum der ganzrationalen Funktion

$$A(\xi) = \sum_{|\alpha|\leqq m} a_\alpha\,\xi^{2\alpha}\,, \qquad \mu = \min_{\xi\in R_n} A(\xi)\,,$$

so gilt für das wesentliche Spektrum $C(\tilde{A})$ der Friedrichsschen Erweiterung $\tilde{A}$ von A die Aussage $C(\tilde{A}) \cap (-\infty, \mu) = \emptyset$.

Die ausführliche Darstellung und die Beweise der hier skizzierten Sätze werden in der Zeitschrift „Mathematische Nachrichten" erscheinen.

Literatur

[1] Balslev, E., The singular spectrum of elliptic differential operators in $L^p(R_n)$. Math. Scand. **19** (1966) 193–210.

[2] Birman, M. S., Über das Spektrum singulärer Randwertprobleme. (russ.) Mat. Sbornik **55** (97) (1961) 125–174.

[3] Browder, F. E., On the spectral theory of elliptic differential operators I. Math. Ann. **142** (1961) 22–130.

[4] Eastham, M. S. P., Conditions for the spectrum in eigenfunction theory to be bounded below and discrete for $\lambda < 0$. II. J. London math. Soc. **44** (1969).

[5] Glazman, I. M., Diskrete Methoden der qualitativen Spektralanalysis singulärer Differentialoperatoren. (russ.) Moskau 1963.

[6] Hellwig, G., Differentialoperatoren der mathematischen Physik. Springer-Verlag 1964.

[7] Hörmander, L., Linear partial operators. Springer-Verlag 1963.

[8] HOWLAND, J. S., On the essential spectrum of Schrödinger Operators with singular potentials. Pacific J. Math. **25** (1968) 533–542.

[9] KATO, T., On the existence of solutions of the helium wave equation. Trans. Am. Math. Soc. **70** (1951).

[10] MOLČANOV, A. M., Über Bedingungen für die Diskretheit des Spektrums selbstadjungierter Differentialgleichungen zweiter Ordnung. (russ.). Tr. Mosk. matem. ob-va 2 (1953).

[11] MÜLLER-PFEIFFER, E., Spektraleigenschaften eindimensionaler Differentialoperatoren höherer Ordnung. Stud. Math. 34/2.

[12] REJTO, P. A., On the essential spectrum of the hydrogen energy and related operators. Pacific J. Math. **19** (1966).

[13] SOBOLEV, S. L., Einige Anwendungen der Funktionalanalysis auf Gleichungen der mathematischen Physik. Akademie-Verlag, Berlin 1964.

[14] WIENHOLTZ, E., Halbbeschränkte partielle Differentialoperatoren zweiter Ordnung vom elliptischen Typus. Math. Ann. **135** (1958) 50–80.

The Structure of n-th Generalized Analytic Functions

by DAN PASCALI, Bucharest[1])

(Manuskripteingang: 4. Dezember 1969)

1. The analytic functions (the areolar polynomial) of n-th order is defined as the generalized solution $f(z) = u(x, y) + i\, v(x, y)$ in a bidimensional domain D of the equation

$$\frac{\partial^{n+1} f(z)}{\partial \bar{z}^{n+1}} = 0\,, \tag{1}$$

If the domain D contains the origin, N. TEODORESCU established in [1] the following representation of the n-th analytic function

$$f(z) = \varphi_0(z) + \bar{z}\,\varphi_1(z) + \bar{z}^2\,\varphi_2(z) + \cdots + \bar{z}^n\,\varphi_n(z)\,, \tag{2}$$

where $\varphi_k(z)$ $(k = 0, 1, \ldots, n)$ are analytic functions in D.

From (1) we notice imediatly that both the real part $u(x, y)$ and the imaginary part $v(x, y)$ of n-th order analytic function are $(n + 1)$-th order polyharmonique functions. In the paper [3], it was pointed out that, having *a* $(n + 1)$-th order polyharmonique function $u(x, y)$ in D, we can construct a n-th order analytic function, in D, whose real part coincides with $u(x, y)$. Introducing the conditions that this n-th order analytic function will be uniquely determined, we obtain the ALMANSI development [2] for the polyharmonique function $u(x, y)$.

Iterating the POMPEIU integral operator

$$\boldsymbol{T}\, g(z) = -\frac{1}{\pi} \iint\limits_{D} \frac{g(t)}{t - z}\, d\omega_t$$

it was established, in the paper [4], a new representation of the general solution of the equation (1)

$$f(z) = \varphi_0(z) + \boldsymbol{T}\,\varphi_1(z) + \boldsymbol{T}^2\,\varphi_2(z) + \cdots + \boldsymbol{T}^n\,\varphi_n(z)\,, \tag{3}$$

where $\varphi_k(z)$ $(k = 0, 1, 2, \ldots, n)$ are analytic functions in D too.

2. The function $w(z) \in L_1(D)$ is called the (regular) generalized solution in the domain D of the equation

$$\boldsymbol{L}(w) = \frac{\partial w(z)}{\partial \bar{z}} + A(z)\, w(z) + B(z)\, \overline{w(z)} = F(z) \tag{4}$$

---

[1]) Anschrift des Autors:

Dr. D. PASCALI, Academia R. S. Romania, Institutul de Matematica, Calea Griviţei 21, Bucureşti 12.

if the partial generalized derivative $\frac{\partial w(z)}{\partial \bar{z}}$ exists and satifies the equation (4) in the neighborhood of every point of D. The set of all generalized solutions of the non-homogeneous equation (4) is denoted by $\mathfrak{A}(A, B, F, D)$.

The set of all generalized solutions of the homogeneous equation

$$\boldsymbol{L}(u) = \frac{\partial u(z)}{\partial \bar{z}} + A(z)\, u(z) + B(z)\, \overline{u(z)} = 0 \tag{5}$$

is denoted by $\mathfrak{A}(A, B; D)$. If $A(z), B(z) \in L_p(D)$, the subset of generalized solutions of the equation (5) is denoted by $\mathfrak{A}_p(A, B; D)$. The elements of the set $\mathfrak{A}_p(A, B; D)$ are ealled *generalized analytic functions*, defined by the paar of generators (A, B) in the domain D.

Further we shall assume $p > 2$.

Let be C the boundary of the domain D, composed by a finite number of simple, rectificable, disjoint from one another, and $\Gamma_1(z, t)$ and $\Gamma_2(z, t)$ the resolvents in D of the equation (5). I. N. VEKUA shows in [6], that to every analytic function $\Phi(z)$ in D correponds an element $u(z) \in \mathfrak{A}_p(A, B; D)$

$$u(z) = \Phi(z) + \iint_D \left(\Gamma_1(z, t)\, \Phi(t) + \Gamma_2(z, t)\, \overline{\Phi}(t)\right) d\omega_t\, .$$

Having given a function $\psi(z)$ sumable on the boundary C, the generalized integral of CAUCHY type

$$u(z) = \frac{1}{2\pi i} \int_D \Omega_1(z, t)\, \psi(t)\, dt - \Omega_2(z, t)\, \overline{\psi(t)}\, d\bar{t}\, ,$$

where

$$\Omega_1(z, t) = \frac{1}{t - z} + \iint_D \frac{\Gamma_1(z, s)}{t - s}\, d\omega_0,\ \Omega_2(t, z) = \iint_D \frac{\Gamma_2(z, s)}{\bar{t} - \bar{s}}\, d\omega_s \tag{6}$$

are the kernels in D of the equation (5), is a function from $\mathfrak{A}_p(A, B; D)$.

If $w(z)$ is a generalized solution, continuous in $\bar{D}$, of the non-homogeneous equation (4), with $A(z), B(z), F(z) \in L_p(D)$, then

$$w(z) = \frac{1}{2\pi i} \int_C \Omega_1(z, t)\, w(t)\, dt - \Omega_2(z, t)\, \overline{w(t)}\, d\bar{t} -$$

$$- \frac{1}{\pi} \iint_D \left(\Omega_1(z, t)\, F(t) + \Omega_2(z, t)\, \overline{F(t)}\right) d\omega_t = u(z) + \boldsymbol{P}\, F(z)\, , \tag{7}$$

where $u(z)$ is the generalized solution of the homogeneous equation (5), and

$$\boldsymbol{P}\, F(z) = -\frac{1}{\pi} \iint_D \left(\Omega_1(z, t)\, F(t) + \Omega_2(z, t)\, \overline{F(t)}\right) d\omega_t$$

is a particular generalized solution of the non-homogeneous equation (4). By virtue of the relations (6) and the properties of the POMPEIU integral operator $\boldsymbol{T}$, the function $\boldsymbol{P} F(z)$ for $F(z) \in L_p(D)$ is continuous in all the plane, analytic in the exterior of D, vanishing at infinity and $\boldsymbol{L}(\boldsymbol{P} F(z)) = F(z)$.

3. We consider the iterative operators $\boldsymbol{L}^{n+1}$ defined by induction $\boldsymbol{L}^{n+1} = \boldsymbol{L}(\boldsymbol{L}^n)$ $(n = 1, 2, \ldots)$ and the equation

$$\boldsymbol{L}^{n+1}(U) = \left(\frac{\partial U(z)}{\partial \bar{z}} + A(z)\, U(z) + B(z)\, \overline{U(z)}\right)^{(n+1)} = 0\,. \tag{8}$$

The notion of generalized solution of this iterative equation is defined the same way as of the equation (4). The set of all generalized solutions of the equation (8) is denoted by $\mathfrak{A}^{n+1}(A, B; D)$. We denote also by $W_p^n(D)$ the space of functions $f(z) \in L_1(D)$ for which the generalized derivatives $\frac{\partial^{j+k} f}{\partial \bar{z}^j\, \partial z^k}$, $(j + k \leqq n$, $j, k = 0, 1, \ldots, n)$ exist in D and belong to $L_p(D)$, and by $C_\alpha^m(D)$ the space of the functions which together with their partial derivatives till th n-the order hölderian functions of exponent α. Starting from the corresponding I. N. Vekua's theorems for analytic generalized functions, we can prove by induction the following assertions:

Theorem 1. *If* $A(z), B(z) \in W_p^n(D)$ *then*

$$\mathfrak{A}^{n+1}(A, B; C) \subset W_p^{n+1}(D) \cap C_\alpha^m(D) \quad \textit{with} \quad \alpha = \frac{p-2}{p}\,.$$

Theorem 2. *If* $A(z), B(z) \in C_\alpha^m(D)$ $(0 < \alpha < 1)$, *then*

$$\mathfrak{A}^{n+1}(A, B; D) \subset C_\alpha^{n+1}(D)\,.$$

By other words, the theorem 2 asserts that for the existence of the classical solution of the equation (8) it is sufficient that $A(z), B(z) \in C_\alpha^m(D)$ $(0 < \alpha < 1)$.

If $A(z), B(z) \in W_p^n(D)$, the generalized solutions of the iterative equation (8) were called in [4] *n-th order generalized analytic functions*, defined by the paar of generators (A, B) in the domain D.

4. Starting from the solution (7) of the non-homogeneous equation (4), we see early that $U(z)$ has the form

$$U(z) = u_0(z) + \boldsymbol{P}\, u_1(z) + \boldsymbol{P}^2\, u_2(z) + \cdots + \boldsymbol{P}^n\, u_n(z)\,, \tag{9}$$

where $\boldsymbol{P}^m$ is the iterative operator $\boldsymbol{P}$, $\boldsymbol{P}^{m+1} = \boldsymbol{P}(\boldsymbol{P}^m)$ $(m = 2, 3, \ldots, n)$, and $u_k(z)$ $(k = 0, 1, 2, \ldots, n)$ are generalized solutions of the equation (5) in the domain D. The representation (9) make the correspondence between a n-th order generalized analytic function and $(n + 1)$ generalized analytic functions. Because

$$\boldsymbol{L}^k(U) = u_k(z) + \boldsymbol{P}\left(u_{k+1}(z) + \boldsymbol{P}\, u_{k+2}(z) + \cdots + \boldsymbol{P}^{n-k-1}\, u_n(z)\right),$$

the generalized analytic functions $u_k(z)$ are determined by the values of $\boldsymbol{L}^k(U)$ (we have come to the agreement that $\boldsymbol{L}^\circ(U) = U(z)$) on the boundary C by means of the Cauchy generalized integrals

$$u_k(z) = \frac{1}{2\pi i} \int_C \Omega_1(z, t)\, \boldsymbol{L}^k\left(U(t)\right) dt - \Omega_2(z, t)\, \overline{\boldsymbol{L}^k\left(U(t)\right)}\, d\bar{t}, \quad (k = 0, 1, \ldots, n) \tag{10}$$

from where results:

Theorem 3. *An n-th order generalized analytic function $U(z)$ in domain D can be represented by the form* (9), *where the generalized analytic functions $u_k(z)$ are given in this domain by the relations* (10).

From (9) we get

$$u_k(z) = \boldsymbol{L}^k(U) - \boldsymbol{P}\left(\boldsymbol{L}^{k+1}(U)\right), \quad (k = 0, 1, \ldots, n).$$

Using the MORERA's theorem for generalized analytic functions, we obtain:

Theorem 4. *The necessary and sufficent conditions for $(n + 1)$ function $U(z)$ $(k = 0, 1, \ldots, n)$ continuous in D to represent a n-th order generalized analytic function $U(z) = U_0(z)$ and $\boldsymbol{L}^k(U) = U_k(z)$ $(k = 1, 2, \ldots, n)$ in D, is that for z of the exterior of D*

$$\int_C \Omega_1(z, t)\left(U_k(t) - \boldsymbol{P}\, U_{k+1}(t)\right) dt - \Omega_2(z, t)\,\overline{\left(U_k(t) - \boldsymbol{P}\, U_{k+1}(t)\right)}\, d\bar{t} = 0, \quad (k = 0, 1, \ldots, n).$$

The generalized solution of the non-homogeneous iterative equation

$$\boldsymbol{L}^{n+1}(U) = \left(\frac{\partial U(z)}{\partial \bar{z}} + A(z)\, U(z) + B(z)\, \overline{U(z)}\right)^{(n+1)} = F(z)$$

with $A(z), B(z), F(z) \in W_p^n(D)$, has the form

$$U(z) = u_0(z) + \boldsymbol{P}\, u_1(z) + \boldsymbol{P}^2\, u_2(z) + \cdots + \boldsymbol{P}^n\, u_n(z) + \boldsymbol{P}^{n+1}\, F(z),$$

where the generalized analytic functions $u_k(z)$ are determined by the relations (10).

5. In the particular case $B(z) = 0$, the equation (8) will be (11)

$$\boldsymbol{E}^{n+1}(U) = \left(\frac{\partial U(z)}{\partial \bar{z}} + A(z)\, U(z)\right)^{(n+1)} = 0 \tag{11}$$

with $A(z) \in W_p^n(D)$. If we make the substitution

$$U(z) = f(z)\, e^{-T A(z)}, \tag{12}$$

the iterative equation (11) will be

$$\frac{\partial^{n+1} f(z)}{\partial \bar{z}^{n+1}} = 0.$$

Therefore, we obtain

Theorem 5. *The generalized solution $U(z)$ in the domain D of the iterative equation* (11) *has the form* (12), *in which $f(z)$ is a n-th analytic function in D.*

Writing $f(z)$ in the form (2) and taking into account that $u_k(z) = \varphi_k(z)\, e^{-T A(z)}$, $(k = 0, 1, \ldots, n)$ are solutions in D of the equation $\boldsymbol{E}(u) = 0$, we get, for the solution in D of the equation (11), the development

$$U(z) = u_0(z) + \bar{z}\, u_1(z) + \bar{z}^2\, u_2(z) + \cdots + \bar{z}^n\, u_n(z).$$

The representation (12) shows that $U(z)$ has the same properties as the n-th order analytic functions, emphasized by M. B. BALK [7].

References

[1] Teodorescu, N., La dérivée aréolaire et ses applications dans la physique mathématique Thèse. Gauthier-Villars, Paris 1931.

[2] Nicolescu, M., Les fonctions polyharmoniques. Hermann, Paris 1936.

[3] Pascali, D., The areolar polynomials and the Almansi development in the plane, Rev. de math. pures et appl., IV, 3 (1959) 451—455.

[4] Pascali, D., A new representation of the areolar polynomial in the plane. (Roumanian.) Stud. Cerc. Mat., XV, 2 (1964) 249—251.

[5] Pascali, D., Generalized analytic functions of n-th order, (Roumanian), Stud. Cerc. Mat., XVII, 9 (1965) 1385—1390.

[6] Vekua, I. N., Generalized analytic functions (Russian). Fizmatgiz, Moscou 1959.

[7] Balk, M. B., A uniqueness theorem for polyanalytic functions, (Russian.) Izv. Akad. Nauk Armjan. SSR, Ser Fiz-Mat. Nauk **18**, 3 (1965) 3—14.

r-Nukleare SOBOLEVsche Einbettungsoperatoren

von ALBRECHT PIETSCH, Jena[1])

(Manuskripteingang: 31. Dezember 1969)

Für beliebige Zahlen p und q mit $1 \leqq p, q \leqq \infty$ und alle reellen Ordnungen $\lambda \geqq 0$ werden notwendige und hinreichende Bedingungen dafür angegeben, daß der SOBOLEVsche Einbettungsoperator

$$I : W_p^\lambda(G) \to L_q(G)$$

r-nuklear oder absolut-r-summierend ist. Eine vollständige Lösung des aufgeworfenen Problems gelingt vorläufig nur im Fall $r = 2$.

In der vorliegenden Arbeit untersuchen wir die Zugehörigkeit der SOBOLEVschen Einbettungsoperatoren

$$I : W_p^\lambda(G) \to L_q(G)$$

zu gewissen Operatorenidealen.

Das erste Ergebnis in dieser Richtung stammt von W. I. KONDRASCHOV [7], der bewies, daß die Einbettungsoperatoren für beschränkte n-dimensionale Gebiete und

$$\lambda > n\left(\frac{1}{p} - \frac{1}{q}\right)$$

kompakt sind (vgl. auch [17]).

Die nächste Etappe wurde durch K. MAURIN [11] eingeleitet. Er zeigte, daß die Einbettung

$$I : W_2^\lambda(G) \to L_2(G)$$

dann und nur dann ein HILBERT-SCHMIDT-Operator ist, wenn

$$\lambda > \frac{n}{2}$$

gilt. Dieses Resultat konnte von B. GRAMSCH [4], J. KADLEC und W. B. KOROTKOV [5] sowie H. TRIEBEL [22] auf Operatoren vom Typ S_r verallgemeinert werden.

Auch die Untersuchungen von M. S. BIRMAN, M. Z. SOLOMJAK und W. M. TICHOMIROV [1], [21] sowie H. TRIEBEL [23] sind wichtige Beiträge zu der aufgeworfenen Problemstellung.

[1]) Anschrift des Autors:

Prof. Dr. A. PIETSCH, Friedrich-Schiller-Universität Jena
Sektion Mathematik
DDR, 69 Jena, Helmholtzweg 1.

Einige Ergebnisse für Einbettungsoperatoren über unbeschränkten n-dimensionalen Gebieten stammen von C. CLARK [2] und J. WLOKA [25], [26].

Im folgenden beschäftigen wir uns mit der Aufgabe, notwendige und hinreichende Bedingungen dafür anzugeben, daß die Einbettungen r-nuklear bzw. absolut-r-summierend sind. Einige Aussagen über nukleare Einbettungen wurden bereits von H. TRIEBEL und A. PIETSCH [16] bewiesen (vgl. auch [10]).

L. SCHWARTZ [18], [19] hat sich kürzlich mit der Frage beschäftigt, unter welchen Voraussetzungen die Einbettungsoperatoren r-radonifizierend sind. Da die r-radonifizierenden Operatoren nach S. KWAPIEN in den meisten BANACH-Räumen mit den absolut-r-summierenden Operatoren zusammenfallen, besteht zwischen beiden Problemstellungen ein enger Zusammenhang.

Meinem Kollegen H. TRIEBEL bin ich für viele wertvolle Hinweise zu großem Dank verpflichtet. Insbesondere geht die Beweisidee von Satz 1 auf ihn zurück.

1. Operatorenideale

Im folgenden ist L die Klasse aller beschränkten linearen Operatoren zwischen beliebigen BANACH-Räumen, und mit $\boldsymbol{L}(E, F)$ wird die Menge derjenigen Operatoren $T \in \boldsymbol{L}$ bezeichnet, die den BANACH-Raum E in den BANACH-Raum F abbilden.

Ein Klasse $\boldsymbol{A}$ von beschränkten linearen Operatoren heißt *Ideal*, wenn für die Mengen

$$\boldsymbol{A}(E, F) = \boldsymbol{A} \cap \boldsymbol{L}(E, F)$$

die folgenden Bedingungen erfüllt sind:

Aus $S, T \in \boldsymbol{A}(E, F)$ folgt $S + T \in \boldsymbol{A}(E, F)$. $\quad (A)$

Aus $T \in \boldsymbol{A}(E, F)$ und $S \in \boldsymbol{L}(F, G)$ folgt $S\,T \in \boldsymbol{A}(E, G)$. $\quad (I_1)$

Aus $T \in \boldsymbol{L}(E, F)$ und $S \in \boldsymbol{A}(F, G)$ folgt. $S\,T \in \boldsymbol{A}(E, G)$. $\quad (I_2)$

Eine Abbildung α, die jedem Operator T eines Ideals $\boldsymbol{A}$ eine nicht negative Zahl $\alpha(T)$ zuordnet, nennt man *Norm*, wenn sie die nachstehenden Eigenschaft ten besitzt:

Aus $\alpha(T) = 0$ folgt $T = 0$.

Für $S, T \in \boldsymbol{A}(E, F)$ gilt $\alpha(S + T) \leqq \alpha(S) + \alpha(T)$. $\quad (NA)$

Für $T \in \boldsymbol{A}(E, F)$ und $S \in \boldsymbol{L}(F, G)$ gilt $\alpha(S\,T) \leqq ||S||\ \alpha(T)$. $\quad (NI_1)$

Für $T \in \boldsymbol{L}(E, F)$ und $S \in \boldsymbol{A}(F, G)$ gilt $\alpha(S\,T) \leqq \alpha(S)\ ||T||$. $\quad (NI_2)$

Ein Operatorenideal $\boldsymbol{A}$, auf dem eine Norm α gegeben ist, bezeichnen wir als *Normideal* $[\boldsymbol{A}, \alpha]$. Ein Normideal $[\boldsymbol{A}, \alpha]$ heißt *vollständig*, wenn die einzelnen Komponenten $\boldsymbol{A}(E, F)$ vollständig sind.

Wir geben nun einige Beispiele von vollständigen Normidealen an.

$[\boldsymbol{K}, ||\cdot||$ = *Ideal der kompakten Operatoren*: Ein Operator $T \in \boldsymbol{L}(E, F)$ heißt kompakt, wenn er jede beschränkte Teilmenge von E in eine relativ kompakte Teilmenge von F abbildet.

$[\boldsymbol{N}_r, \boldsymbol{\nu}_r]$ = *Ideal der r-nuklearen Operatoren*: Ein Operator $T \in \boldsymbol{L}(E, F)$ heißt r-nuklear, wenn er sich in der Form

$$T\,x = \sum_1^\infty \langle x, a_k\rangle\, y_k$$

darstellen läßt, so daß für die linearen Funktionale $a_k \in E'$ und die Elemente $y_k \in F$ die Ungleichungen

$$\sum_1^\infty ||a_k||^r < \infty \tag{1}$$

und

$$\sum_1^\infty |\langle y_k, b\rangle|^{r'} < \infty \qquad \text{für} \quad b \in F' \tag{2}$$

gelten. Dabei erhält man den konjugierten Exponenten r' für $1 < r < \infty$ aus der Gleichung $1/r + 1/r' = 1$. Im Fall $r = 1$ können die Forderungen (1) und (2) zu der Bedingung

$$\sum_1^\infty ||a_k||\;||y_k|| < \infty$$

zusammengefaßt werden. Die Norm $\boldsymbol{\nu}_r(T)$ ergibt sich durch den Ansatz

$$\boldsymbol{\nu}_r(T) = \inf\left[\left\{\sum_1^\infty ||a_k||^r\right\}^{1/r} \sup_{||b|| \leqq 1} \left\{\sum_1^\infty |\langle y_k, b\rangle|^{r'}\right\}^{1/r'}\right],$$

wobei das Infimum über alle möglichen Darstellungen gebildet wird.

$[\boldsymbol{P}_r, \boldsymbol{\pi}_r]$ = *Ideal der absolut-r-summierenden Operatoren*: Ein Operator $T \in \boldsymbol{L}(E, F)$ heißt absolut-r-summierend, wenn es eine nicht negative Zahl ϱ gibt, so daß für jedes endliche System $x_1, \ldots, x_n$ von Elementen aus E die Ungleichung

$$\left\{\sum_1^n ||T\,x_k||^r\right\}^{1/r} \leqq \varrho \sup_{||a|| \leqq 1} \left\{\sum_1^n |\langle x_k, a\rangle|^r\right\}^{1/r}$$

besteht. Als Norm $\boldsymbol{\pi}_r(T)$ verwenden wir die kleinstmögliche Zahl ϱ.

Wir stellen nun noch einige Aussagen über r-nukleare und absolut-r-summierende Operatoren zusammen, die im folgenden benötigt werden (vgl. [12], [13]).

Satz 1°. *Ein Operator $T \in \boldsymbol{L}(E, F)$ ist dann und nur dann absolut-r-summierend, wenn es auf der schwach kompakten Einheitskugel U^0 des dualen BANACH-Raumes E' ein positives RADONsches Maß μ gibt, so daß die Beziehung*

$$||T\,x|| \leqq \left\{\int_{U^0} |\langle x, a\rangle|^r\, d\mu(a)\right\}^{1/r} \qquad \textit{für } x \in E$$

besteht.

Satz 2°. *Ein Operator $T \in \boldsymbol{L}(E, F)$ ist dann und nur dann r-nuklear, wenn er sich in ein Produkt $T = Q\,P$ von zwei Operatoren $P \in \boldsymbol{K}(E, C)$ und $Q \in \boldsymbol{P}_r(C, F)$ zerlegen läßt. Dabei ist C der BANACH-Raum aller stetigen Funktionen über einem geeigneten kompakten HAUSDORFF-Rauu. Insbesondere gilt $\boldsymbol{N}_r \subset \boldsymbol{P}_r$.*

Satz 3°. *Für zwei Zahlen r und s mit $1 \leqq r \leqq s \leqq \infty$ gilt $\boldsymbol{N}_r \subset \boldsymbol{N}_s$ und $\boldsymbol{\nu}_r \geqq \boldsymbol{\nu}_s$ sowie $\boldsymbol{P}_r \subset \boldsymbol{P}_s$ und $\boldsymbol{\pi}_r \geqq \boldsymbol{\pi}_s$.*

Satz 4⁰. *Unter der Voraussetzung*

$$\frac{1}{r} = \frac{1}{p} + \frac{1}{q} \leqq 1$$

folgt aus $T \in \boldsymbol{P}_p(E, F)$ *und* $S \in \boldsymbol{N}_q(F, G)$ *stets* $S\,T \in \boldsymbol{N}_r(E, G)$, *und es gilt*

$$\boldsymbol{\nu}_r(S\,T) \leqq \boldsymbol{\nu}_q(S)\,\boldsymbol{\pi}_p(T) .$$

2. Sobolev-Slobodetzkij-Räume

Mit $C^\infty(\overline{G})$ bezeichnen wir den linearen Raum aller Funktionen x, die auf dem beschränkten Gebiet G des n-dimensionalen Raumes zusammen mit allen Ableitungen $D^\alpha x$ gleichmäßig stetig sind. Dann erhält man die von S. L. Sobolev eingeführten Funktionenräume $W_p^\lambda(G)$ für ($1 \leqq p \leqq \infty$ und $\lambda = 0, 1, 2, \ldots$ als vollständige Hülle von $C^\infty(\overline{G})$ in der Norm

$$||x||_{W_p^\lambda} = \left\{ \sum_{|\alpha| \leqq \lambda} ||D^\alpha x||_{L_p}^p \right\}^{1/p} .$$

Insbesondere gilt $W_p^0(G) = L_p(G)$ für $1 \leqq p < \infty$ und $W_\infty^0(G) = C(\overline{G})$. Zur Erzeugung der Funktionenräume $W_p^\lambda(G)$ der Ordnung $\lambda = l + \Theta$ mit $l = 0, 1, 2, \ldots$ und $0 < \Theta < 1$ verwendet man dagegen nach L. N. Slobodetzkij die Norm

$$||x||_{W_p^\lambda} = \left\{ ||x||_{W_p^l}^p + \sum_{|\alpha| \leqq l} \int\int_{G \times G} \frac{|D^\alpha x(s) - D^\alpha x(t)|^p}{|s - t|^{n + \Theta p}}\, ds\, dt \right\}^{1/p}$$

bzw.

$$||x||_{W_\infty^\lambda} = ||x||_{W_\infty^l} + \sup \left\{ \frac{|D^\alpha x(s) - D^\alpha x(t)|}{|s - t|^\Theta} : s, t \in G, |\alpha| \leqq l \right\} .$$

Für die folgenden Untersuchungen ist es wichtig, daß man die Slobodetzkij-Räume $W_p^\lambda(G)$ mit $\lambda \neq 0, 1, 2, \ldots$ aus den Sobolev-Räumen $W_p^\lambda(G)$ mit $\lambda = 0, 1, 2, \ldots$ durch reelle Interpolationsverfahren gewinnen kann (vgl. [9]).

3. Grenzordnungen für Einbettungsoperatoren

Im folgenden betrachten wir die Sobolev-Slobodetzkij-Räume $W_p^\lambda(G)$ nur über beschränkten Gebieten G, die so beschaffen sind, daß die beiden nachstehenden Aussagen gelten.

Einbettungssatz. *Die identische Abbildung von* $C^\infty(\overline{G})$ *läßt sich für*

$$\lambda > n\left(\frac{1}{p} - \frac{1}{q}\right)$$

zu einem beschränkten linearen Einbettungsoperator

$$I: W_p^\lambda(G) \to L_q(G)$$

erweitern.

Fortsetzungssatz. *Zu jedem beschränkten Gebiet H mit $\overline{G} \subset H$ existiert ein beschränkter linearer Fortsetzungsoperator*

$$F : W_p^\lambda(G) \to W_p^\lambda(H) .$$

Für ein beliebiges Operatorenideal $\boldsymbol{A}$ definieren wir nun die *Grenzordnung* $\lambda(\boldsymbol{A}, p, q, n)$ durch den Ansatz

$$\lambda(A, p, q, n) = \inf \{\lambda : I \in \boldsymbol{A} \left(W_p^\lambda(G), L_q(G)\right) \} .$$

Dann gehört der Einbettungsoperator

$$I : W_p^\lambda(G) \to L_q(G)$$

für alle $\lambda > \lambda(\boldsymbol{A}, p, q, n)$ zu $\boldsymbol{A}$, während er für $\lambda < \lambda(\boldsymbol{A}, p, q, n)$ nicht in $\boldsymbol{A}$ liegt. Außerdem zeigt sich, daß die Grenzordnung nicht von der Gestalt des Gebietes G, sondern nur von der Dimension des Raumes abhängt.

Von großem Nutzen für die Bestimmung der Grenzordnungen ist das folgende

Dualitätsprinzip. *Wenn für zwei Normideale $[\boldsymbol{A}, \boldsymbol{\alpha}]$ und $[\boldsymbol{B}, \boldsymbol{\beta}]$ aus $T \in \boldsymbol{A}(E, F)$ und $S \in \boldsymbol{B}(F, G)$ stets $S\,T \in \boldsymbol{N}_1(E, G)$ und $\boldsymbol{\nu}_1(S\,T) \leqq \boldsymbol{\beta}(S)\,\boldsymbol{\alpha}(T)$ folgt, so besteht die Ungleichung*

$$\lambda(\boldsymbol{A}, p, q, n) + \lambda(\boldsymbol{B}, q, p, n) \geqq n .$$

Zum Beweis unserer Behauptung benötigen wir einige Aussagen über die durch den Ansatz

$$F_h\colon\ x(t) \to \int_Q x(s)\, D_h(s-t)\, ds\ , \quad h = 1, 2, \ldots$$

mit

$$D_h(s-t) = (2\,\pi\,h)^{-n} \left[\frac{\sin \frac{h}{2}(s_i - t_i)}{\sin \frac{1}{2}(s_i - t_i)}\right]^2 \quad \text{und} \quad Q = \{t\colon\ |t_i| \leqq \pi\}$$

definierten FEJER-Operatoren.

Lemma 1. *Es gilt* $\|F_h : L_p(Q) \to L_p(Q)\| = 1$.

Unter Verwendung der BERNSTEINschen Ungleichung (vgl. [27]) ergibt sich dann durch Interpolation

Lemma 2. *Es gilt* $\|F_h : L_p(Q) \to W_p^\lambda(Q)\,\| \leqq c(\lambda)\,h^\lambda$.

Außerdem hat man

Lemma 3. *Es gilt* $\text{Spur}\,(F_h^2) = \left(\frac{2\,h^2+1}{3\,h}\right)^n \geqq \left(\frac{2\,h}{3}\right)^n$.

Nach diesen Vorbemerkungen können wir nun leicht das angegebene Dualitätsprinzip beweisen. Zu diesem Zweck bestimmen wir zu einer vorgegebenen Zahl $\varepsilon > 0$ zwei Zahlen λ und μ mit

$$\lambda(\boldsymbol{A}, p, q, n) + \varepsilon > \lambda > \lambda(\boldsymbol{A}, p, q, n)$$

und

$$\lambda(\boldsymbol{B}, q, p, n) + \varepsilon > \mu > \lambda(\boldsymbol{B}, q, p, n) .$$

Dann ergibt sich aus dem Diagramm

$$L_p(Q) \xrightarrow{F_h} W_p^\lambda(Q) \xrightarrow{I} L_q(Q) \xrightarrow{F_h} W_q^\mu(Q) \xrightarrow{I} L_p(Q)$$

für $h = 1, 2, \ldots$ die Ungleichung

$$\left(\frac{2\,h}{3}\right)^n \leqq \operatorname{Spur}(F_h^2) \leqq \nu_1(I\,F_h\,I\,F_h)$$

$$\leqq \beta\,(I\colon W_q^\mu \to L_p)\,c(\mu)\,h^\mu\,\alpha\,(I\colon W_p^\lambda \to L_q)\,c(\lambda)\,h^\lambda \leqq c(\lambda, \mu)\,b^{\lambda+\mu}\,.$$

Folglich hat man

$$\lambda + \mu \geqq n\,,$$

und durch den Grenzübergang $\varepsilon \to 0$ ergibt sich wie behauptet

$$\lambda(\boldsymbol{A}, p, q, n) + \lambda(\boldsymbol{B}, q, p, n) \geqq n\,.$$

4. Einige hinreichende Bedingungen für r-Nuklearität

Im folgenden beweisen wir die r-Nuklearität gewisser Einbettungsoperatoren. Zu diesem Zweck sind einige Vorbereitungen notwendig.

Durchläuft $k = (k_1, \ldots, k_n)$ alle n-tupel von ganzen Zahlen, und setzt man $|k|^2 = \sum k_i^2$, so gilt

Lemma 4. *Die Reihe*

$$\sum_k (1 + |k|^2)^{-\lambda/2}$$

ist für $\lambda > n$ konvergent.

Ist $\mathring{W}_p(G)$ der abgeschlossene lineare Teilraum derjenigen Elemente aus $W_p^\lambda(G)$, die sich durch beliebig oft differenzierbare Funktionen mit kompaktem Träger approximieren lassen, so ergibt sich

Lemma 5. *Für die durch den Ansatz*

$$\langle x, a_k \rangle = (2\,\pi)^{-n} \int_Q x(t)\, e^{-i\,k\,t}\, dt$$

auf $\mathring{W}_1^\lambda(Q)$ definierten linearen Funktionale a_k gilt die Abschätzung

$$||a_k|| \leqq \varrho(\lambda)\,(1 + |k|^2)^{-\lambda/2}\,.$$

Beweis. Im Fall $\lambda = 2\,l$ mit $l = 0, 1, 2, \ldots$ ergibt sich unsere Behauptung aus der Identität

$$(1 + |k|^2)^l\,\langle x, a_k \rangle = \langle (1 - \Delta)^l\,x, a_k \rangle\,.$$

Den Rest erhält man durch Interpolation.

Schließlich formulieren wir noch das auf Hausdorff, Young und Riesz zurückgehende

Lemma 6. *Für die Funktionen*

$$y_k(t) = e^{i\,k\,t}$$

gilt mit $2 \leqq q \leqq \infty$ *und* $b \in L_{q'}(Q)$ *die Ungleichung*

$$\sum_k |\langle y_k, b\rangle|^q < \infty .$$

Satz 1. *Der Einbettungsoperator*

$$I\colon W_p^\lambda(G) \to L_q(G)$$

ist für $\lambda > n/q'$, $q' \leqq r$ *und* $2 \leqq q \leqq \infty$ *stets r-nuklear.*

Beweis. Mit den linearen Funktionalen a_k (Lemma 5) und den Funktionen y_k (Lemma 6) besitzt der Einbettungsoperator

$$I\colon \mathring{W}_1^\lambda(Q) \to L_q(Q)$$

die Fourier-Darstellung

$$I\,x = \sum_k \langle x, a_k\rangle\, y_k .$$

Dabei gilt

$$\sum_k ||a_k||^{q'} \leqq \varrho(\lambda)^{q'} \sum_k (1 + |k|^2)^{-q'\lambda/2} < \infty$$

und

$$\sum_k |\langle y_k, b\rangle|^q < \infty \quad \text{für } b \in L_{q'}(Q) .$$

Folglich ist der betrachtete Einbettungsoperator q'- und somit erst recht r-nuklear. Die gleiche Aussage ergibt sich abschließend für beliebige Gebiete und $p \geqq 1$ unter Verwendung des Fortsetzungssatzes.

Lemma 6. *Für* $\varepsilon > 0$ *ist der Einbettungsoperator*

$$I : W_\infty^{\lambda+\varepsilon}(G) \to W_r^\lambda(G)$$

absolut-r-summierend (vgl. [26]).

Beweis. Da für $\lambda = 0, 1, 2, \ldots$ sogar der Einbettungsoperator

$$I : W_\infty^\lambda(G) \to W_r^\lambda(G)$$

absolut-r-summierend ist (vgl. [13]), müssen wir nur noch den Fall $\lambda \neq 0, 1, 2, \ldots$ behandeln. Dann gilt $\lambda = l + \Theta$ mit $l = 0, 1, 2, \ldots$ und $0 < \Theta < 1$, und wir können ohne Beschränkung der Allgemeinheit voraussetzen, daß auch die Ungleichung $0 < \Theta + \varepsilon < 1$ besteht. Nun erhält man durch die Ansätze

$$\langle x, \delta_t^\alpha\rangle = D^\alpha x(t) \quad \text{und} \quad \langle x, a_{st}^\alpha\rangle = \frac{D^\alpha x(s) - D^\alpha x(t)}{|s-t|^{\Theta+\varepsilon}}$$

für $|\alpha| \leqq l$ und $s \neq t$ auf $W_\infty^{\lambda+\varepsilon}(G)$ eine Menge von linearen Funktionalen mit

$$||\delta_t^\alpha|| \leqq 1 \quad \text{und} \quad ||a_{st}^\alpha|| \leqq 1 .$$

Das nach Satz 1[0] zur Charakterisierung der absolut-r-summierenden Operatoren benötigte positive Radonsche Maß μ ergibt sich abschließend durch die Definition

$$\langle \varphi, \mu\rangle = \sum_{|\alpha| \leqq l} \int_G \varphi(\delta_t^\alpha)\, dt + \sum_{|\alpha| \leqq l} \iint_{G\times G} \varphi(a_{st}^\alpha)\, \frac{ds\, dt}{|s-t|^{n-\varepsilon}} .$$

Dabei ist φ eine beliebige stetige Funktion auf der schwach kompakten Einheitskugel des zu $W_\infty^{\lambda+\varepsilon}(G)$ dualen Banach-Raumes.

Satz 2. *Der Einbettungsoperator*

$$I\colon W_p^\lambda(G) \to L_q(G)$$

ist für $\lambda > n\,(1/r + 1/p - 1/q)$ und $q > r$ stets r-nuklear.

Beweis. Wir bestimmen Zahlen μ und ε mit

$$\lambda - \frac{n}{p} > \mu + \varepsilon > \mu > n\left(\frac{1}{r} - \frac{1}{q}\right)$$

und berechnen die Zahl s aus der Gleichung $1/s = 1/r - 1/q$. Dann ergibt sich unsere Behauptung auf Grund der Sätze 2^0 und 4^0 aus dem folgenden Diagramm:

$$W_p^\lambda(G) \to W_\infty^{\mu+\varepsilon}(G) \to W_s^\mu(G) \to C(\overline{G}) \to L_q(G)\,.$$

Satz 3. *Der Einbettungsoperator*

$$I\colon W_p^\lambda(G) \to L_q(G)$$

ist für $\lambda > n/p$ und $q \leqq r$ stets r-nuklear.

Beweis. Wegen Satz 2° erhält man die gewünschte Aussage aus dem folgenden Diagramm:

$$W_p^\lambda(G) \to C(\overline{G}) \to L_r(G) \to L_q(G)$$

5. Bestimmung einiger Grenzordnungen

Die angegebenen Sätze reichen aus, um die Grenzordnungen für die Operatorenideale $\boldsymbol{N}_1$ und $\boldsymbol{N}_2$ zu bestimmen.

Satz 4. *Es gilt*

$$\lambda(\boldsymbol{N}_1, p, q, n) = n\left(1 + \frac{1}{p} - \frac{1}{q}\right) \quad \text{für} \quad p \geqq q$$

$$\lambda(\boldsymbol{N}_1, p, q, n) = n \qquad \textit{für} \quad p \leqq q\,.$$

Beweis. Nach Satz 1 ist der Einbettungsoperator

$$I\colon W_p^\lambda(G) \to L_\infty(G) \to L_q(G)$$

für $\lambda > n$ nuklear. Folglich gilt

$$\lambda(\boldsymbol{N}_1, p, q, n) \leqq n\,.$$

Andererseits hat man wegen Satz 2 auch

$$\lambda(\boldsymbol{N}_1, p, q, n) \leqq n\left(1 + \frac{1}{p} - \frac{1}{q}\right).$$

Sucht man sich unter den bisher gewonnenen Aussagen die jeweils bessere heraus, so ergibt sich

$$\lambda(\boldsymbol{N}_1, p, q, n) \leqq n\left(1 + \frac{1}{p} - \frac{1}{q}\right) \quad \text{für} \quad p \geqq q\,, \tag{1}$$

$$\lambda(\boldsymbol{N}_1, p, q, n) \leqq n \quad \text{für} \quad p \leqq q\,. \tag{2}$$

Auf Grund des Einbettungssatzes gilt aber

$$\lambda(\boldsymbol{L}, q, p, n) \leqq n\left(\frac{1}{q} - \frac{1}{p}\right) \quad \text{für} \quad p \geqq q \tag{1'}$$

und trivialerweise

$$\lambda(\boldsymbol{L}, q, p, n) \leqq 0 \quad \text{für} \quad p \leqq q\,. \tag{2'}$$

Deshalb erhält man in beiden Fällen aus dem Dualitätsprinzip die Ungleichung

$$n \leqq \lambda(\boldsymbol{N}_1, p, q, n) + \lambda(\boldsymbol{L}, q, p, n) \leqq n\,,$$

Folglich steht in den Beziehungen (1) und (2) sogar das Gleichheitszeichen.

Satz 5. *Es gilt*

$$\lambda(\boldsymbol{N}_2, p, q, n) = \frac{n}{2} \quad \textit{für} \quad 1 \leqq p \leqq 2\,, \quad 1 \leqq q \leqq 2\,,$$

$$\lambda(\boldsymbol{N}_2, p, q, n) = n\left(1 - \frac{1}{q}\right) \quad \textit{für} \quad 1 \leqq p \leqq 2\,, \quad 2 \leqq q \leqq \infty\,,$$

$$\lambda(\boldsymbol{N}_2, p, q, n) = \frac{n}{p} \quad \textit{für} \quad 2 \leqq p \leqq \infty\,, \quad 1 \leqq q \leqq 2\,,$$

$$\lambda(\boldsymbol{N}_2, p, q, n) = n\left(\frac{1}{2} + \frac{1}{p} - \frac{1}{q}\right) \quad \textit{für} \quad 2 \leqq p \leqq \infty\,, \quad 2 \leqq q \leqq \infty\,.$$

Beweis. Wir behandeln zuerst den Fall $1 \leqq p \leqq 2$, $1 \leqq q \leqq 2$. Dann folgt aus Satz 1, daß der Einbettungsoperator

$$I\colon W_p^\lambda(G) \to L_2(G) \to L_q(G)$$

für $\lambda > n/2$ stets 2-nuklear ist. Folglich gilt

$$\lambda(\boldsymbol{N}_2, p, q, n) \leqq \frac{n}{2}\,. \tag{1}$$

Durch Vertauschung von p und q erhält man aber auch

$$\lambda(\boldsymbol{N}_2, q, p, n) \leqq \frac{n}{2}\,. \tag{1'}$$

Da aber auf Grund des Dualitätsprinzips die Ungleichung

$$n \leqq \lambda(\boldsymbol{N}_2, p, q, n) + \lambda(\boldsymbol{N}_2, q, p, n) \leqq n$$

besteht, muß in der Beziehung (1) sogar das Gleichheitszeichen gelten.

Unter der Voraussetzung $1 \leqq p \leqq 2$, $2 \leqq q \leqq \infty$ ergibt sich nach Satz 1 die Aussage

$$\lambda(\boldsymbol{N}_2, p, q, n) \leqq \frac{n}{q'} . \tag{2}$$

Andererseits hat man wegen Satz 3

$$\lambda(\boldsymbol{N}_2, q, p, n) \leqq \frac{n}{q} . \tag{2'}$$

Nun folgt aus dem Dualitätsprinzip

$$n \leqq \lambda(\boldsymbol{N}_2, p, q, n) + \lambda(\boldsymbol{N}_2, q, p, n) \leqq n ,$$

daß in der Ungleichung (2) das Gleichheitszeichen gilt.

Die beiden restlichen Fälle lassen sich analog behandeln.

Eine Analyse der vorangehenden Beweise zeigt, daß wir gleichzeitig auch die Grenzordnungen der Operatorenideale $\boldsymbol{L}$, $\boldsymbol{K}$ und $\boldsymbol{P}_2$ bestimmt haben. Es gilt

$$\lambda(\boldsymbol{L}, p, q, n) = \lambda(\boldsymbol{K}, p, q, n) = n - \lambda(\boldsymbol{N}_1, q, p, n)$$

und

$$\lambda(\boldsymbol{P}_2, p, q, n) = \lambda(\boldsymbol{N}_2, p, q, n) = n - \lambda(\boldsymbol{N}_2, q, p, n) .$$

Wenn man die Höhenlinien

$$\lambda(\boldsymbol{A}, p, q, n)/n = \text{const} .$$

im Einheitsquadrat mit den Koordinaten $1/p$ und $1/q$ aufträgt, ergeben sich die folgenden Diagramme (Abb. 1 und 2).

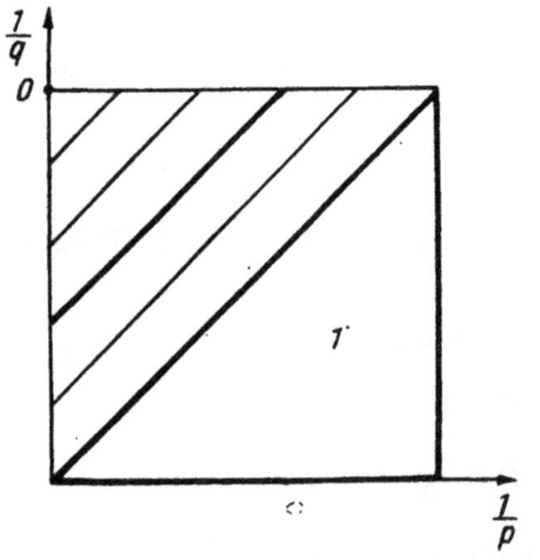

Abb. 1. $\boldsymbol{N}_1$

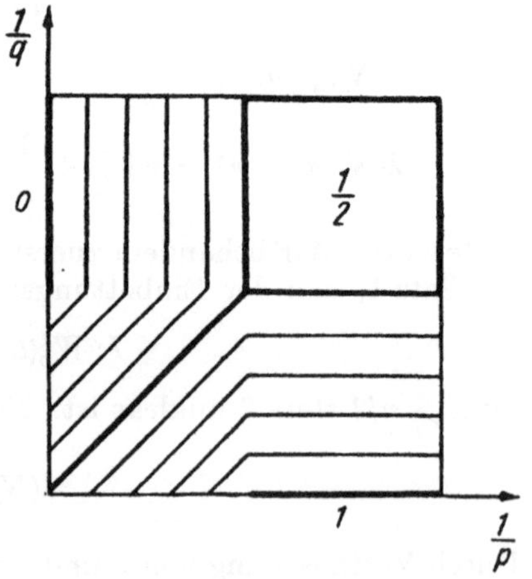

Abb. 2. $\boldsymbol{N}_2$

6. Offene Probleme

Im vorangehenden Abschnitt ist es nur gelungen, die Grenzordnungen für die Operatorenideale $\boldsymbol{N}_1$, $\boldsymbol{N}_2$, $\boldsymbol{P}_2$, $\boldsymbol{K}$ und $\boldsymbol{L}$ zu bestimmen. Es ist zu vermuten, daß für die Grenzordnung von $\boldsymbol{P}_1$ das folgende Diagramm gilt (Abb. 3).

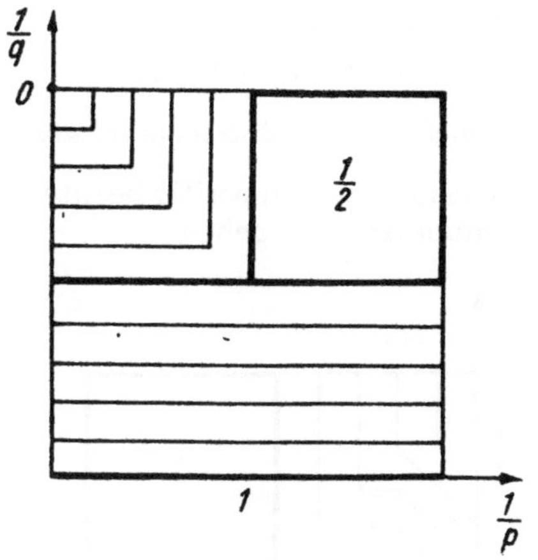

Abb. 3. $\boldsymbol{P}_1$

Zur Bestätigung dieser Vermutung müßten die beiden folgenden Fragen positiv beantwortet werden.

Problem 1. *Ist der Einbettungsoperator*

$$I: W_1^\lambda(G) \to W_2^\mu(G)$$

für $\lambda - \mu > n/2$ *absolut-1-summierend?*

Bemerkung: *Der Beweis dieser Behauptung ergibt sich wahrscheinlich aus dem* GROTHENDIECK*schen Fundamentaltheorem, nach dem jeder beschränkte lineare Operator von einem* L_1*-Raum in einen* L_2*-Raum sogar absolut-1-summierend ist* (vgl. [8]).

Problem 2. *Ist der Einbettungsoperator*

$$I: W_p^\lambda(G) \to L_{p'}(G)$$

für $\lambda > n/p$ *und* $2 \leqq p \leqq \infty$ *absolut-1-summierend?*

Bemerkung: *Der Beweis dieser Behauptung kann eventuell unter Verwendung einer kürzlich von* L. SCHWARTZ (vgl. [18]. [19]) *entwickelten Methode erfolgen.*

Bei der Bestimmung der Grenzordnungen für die Operatorenideale $\boldsymbol{N}_r$ und $\boldsymbol{P}_r$ mit $1 < r < \infty$ und $r \neq 2$ treten die folgenden ungelösten Fragen auf.

Problem 3. *Gilt für* $1 < r < \infty$ *stets*

$$\lambda(\boldsymbol{N}_r, p, q, n) = \lambda(\boldsymbol{P}_r, p, q, n)?$$

Problem 4. *Ist der Einbettungsoperator*

$$I: W_1^\lambda(G) \to W_2^\mu(G)$$

für $\lambda - \mu > n/2$ *und* $1 < r < 2$ *stets r-nuklear?*

Problem 5. *Ist der Einbettungsoperator*

$$I\colon W_p^\lambda(G) \to L_{p'}(G)$$

für $\lambda > n/p$, $2 \leqq p \leqq \infty$ *und* $1 < r < 2$ *stets r-nuklear?*

Wenn man die vorangehenden Fragen positiv beantworten könnte, würde sich für $1 < r < 2$ das Diagramm Abb. 4 ergeben.

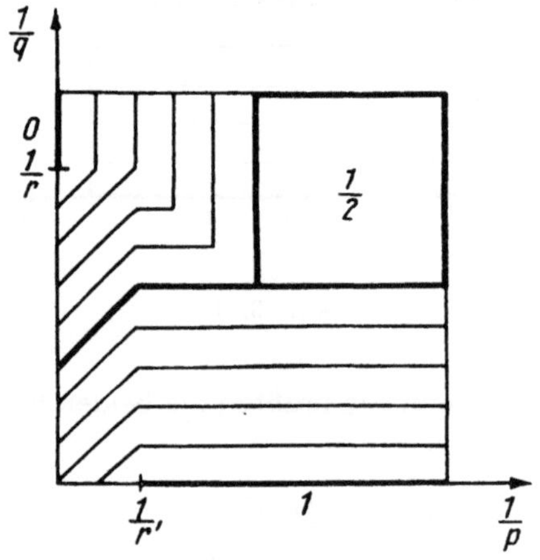

Abb. 4. $\boldsymbol{N}_r$

Außerdem würde das Dualitätsprinzip in der verschärften Form

$$\lambda(\boldsymbol{N}_r, p, q, n) + \lambda(\boldsymbol{N}_{r'}, q, p, n) = n$$

gelten. Es müßte überprüft werden, ob hinter dieser speziellen Aussage eine allgemeine Gesetzmäßigkeit steht, die für zueinander adjungierte Operatorenideale gilt (vgl. [12] und [15]).

Literatur

[1] Birman, M. S. und Solomjak, M. Z., Stückweise polynomielle Approximation von Funktionen der Klasse W_p^α. Mat. Sbornik **73** (1967) 331–355 (russ.).

[2] Clark, C., The Hilbert-Schmidt-Property for embedding maps between Sobolev spaces. Canad. J. of Math. **18** 1966) 1079–1084.

[3] Dunford N. and Schwartz, J. T., Linear-Operators. New York, London 1958/1963.

[4] Gramsch, B., Zum Einbettungssatz von Rellich bei Sobolev-Räumen. Math. Z. **106** (1968) 81–87.

[5] Kadlec, J. und Korotkov, W. B., Über Abschätzungen für die s-Zahlen von Einbettungsoperatoren und Operatoren mit glatten Kernen. Tschech. mat. J. **18** (1968) 678–699 (russ.).

[6] Kantorowitsch, L. W. und Akilow, G. P., Funktionalanalysis in normierten Räumen. Berlin 1964.

[7] Kondraschov, W. I., Über einige Abschätzungen von Funktionenfamilien, die durch Integralungleichungen definiert sind. Dokl. Akad. Nauk UdSSR **18** (1938) 235–240 (russ.).

[8] LINDENSTRAUSS, J. and PEŁCZYŃSKI, A., Absolutly summing operators between L_p-spaces. Studia Math 29 (1968) 275—326.
[9] MAGENES, E., Interpolationsräume und partielle Differentialgleichungen. Uspechi Mat. Nauk 21 (1966) 169—218.
[10] MAURIN, K. und L., Nuklearität gewisser Rellich-Sobolevschen Einbettungen, Bull. Acad. Polon Sci., Sér Math. 8 (1960) 621—624.
[11] MAURIN, K., Abbildungen vom HILBERT-SCHMIDTschen Typus und ihre Anwendungen. Math. Scand. 9 (1961) 359—371.
[12] PERSSON, A. und PIETSCH, A., p-nukleare und p-integrale Abbildungen in BANACH-Räumen. Studia Math. 33 (1969) 19—62.
[13] PIETSCH, A., Absolut p-summierende Abbildungen in normierten Räumen. Studia Math. 28 (1967) 333—353.
[14] PIETSCH, A., HILBERT-SCHMIDT-Abbildungen in BANACH-Räumen. Math. Nachr. 37 (1968) 237—245.
[15] PIETSCH, A., Ideale von S_p-Operatoren in BANACH-Räumen. Studia Math.
[16] PIETSCH, A. und TRIEBEL, H., Interpolationstheorie für BANACH-Ideale von beschränkten linearen Operatoren. Studia Math. 31 (1968) 95—109.
[17] RELLICH, F., Ein Satz über die mittlere Konvergenz. Gött. Nachr. 1 (1930) 30—35.
[18] SCHWARTZ, L., Un théorème de dualité pour les applications radonifiantes. C. R.
[19] SCHWARTZ, L., Applications du théorème de dualité sur les applications p-radonifiantes. C. R.
[20] SOBOLEV, S. L., Über ein Theorem der Funktionalanalysis. Mat. Sbornik 4 (1938) 471—497 (russ.).
[21] SOLOMJAK, M. Z. und TICHOMIROV, W. M., Über geometrische Charakteristiken der Einbettungen von W_p in C. Izv. Vyss. Ucebn. Zavad. Matematika 10 (1967) 76—82 (russ.).
[22] TRIEBEL, H., Über die Verteilung der Approximationszahlen kompakter Operatoren in SOBOLEV-BESOV-Räumen. Inventiones math. 4 (1967) 275—293.
[23] TRIEBEL, H., Über die Approximationszahlen der Einbettungsoperatoren. Archiv der Math. 19 (1968) 305—312.
[24] WLOKA, J., Vektorwertige SOBOLEV-SLOBODECKIJsche Distributionen. Math. Z. 98 (1967) 303—318.
[25] WLOKA, J., Reproduzierende Kerne und nukleare Räume II. Math. Ann. 172 (1967) 79—93.
[26] WLOKA, J., Kerne und p-integrale Abbildungen. Archiv Math. 19 (1968) 499—507.
[27] ZYGMUND, A., Trigonometrical series. Cambridge 1959.

Mengen der Kapazität Null für nichtelliptische Differentialgleichungen

Das Dirichlet-Problem für $u_{xy} = 0$

von Bert-Wolfgang Schulze, Berlin[1])

(Manuskripteingang: 26. Februar 1970)

Mit einer Abbildung Φ, deren Definitionsbereich eine Menge von Maßen ist, kann man Kapazitätsbegriffe verbinden. Über dem meßbaren Raum $(E, \mathfrak{E})$ wird eine normierungsfreie Kapazitätsdefinition untersucht, wobei nur die Nullmengen eine Rolle spielen. Die Nullmengensysteme werden bei konkreten Kernen, die in $R^n \times R^n$ charakteristische Funktionen gegebener Mengen sind, explizit konstruiert.

Das Dirichlet-Problem bei der Wellengleichung im R^2 wird folgendermaßen gestellt und für Zweieck- und Dreieckgebiete als Potential eines (in einem gewissen Sinn) lokalen Maßes gelöst. $\Phi_H(P, P')$ sei eine Grundlösung von $u_{xy} = 0$. Ω sei ein Gebiet mit dem Rand Γ. Es sei $H(\Gamma)$ die Menge aller auf Γ definierten Funktionen $\varphi(P)$, zu denen ein Maß μ existiert mit $\mu(\Omega) = 0$, $|\Phi_H \mu(P)| < \infty$ für $|P| < \infty$ und $\Phi_H \mu(P) = \varphi(P) (P \in \Gamma)$. Gesucht ist in Ω eine schwache Lösung der Gleichung $u_{xy} = 0$, die auf Γ vorgeschriebenen Werte $\varphi(P) \in H(\Gamma)$ stetig annimmt, ausgenommen höchstens eine Menge mit der inneren $C(\Phi_H)$-Kapazität Null. Die Methode des die Lösung $u = \Phi_H \mu$ erzeugenden lokalen Maßes μ berücksichtigt auch den Fall, daß φ in bestimmten Eckpunkten von Ω einen Pol besitzt, über dessen Stärke nichts vorausgesetzt werden muß. Die Lösung ist im allgemeine n nicht eindeutig bestimmt.

Inhalt

Vorbemerkung

Die Kapazität als physikalischer Begriff ist allgemein bekannt. Formal handelt es sich dabei um eine Funktion, die jeder im Raum als „geometrisches Gebilde“ ansprechbaren Menge B eine nichtnegative Zahl zuordnet. Es hat sich

[1]) Anschrift des Autors:
B.-W. Schulze, Deutsche Akademie der Wissenschaften,
Institut für Reine Mathematik
DDR-1199 Berlin-Adlershof, Rudower Chaussee 5.

jedoch gezeigt, daß diese Kapazität auch mathematische Bedeutung besitzt. Von N. Wiener stammt folgendes Resultat. Ω sei eine beschränkte Menge mit dem Rand Γ, und $\varphi(P)$ sei eine auf Γ definierte stetige Funktion. Dann existiert eindeutig in Ω eine harmonische Funktion $u(P)$, die abgesehen von höchstens einer Menge mit der Kapazität Null die Randwerte $\varphi(P)$ stetig annimmt. Die Kapazitätsdefinition und das Dirichlet-Problem hängen eng mit der Grundlösung $\Phi_N(P, P')$ (dem Newtonschen Kern) des Laplace-Operators zusammen. Sie hat bis auf einen Faktor die Gestalt $|P, P'|^{2-n}$. Wenn man eine im Raum verteilte Masse durch ein Maß $\mu(P') \geqq 0$ symbolisiert, so heißt die Funktion

$$\Phi_N\, \mu(P) = \int \Phi_N(P, P')\, d\mu(P')$$

das Potential dieser Massenverteilung. Φ_N vermittelt hierdurch eine Abbildung, wobei Maße auf Funktionen abgebildet werden.

Der Begriff der Menge der Kapazität Null ist ein dem Laplace-Operator angepaßter Nullmengenbegriff. Es liegt nahe, auch bei anderen partiellen Differentialgleichungen nach dem entsprechenden Nullmengenbegriff zu fragen. Es ist dann notwendig, den Kapazitätsbegriff passend zu verallgemeinern. Eine solche Verallgemeinerung wurde erstmalig von G. Anger unter Verwendung der Grundlösung $\Phi(P, P')$ der betreffenden Differentialgleichung angegeben. Nach G. Anger besitzt eine Menge B genau dann die Kapazität Null (bezüglich Φ_N), wenn sie kein Maß μ tragen kann, dessen Potential $\Phi_N\, \mu(P)$ stetig ist. Macht man diese Eigenschaft zur Definition und ersetzt z.B. $\Phi_N(P, P')$ durch eine Grundlösung $\Phi_H(P, P')$ von $u_{xy} = 0$, so ergibt sich ein enger Zusammenhang der entsprechenden Nullmengen mit den charakteristischen Richtungen und den Unstetigkeiten der Potentiale $\Phi_H\, \mu(P)$.

Ganz allgemein kann man nun mit einer Abbildung Φ, deren Definitionsbereich eine Menge $\mathfrak{Z}$ von Maßen ist, Kapazitätsbegriffe verbinden. Im Hinblick auf die potentialtheoretische Herkunft der Überlegung bezeichnen wir Φ auch als Kern und das Bild eines Maßes $\mu \in \mathfrak{Z}$ als Potential. Wir nennen dann eine Menge B von der Kapazität Null, wenn sie kein Maß $\mu \in \mathfrak{Z}$ tragen kann, dessen Potential eine bestimmte fest ins Auge gefaßte Eigenschaft A hat, z.B. stetig zu sein, wenn es sich um Funktionen handelt. ,,Tragen" heißt dabei, daß der Träger des Maßes in B liegt.

In einigen Beweisen verwenden wir die Symbole $\bigwedge\limits_{m \in M}$ = ,,für alle Elemente m der Menge M gilt" und $\bigvee\limits_{m \in M}$ = ,,es gibt ein Element m der Menge M, für welches gilt".

Im 3. Abschnitt lösen wir das Dirichlet-Problem bei der Gleichung $u_{xy} = 0$ für spezielle Gebiete mit Hilfe des folgenden Satzes.

0.1: *Auf der x-Achse sei $\varphi(x)$ eine Funktion, die für $x \to -\infty$ gegen Null strebt und auf der Menge $(-\infty, x]$ für alle endlichen x von beschränkter Variation ist. Dann gibt es ein Maß μ, so daß die Funktion*

$$\varphi_1(x) = \mu\,(\{x' : -\infty \leqq x' < x\})$$

in allen ihren Stetigkeitspunkten mit $\varphi(x)$ übereinstimmt. Die Menge der Unstetigkeitsstellen von φ ist höchstens abzählbar.

Das Dirichlet-Problem bei $u_{xy} = 0$ weist Analogien zum elliptischen Fall, aber auch Verschiedenheiten auf. Es ist im allgemeinen nicht eindeutig lösbar

Betrachtet man z. B. den Einheitskreis, so ist die Funktion $u(x, y) = x^2 + y^2 - 1$ am Rande Null und im Innern Lösung von $u_{xy} = 0$. (Bezüglich Literaturangaben für das DIRICHLET-Problem im nichtelliptischen Fall, vgl. BEREZANSKIJ [4].)

Im 4. und 5. Abschnitt werden die Nullmengensysteme (bzw. Teilsysteme davon) für Kerne konstruiert, die charakteristische Funktion gewisser Mengen im $R^n \times R^n$ sind. Dabei spielt folgender Satz (vgl. G. WILDENHAIN [14]) eine Rolle.

0.2: *Zu jeder kompakten überabzählbaren Menge K im R^1 gibt es ein Radon-Maß $\mu' > 0$ mit dem Träger in K, welches auf einpunktigen Mengen verschwindet.*

Mit $\Theta(x)$ bezeichnen wir die charakteristische Funktion der offenen Menge $\{x : x > 0\}$. Im 6. Abschnitt betrachten wir die Unstetigkeitenmenge der Verteilungsfunktion eines RADON-Maßes im R^n, welche bei der schwachen Konvergenz einer Folge von Maßen eine Rolle spielt und eng mit der $C(\Phi)$-Kapazität des Kernes

$$\Phi(x, x') = \Theta(x^1 - x^{1'}) \ldots \Theta(x^n - x^{n'})$$

zusammenhängt.

Ist $\mathfrak{J}$ ein Mengensystem und gilt eine Aussage abgesehen von höchstens einer Menge aus $\mathfrak{J}$, so sprechen wir von $\mathfrak{J}$-fast überall ($\mathfrak{J}$-f. ü.).

Wenn wir ab Abschnitt 2 von Maßen sprechen, so meinen wir stets RADON-Maße, d. h. solche nicht notwendig positiven σ-additiven Mengenfunktionen, die auf kompakten Mengen endliche Werte annehmen.

1. Mengen der Kapazität Null in meßbaren Räumen

Es sei $(E, \mathfrak{E})$ ein meßbarer Raum, d. h., E ist eine Menge von Elementen und $\mathfrak{E}$ eine σ-Algebra von Teilmengen von E.

$\mathfrak{Z}$ sei eine Menge auf $\mathfrak{E}$ definierter nicht notwendig positiver Maße. Jedem $\mu \in \mathfrak{Z}$ sei eindeutig ein Element $S_\mu \in \mathfrak{E}$ zugeordnet, und es existiere genau ein $\mu_0 \in \mathfrak{Z}$ mit $S_{\mu_0} = \emptyset$. Dieses μ_0 bezeichnen wir mit 0.

$\mathfrak{P}$ sei eine Menge von Elementen, und Φ sei eine eindeutige Abbildung von $\mathfrak{Z}$ auf $\mathfrak{P}$ (d. h. der Definitionsbereich des Kernes Φ ist $\mathfrak{Z}$, der Wertevorrat $\mathfrak{P}$). $\mathfrak{P}$ denken wir uns in eine umfassendere Menge $\mathfrak{R}$ eingebettet.

Mit A werden stets solche Teilmengen von $\mathfrak{R}$ bezeichnet, die $\Phi\,\mu_0 = \Phi\,0 \in A$ erfüllen. Die Gesamtheit dieser A bezeichnen wir mit $\mathfrak{S}_0$. Das Nullmengensystem eines Maßes $\lambda \in \mathfrak{Z}$ nennen wir $\mathfrak{J}_\lambda$. Für positives λ ist $\mathfrak{J}_\lambda$ ein σ-Ideal in $\mathfrak{E}$, d. h., mit abzählbar vielen Mengen gehört auch die Vereinigung zu $\mathfrak{J}_\lambda$ und mit jeder Menge auch jede zu $\mathfrak{E}$ gehörende Teilmenge. Für nichtpositives λ sind stets folgende Eigenschaften erfüllt:

$$\emptyset \in \mathfrak{J}_\lambda ,$$

$$B^1, B^2 \in \mathfrak{J}_\lambda , \quad B^1 \subseteq B^2 \Rightarrow B^2 \setminus B^1 \in \mathfrak{J}_\lambda ,$$

$$B^\iota \in \mathfrak{J}_\lambda \ (\iota = 1, 2, \ldots) , \quad B^\iota \cap B^{\iota'} = \emptyset \ (\iota \neq \iota') \Rightarrow \bigcup_{\iota=1}^{\infty} B^\iota \in \mathfrak{J}_\lambda .$$

Diese Eigenschaften (λ positiv oder nichtpositiv) übertragen sich auf den Durchschnitt einer beliebigen Familie solcher Mengensysteme.

Wir setzen für $A \in \mathfrak{S}_0$

$$\mathfrak{A}(\Phi) = \{\mu \in \mathfrak{Z} : \Phi \mu \in A\},$$

$$\mathfrak{A}_B(\Phi) = \{\mu \in \mathfrak{Z} : \Phi \mu \in A, \quad S_\mu \subseteq B \in \mathfrak{C}\}$$

Definition: *Es sei $A \in \mathfrak{S}_0$ fest. Eine Menge $B \in \mathfrak{C}$ heißt von der $A(\Phi)$-Kapazität Null, falls $\mathfrak{A}_B(\Phi) = \{0\}$ gilt. Die Gesamtheit dieser Mengen wird mit $\mathfrak{J}_{\Phi, A}$ bezeichnet.*

Statt $\mathfrak{A}_B(\Phi) = \{0\}$ schreiben wir im folgenden einfacher $\mathfrak{A}_B(\Phi) = 0$.

1.1: *Das Mengensystem*

$$\mathfrak{J}_{\Phi, A} = \{B \in \mathfrak{C} : \mathfrak{A}_B(\Phi) = 0\}$$

ist eine erbliche Klasse in $\mathfrak{C}$, d. h., mit einer Menge ist auch jede zu $\mathfrak{C}$ gehörige Teilmenge in $\mathfrak{J}_{\Phi, A}$ enthalten.

Beweis: Wäre $B^1 \in \mathfrak{J}_{\Phi, A}$ und $B^2 \subseteq B^1$ mit $B^2 \notin \mathfrak{J}_{\Phi, A}$, so gäbe es ein $\mu^2 \in \mathfrak{Z}$ ($\mu^2 \neq 0$) mit $S_\mu 2 \subseteq B^2 \subseteq B^1$, was der Bedingung $\mathfrak{A}_B(\Phi) = 0$ widerspricht.

1.2: *Bei der Abbildung $A \to \mathfrak{A}_B(\Phi)$ ($B \in \mathfrak{C}$) bleiben Mengenoperationen und Halbordnung erhalten, d. h.*

$$A^1 \subseteq A^2 \Rightarrow \mathfrak{A}^1_B(\Phi) \subseteq \mathfrak{A}^2_B(\Phi),$$

$$A = \bigcup_{\iota \in I} A^\iota \Rightarrow \mathfrak{A}_B(\Phi) = \bigcup_{\iota \in I} \mathfrak{A}^\iota_B(\Phi),$$

$$A = \bigcap_{\iota \in I} A^\iota \Rightarrow \mathfrak{A}_B(\Phi) = \bigcap_{\iota \in I} \mathfrak{A}^\iota_B(\Phi).$$

Beweis: Die Abbildung Φ werde auf $\mathfrak{Z}_B = \{\mu \in \mathfrak{Z} : S_\mu \subseteq B\}$ eingeschränkt. Jedem $A \in \mathfrak{S}_0$ ist dabei ein Urbild $\mathfrak{A}_B(\Phi)$ zugeordnet. Die Behauptung folgt dann aus dem bekannten Verhalten der Mengenoperationen bei inversen Abbildungen.

1.3: *Das Nullmengensystem $\mathfrak{J}_{\Phi, A}$ ist nicht leer, und es gilt:*

$$\mathfrak{J}_{\Phi, A} = \mathfrak{C} \Leftrightarrow \mathfrak{A}(\Phi) = 0$$

Beweis: Es gilt stets $\emptyset \in \mathfrak{J}_{\Phi, A}$. Aus

$$B \in \mathfrak{J}_{\Phi, A} \Leftrightarrow \mathfrak{A}_B(\Phi) = 0$$

und

$$\mathfrak{A}(\Phi) = 0 \Leftrightarrow \mathfrak{A}_E(\Phi) = 0 \Leftrightarrow \bigwedge_{B \in \mathfrak{C}} \mathfrak{A}_B(\Phi) = 0$$

folgt dann die zweite Behauptung.

1.4: *Für A^1, $A^2 \in \mathfrak{S}_0$ gilt*

$$A^1 \subseteq A^2 \Rightarrow \mathfrak{J}_{\Phi, A^1} \supseteq \mathfrak{J}_{\Phi, A^2}$$

und

$$A = \bigcup_{\iota \in I} A^\iota \Rightarrow \mathfrak{J}_{\Phi, A} = \bigcap_{\iota \in I} \mathfrak{J}_{\Phi, A^\iota} ,$$

$$A = \bigcap_{\iota \in I} A^\iota \Rightarrow \mathfrak{J}_{\Phi, A} \supseteq \bigcup_{\iota \in I} \mathfrak{J}_{\Phi, A^\iota} .$$

Beweis: Die erste Behauptung folgt unmittelbar aus der Definition. Die zweite erhält man aus

$$B \in \bigcap_{\iota \in I} \mathfrak{J}_{\Phi, A^\iota} \Leftrightarrow \bigwedge_{\iota \in I} B \in \mathfrak{J}_{\Phi, A^\iota} \Leftrightarrow \bigwedge_{\iota \in I} \mathfrak{A}^\iota_B(\Phi) = 0$$

$$\Leftrightarrow \mathfrak{A}_B(\Phi) = \bigcup_{\iota \in I} \mathfrak{A}^\iota_B(\Phi) = 0 \Leftrightarrow B \in \mathfrak{J}_{\Phi, A} .$$

Die dritte erhält man aus der ersten, d. h.

$$A \subseteq A^\iota \Rightarrow \mathfrak{J}_{\Phi, A} \supseteq \mathfrak{J}_{\Phi, A^\iota} \Rightarrow \mathfrak{J}_{\Phi, A} \supseteq \bigcup_{\iota \in I} \mathfrak{J}_{\Phi, A^\iota} .$$

1.5: *Es sei $A \in \mathfrak{S}_0$ fest. Dann gilt*

$$\bigcap_{\lambda \in \mathfrak{A}(\Phi)} \mathfrak{J}_\lambda \subseteq \mathfrak{J}_{\Phi, A}$$

Beweis: $B \in \bigcap_{\lambda \in \mathfrak{A}(\Phi)} \mathfrak{J}_\lambda \Leftrightarrow \bigwedge_{\lambda \in \mathfrak{A}(\Phi)} \lambda(B) = 0 \Rightarrow \mathfrak{A}_B(\Phi) = 0 \Leftrightarrow B \in \mathfrak{J}_{\Phi, A}$

Definition: *Die Abbildung Φ heißt A-Kern, falls aus $B \in \mathfrak{E}$ und $\lambda \in \mathfrak{A}(\Phi)$ mit $\lambda(B) \neq 0$ stets die Existenz eines $\mu \in \mathfrak{A}_B(\Phi)$ folgt mit $\mu(B) \neq 0$.*

1.6: *Φ ist genau dann A-Kern, falls gilt*

$$\bigcap_{\lambda \in \mathfrak{A}(\Phi)} \mathfrak{J}_\lambda = \mathfrak{J}_{\Phi, A} .$$

Beweis: Es genügt zu zeigen, daß Φ genau dann A-Kern ist, falls

$$\bigcap_{\lambda \in \mathfrak{A}(\Phi)} \mathfrak{J}_\lambda \subseteq \mathfrak{J}_{\Phi, A}$$

gilt.

Es sei also Φ ein A-Kern. Wir zeigen $B \notin \cap \mathfrak{J}_\lambda \Rightarrow \mathfrak{J} \notin B_{\Phi, A}$. Für ein $\lambda \in \mathfrak{A}(\Phi)$ und ein $B \in \mathfrak{E}$ gelte $\lambda(B) \neq 0$. Dann gibt es ein $\mu \in \mathfrak{A}_B(\Phi)$ mit $\mu(B) \neq 0$, also $\mathfrak{A}_B(\Phi) \neq 0 \Leftrightarrow B \notin \mathfrak{J}_{\Phi, A}$.

Ist Φ kein A-Kern, so gibt es ein $\lambda \in \mathfrak{A}(\Phi)$ und ein $B \in \mathfrak{E}$ mit $\lambda(B) \neq 0$, so daß kein $\mu \in \mathfrak{A}_B(\Phi)$ existiert mit $\mu(B) \neq 0$. Das bedeutet aber $\mathfrak{A}_B(\Phi) = 0$, also $B \in \mathfrak{J}_{\Phi, A}$, und die Inklusion gilt nicht.

Dieser Satz stammt für wichtige Spezialfälle von G. Anger [1].

Folgerung:

Ist $\mathfrak{Z}$ eine Menge positiver Maße und Φ ein A-Kern, so ist das Nullmengensystem $\mathfrak{J}_{\Phi, A}$ ein σ-Ideal in $\mathfrak{E}$, denn jedes $\mathfrak{J}_\lambda(\lambda \in \mathfrak{A}(\Phi))$ ist σ-Ideal, also auch der Durchschnitt.

1.7: *Für alle $A^\iota \in \mathfrak{S}_0$ $(\iota \in I)$ sei Φ ein A^ι-Kern. Dann ist Φ auch ein $\bigcup_{\iota \in I} A^\iota$-Kern.*

Beweis: Es sei $A = \bigcup_{\iota \in I} A^\iota$ und $\lambda \in \mathfrak{A}(\Phi)$, so daß für $B \in \mathfrak{C}$ gilt $\lambda(B) \neq 0$. Wegen $\mathfrak{A}(\Phi) = \bigcup_{\iota \in I} \mathfrak{A}^\iota(\Phi)$ ist λ in einem $\mathfrak{A}^\iota(\Phi)$ enthalten, und da Φ ein A^ι-Kern ist, gibt es ein $\mu \in \mathfrak{A}^\iota_B(\Phi)$ mit $\mu(B) \neq 0$. Aus $\mu \in \mathfrak{A}(\Phi)$ folgt dann die Behauptung.

1.8: *Es sei $A_0 \in \mathfrak{S}_0$ fest. Dann besitzt die Menge*

$$\{A : A \in \mathfrak{S}_0, \quad \mathfrak{J}_{\Phi, A} = \mathfrak{J}_{\Phi, A_0}\} = \{A^\iota : \iota \in I\}$$

ein maximales Element, und zwar die Vereinigung aller dieser Elemente.

Beweis: Es gilt unter Beachtung von 1.4 und der Gleichheit aller $\mathfrak{J}_{\Phi, A^\iota}$ $(\iota \in I)$

$$A_1 = \bigcup_{\iota \in I} A^\iota \Rightarrow \mathfrak{J}_{\Phi, A_1} = \bigcap_{\iota \in I} \mathfrak{J}_{\Phi, A^\iota} = \mathfrak{J}_{\Phi, A_0}.$$

Bemerkung: *Die Zuordnung $A_0 \to A_1$ definiert in $\mathfrak{S}_0$ eine Hüllenoperation* (ordnungstreu, extensiv idempotent). Daß die Operation ordnungstreu ist, sieht man folgendermaßen ein:

Es seien $A_0^1, A_0^2 \in \mathfrak{S}_0$ und $A_0^1 \subseteq A_0^2$. Nach 1.4 gilt $\mathfrak{J}_{\Phi, A_0^1} \supseteq \mathfrak{J}_{\Phi, A_0^2}$. Die Hüllen von A_0^1 bzw. A_0^2 seien A_1^1 bzw. A_1^2. Da die Nullmengensysteme per def. erhalten bleiben, gilt

$$\mathfrak{J}_{\Phi, A_1^1} \supseteq \mathfrak{J}_{\Phi, A_1^2}. \qquad (*)$$

$\mathfrak{A}_1^1(\Phi)$ ist die größte Familie von Maßen aus $\mathfrak{Z}$, die Urbild eines Elements A_1^1 aus $\mathfrak{S}_0$ sein kann und

$$B \in \mathfrak{J}_{\Phi, A_0^1} \Leftrightarrow \mathfrak{A}^1_{1B}(\Phi) = 0$$

erfüllt.
Angenommen, $\mathfrak{A}'(\Phi) \subseteq \mathfrak{Z}$ bzw. $\mathfrak{A}''(\Phi) \subseteq \mathfrak{Z}$ sind als Urbild gewisser Elemente A' bzw. A'' aus $\mathfrak{S}_0$ darstellbar. Dann ist auch $\mathfrak{A}'(\Phi) \cup \mathfrak{A}''(\Phi)$ als Urbild eines $A \in \mathfrak{S}_0$ darstellbar, und nach 1.2 gilt

$$A = A' \cup A'' \Rightarrow \mathfrak{A}(\Phi) = \mathfrak{A}'(\Phi) \cup \mathfrak{A}'(\Phi).$$

Wegen (*) ist $\mathfrak{A}_1^1(\Phi) \subseteq \mathfrak{Z}$ eine Familie von Maßen, die

$$B \in \mathfrak{J}_{\Phi, A_1^2} \Rightarrow \mathfrak{A}^1_{1B}(\Phi) = 0$$

erfüllt. Es gilt auch für $\mathfrak{A}_0^2(\Phi)$

$$B \in \mathfrak{J}_{\Phi, A_1^2} \Rightarrow \mathfrak{A}^2_{0B}(\Phi) = 0.$$

Das bedeutet aber auch für $\mathfrak{A}_1^1(\Phi) \cup \mathfrak{A}_0^2(\Phi) = \tilde{\mathfrak{A}}(\Phi)$

$$B \in \mathfrak{J}_{\Phi, A_1^2} \Rightarrow \tilde{\mathfrak{A}}_B(\Phi) = 0.$$

$\tilde{\mathfrak{A}}(\Phi)$ ist Urbild von $\tilde{A} = A_1^1 \cup A_0^2$. Wegen $\mathfrak{J}_{\Phi, A_1^2} = \mathfrak{J}_{\Phi, A_0^2}$ gilt hier sogar

$$B \in \mathfrak{J}_{\Phi, A_1^2} \Leftrightarrow \tilde{\mathfrak{A}}_B(\Phi) = 0 \qquad (**)$$

und $\tilde{\mathfrak{A}}_B(\Phi) \supseteq \mathfrak{A}_1^1(\Phi)$. Folglich muß die maximale Familie von Maßen, die (**) erfüllt und Urbild eines gewissen Elements A_1^2 aus $\mathfrak{S}_0$ ist, ebenfalls $\mathfrak{A}_1^1(\Phi)$ enthalten. Damit ist $\mathfrak{A}_1^1(\Phi) \subseteq \mathfrak{A}_1^2(\Phi)$ gezeigt, also $A_1^1 \subseteq A_1^2$.

Es bezeichne $\mathfrak{S}_1 \subseteq \mathfrak{S}_0$ die Menge aller maximalen Elemente $A \in \mathfrak{S}_0$. Die Zuordnung zwischen $A \in \mathfrak{S}_1$ und $\mathfrak{A}(\Phi)$ ist eineindeutig. Die Bildung der maximalen Elemente hatte den Zweck, die Zuordnung zwischen A und $\mathfrak{J}_{\Phi, A}$ ebenfalls eindeutig zu machen. Jedem $A \in \mathfrak{S}_1$ ist genau ein Φ-Nullmengensystem $\mathfrak{J}_{\Phi, A}$ zugeordnet und jedem Φ-Nullmengensystem $\mathfrak{J}_{\Phi, A_0}$ $(A \in \mathfrak{S}_0)$ entspricht genau ein $A_1 \in \mathfrak{S}_1$ mit $\mathfrak{J}_{\Phi, A_0} = \mathfrak{J}_{\Phi, A_1}$. Die Maximalität von A bezüglich $\mathfrak{J}_{\Phi, A}$ kann man auch folgendermaßen aussprechen: Zu gegebenem $\mathfrak{J}_{\Phi, A_0}(A_0 \in \mathfrak{S}_0)$ ist $\mathfrak{A}(\Phi)$ die größte Familie von Maßen aus $\mathfrak{Z}$, die Urbild eines $A \in \mathfrak{S}_0$ sein kann, so daß $\mathfrak{A}_B(\Phi) = 0 \Leftrightarrow B \in \mathfrak{J}_{\Phi, A_0}$ erfüllt ist.

Wir haben gezeigt:

1.9: *Für beliebige* $A^1, A^2 \in \mathfrak{S}_1$ *gilt*

$$A^1 \subseteq A^2 \Leftrightarrow \mathfrak{A}^1(\Phi) \subseteq \mathfrak{A}^2(\Phi) \Leftrightarrow \mathfrak{J}_{\Phi, A^1} \supseteq \mathfrak{J}_{\Phi, A^2} .$$

Zusammenfassend stellen wir folgendes fest: Jeder Kern Φ sondert in natürlicher Weise mittels der Bedingung

$$\bigcap_{\lambda \in \mathfrak{A}(\Phi)} \mathfrak{J}_\lambda = \mathfrak{J}_{\Phi, A}$$

sich selbst angepaßte Mengen $A \in \mathfrak{S}_0$ aus. Die Menge $\mathfrak{S}_{0\Phi}$ aller $A \in \mathfrak{S}_0$, für welche Φ ein A-Kern ist, symbolisiert einen Typ von Φ. Falls $\mathfrak{S}_{0\Phi}$ nicht leer ist, gibt es ein größtes Element darin, und zwar $\bigcup \{A: A \in \mathfrak{S}_{0\Phi}\}$. Die Verwandtschaft des A-Kernes Φ mit der Menge A kommt darin zum Ausdruck, daß sich die algebraische Struktur, die das Nullmengensystem eines Maßes λ besitzt, auf das Nullmengensystem $\mathfrak{J}_{\Phi, A}$ des Kernes überträgt.

Die enge Wechselbeziehung zwischen dem Kern, seinen Potentialen und gewissen Mengensystemen aus E schlägt sich in vielen Resultaten der Potentialtheorie nieder (G. Anger, [1]).

Die Begriffe $A(\Phi)$-Kapazität und A-Kern hängen noch von $\mathfrak{Z}$ und $\mathfrak{E}$ ab. Die angegebenen Überlegungen sind unabhängig von linearen Beziehungen.

Die Rolle der stetigen Potentiale in der Potentialtheorie (A = Raum C der stetigen Funktionen) ist in [1] ausführlich beschrieben. Der dazugehörige Kapazitätsbegriff ist die $C(\Phi)$-Kapazität. In [1] werden die entsprechenden Definitionen in etwas modifizierter und spezieller Gestalt verwendet. Im nächsten Abschnitt geben wir sie deshalb nochmals und mit den in [1] verwendeten Bezeichnungen an (die betrachteten Kerne sind alle nichtnegativ, und in diesem Fall unterscheiden sich die Definitionen nicht).

Beispiel:

E sei ein lokal bikompakter Raum. T sei eine Menge von Elementen, und $(f_t(P))_{t \in T}$ sei eine Menge μ-integrierbarer Funktionen für alle $\mu(P) \in \mathfrak{Z}$. Die Abbildung

$$\Phi\, \mu = \int f_t(P)\, d\mu(P) = \chi_\mu(t)$$

ist dann linear. Speziell definiert jedes System $(B_t)_{t \in T}$ universell meßbarer Mengen aus $\mathfrak{E}$ eine Abbildung von $\mathfrak{Z}$ in die Menge der reellen Funktionen über T gemäß

$$\Phi\, \mu = \mu(B_t) = \chi_\mu(t) .$$

Bildet man die NEWTONschen Potentiale positiver RADON-Maße im R^n mit kompaktem Träger S_μ und ist $A = C$ der Raum der stetigen Funktionen im R^n, so erhält man für $\mathfrak{J}_{\Phi, A}$ das System aller Mengen mit der gewöhnlichen (physikalischen) Kapazität Null. Der NEWTONsche Kern (und die Grundlösungen vieler anderer partieller Differentialgleichungen) ist ein C-Kern (G. ANGER, [1]).

Für den Fall $E = R^n$ (n-dimensionaler reeller euklidischer Raum) und $\mathfrak{E} = \mathfrak{B}$ (σ-Algebra aller universell meßbaren Mengen im R^n) benötigen wir in Abschnitt 5 folgende Aussage (vgl. [12]).

1.10: *$\mathfrak{J}$ sei ein σ-Ideal* in $\mathfrak{B}$, *und $K \in \mathfrak{B}$ sei eine kompakte Menge mit $K \notin \mathfrak{J}$. Dann gibt es eine kompakte Menge $\tilde{K} \subseteq K$, so daß für jede offene Menge $\Omega \subseteq R^n$, die mit $\tilde{K}$ Punkte gemeinsam hat, $\Omega \cap \tilde{K} \notin \mathfrak{J}$ gilt.*

Abschließend bemerken wir, daß man Nullmengen auch ohne die Abbildung Φ einführen kann. Ist $\mathfrak{A} \subseteq \mathfrak{Z}$ eine willkürliche Menge von Maßen mit $0 \in \mathfrak{A}$, so kann man $\mathfrak{A}_B = \{\mu \in \mathfrak{A} : S_\mu \subseteq B\}$ setzen und der Menge B die Kapazität Null zuordnen, falls $\mathfrak{A}_B = \{0\}$ gilt. Die Menge $\mathfrak{Z}$ von Maßen kann man auch ersetzen durch eine Menge anderer Elemente, zu denen ein Träger definiert werden kann (z.B. Funktionen).

2. Beispiel eines S-Kerns, der kein C-Kern ist

Mit $\mathring{\mathfrak{M}}^+$ bezeichnen wir die Menge aller positiven Maße mit kompaktem Träger S_μ und setzen $\mathfrak{Z} = \mathring{\mathfrak{M}}^+$. Der Kern $\Phi(x, x')$ sei als Funktion von x' für alle $x \in R^n$ universell meßbar, d. h. meßbar bezüglich aller $\lambda \in \mathring{\mathfrak{M}}^+$. Für $\mathfrak{E}$ nehmen wir die σ-Algebra $\mathfrak{B}$ aller universell meßbaren Mengen des R^n. Mit $\Phi^+ = \sup\{\Phi, 0\}$, $\Phi^- = -\inf\{\Phi, 0\}$ bilden wir die Potentiale $\Phi^+\lambda$ und $\Phi^-\lambda$ ($\lambda \in \mathring{\mathfrak{M}}^+$) und setzen

$$F^+(\Phi) = \{\lambda : \lambda \in \mathring{\mathfrak{M}}^+, \quad \Phi^+\lambda \in C, \quad \Phi^-\lambda \in C\}$$
$$F^+_B(\Phi) = \{\lambda : \lambda \in F^+(\Phi), \quad S_\lambda \subseteq B \in \mathfrak{B}\}.$$

Eine Menge $B \in \mathfrak{B}$ heißt von (innerer) $C(\Phi)$-Kapazität Null, falls $F^+_B(\Phi) = \{0\}$ gilt. Das System aller dieser Mengen wird mit $\mathfrak{J}_\Phi$ bezeichnet. Die Mengen aus $\mathfrak{B} \setminus \mathfrak{J}_\Phi$ heißen von positiver (innerer) $C(\Phi)$-Kapazität. Der Kern $\Phi(x, x')$ heißt S-Kern, falls $F^+(\Phi) = \{0\}$ (bzw. $\mathfrak{J}_\Phi = \mathfrak{B}$) gilt. Der S-Kern $\Phi(x, x')$ heißt S-Kern, falls es zu jedem $\lambda \in F^+(\Phi)$ und zu jedem $B \in \mathfrak{B}$ mit $\lambda(B) \neq 0$ ein $\mu \in F^+_B(\Phi)$ gibt mit $\mu(B) \neq 0$ (vgl. G. ANGER, [1]).

Auf S. 94 von [1] sind offene Probleme aufgezählt, die sich auf die Struktur von $F^+(\Phi)$ beziehen und auf die Frage, ob es S-Kerne gibt, die nicht die Bedingung

$$\bigcap_{\lambda \in F(\Phi)} \mathfrak{J}_\lambda = \mathfrak{J}_\Phi$$

erfüllen, d. h. keine C-Kerne sind. Wir geben (der Einfachheit halber in $R^1 \times R^1$) S-Kerne an, die keine C-Kerne sind. Beim zweiten Beispiel ergibt sich gleichzeitig ein Einblick in mögliche Entartungen von $F^+(\Phi)$. Der durch $F^+(\Phi)$ erzeugte Vektorraum hat die Dimension 1. Im dritten Beispiel erhält man die

Aussage, daß verschiedene Kerne mit denselben $C(\Phi)$-Nullmengen völlig verschiedene $C(\Phi^*)$-Nullmengen besitzen können $\big(\Phi(x, x') = \Phi^*(x', x)\big)$.

2.1: *Der symmetrische, nichtnegative und beschränkte Kern*

$$\Psi(x, x') = \begin{cases} 1 & \text{für } x < 0\,, \quad x' < 0 \quad \text{oder } x \geqq 0\,, \quad x' \geqq 0 \\ 0 & \text{sonst} \end{cases}$$

ist S-Kern, aber kein C-Kern.

Beweis: Es sei $\delta\,(x' - x_0')$ das im Punkt x_0' der x'-Achse gelegene DIRAC-Maß, d. h. die in diesem Punkt konzentrierte Einheitsmaße. Für fest gewähltes $x_1' \geqq 0$, $x_2' < 0$ besitzt dann das Maß $\lambda(x') = \delta\,(x' - x_1') + \delta\,(x' - x_2')$ ein stetiges Potential $\Psi\lambda \equiv 1$. (Diese und die folgenden Integrationen kann man sich in der xx'-Ebene veranschaulichen. Das Potential im Punkt x_0 ist gleich dem Integral von $\Psi(x, x')$ bezüglich x' längs der Geraden $x = x_0$ in der xx'-Ebene).

Wegen S_λ kompakt ist Ψ ein S-Kern. Setzen wir $B = \{x_2'\}$, so gilt $\lambda(B) = 1 \neq 0$, aber es gibt kein $\mu \in F_B^+(\Psi)$ mit $\mu(B) \neq 0$. Das Maß μ müßte nämlich im Punkt x_2' konzentriert sein und wäre daher ein Vielfaches von $\delta\,(x' - x_2')$. $\Psi(x, x_2')$ ist aber eine Sprungfunktion und bis auf einen Faktor das Integral von Ψ bezüglich μ, also $\mu \notin F_B^+(\Psi)$. Daraus folgt, daß $F_B^+(\Psi) = \{0\}$ gilt und Ψ kein C-Kern ist.

Durch Addition stetiger Kerne ergeben sich andere solche Kerne.

2.2: *Eine Menge $B \in \mathfrak{B}$ besitzt genau dann die $C(\Psi)$-Kapazität Null, wenn sie entweder in der Menge $\{x' : x' \geqq 0\}$ oder in der Menge $\{x' : x' < 0\}$ enthalten ist.*

Beweis: Daß jede solche Menge die $C(\Psi)$-Kapazität Null besitzt, ist offensichtlich. Umgekehrt sei in der Menge B ein $x_1' \geqq 0$ und ein $x_2' < 0$ enthalten. Dann liegt das oben konstruierte Maß λ in $F_B^+(\Psi)$, also gilt

$$F_B^+(\Psi) \neq 0 \Leftrightarrow B \notin \mathfrak{N}_\Psi\,.$$

Wir konstruieren ein weiteres Beispiel. $(\alpha_n)_{n \in N}$ sei die abzählbare Folge aller rationalen Zahlen mit $0 < \alpha_n \leqq 2$. Betrachtet werden auf der x'-Achse alle nach unten halboffenen Intervalle $(\beta, \beta + \alpha_n)$, wobei β alle rationalen Zahlen durchläuft, so daß $(\beta, \beta + \alpha_n] \subseteq [0,2]$ gilt. In der xx'-Ebene definieren wir abzählbar viele Recktecke $B_{\alpha_n, \beta, m}$ und C_m durch

$$B_{\alpha_n, \beta, m} = \{(x, x') : r_m < x < r_{m+1} \quad \text{für } m \text{ gerade}, \quad \beta < x' \leqq \beta + \alpha_n\}\,,$$
$$C_m = \{(x, x') : r_m \leqq x \leqq r_{m+1} \quad \text{für } m \text{ ungerade}, \quad 0 \leqq x' \leqq 1\}\,.$$

Dabei ist $(r_m)_{-\infty < m < +\infty}$ eine streng wachsende Folge reeller Zahlen $\neq 0$ mit $r_m \to \pm\infty$ für $m \to \pm\infty$. Wir setzen

$$\Phi(x, x') = \begin{cases} 1 & \text{für } (x, x') \in C_m \quad \text{oder } x' \notin [0, 2]\,, \quad x > 0\,, \\ \dfrac{1}{\alpha_n} & \text{für } (x, x') \in B_{\alpha_n, m} \text{ für alle bei } \alpha_n \text{ in Frage kommenden } \beta, \\ 0 & \text{sonst}\,. \end{cases}$$

2.3: *Die Einschränkung des Lebesgue-Maßes λ auf der Intervall $[0, 2]$ der x'-Achse ist das einzige Maß mit stetigem Potential; $\Phi\lambda_{[0,2]}$ ist identisch 1, also sogar beliebig oft differenzierbar.*

Daraus folgt, daß Φ ein S-Kern, aber kein C-Kern ist.

Beweis: Als Funktion von x ist $\Phi(x, x')$ für jedes x' eine Sprungfunktion mit Sprüngen höchstens an den Stellen $x = r_m$ $(-\infty < m < +\infty)$ und an $x = 0$. Für $x' \in [0,2]$ ist $\Phi(x, x')$ als Funktion von x in einer Umgebung von $x = 0$ stetig, für $x' \notin [0, 2]$ ist $\Phi(x, x')$ außerhalb des Ursprungs stetig und macht in $x = 0$ einen Sprung von 0 nach 1. Jedes Maß μ auf der x'-Achse mit stetigem Potential muß bereits auf $[0, 2]$ konzentriert sein, denn im Ursprung $x = 0$ ist $\Phi\,\mu_{[0,2]}(x)$ für alle $\mu \in \mathring{\mathfrak{M}}^+$ stetig und $\Phi\,(\mu - \mu_{[0,2]})(x)$ ist im Ursprung unstetig. Es sei also $\mu \in F^+(\Phi)$. Innerhalb des Intervalls $[0, 2]$ ist $\Phi(x, x')$ als Funktion von x' eine Sprungfunktion und nach Definition entweder 1 für $x' \in [0, 1]$ und sonst Null in $[0, 2]$ oder $1/\alpha_n$ im Intervall $(\beta, \beta + \alpha_n)$ und sonst Null in $[0, 2]$. Das Potential $\Phi\,\mu(x)$ $(S_\mu \subseteq [0, 2])$ hat also den Wert $\mu([0, 1])$ oder $\mu\big((\beta, \beta + \alpha_n]\big)$. Aus der Stetigkeitsbedingung an den Sprungstellen $x = x_m$ $(-\infty < m < +\infty)$ folgt die Bedingung

$$c = \mu([0, 1]) = \frac{1}{\alpha_n}\mu\,(\beta, \beta + \alpha_n)\,.$$

Bis auf den Faktor c ist demnach das Maß μ gleich dem LEBESGUE-Maß über dem Ring der halboffenen Intervalle mit rationalen Endpunkten in $[0, 2]$. Die von diesem Ring erzeugte σ-Algebra stimmt mit den Bordmengen auf $[0, 2]$ überein, und nach dem Fortsetzungssatz für Maße muß dann $(1/c)\,\mu$ über $[0, 2]$ mit dem LEBESGUE-Maß insgesamt übereinstimmen. $\Phi(x, x')$ ist demnach S-Kern, und das gefundene Maß $\lambda_{[0,2]}$ ist bis auf den Faktor c das einzige mit stetigem Potential. Daß $\Phi(x, x')$ kein C-Kern ist, sieht man daran, daß auf $B = [0, 1]$ kein $\mu \in F^+(\Phi)$ konzentriert sein kann und das LEBESGUE-Maß dieser Menge positiv ist.

Hieraus gewinnt man leicht neue Beispiele. Es sei ν das durch eine Dichte $\varrho(x')$ $\big(0 < \varrho(x') < \infty\big)$ erzeugte Maß. Dann ist $\nu_{[0,2]}$ für den Kern $\Phi_\varrho(x, x') = \Phi(x, x') \cdot \big(\varrho(x')\big)^{-1}$ das einzige Maß, welches ein stetiges Potential erzeugt.

2.4: *Eine Menge $B \in \mathfrak{B}$ besitzt genau dann positive $C(\Phi)$-Kapazität, wenn sie das Intervall* $[0, 2]$ *enthält.*

Beweis: Jede Menge $B \in \mathfrak{B}$ mit $[0, 2] \subseteq B$ enthält den Träger des Maßes $\lambda_{[0,2]} \in F^+(\Phi)$. Folglich sind $F_B^+(\Phi) \neq \{0\} \Leftrightarrow B \notin \mathfrak{J}_\Phi$. Umgekehrt gelte $[0, 2] \not\subset B$. Da $\mu = \lambda_{[0,2]}$ bis auf einen Faktor das einzige Maß aus $F^+(\Phi)$ ist, erhält man $F_B^+(\Phi) = \{0\} \Leftrightarrow B \in \mathfrak{J}_\Phi$.

Bei einem dritten S-Kern, der kein C-Kern ist, vergleichen wir die $C(\Xi)$-Kapazität mit der $C(\Xi^*)$-Kapazität. Die Folge $(r_m)_{-\infty<m<+\infty}$ sei wie im vorigen Beispiel gewählt. $\xi(x) \,\Xi\, 0$ sei eine stetige Funktion, welche außerhalb eines endlichen Intervalls der x-Achse 1 ist. Mit der Funktion

$$\Xi_1(x, x') = \begin{cases} 1 & \text{für } r_m < x < r_{m+1},\quad n < x' < n + 1 \ (m \text{ gerade}, \\ & n \text{ ungerade}) \quad \text{oder für } r_m \leqq x \leqq r_{m+1}\,, \\ & n \leqq x' \leqq n + 1 \quad (m \text{ ungerade}, n \text{ gerade}), \\ 0 & \text{sonst} \end{cases}$$

bilden wir den Kern $\Xi(x, x') = \Xi_1(x, x')\,\xi(x)$.

2.5: *Das Mengensystem $\mathfrak{J}_{\Xi}$ ist unabhängig von der speziell gewählten Folge (r_m) und der speziell gewählten Funktion $\xi(x)$, $\mathfrak{J}_{\Xi^*}$ dagegen nicht. Jede feste nichtleere beschränkte Menge $B \in \mathfrak{B}$ kann man durch geeignete Wahl von (r_m) und $\xi(x)$ mit positiver $C(\Xi^*)$-Kapazität oder mit der $C(\Xi^*)$-Kapazität Null versehen.*

Beweis: Der erste Teil der Behauptung folgt daraus, daß das Potential eines Maßes überall stetig ist, wenn es an einer der Stellen $x = r_m$ stetig ist, und außerhalb jedes endlichen Intervalls liegen solche Punkte. Zum Beweis des zweiten Teiles sei $B \in \mathfrak{B}$ eine beschränkte Menge der x'-Achse mit wenigstens zwei verschiedenen Punkten x_1', x_2'. Wählen wir $\xi(x') \equiv 1$ und die Folge (r_m) so, daß r_m für einen Index m zwischen x_1' und x_2' liegt, so gilt ähnlich wie im ersten Beispiel $\lambda(x') = \delta(x' - x_1') + \delta(x' - x_2') \in F^+(\Xi^*)$ und $S_\lambda \subseteq B$, also $B \notin \mathfrak{J}_{\Xi^*}$. Besteht B aus nur einem Punkt x_0', so sei $\xi(x')$ in x_0' Null und ansonsten positiv. Dann liegt jede in x_0' konzentrierte Masse in $F_B^+(\Xi^*)$ (das Potential davon ist Null, also stetig). Somit gilt für $B = \{x_0'\}$ auch in diesem Fall $B \notin \mathfrak{J}_{\Xi^*}$. Zur Umkehrung genügt es, B in ein Intervall (r_m, r_{m+1}) einzuschließen. Dann gilt $B \in \mathfrak{J}_{\Xi^*}$.

3. Über die Potentiale bei der Wellengleichung im R^2 und das Dirichlet-Problem

Die Potentiale $\chi_\mu(P)$ von Maßen $\mu \in \mathfrak{M}$ bezüglich einer Grundlösung der Gleichung $u_{x_1, x_2 \ldots x_n} = 0$ wurden in [12] hinsichtlich ihres Stetigkeitsverhaltens untersucht. Solche Potentiale sind nicht nur vom Standpunkt der Differentialgleichungstheorie interessant. Es handelt sich gleichzeitig um Funktionen von beschränkter Variation (wobei die Variation der Funktion gleich der Totalvariation des entsprechenden Maßes ist) oder — wahrscheinlichkeitstheoretisch interpretiert — um die Verteilungsfunktionen von Maßen. Durch die Betrachtung solcher Verteilungsfunktionen vom Standpunkt der Potentialtheorie kann man auch für die Maßtheorie selbst neue Impulse erwarten (vgl. in diesem Zusammenhang H. Bauer, [3], S. 124). In diesem Abschnitt stellen wir ergänzend zu [12] noch einige Eigenschaften solcher Potentiale fest, wobei wir uns auf den R^2 beschränken. Wir betrachten nur solche Maße $\mu \in \mathfrak{M}$, für welche das Potential

$$\chi_\mu(P) = \chi_\mu(x, y) = \mu\left(\{(x', y'): -\infty \leqq x' < x, \quad -\infty \leqq y' < y\}\right)$$

auf kompakten Mengen beschränkt ist. $\chi_\mu(P)$ ist also das Maß des offenen Kegels $Q_1(P) = \{(x', y'): -\infty \leqq x' < x, -\infty \leqq y' < y\}$ mit der Spitze in $P = (x, y)$. Der Kern

$$\Phi_H(P, P') = \begin{cases} 1 & \text{für } P' \in Q_1(P) \\ 0 & \text{sonst} \end{cases}$$

ist eine Grundlösung von $u_{xy} = 0$.

Mit $\mathfrak{J}_\Theta^2$ bezeichnen wir das σ-Ideal aller universell meßbaren Mengen, welche sich durch abzählbar viele achsenparallele Geraden überdecken lassen. Die Elemente von $\mathfrak{J}_\Theta^2$ besitzen die innere $C(\Phi_H)$-Kapazität Null, aber nicht jede $C(\Phi_H)$-Nullmenge liegt in $\mathfrak{J}_\Theta^2$. Nach [12] liegt die Menge B_μ der Unstetigkeitsstellen des Potentials

$$\chi_\mu(P) = \Phi_H\,\mu(P) = \int \Phi_H(P, P')\,d\mu(P')$$

in $\mathfrak{J}^2_\Theta$, ist also eine Menge der inneren $C(\Phi_H)$-Kapazität Null. Allerdings kann nicht jedes Element von $\mathfrak{J}^2_\Theta$ Unstetigkeitenmenge B_μ eines χ_μ ($\mu \in \mathfrak{M}$) sein (z.B. nicht ein isolierter Punkt). $\chi_\mu(P)$ ist linksseitig stetig, monoton wachsend und strebt für $x, y \to -\infty$ gegen Null. Diese letzteren Eigenschaften sind für Φ_H-Potentiale nicht charakteristisch. Z.B. gibt es zur Funktion

$$\chi(x, y) = \begin{cases} 1 & \text{für} \quad x + y > 0 \\ 0 & \text{sonst} \end{cases}$$

kein Maß μ, für welches $\chi = \chi_\mu$ gilt. Mit $\Phi_H(P, P')$ ist auch der Kern $\overline{\Phi_H(P, P')} = 1$ für $P' \in \overline{Q_1(P)}$, $= 0$ sonst Grundlösung von $u_{xy} = 0$. Dabei bezeichnet $\overline{Q_1}$ die Abschließung von Q_1. Die entsprechenden Potentiale

$$\overline{\chi_\mu}(P) = \mu\,(\{(x', y')\colon -\infty \leqq x' \leqq x, \quad -\infty \leqq y' \leqq y\})$$

sind rechtsseitig stetig und unterscheiden sich von $\chi_\mu(P)$ nur auf der Unstetigkeitenmenge B_μ, d. h. auf einer Menge mit innerer $C(\Phi_H)$-Kapazität Null.

Ist N eine Menge, so bezeichnen wir mit $N + P$ die um P verschobene Menge $\{P'\colon P' = P'' + P, P'' \in N\}$.

3.1: *Es sei $M, N \in \mathfrak{J}^2_\Theta$ und $\mu \in \mathfrak{M}$. Dann liegt die Punktmenge, auf welcher $\mu\,(M \cap (N + P))$ als Funktion von $P \in R^2$ von Null verschieden ist, in $\mathfrak{J}^2_\Theta$.*

Beweis: Wir setzen für festes μ und festes $M \in \mathfrak{J}^2_\Theta$

$$C_\mu(N) = \{P\colon \mu\,(M \cap (N + P)) \neq 0\}\,.$$

Die Aussage sei für positives μ gezeigt. Dann folgt sie wegen $C_{\mu_1 - \mu_2}(N) \subseteq \subseteq C_{\mu_1}(N) \cup C_{\mu_2}(N)$ ($\mu_1, \mu_2 \in \mathfrak{M}^+$) für beliebige $\mu \in \mathfrak{M}$. Folglich kann man sich auf $\mu \in \mathfrak{M}^+$ beschränken. Aus $N \subseteq N'$ folgt $M \cap (N + P) \subseteq M \cap (N' + P)$, also $\mu\,(M \cap (N + P) \leqq \mu\,(M \cap (N' + P))$ und damit $C_\mu(N) \subseteq C_\mu(N')$ ($\mu \in \mathfrak{M}^+$). Es seien $(N^\iota)_{\iota=1,2,\ldots}$ abzählbar viele Elemente aus $\mathfrak{J}^2_\Theta$. Dann liegt auch $\bigcup\limits_{\iota=1}^{\infty} N^\iota$ in $\mathfrak{J}^2_\Theta$. Es gilt

$$\bigcup_{\iota=1}^{\infty} \{M \cap (N^\iota + P)\} = M \cap \left(\bigcup_{\iota=1}^{\infty} N^\iota + P\right),$$

also

$$\mu\left(M \cap \left(\bigcup_{\iota=1}^{\infty} N^\iota + P\right)\right) \leqq \sum_{\iota=1}^{\infty} \mu\,(M \cap (N^\iota + P))\,.$$

Daraus folgt $C_\mu\left(\bigcup\limits_{\iota=1}^{\infty} N^\iota\right) \subseteq \bigcup\limits_{\iota=1}^{\infty} C_\mu(N^\iota)$. Somit genügt es, die Behauptung für die Elemente N eines Erzeugendensystems des Θ-Idelas $\mathfrak{J}^2_\Theta$ zu beweisen. $\mathfrak{J}^2_\Theta$ wird erzeugt durch das System aller achsenparallelen Geraden. Es sei N eine feste zur x-Achse parallele Gerade. Ohne Einschränkung der Allgemeinheit kann man M durch $M \cap B_\mu$ ersetzen. Die Funktion $\mu\,(M \cap (N + P))$ kann höchstens dann von Null verschieden sein, wenn $N + P$ zur abzählbaren Schar der die Menge B_μ überdeckenden Geraden gehört. Insgesamt kann P auf höchstens abzählbar vielen zur x-Achse parallelen Geraden liegen. Diese Menge macht $C_\mu(N)$ aus, also gilt $C_\mu(N) \in \mathfrak{Z}^2_\Theta$. Ähnlich geht man vor für zur y-Achse parallele Geraden. Damit die die Aussage gezeigt.

Aus 3.1 folgt, daß eine Änderung der Grundlösung $\Phi_H(P, P')$ um eine Menge aus $\mathfrak{Z}^2_\Theta$ (wobei also $Q_1(P)$ ersetzt wird durch $(Q_1(P) \setminus (N + P)) \cup (N' + P)$, $(N, N' \in \mathfrak{Z}^2_\Theta)$ eine Änderung des Potentials auf ebenfalls einer Menge aus $\mathfrak{Z}^2_\Theta$ zur Folge hat.

Ω sei eine offene Menge, Γ ihr Rand. Betrachtet man das Potential $u = \chi_\mu(P)$ im Innern von Ω, so gilt der Satz, daß bei beliebiger Annäherung von P an den Rand die Funktion u ihre Randwerte stetig annimmt, abgesehen von höchstens einer Menge mit der inneren $C(\Phi_H)$-Kapazität Null, denn die Unstetigkeitenmenge B_μ des Potentials χ_μ liegt in $\mathfrak{Z}^2_\Theta$.

Außerhalb des Trägers von μ ist $\chi_\mu(x, y)$ schwache Lösung der Gleichung $u_{xy} = 0$, d. h., es gilt $\int \chi_\mu(x', y')\, \varphi_{xy}(x', y')\, dx'dy' = 0$ für alle unendlich oft differenzierbaren Funktionen φ mit kompaktem Träger, die supp $\varphi \subseteq S_\mu$ erfüllen. Durch Konstruktion eines geeigneten Maßes μ kann man folgendes charakteristische Anfangswertproblem als Potential $\Phi_H \mu = \chi_\mu$ lösen:

Betrachtet wird das Gebiet $\Omega = \{(x, y): x > x_0,\ y > y_0\}$, welches durch die Charakteristiken $\Gamma_1 = \{(x, y): x \geqq x_0,\ y = y_0\}$, $\Gamma_2 = \{(x, y): x = x_0,\ y \geqq y_0\}$ begrenzt wird. Auf $\Gamma_1 \setminus \{(x_0, y_0)\}$ bzw. $\Gamma_2 \setminus \{(x_0, y_0)\}$ seien die vorgeschriebenen Randwerte $\varphi(x)$ bzw. $\psi(y)$ von beschränkter Variation. In P_0 setzen wir $\varphi(x_0) = \psi(y_0) = c$. Dabei wird nicht verlangt, daß $\lim\limits_{x \to x_0} \varphi(x) = c$ oder $\lim\limits_{y \to y_0} \psi'(y) = c$ gilt. Gesucht wird in Ω eine schwache Lösung der Gleichung $u_{xy} = 0$, welche abgesehen von einer Menge der inneren $C(\Phi_H)$-Kapazität Null die Randwerte $\varphi(x)$, $\psi(y)$ stetig annimmt.

Wir setzen der Einfachheit halber $(x_0, y_0) = (0, 0)$. Jedes Maß mit dem Träger auf der Halbgeraden $\{(x', y'): x' \geqq 0,\ y' = -1\}$ besitzt ein Potential, dessen Einschränkung auf die positive x-Achse eine Funktion $\varphi(x)$ ist, die auf endlichen Intervallen von beschränkter Variation und linksseitig stetig ist. Umgekehrt existiert zu jeder solchen Funktion $\varphi(x)$ ein Maß μ_1 auf der Halbgeraden, dessen Potential auf der positiven x-Achse gleich $\varphi(x)$ ist. Falls $\varphi(x)$ nicht linksseitig stetig ist, stimmt das Potential von μ_1 bis auf die höchstens abzählbar vielen Unstetigkeitsstellen mit $\varphi(x)$ überein. Entsprechend existiert zu jeder Funktion $\psi(y)$ $(y \geqq 0)$ von auf endlichen Intervallen beschränkter Variation ein Maß μ_2 mit dem Träger auf der Halbgeraden $\{(x', y'): x' = -1,\ y' \geqq 0\}$, dessen Potential — eingeschränkt auf die positive y-Achse — bis auf die höchstens abzählbar vielen Unstetigkeitsstellen mit $\psi(y)$ übereinstimmt. Bezeichnen wir mit μ_3 die im Punkt $(-1, -1)$ konzentrierte Masse c und ist $\mu = \mu_1 + \mu_2 + \mu_3$, so stimmt $\chi_\mu(P)$ bis auf höchstens abzählbar viele Punkte auf dem Rand mit c, $\varphi(x)$ bzw. $\psi(y)$ überein. $\chi_\mu(P)$ ist aber linksseitig stetig. Bei der Randwertannahme nähert sich der Punkt vom Innern her dem Rand. Je nachdem, ob $\mu\,(\{(-1, 0)\}) \neq 0$ oder $\mu\,(\{(0, -1)\}) \neq 0$ gilt oder beides, werden die Randwerte auf einer Charakteristik nicht oder nirgends angenommen. Dies ist möglich, weil der gesamte Rand die $C(\Phi_H)$-Kapazität Null besitzt. Das Verhalten der schwachen Lösung in dieser Hinsicht kann man noch dadurch beeinflussen, daß man die Grundlösung auf Mengen aus $\mathfrak{Z}^2_{\mathfrak{G}}$ ändert, etwa indem man Φ_H zugrundelegt.

3.2.: *$\mathfrak{G}$ sei eine Gerade im R^2 und $\mu \in \mathfrak{M}$ habe die Eigenschaft, daß $\chi_\mu(P)$ auf kompakten Mengen beschränkt ist. Dann ist die Einschränkung von $\chi_\mu(P)$ auf $\mathfrak{G}$ eine Funktion von (auf endlichen Intervallen dieser Geraden) beschränkter Variation.*

Beweis: Ohne Einschränkung der Allgemeinheit sei $\mu \in \mathfrak{M}^+$. Falls $\mathfrak{G}$ achsenparallel ist oder einen positiven Anstieg besitzt, ist die Einschränkung von $\chi_\mu(P)$ auf $\mathfrak{G}$ monoton wachsend und auf jedem endlichen Teilintervall beschränkt, also von beschränkter Variation. $\mathfrak{G}$ besitze jetzt einen negativen Anstieg. Die Spitze des Kegels wandere also auf der Geraden $y = -a x + b$ $(0 < a < \infty)$ in positiver y-Richtung. Wir stellen R^2 als abzählbare Vereinigung halboffener Rechtecke $\mathfrak{R}_i$ mit endlichem Durchmesser dar. Die Einschränkung μ_i von μ auf $\mathfrak{R}_i$ besitzt dann kompakten Träger. Es sei $\mathfrak{Y}_1(P)$ die offene Halbebene, die unterhalb der durch P verlaufenden zur x-Achse parallelen Geraden liegt ($P \in \mathfrak{G}$). $\mathfrak{Y}_2$ sei die unterhalb von $\mathfrak{G}$ liegende offene Halbebene. $\mathfrak{Y}_1(P) \cap \mathfrak{Y}_2$ ist dann eine offene Menge, deren charakteristische Funktion $\Phi(P, P')$ größer oder gleich $\Phi_H(P, P')$ ist ($P \in \mathfrak{G}$). Wir betrachten noch den Kern $\Psi(P, P') = \Phi(P, P') - \Phi_H(P, P') \geqq 0$. Die Potentiale

$$\varphi_i(P) = \int \Phi(P, P')\, d\mu_i(P')\,, \quad \psi_i(P) = \int \Psi(P, P')\, d\mu_i(P')$$

$P \in \mathfrak{G}$) sind dann für wachsende y monoton wachsend und außerhalb einer kompakten Menge 0 bzw. $\|\mu_i\|$. Folglich sind auf $\mathfrak{G}$ die Funktionen $\varphi_i(P)$, $\psi_i(P)$ $(i = 1, 2, \ldots)$ von beschränkter Variation, also auch $\chi_{\mu_i}(P) = \varphi_i(P) - \psi_i(P)$. Bildet man nun $\mu = \sum \mu_i$, so ist auf jedem endlichen Intervall auf $\mathfrak{G}$ das Potential $\chi_\mu(P)$ eine endliche Summe von Funktionen $\chi_{\mu_i}(P)$ beschränkter Variation, also hat $\chi_\mu(P)$ die behauptete Eigenschaft.

Es werden jetzt zwei zur y-Achse parallele Geraden $\mathfrak{G}'$ und $\mathfrak{G}$ betrachtet, wobei $\mathfrak{G}'$ links von $\mathfrak{G}$ liegt. Links von $\mathfrak{G}'$ sei eine Kurve $\mathfrak{C}'$, rechts von $\mathfrak{G}$ eine Kurve $\mathfrak{C}$ gegeben. $\mathfrak{C}'$ bzw. $\mathfrak{C}$ werde von jeder zur x-Achse parallelen Geraden genau einmal geschnitten. Diese Geraden definieren zwischen $\mathfrak{C}'$ und $\mathfrak{G}'$ bzw. $\mathfrak{C}$ und $\mathfrak{G}$ eineindeutige Abbildungen $\alpha' P = Q$ bzw. $\alpha P = Q$ ($P \in \mathfrak{C}'$ bzw. $P \in \mathfrak{C}$, $Q \in \mathfrak{G}'$ bzw. $Q \in \mathfrak{G}$). Zu jeder auf $\mathfrak{G}$ definierten Funktion $\varphi(Q)$, die für $y \to -\infty$ gegen Null strebt und die für alle y auf $(-\infty, y]$ von beschränkter Variation ist, gibt es ein Maß μ mit $S_\mu \subseteq \mathfrak{G}'$, so daß $\chi_\mu(Q) = \varphi(Q)$ ($Q \in \mathfrak{G}$) gilt in allen Stetigkeitspunkten von $\varphi(N)$. Das Potential χ_μ besitzt auf $\mathfrak{C}$ die Werte $\psi(P) = \varphi(\alpha P)$ ($P \in \mathfrak{c}$), ausgenommen eventuell die abzählbar vielen Unstetigkeitsordinaten von φ. Das Maß $\mu(Q)$ ($Q \in \mathfrak{G}'$) transformieren wir auf die Kurve $\mathfrak{C}'$ nach der Formel $\nu(P) = \mu(\alpha' P)$ ($P \in \mathfrak{C}'$) (vgl. H. Bauer, [3], S. 35). Die Potentiale von $\nu(P)$ und $\mu(Q)$ stimmen auf $\mathfrak{G}$ und ebenso auf $\mathfrak{C}$ überein.

Damit haben wir folgendes gezeigt. Zu jeder auf $\mathfrak{C}$ definierten Funktion $\psi(P)$ mit der Eigenschaft, daß $\psi(\alpha^{-1} Q) = \varphi(Q)$ ($Q \in \mathfrak{G}$) auf $(-\infty, y]$ für alle y von beschränkter Variation ist und für $y \to -\infty$ gegen Null strebt, gibt es ein Maß $\nu(P)$ mit $S_\nu \subseteq \mathfrak{C}'$, dessen Potential für alle y, in denen $\varphi(Q)$ stetig ist, auf $\mathfrak{C}$ mit $\psi(P)$ übereinstimmt.

Ähnlich kann man mit anderen geometrischen Voraussetzungen schließen, z. B. für zur x-Achse parallele Geraden $\mathfrak{G}'$, $\mathfrak{G}$ und Kurven $\mathfrak{C}'$, $\mathfrak{C}$, die von jeder zur y-Achse parallelen Geraden genau einmal geschnitten werden. Im folgenden verwenden wir vielfältige Modifikationen dieser Überlegung, ohne jedesmal die explizite Konstruktion neu durchzuführen.

Mit $\mathfrak{J}$ bezeichnen wir das σ-Ideal der abzählbaren Mengen. Der Beweis des folgenden Satzes ist methodisch wichtig für die Lösung des DIRICHLET-Problems.

3.3: *Es sei $h > 0$ eine reelle Zahl und $\varphi(t)$ ($t \in R^1$) eine Funktion beschränkter Variation mit kompaktem Träger. Dann gibt es eine Funktion $\eta(t)$, die ebenfalls von beschränkter Variation ist und kompakten Träger besitzt, so daß $\mathfrak{J}$-fast überall gilt $\varphi(t) = \eta\,(t + h) - \eta(t)$.*

Beweis: $\mathfrak{G}'$ bzw. $\mathfrak{G}$ seien zwei parallele Geraden $y = -x + b$ bzw. $y = -x + b + h/\sqrt{2}$. Die Gerade $\mathfrak{G}$ diene als t-Achse. Der Durchlaufsinn sei so gewählt, daß t mit wachsendem y wächst, und es sei $|Q_1 Q_2| = |t_1 - t_2|$ ($Q_1, Q_2 \in \mathfrak{G}$). Die Punkte $Q \in \mathfrak{G}$ identifizieren wir mit ihrem Parameterwert t. Für beliebiges festes $t_0 \in \mathfrak{G}$ legen wir auf $\mathfrak{G}$ eine Folge halboffener Intervalle $T_{j+1} = \big(t_0 + j\,h,\, t_0 + (j + 1)\,h\big]$ ($j = 0, \pm 1, \pm 2, \ldots$) fest. Die Funktion $\varphi(t)$ ist auf jedem dieser Intervalle von beschränkter Variation. Die zur x-Achse parallelen Geraden durch die Punkte $t_0 + j\,h$ ($j = 0, 1, 2, \ldots$) schneiden aus $\mathfrak{G}'$ entsprechende halboffene Intervalle aus, die wir A_j' nennen. Die zur y-Achse parallelen Geraden durch die Punkte $t_0 + j\,h$ ($j = 0, -1, -2, \ldots$) schneiden aus $\mathfrak{G}'$ entsprechende halboffene Intervalle aus, die wir B_j' nennen. Mit $\tilde{\Phi}_H(P, P')$ bezeichnen wir den Kern, welcher für $P = (x, y)$ und $P' \in \{(\tilde{x}, \tilde{y}) \colon -\infty \leqq \tilde{x} < x, -\infty \leqq \tilde{y} \leqq y\}$ gleich 1 ist und ansonsten Null. Es gilt $\tilde{\Phi}_H = \Phi_H$ für $\mathfrak{J}^2_{\mathfrak{G}}$-fast alle P' bei festem P.

Auf A_1' existiert ein Maß μ_1 ($S_{\mu_1} \subseteq \overline{A_1'}$), dessen $\tilde{\Phi}_H$-Potential $\tilde{\Phi}_H\,\mu_1(t)$ auf T_1 $\mathfrak{J}$-f. ü. mit $\varphi(t)$ übereinstimmt. Die Funktion $\varphi_1(t) = \varphi(t) - \tilde{\Phi}_H\,\mu_1(t)$ ist auf endlichen Intervallen aus $\mathfrak{G}$ von beschränkter Variation und $\mathfrak{J}$-f. ü. Null auf T_1. Auf A_2' existiert ein Maß ν_2 ($S_{\nu_2} \subseteq \overline{A_2'}$) mit $\tilde{\Phi}_H\,\nu_2(t) = \varphi_1(t)$ $\mathfrak{J}$-f. ü. auf T_2. Für $\eta_2 = \mu_1 + \nu_2$ gilt dann $\tilde{\Phi}_H\,\mu_2(t) = \varphi(t)$ $\mathfrak{J}$-f. ü. auf $T_1 \cup T_2$. Die Funktion $\varphi_2(t) = \varphi(t) - \tilde{\Phi}_H\,\mu_2(t)$ hat analoge Eigenschaften wie $\varphi_1(t)$. Auf A_3' existiert in Maß ν_3 ($S_{\nu_3} \subseteq \overline{A_3'}$) mit $\tilde{\Phi}_H\,\nu_3(t) = \varphi_2(t)$ $\mathfrak{J}$-f. ü. auf T_3. Für $\mu_3 = \mu_2 + \nu_3$ gilt dann $\tilde{\Phi}_H\,\mu_3(t) = \varphi(t)$ $\mathfrak{J}$-f. ü. auf $T_1 \cup T_2 \cup T_3$. Setzt man diese Konstruktion fort, so erhält man ein Maß μ^* mit $S_{\mu^*} \subseteq \bigcup_{j=1}^{\infty} A_j'$, dessen $\tilde{\Phi}_H$-Potential $\mathfrak{J}$-f. ü. auf $\bigcup_{j=1}^{\infty} T_j$ mit $\varphi(t)$ übereinstimmt. Ganz analog gibt es ein Maß μ^{**} mit $S_{\mu^{**}} \subseteq \bigcup_{j=0}^{\infty} B_j'$, dessen $\tilde{\Phi}_H$-Potential $\mathfrak{J}$-f. ü. auf $\bigcup_{j=0}^{-\infty} T_j$ mit $\varphi(t)$ übereinstimmt. Also stimmt das $\tilde{\Phi}_H$-Potential von $\mu = \mu^* + \mu^{**}$ $\mathfrak{J}$-f. ü. auf $\mathfrak{G}$ mit $\varphi(t)$ überein. Nach 3.1 und die anschließenden Bemerkungen trifft dieselbe Aussage auch für $\Phi_H\,\mu(t)$ zu. Da der Träger von $\varphi(t)$ kompakt ist, besitzt auch μ einen kompakten Träger. Mit den im Beweis von 3.2 definierten Kernen Φ, Ψ bilden wir die Potentiale $\Phi\mu(t)$ und $\Psi\,\mu(t)$ (gemeint ist immer das gewöhnliche Potential, eingeschränkt auf die Gerade $\mathfrak{G}$). Es gilt $\mathfrak{J}$-f. ü. $\Psi\,\mu(t) = \Phi\,\mu\,(t - h)$ und $\varphi(t) = \Phi\,\mu(t) - \Psi\,\mu(t) = \Phi\,\mu(t) - \Phi\,\mu\,(t - h)$ $\mathfrak{J}$-f. ü. Mit $\eta\,(t + h) = \Phi\,\mu(t)$ ergibt sich die Behauptung.

Hiernach ist folgende Aussage unmittelbar klar. Zu jeder Funktion $\varphi(P)$ von auf endlichen Intervallen aus $\mathfrak{G}$ beschränkter Variation ($\mathfrak{G}$ werde durch $y = -ax + c$, $0 < a < \infty$ beschrieben) gibt es ein Maß μ mit dem Träger auf der Geraden $\mathfrak{G}'$ ($y = -ax + c'$, $c' < c$), so daß $\mathfrak{J}$-f. ü. gilt $\Phi_H\,\mu(P) = \varphi(P)$, $P \in \mathfrak{G}$.

Die Funktion $\Phi_H\,\mu(P) = \chi_\mu(P)$ ist eine schwache Lösung des DIRICHLET-Problems für den durch die Geraden $\mathfrak{G}'$ und $\mathfrak{G}$ begrenzten Streifen, wobei auf $\mathfrak{G}'$ die Randwerte 0 und auf $\mathfrak{G}$ die Randwerte $\varphi(P)$ $\mathfrak{J}$-f. ü. stetig angenommen werden. Wenn man statt 0 auf $\mathfrak{G}'$ Randwerte $\varphi'(P)$ vorschreiben will ($\varphi'(P)$ auf endlichen Intervallen aus $\mathfrak{G}'$ von beschränkter Variation), so kann man ein Maß μ'' auf eine unterhalb von $\mathfrak{G}'$ liegende parallele Gerade $\mathfrak{G}''$ legen, dessen Potential auf $\mathfrak{G}'$ $\mathfrak{J}$-f. ü. die Werte $\varphi'(P)$ annimmt. Legt man dann auf $\mathfrak{G}'$ ein Maß μ', dessen Potential auf $\mathfrak{G}$ mit $\varphi(P) - \Phi_H\,\mu''(P)$ ($P \in \mathfrak{G}$) übereinstimmt, so erzeugt das Maß $\mu' + \mu''$ eine schwache DIRICHLET-Lösung von $u_{xy} = 0$ im Streifen, welche $\mathfrak{J}$-f. ü. ihre Randwerte stetig annimmt. Nach diesem Schema werden wir später auch für allgemeinere Gebiete Lösungen erhalten.

Wir betrachten noch einmal das im Beweis von 3.3 konstruierte Maß μ. Die durch den Punkt $t_0 \in \mathfrak{G}$ verlaufende zur y-Achse parallele Gerade schneidet $\mathfrak{G}'$ in einem Punkt $P_1(t_0)$, die durch $t_0 \in \mathfrak{G}$ verlaufende zur x-Achse parallele Gerade schneidet $\mathfrak{G}'$ in einem Punkt $P_2(t_0)$. Das offene Intervall $(P_1(t_0), P_2(t_0)) \subset \mathfrak{G}'$ besitzt das μ-Maß Null. Der Punkt $t_0 \in \mathfrak{G}$ war willkürlich aber fest. Das Maß μ ist von t_0 abhängig. Folglich gibt es unendlich viele Maße μ mit $S_\mu \subseteq \mathfrak{G}'$, die für das DIRICHLET-Problem $u_{xy} = 0$, $u|_{\mathfrak{G}'} = 0$, $u|_{\mathfrak{G}} = \varphi$ $\mathfrak{J}$-f. ü. mittels $u = \Phi_H\,\mu$ im Streifen eine schwache Lösung erzeugen. Drückt man die t_0-Abhängigkeit von μ durch $\mu(t_0)$ aus und sind $t_0^1, \ldots, t_0^r$ endlich viele Punkte aus $\mathfrak{G}$, so ist auch $\sum_{j=1}^{r} a_j\,\mu(t_0^j)$ $\left(\sum_{j=1}^{r} a_j = 1\right)$ ein solches Maß.

Die Wahl des Punktes $t_0 \in \mathfrak{G}$ wirkt sich im allgemeinen wesentlich auf das Stetigkeitsverhalten von u aus. Besteht z. B. $\mu(t_0)$ in einer Summe aus Punktmassen der Masse 1 in den Endpunkten der Intervalle A_j' bzw. B_j' ($j = 1, 2, \ldots$ bzw. $j = 0, -1, -2, \ldots$), so ist $\Phi_H\,\mu$ $\mathfrak{J}$-f. ü. gleich 1 auf $\mathfrak{G}$ und nur in den Punkten $t_0 + jh$ ($j = 0, \pm 1, \pm 2, \ldots$) Null. $u = \Phi_H\,\mu$ besitzt aber Unstetigkeiten, die sich von t_0 ausgehend zickzackförmig nach beiden Richtungen entlang der Charakteristiken im Streifen ausbreiten. Wenn man Φ_H durch $\tilde{\Phi}_H$ ersetzt, so ist $\tilde{u} = \tilde{\Phi}_H\,\mu$ gleich 1 sogar in jedem Punkt von $\mathfrak{G}$, und das Unstetigkeitsverhalten bleibt bestehen (abgesehen von Eigenschaften, die mit rechts- und linksseitiger Stetigkeit entlang der Sprünge zu tun haben). Damit haben wir gezeigt, daß im allgemeinen aus der Stetigkeit der Randwerte nicht die Stetigkeit der schwachen Lösung folgt. Die schwache Lösung ist außerdem nicht eindeutig. Ob man das Maß μ so wählen kann, daß das Potential sogar stetig ist, wenn es die Randwerte sind, ist eine andere Frage. Das Potential ist nach [12] genau dann stetig, falls jede achsenparallele Gerade das μ-Maß Null besitzt ($\mu > 0$). Falls μ nicht positiv ist, kann man zeigen

$$\chi_\mu(P) \in C \Leftrightarrow \mathfrak{J}_\mu \supseteq \mathfrak{J}_\Theta .$$

Belegt man $\mathfrak{G}'$ mit dem eindimensionalen LEBESGUE-Maß dividiert durch h, so entsteht ein Maß $\bar{\mu}$ mit $\Phi_H\,\bar{\mu}(P) \equiv 0$ für $P \in \mathfrak{G}'$, $\Phi_H\,\bar{\mu}(P) \equiv 1$ für $P \in \mathfrak{G}$, welches ebenfalls eine Lösung des obigen Problems mit $\varphi \equiv 1$ liefert, wobei $u = \Phi_H \bar{\mu}$ im Streifen einschließlich des Randes stetig ist.

Diesen Fall haben wir deshalb so ausführlich diskutiert, weil qualitativ ein solches Verhalten auch bei den Zweieckgebieten zu beobachten ist, die wir im folgenden behandeln. Darauf gehen wir dann nicht weiter ein.

3.4: *Es sei $u(x, y)$ eine schwache Lösung der Gleichung $u_{xy} = 0$ in einem Gebiet Ω mit nichtnegativen Randwerten. Aus dieser Eigenschaft folgt nicht, daß u im Innern nichtnegativ ist.*

Beweis: Betrachten wir z. B. den oben beschriebenen Streifen, der durch $\mathfrak{G}'$ und $\mathfrak{G}$ begrenzt wird, und belegen wir $\mathfrak{G}'$ mit drei hinreichend benachbarten Punktmassen der Gesamtmasse Null, so daß die mittlere negativ, die beiden äußeren positiv sind, so besitzt das davon erzeugte Potential auf $\mathfrak{G}'$ und $\mathfrak{G}$ nichtnegative Randwerte, nimmt aber im Streifen positive und negative Werte an. Man kann das Maß auch so wählen, daß das Potential stetig ist.

Es seien $A = (x_A, y_A)$, $B = (x_B, y_B)$ zwei Punkte in der Ebene mit $x_A \neq x_B$, $y_A \neq y_B$. Es sei $\mathfrak{C}$ ein A, B verbindendes Kurvenstück, welches von jeder achsenparallelen Geraden höchstens einmal geschnitten wird. $\mathfrak{C}$ werde durch eine stetige Funktion $y(x)$ beschrieben (mit dem Definitionsbereich $[x_A, x_B]$). Wir sprechen dann einfach von einer stetigen Kurve. $\mathfrak{G}_0$ sei eine achsenparallel Gerade. Die orthogonale Projektion π von $\mathfrak{C}$ auf $\mathfrak{G}_0$ ist eineindeutig ($\pi P = Q$, $P \in \mathfrak{C}$, $P \in \mathfrak{G}_0$). Das Bild von $\mathfrak{C}$ ist auf $\mathfrak{G}_0$ ein abgeschlossenes Intervall, das wir mit $\mathfrak{G}$ bezeichnen.

Definition: *Es sei $\varphi(P)$ eine auf $\mathfrak{C}$ definierte Funktion, deren Projektion $\varphi(\pi^{-1} Q) = \psi(Q)$ auf $\mathfrak{G}$ von beschränkter Variation ist. Dann heiße $\varphi(P)$ auf $\mathfrak{C}$ von beschränkter Variation.*

Eine auf $\mathfrak{G}$ definierte Funktion $\psi(Q)$ heiße lokal von beschränkter Variation auf $\mathfrak{G}$, falls $\psi(Q)$ auf jedem abgeschlossenen Teilintervall von $\mathfrak{G}$, welches die Endpunkte nicht enthält, von beschränkter Variation ist. Eine auf $\mathfrak{C}$ definierte Funktion $\varphi(P)$ heiße lokal von beschränkter Variation auf $\mathfrak{C}$, falls ihre Projektion $\varphi(\pi^{-1} Q) = \psi(Q)$ lokal von beschränkter Variation auf $\mathfrak{G}$ ist.

Funktionen, die lokal von beschränkter Variation sind auf $\mathfrak{G}$ bzw. $\mathfrak{C}$, können also in den Endpunkten Pole besitzen, über deren Stärke nichts vorausgesetzt wird. Ein anderes Beispiel ist die Funktion $f(x) = \sin 1/x$ für $x \neq 0$, $f(x) = 0$ für $x = 0$, die lokal von beschränkter Variation auf dem Intervall $[0, 1]$ ist. In der Definition der Projektion π haben wir uns nicht auf eine zur x- oder y-Achse parallele Projektion festgelegt. Man kann leicht zeigen, daß die Menge der auf $\mathfrak{C}$ definierten Funktionen von beschränkter oder lokal von beschränkter Variation unabhängig ist von der Projektionsrichtung.

Definition: *Eine Mengenfunktion $\nu(Q)$ mit $S_\nu \subseteq \mathfrak{G}$ heiße lokales Maß auf $\mathfrak{G}$, falls die Einschränkung von ν auf jedes abgeschlossene Teilintervall von $\mathfrak{G}$, welches die Endpunkte nicht enthält, ein Maß ist.*

Eine Mengenfunktion $\mu(P)$ mit $S_\mu \subseteq \mathfrak{C}$ heiße lokales Maß aud $\mathfrak{C}$, falls ihre Projektion $\mu(\pi^{-1} Q) = \nu(Q)$ auf $\mathfrak{G}$ ein lokales Maß ist.

3.5: *Die stetige Kurve* $\mathfrak{C}$ *werde von jeder achsenparallelen Geraden höchstens einmal geschnitten. Es sei* μ *ein Maß, dessen Potential auf kompakten Mengen beschränkt ist. Dann ist die Einschränkung von* $\Phi_H\,\mu(P)$ *auf* $\mathfrak{C}$ *eine Funktion von beschränkter Variation auf* $\mathfrak{C}$.

Der Beweis dieser Tatsache, den wir hier nicht wiedergeben, läßt sich ähnlich führen wie der Beweis von 3.2.

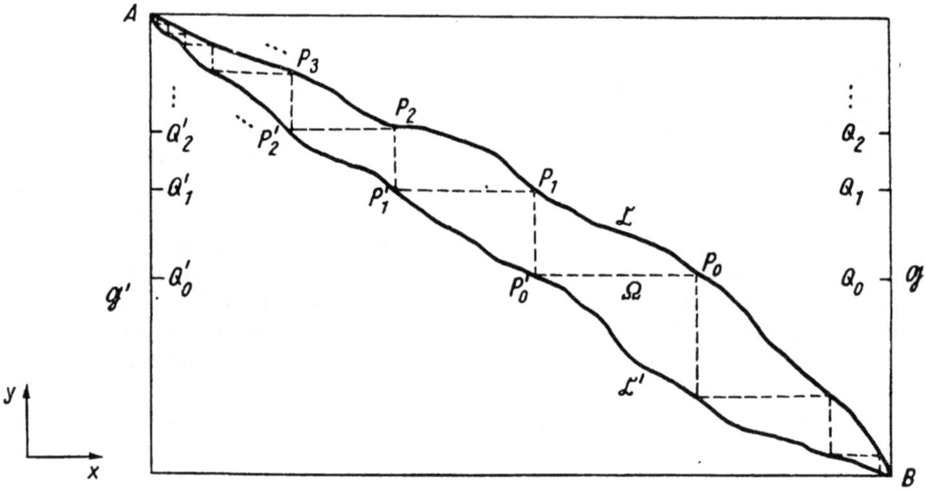

Abb. 1

Es seien A, B Punkte in der Ebene, die wie in Abb. 1 gelegen sind. $\mathfrak{C}'$ bzw. $\mathfrak{C}$ seien stetige Kurven, die A und B verbinden, von jeder achsenparallelen Geraden höchstens einmal geschnitten werden und die nur die Punkte A und B gemeinsam haben. Die zur y-Achse parallelen Seiten des achsenparallelen Rechtecks mit den gegenüberliegenden Ecken A und B bezeichnen wir mit $\mathfrak{G}'$ bzw. $\mathfrak{G}$ (s. Abb. 1).

3.6: *Zu jeder Funktion* $\varphi(P)$, *die auf* $\mathfrak{C}$ *lokal von beschränkter Variation ist* ($P \in \mathfrak{C}$) *gibt es ein lokales Maß* μ *mit dem Träger in* $\mathfrak{C}'$, *dessen* Φ_H*-Potential auf* $\mathfrak{C}$ *mit* $\varphi(P)$ $\mathfrak{J}$*-f. ü. übereinstimmt.*

Beweis: Auf $\mathfrak{C}$ wählen wir einen willkürlichen Punkt P_0. Die Schnittpunkte der durch P_0 verlaufenden zur x-Achse parallelen Geraden mit $\mathfrak{C}'$, $\mathfrak{G}'$ bzw. $\mathfrak{G}$ bezeichnen wir mit P'_0, Q'_0 bzw. Q_0. Den Schnittpunkt der durch P'_0 verlaufenden zur y-Achse parallelen Geraden mit $\mathfrak{C}$ bezeichnen wir mit P_1. Die Schnittpunkte der durch P_1 verlaufenden zur x-Achse parallelen Geraden mit $\mathfrak{C}'$, $\mathfrak{G}'$ bzw. $\mathfrak{G}$ bezeichnen wir mit P'_1, Q'_1 bzw. Q_1. Setzen wir diese Konstruktion fort, so ergibt sich auf $\mathfrak{C}$, $\mathfrak{C}$, $\mathfrak{G}'$ bzw. $\mathfrak{G}$ eine Folge von Punkten $P'_0, P'_1, P'_2, \ldots$; $P_0, P_1, P_2, \ldots$; $Q'_0, Q'_1, Q'_2, \ldots$ bzw. $Q_0, Q_1, Q_2, \ldots$, wobei die vier Punkte mit demselben Index dieselbe Ordinate haben. Durch $(P'_j, P'_{j+1}]$, $(P_j, P_{j+1}]$, $(Q'_j, Q'_{j+1}]$ bzw. $(Q_j, Q_{j+1}]$ ($j = 0, 1, 2, \ldots$) erhält man auf $\mathfrak{C}$, $\mathfrak{C}$, $\mathfrak{G}'$ bzw. $\mathfrak{G}$

eine Folge halboffener Intervalle. Die zur x-Achse parallele Projektion von $\mathfrak{C}'$ auf $\mathfrak{G}'$ bzw. $\mathfrak{C}$ auf $\mathfrak{G}$ bezeichnen wir mit π' bzw. π. Wie im Beweis von 3.3 führen wir den Kern $\tilde{\Phi}_H(P, P')$ ein. Die Einschränkung von $\varphi(P)$ auf $(P_j, P_{j+1}]$, die wir $\varphi^{j+1}(P)$ nennen, ist auf dem betreffenden Kurvenstück von beschränkter Variation ($j = 0, 1, 2, \ldots$). Insbesondere ist $\varphi^1(\pi^{-1} Q)$ $\big(Q \in (Q_0, Q_1]\big)$ von beschränkter Variation. Folglich existiert ein Maß $\mu_1'(Q')$ mit dem Träger in $[Q_0', Q_1']$, dessen $\tilde{\Phi}_H$-Potential in $(Q_0, Q_1]$ $\mathfrak{J}$-f. ü. mit $\varphi^1(\pi^{-1} Q)$ übereinstimmt. Es gilt offenbar auch $\tilde{\Phi}_H \mu_1'(P) = \varphi^1(P)$ für $\mathfrak{J}$-fast alle $P \in (P_0, P_1]$ und ebenso (mit dem projizierten Maß $\mu_1(P') = \mu_1'(\pi P')$ $(P' \in \mathfrak{C}')$) $\tilde{\Phi}_H \mu_1(P) = \varphi^1(P)$ für $\mathfrak{J}$-fast alle $P \in (P_0, P_1)$. Die Funktion $\varphi^2(P) - \tilde{\Phi}_H \mu_1(P) = \varphi_2(P)$ $\big(P \in (P_1, P_2)\big)$ ist auf $\mathfrak{C}$ von beschränkter Variation. Zu $\varphi_2(P)$ konstruieren wir (nach derselben Methode, wie für $\varphi^1(P)$ das Maß $\mu_1(P')$ gebildet wurde) ein Maß $\nu_2(P')$ mit $\tilde{\Phi}_H \nu_2(P) = \varphi_2(P)$ für $\mathfrak{J}$-fast alle $P \in (P_1, P_2)$ $(S_{\nu_2} \subseteq [P_1', P_2']$ $\mu\, \mathfrak{C}')$. Es gilt dann $\tilde{\Phi}_H \mu_2(P) = \varphi(P)$ $\mathfrak{J}$-f. ü. im Intervall $(P_0, P_2) \subset \mathfrak{C}$. Dabei haben wir $\mu_2 = \mu_1 + \nu_2$ gesetzt. Die Funktion $\varphi^3(P) - \tilde{\Phi}_H \mu_2(P) = \varphi_3(P)$ $\big(P \in (P_2, P_3]\big)$ ist von beschränkter Variation, läßt sich also wie eben $\mathfrak{J}$-f. ü. als $\tilde{\Phi}_H$-Potential eines Maßes ν_3 $(S_{\nu_3} \subseteq [P_2', P_3'] \subset \mathfrak{C}')$ schreiben. Das $\tilde{\Phi}_H$Potential von $\mu_3 = \mu_2 + \nu_3$ stimmt also $\mathfrak{J}$-f. ü. auf $(P_0, P_3] \subset \mathfrak{C}$ mit $\varphi(P)$ überein. Setzen wir diese Konstruktion ähnlich wie im Beweis von 3.3 fort, so erhalten wir ein lokales Maß μ^* mit dem Träger in $[P_0', A] \subset \mathfrak{C}'$, dessen $\tilde{\Phi}_H$-Potential $\mathfrak{J}$-f. ü. auf $(P_0', A] \subset \mathfrak{C}$ mit $\varphi(P)$ übereinstimmt. Für das Intervall $[B, P_0] \subset \mathfrak{C}$ läuft die Konstruktion analog. Man hat statt $\mathfrak{G}'$ bzw. $\mathfrak{G}$ die zur x-Achse parallelen Seiten des Rechtecks zu nehmen, wobei dann die untere Seite die Rolle von $\mathfrak{G}'$, die obere die Rolle von $\mathfrak{G}$ übernimmt. Die Projektion findet entsprechend parallel zur y-Achse statt. Dadurch erhält man ein lokales Maß μ^{**} mit dem Träger in $[B, P_0'] \subset \mathfrak{C}'$, dessen $\tilde{\Phi}_H$-Potential $\mathfrak{J}$-f. ü. in $[B, P_0] \subset \mathfrak{C}$ mit $\varphi(P)$ übereinstimmt.

Das lokale Maß $\mu = \mu^* + \mu^{**}$ hat die im Satz behauptete Eigenschaft. Nach 3.1 kann man nämlich wieder $\tilde{\Phi}_H$ durch Φ_H ersetzen. Die Eigenschaft von μ, Maß zu sein, entartet im allgemeinen in den Punkten A und B. Auf die Integration wirkt sich das aber nicht aus, wenn P im Innern des Gebietes liegt oder auf $\mathfrak{C}'$ bzw. $\mathfrak{C}$, ausgenommen die Punkte A und B. Es wird in Wahrheit immer nur über ein Maß integriert.

$\Phi_H \mu(P)$ verschwindet auf $\mathfrak{C}'$. Die Funktion

$$\Phi_H^*(P, P') = \begin{cases} 1 & \text{für } x' > x, \quad y' > y \\ 0 & \text{sonst} \end{cases}$$

ist ebenfalls eine Grundlösung von $u_{xy} = 0$. Wie eben kann man zeigen, daß zu jeder auf $\mathfrak{C}'$ definierten Funktion $\varphi'(P)$, die auf $\mathfrak{C}'$ lokal von beschränkter Variation ist, ein lokales Maß μ' mit dem Träger in $\mathfrak{C}$ existiert, so daß gilt $\Phi_H^* \mu'(P) = \varphi'(P)$ für $\mathfrak{J}$-fast alle $P \in \mathfrak{C}' \cdot \Phi_H^* \mu'(P)$ verschwindet auf $\mathfrak{C}$. Die Funktion $\Phi_H \mu(P) + \Phi_H^* \mu'(P)$ ist eine schwache Lösung des Dirichlet-Problems für das von $\mathfrak{C}'$ und $\mathfrak{C}$ berandete Zweieckgebiet und die Randwerte φ' und φ. Das erzeugende lokale Maß liegt auf dem Rand des Gebietes. Will man zur Darstellung einer schwachen Dirichlet-Lösung nur die Grundlösung Φ_H verwenden, so kann man die Bemerkung im Anschluß an 3.3 sinngemäß verallgemeinern. Das erzeugende lokale Maß liegt dann aber nicht nur auf dem Rand.

Wenn das Zweieckgebiet andersherum liegt, d. h., wenn die Gerade durch A, B einen positiven Anstieg besitzt, kann man entsprechend mit den Grundlösungen

$$\Psi_H(P, P') = \begin{cases} -1 & \text{für } x' > y,\ y' < y \\ 0 & \text{sonst} \end{cases}$$

bzw.

$$\Psi_H^*(P, P) = \begin{cases} -1 & \text{für } x' < y,\ y' > y \\ 0 & \text{sonst} \end{cases}$$

arbeiten. Wenn wir von Zweieckgebieten sprechen, meinen wir die Ecken A und B und schließen nicht aus, daß $\mathfrak{C}'$ bzw. $\mathfrak{C}$ Knicke machen.

Bezüglich der Lösung des Dirichlet-Problems mit den Randwerten Null auf $\mathfrak{C}'$ (Aussage 3.6) sollen noch einige Bemerkungen gemacht werden. Die Voraussetzung, daß $\mathfrak{C}'$ und $\mathfrak{C}$ von jeder achsenparallelen Geraden höchstens einmal geschnitten wird, war notwendig für die Eineindeutigkeit der Projektionen. Die Konstruktion zeigt aber, daß man für Ordinatenwerte größer als y_0 $(P_0 = (x_0, y_0))$ durchaus zulassen kann, daß $\mathfrak{C}'$ und $\mathfrak{C}$ charakteristisch werden, wobei natürlich nach wie vor die Verbindungsgerade je zweier Punkte von $\mathfrak{C}'$ bzw. $\mathfrak{C}$ einen nichtpositiven endlichen Anstieg besitzen muß. Analog erhält es sich mit den Abszissenwerten größer als x_0, wo die Kurven $\mathfrak{C}'$ und $\mathfrak{C}$ zur x-Achse parallele Stücken enthalten dürfen, aber die Verbindungsgerade je zweier Punkte von $\mathfrak{C}'$ bzw. $\mathfrak{C}$ einen Anstieg nicht größer als Null besitzen muß. Die Randwertannahme, die bisher $\mathfrak{J}$-f. ü. stetig bei Annäherung vom Innern des Gebietes an den Rand erfolgte, findet jetzt im allgemeinen nur $\mathfrak{J}^2_\Theta$-f. ü. statt. Das Potential eines Maßes mit dem Träger in $\mathfrak{C}'$ ist zwar nach wie vor Null auf $\mathfrak{C}'$, kann aber längs der charakteristischen Stücke Sprünge machen. Bei der Formulierung des Dirichlet-Problems, die wir jetzt angeben, verlangen wir deshalb die Randwertannahme nur $\mathfrak{J}^2_\Theta$-f. ü. bzw. mit Ausnahme einer Menge, deren innere $C(\Phi_H)$-Kapazität Null ist.

Es sei Ω ein Gebiet mit dem Rand Γ. $H(\Gamma)$ sei die Menge aller auf Γ definierten Funktionen $\varphi(P)$, zu denen ein Maß μ existiert mit $\mu(\Omega) = 0$, $|\Phi_H \mu(P)| < \infty$ für $|P| < \infty$ und $\Phi_H \mu(P) = \varphi(P)$ $(P \in \Gamma)$. Das Dirichlet-Problem bestehe in der Auffindung einer schwachen Lösung der Gleichung $u_{xy} = 0$ im Gebiet Ω, welche auf Γ vorgeschriebene Werte $\varphi(P) \in H(\Gamma)$ stetig annimmt, ausgenommen höchstens eine Menge mit der inneren $C(\Phi_H)$-Kapazität Null.

Die Problemstellung kann man noch erweitern, wenn es wie oben sinnvoll ist, mit Γ den Begriff der Funktion von lokal beschränkter Variation zu verbinden, bzw. wenn allgemeiner $\varphi(P)$ nicht in $H(\Gamma)$ liegt. In diesem Fall braucht keine Lösung zu existieren.

Das oben besprochene charakteristische Anfangswertproblem ist das Dirichlet-Problem für ein spezielles Gebiet. Die Konstruktionsmethode für das erzeugende Maß, die wir für diesen Fall und für das Zweieckgebiet erläutert haben, ist auch für viele andere (insbesondere unbeschränkte) Gebiete anwendbar (s. Abb. 2). Sie beruht allein auf 0.1. Damit haben wir diesen bekannten Satz als Existenzaussage für die Lösung eines Randwertproblems interpretiert.

Für den Fall des Dreieckgebietes (s. Abb. 2b) skizzieren wir kurz noch die Lösung. Die Verbindungsgerade der Punkte A, B bzw. A, C sei nicht achsenparallel und negativ geneigt. Die Verbindungsgerade der Punkte B, C sei ebenfalls nicht achsenparallel und positiv geneigt. Weiterhin setzen wir voraus, daß die stetigen Kurven $\mathfrak{C}$, $\mathfrak{C}'$ bzw. $\mathfrak{C}''$, die C, A; A, B bzw. B, C verbinden, sich nirgends anders schneiden als in den Eckpunkten A, B oder C daß $\mathfrak{C}$, $\mathfrak{C}'$ bzw. $\mathfrak{C}''$ von jeder achsenparallelen Geraden höchstens einmal geschnitten

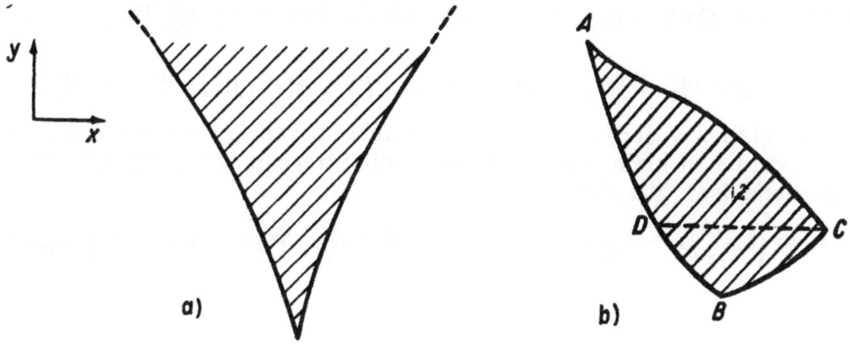

Abb. 2

wird. Die zur x-Achse parallele Gerade durch C schneidet $\mathfrak{C}'$ in einem Punkt D. Auf $\mathfrak{C}''$ sei eine Funktion $\varphi''(P)$ von beschränkter Variation definiert. Die auf $\mathfrak{C}$ bzw. $\mathfrak{C}'$ definierten Funktionen $\varphi(P)$ bzw. $\varphi'(P)$ seien lokal von beschränkter Variation, aber von beschränkter Variation in jedem Intervall $[P_0, C] \subset \mathfrak{C}$ $(P_0 \neq A)$ bzw. $[P_0', B] \subset \mathfrak{C}'$ $(P_0' \neq A)$. Eine Entartung von $\varphi(P)$ bzw. $\varphi'(P)$ lassen wir also nur im Punkt A zu. Auf der zur y-Achse parallelen Geraden $\mathfrak{G}$ durch den Punkt A gibt es ein lokales Maß μ_1 $(S_{\mu_1} \subseteq \mathfrak{G})$, dessen Φ_H-Potential auf $\mathfrak{C}'$ mit $\varphi'(P)$ $\mathfrak{J}$-f. ü. übereinstimmt. Auf dem Kurvenstück (D, B) $\subset \mathfrak{C}$ gibt es ein Maß ν_2 $(S_{\nu_2} \subseteq [D, B])$ mit $\Phi_H \nu_2(P) = \varphi''(P) - \Phi_H \mu_1(P)$ für $\mathfrak{J}$-fast alle $P \in \mathfrak{C}''$. Wir setzen $\mu_2 = \mu_1 + \nu_2$. Auf (A, D) gibt es ein lokales Maß ν_3 $(S_{\nu_3} \subseteq [A, D])$ mit $\Phi_H \nu_3(P) = \varphi(P) - \Phi_H \mu_2(P)$ für $\mathfrak{J}$-fast alle $P \in \mathfrak{C}$. Das lokale Maß $\mu = \mu_2 + \nu_3$ erzeugt dann im Dreieckgebiet eine schwache Lösung von $u_{xy} = 0$, die auf dem Rand $\mathfrak{J}$-fast überall die vorgeschriebenen Randwerte $\varphi(P)$, $\varphi'(P)$ bzw. $\varphi''(P)$ stetig annimmt. μ ist höchstens im Punkt A entartet. Man kann μ auch so wählen, daß der Träger auf dem Rand des Gebietes liegt, wenn man die Grundlösung Φ_H^* mitverwendet.

Die Dirichlet-Lösungen, die wir konstruierten, sind im allgemeinen unstetig. Die Frage, wann man das erzeugende lokale Maß so wählen kann, daß aus stetigen Randwerten die Stetigkeit im Innern folgt, war offengeblieben. Dasselbe gilt für das Problem, ob man durch diese Stetigkeitsforderung bei stetigen Randwerten zu eindeutig bestimmten Lösungen kommt. Die erste Frage kann man für Zweieckgebiete bejahen, den Beweis geben wir hier aber nicht an. Die zweite Frage klären wir durch ein Beispiel. Der Einfachheit halber betrachten wir den Streifen, der durch die Geraden $\mathfrak{G}_1$ und $\mathfrak{G}_2$ $(y = -x + b_1$, $y = -x + b_2$, $b_1 < b_2)$ begrenzt wird.

$\mathfrak{G}$ sei eine Gerade, $P', P'' \in \mathfrak{G}$ und λ das eindimensionale Lebesgue-Maß auf $\mathfrak{G}$. Die Einschränkung von λ auf die Strecke $[P', P''] \subset \mathfrak{G}$ bezeichnen wir mit $\lambda_{P'P''}$. Es sei $h_0 > 0$ eine hinreichend kleine Zahl. Auf $\mathfrak{G}_1$ wählen wir einen Punkt $P_0 = P_0^0$ und bilden drei Punkte $P_{-1}^0, P_0^0, P_1^0 \in \mathfrak{G}_1$, so daß P_0^0 zwischen P_{-1}^0 und P_1^0 liegt, die Ordinate von P_{-1}^0 kleiner als die von P_1^0 ist und

$$|P_{-1}^0, P_0^0| = |P_0^0, P_1^0| = \frac{h}{2} \leqq \frac{h_0}{2}$$

gilt. Rekursiv für $k = 0, 1, 2, \ldots$ bilden wir die Punkte P_j^k, Q_j^k, R_j^k $(j = -1, 0, 1)$ gemäß

$$\eta(P_j^k) \cap \mathfrak{G}_2 = Q_j^k\,, \quad \xi(Q_j^k) \cap \mathfrak{G}_1 = P_j^{k+1}\,, \quad \xi(P_j^k) \cap \eta\,(P_j^{k+1}) = R_j^k\,.$$

Dabei ist $\eta(P)$ bzw. $\xi(P)$ die zur y- bzw. x-Achse parallele Gerade durch P, und h_0 setzen wir als so klein voraus, daß sich die Strecken $[P_{-1}^0, P_1^0]$ und $[P_{-1}^1, P_1^1]$ nicht schneiden. Mit dem Maß

$$\mu_k = \left(\lambda_{R_{-1}^k R_0^k} - \lambda_{R_0^k R_1^k}\right) - \left(\lambda_{P_{-1}^k P_0^k} - \lambda_{P_0^k P_1^k}\right) - \left(\lambda_{P_{-1}^{k+1} P_0^{k+1}} - \lambda_{P_0^{k+1} P_1^{k+1}}\right)$$

bilden wir

$$\mu_{h, P_0} = \sum_{k=0}^{\infty} \mu_k\,.$$

Das Potential $\Phi_H\, \mu_{h, P_0}(P)$ verschwindet für $P \in \mathfrak{G}_2$ und ist für $P \in \mathfrak{G}_1$ nur im Intervall $[P_{-1}, P_1] \subset \mathfrak{G}_1$ von Null verschieden, und zwar positiv und nicht größer als h. Vertauscht man die Rollen von ξ und η und konstruiert nach derselben Art wie μ_{h, P_0} ein Maß ν_{h, P_0}, dessen Potential auf $\mathfrak{G}_1$ und $\mathfrak{G}_2$ mit $\Phi_H\, \mu_{h, P_0}$ übereinstimmt, wobei man also jetzt die Punktfolgen P_j^k, Q_j^k, R_j^k nach fallenden y-Werten fortschreiten läßt, so ist $\Phi_H(\mu_{h, P_0} - \nu_{h, P_0})\,(P)$ im Streifen eine stetige schwache Lösung des Dirichlet-Problems mit den Randwerten Null, die im Innern nicht verschwindet.

Es sei abschließend noch etwas zur Nichteindeutigkeit des Maßes gesagt, dessen Potential auf einer Punktmenge vorgeschriebene Werte annimmt. Ω sei der Halbraum $\{(x, y) : y + a\,x + b > 0\}$ mit $a > 0$ und willkürlichem festen b. Es sei $\mu \in \mathfrak{M}_b$ gegeben mit $\mu(\Omega) = 0$, d. h., $S_\mu \cap \Omega = \emptyset$. Wir fragen nach solchen Maßen, die in Ω dasselbe Potential erzeugen wie μ. Dazu seien $h(x)$ bzw. $k(y)$ nichtnegative nichtfallende Funktionen, die für endliche x bzw. y beschränkt sind. Für $(x, y) = P \in \Omega$ gilt

$$\chi_\mu(x, y) = \chi_\mu\,(x + h, y) + \chi_\mu\,(x, y + k) - \chi_\mu\,(x + h, y + k)\,.$$

Die Abbildungen

$$t_1 \colon (x, y) \to (x_1, y_1) = (x + h, y)\,,$$

$$t_2 \colon (x, y) \to (x_2, y_2) = (x, y + k)\,,$$

$$t_3 \colon (x, y) \to (x_3, y_3) = (x + h, y + k)$$

sind dann eineindeutig, und für $B(P) = \{P' : x' < x, y' < y\}$ gilt $t_i\, B(P) = B(P_1) \supseteq B(P)$. Damit erhalten wir drei Maße $\mu_i(B) = \mu_i\,(t_i B)$ $(B \in \mathfrak{B}, i = 1, 2, 3)$, die wieder in $\mathfrak{M}_b$ liegen. Insbesondere erhalten wir $\chi_{\mu_i}(x, y) = \chi_\mu(x_i, y_i)$, also für $P \in \Omega$

$$\chi_\mu(P) = \chi_{\mu_1}(P) + \chi_{\mu_2}(P) - \chi_{\mu_3}(P) .$$

Somit erzeugt das Maß $\nu = \mu_1 + \mu_2 - \mu_3$ in Ω dasselbe Potential wie μ. In Abhängigkeit von $h(x)$ und $k(x)$ existiert ein $b' \leqq b$, so daß $\nu(\Omega') = 0$ mit $\Omega' = \{(x, y): y + a\,x + b' > 0\}$ gilt. Hiermit ist ein Balayagevorgang konstruiert worden. Man kann ihn noch verallgemeinern, indem man μ zerlegt in $\sum_{i=1}^{m} \mu_i$, wobei $A_1, \ldots, A_m \in \mathfrak{B}$ disjunkte Mengen sind und μ_i die Einschränkung von μ auf A_i $(i = 1, \ldots, m)$. Wendet man dann mit Funktionen $h_i(x)$ bzw. $k_i(y)$, die die genannten Eigenschaften besitzen, die obige Transformation an auf μ_i — dabei entstehe das Maß ν_i, so ist $\nu = \sum_{i=1}^{m} \nu_i$ wieder ein Maß, dessen Potential in Ω mit $\Phi_H\,\mu(P)$ übereinstimmt. Dieses ν kann man im allgemeinen nicht aus μ erhalten, wenn man sich auf $m = 1$ $(A_1 = R^2)$ beschränkt.

4. $C(\Phi)$-Nullmengen für Kegel im R^{n+1}

Im $(x^1, \ldots, x^n, t)$-Raum R^{n+1} betrachten wir den Kegelmantel $(t - t_0)^2 = \sum_{i=1}^{n} (x^i - x_0^i)^2$. Der Rückwärtskegel M_{P_0} mit der Spitze in P_0 besteht aus denjenigen Punkten (x, t) des Kegelmantels, die $t \leqq t_0$ erfüllen, und der Vorwärtskegel N_{P_0} entsprechend aus denjenigen (x, t), die $t \geqq t_0$ erfüllen. Statt $x^1, \ldots, x^n$ schreiben wir einfach x. Die offenen Vollkegel, zu denen M_{P_0} bzw. N_{P_0} Rand sind, bezeichnen wir mit $Q_1(P_0)$ bzw. $Q_2(P_0)$. Weiterhin setzen wir $Q(P_0) = R^{n+1} \setminus (Q_1(P_0) \cup Q_2(P_0))$. Mit $\mathfrak{Q}$ bezeichnen wir offene Mengen, die in der Gestalt

$$\mathfrak{Q} = Q_1(P) \cap Q_2(P') \ (P = (x, t),\ P' = (x, t'),\ t < t')$$

darstellbar sind. $P'' = (x, t + t'/2)$ ist der Mittelpunkt, und die Punkte P und P' sind die Spitzen von $\mathfrak{Q}$. Zu jedem $P = (x, t)$ und festem x_0 gibt es eindeutig Punkte $P_1 = (x_0, t_1)$ und $P_2 = (x_0, t_2)$ mit

$$P \in N_{P_1} \cap M_{P_2} .$$

Für $x_0 = 0$ heiße P_2 die Projektion von P auf die t-Achse und werde in diesem Fall mit P_t bezeichnet. Für eine Menge B nennen wir die Menge aller auf die t-Achse projizierten Punkte von B die Projektion von B auf die t-Achse B_t. Es gilt z. B. $(M_{(0, t_0)})_t = \{(0, t_0)\}$. Im R^{n+1} definieren wir die Halbordnung

$$P_1 \leqq P_2 \Leftrightarrow P_1 \in Q_1(P_2) \Leftrightarrow Q_1(P_1) \subseteq Q_2(P_2) \Leftrightarrow Q_2(P_1) \supseteq Q_2(P_2) .$$

Mit $\Theta^\wedge = \Theta\left((t - t') - |x - x'|\right)$ bezeichnen wir die charakteristische Funktion von $Q_1(P)$. Für $\mu \in \mathring{\mathfrak{M}}^+$ setzen wir

$$\chi_\mu(P) = \chi_\mu(x, t) = \int \Theta\left((t - t') - |x - x'|\right) d\mu(x', t') .$$

Dies ist die Masse von μ, die in $Q_1(P)$ liegt. Für $\mu = \mu_1 - \mu_2$ mit $\mu_1, \mu_2 \in \mathring{\mathfrak{M}}^+$ erklären wir $\chi_\mu = \chi_{\mu_1} - \chi_{\mu_2}$. Falls $\mu \in \mathring{\mathfrak{M}}^+$ gilt, ist $\chi_\mu(P)$ monoton, d. h.

$$P_1 \leqq P_2 \Rightarrow \chi_\mu(P_1) \leqq \chi_\mu(P_2) .$$

Daraus folgt, daß für eine Menge des Typs $\mathfrak{Q}$ mit den Spitzen P_1, P_2 gilt

$$\chi_\mu(P_2) \leqq \chi_\mu(P) \leqq \chi_\mu(P_2) \quad \text{für alle} \quad P \in \bar{\mathfrak{Q}}\,.$$

Definition: *Eine Funktion $\chi(P)$ $(P \in R^{n+1})$ heiße linksseitig stetig bzw. rechtsseitig stetig im Punkt P_0, falls gilt*

$$P^n \in Q_1(P_0),\quad P^n \to P_0 \Rightarrow \chi(P^n) \to \chi(P_0)$$

bzw.

$$P^n \in Q_2(P_0),\quad P^n \to P_0 \Rightarrow \chi(P^n) \to \chi(P_0)\,.$$

4.1: *Das Potential $\chi_\mu(P)$ $(\mu \in \mathring{\mathfrak{M}}^+)$ ist linksseitig stetig, und die rechtsseitige Stetigkeit im Punkt P_0 ist mit $\mu(M_{P_0}) = 0$ äquivalent. Diese ist wiederum äquivalent mit der Stetigkeit in diesem Punkt.*

Beweis: Wir betrachten eine willkürliche Folge von Punkten P^n, die gegen P_0 konvergiert, und beobachten die dazugehörigen Funktionswerte $\chi_\mu(P^n)$. Zu jedem P^n bilden wir die durch $P_0 = (x_0, t_0)$ eindeutig bestimmten Punkte $P_1^n = (x_0, t_1^n)$, $P_2^n = (x_0, t_2^n)$, so daß also

$$\chi_\mu(P_1^n) \leqq \chi_\mu(P^n) \leqq \chi_\mu(P_2^n)$$

gilt. Die Folge (P^n) ersetzen wir jetzt durch eine neue Folge, und zwar

$$P^n \in Q_1(P_0) \quad \text{durch} \quad P_1^n \in Q_1(P_0)\,,$$

$$P^n \in Q_2(P_0) \quad \text{durch} \quad P_2^n \in Q_2(P_0)\,.$$

$P^n \in Q(P_0)$ durch $P_1^n \in Q_1(P_0) \cup \{P_0\}$, falls $\chi_\mu(P_0) - \chi_\mu(P^n) > 0$ gilt, $P^n \in Q(P_0)$ durch $P_2^n \in Q_2(P_0) \cup \{P_0\}$, falls $\chi_\mu(P^n) - \chi_\mu(P_0) \geqq 0$ gilt.
Die so gewonnene Folge liegt jetzt in $Q_1(P_0) \cup Q_2(P_0) \cup \{P_0\}$, konvergiert gegen P_0, und die Glieder unterscheiden sich voneinander nur in den t-Werten, d. h., sie liegen alle auf der zur t-Achse parallelen Geraden, die durch den Punkt $P_0 = (x_0, t_0)$ geht.

Wegen der Monotonie von χ_μ majorisiert die Folge der Funktionswerte $\chi_\mu(P_1^n)$ bzw. $\chi_\mu(P_2^n)$ die ursprüngliche Folge, d. h., es gilt

$$\chi_\mu(P_0) - \chi_\mu(P_1^n) \geqq \chi_\mu(P_0) - \chi_\mu(P^n) \geqq 0 \quad \text{in} \quad Q_1(P_0)\,,$$

$$\chi_\mu(P_2^n) - \chi_\mu(P_0) \geqq \chi_\mu(P^n) - \chi_\mu(P_0) \geqq 0 \quad \text{in} \quad Q_2(P_0)\,.$$

Wenn man also zeigt, daß die abgeänderte Folge gegen $\chi_\mu(P_0)$ konvergiert, so konvergiert erst recht die ursprüngliche. Die Glieder P^n, die durch P_0 ersetzt worden sind, lassen wir von vornherein weg. Durch erneuten Übergang zu einer Majorante — die neue Punktfolge nennen wir wieder (P^n) — kann man noch erreichen, daß in $Q_1(P_0)$ bzw. $Q_2(P_0)$ die Konvergenz monoton ist ($P^n \nearrow P_0$ bzw. $P^n \searrow P_0$). Bei dieser Ersetzung beachtet man wieder die Monotonie von $\chi_\mu(P)$.

Die in $Q_1(P_0)$ bzw. $Q_2(P_0)$ liegenden Punkte von (P^n) definieren zwei Teilfolgen, und es genügt, sie getrennt zu betrachten. Folglich ist die Stetigkeit des Potentials in P_0 gezeigt, wenn man beweist

$$P^n \in Q_1(P_0),\ P^n \nearrow P_0 \Rightarrow \chi_\mu(P^n) \nearrow \chi_\mu(P_0)\,, \tag{a}$$

$$P^n \in Q_2(P_0),\ P^n \searrow P_0 \Rightarrow \chi_\mu(P^n) \searrow \chi_\mu(P_0)\,. \tag{b}$$

Diese Bedingungen sind mit der rechtsseitigen bzw. linksseitigen Stetigkeit äquivalent.

Zum Beweis von (a) sei also $P^n \in Q_1(P_0)$ und $P^n \nearrow P_0$. Wir setzen

$$B^n_{P_0} = \bigcup_{\substack{P^n \leqq P \\ P \in Q_1(P_0)}} M_P .$$

Es gilt dann $B^n_{P_0} \supseteq B^{n+1}_{P_0}$, $\bigcap\limits_{n=1}^{\infty} B^n_{P_0} = \emptyset$, sowie

$$\mu(B^n_{P_0}) = \chi_\mu(P_0) - \chi_\mu(P^n) < \infty .$$

Aus

$$\lim_{n\to\infty} (\chi_\mu(P_0) - \chi_\mu(P^n)) = \lim_{n\to\infty} \mu\,(B^n_{P_0}) = \mu\left(\bigcap_{n=1}^{\infty} B^n_{P_0}\right) = 0$$

folgt (a).

Zum Beweis von (b) sei $P^n \in Q_2(P_0)$ und $P^n \searrow P_0$. Wir setzen

$$A^n_{P_0} = \bigcup_{\substack{P_0 \leqq P \\ P \in Q_1(P^n)}} M_P .$$

Es gilt dann $A^n_{P_0} \supseteq A^{n+1}_{P_0}$, $\bigcap\limits_{n=1}^{\infty} A^n_{P_0} = M_{P_0}$, sowie

$$\mu(A^n_{P_0}) = \chi_\mu(P^n) - \chi_\mu(P_0) < \infty .$$

Aus

$$\lim_{n\to\infty} (\chi_\mu(P^n) - \chi_\mu(P_0)) = \lim_{n\to\infty} (A^n_{P_0}) = \mu\left(\bigcap_{n=1}^{\infty} (A^n_{P_0}\right) = \mu(M_{P_0})$$

folgt, daß die rechtsseitige Stetigkeit von χ_μ äquivalent ist mit $\mu(M_{P_0}) = 0$. Damit ist alles gezeigt.

Hieraus folgt, daß der Kern $\Theta\left((t - t') - |x - x'|\right)$ ein C_r-Kern und folglich auch ein C-Kern ist, denn wenn für ein $\lambda \in F^+(\Phi)$ gilt $\lambda(M_P) = 0$ für alle $P \in R^{n+1}$, so folgt $\lambda_K(M_P) = 0$ für jede kompakte Menge K. Das Mengensystem

$$\mathfrak{J}_{\Phi^\wedge} = \{B \colon B \in \mathfrak{B},\ F^+_B(\Phi) = 0\}$$

ist somit ein σ-Ideal in $\mathfrak{B}$.

Das σ-Ideal aller Mengen $B \in \mathfrak{B}$, die sich durch abzählbare viele Kegel der Gestalt M_P überdecken lassen, bezeichnen wir mit $\mathfrak{J}_M$.

4.2. *Alle Mengen $B \in \mathfrak{J}_M$ besitzen die innere $C(\Theta^\wedge)$-Kapazität Null, d. h., es gilt*

$$\mathfrak{J}_M \subseteq \mathfrak{J}_{\Theta^\wedge} .$$

Beweis: Jede Menge der Gestalt M_P liegt in $\mathfrak{J}_{\Theta^\wedge}$, denn ein nichtverschwindendes positives Maß, welches auf M_P konzentriert ist, erzeugt ein unstetiges Potential. Dann besteht aber das von diesen Mengen erzeugte σ-Ideal $\mathfrak{J}_M$ ebenfalls nur aus $C(\Theta^\wedge)$-Nullmengen.

Die Funktion

$$H_2(x, t) = \frac{\theta(t - |x|)}{2\pi\sqrt{t^2 - x^2}} \quad (|x| = (x^{1^2} + x^{2^2})^{1/2})$$

ist Grundlösung des Operators $\partial^2/\partial t^2 - (\partial^2/\partial x^{1^2} + dx^{2^2})$. Jedes Maß λ, welches bezüglich $\Theta\big((t - t') - |x - x'|\big)$ ein unstetiges Potential besitzt, erzeugt auch bezüglich $H_2(x, t)$ ein unstetiges Potential. Daraus folgt:

4.3: *Alle Elemente von $\mathfrak{J}_M$ im R^{2+1} besitzen die innere $C(H_2)$-Kapazität Null, d. h., es gilt*

$$\mathfrak{J}_M \subseteq \mathfrak{J}_{H_2} .$$

Im R^{n+1} $(n > 1)$ besitzt der Vorwärtskegel N_P eine positive $C(\Theta^\wedge)$-Kapazität. Zum Beweis betrachtet man das Oberflächenmaß auf N_P. Jeder Rückwärtskegel schneidet aus N_P eine Menge mit dem Flächeninhalt Null aus, also ist das Potential des Oberflächenmaßes nach 4.1 stetig. Für $n = 1$ gilt diese Aussage nicht. Hier besitzt jedes N_P die Kapazität Null.

Die für den Fall $n = 1$ angegebene Charakterisierung der $C(\Theta^\wedge)$-Nullmengen (vgl. [12]) liefert für $n > 1$ nur hinreichende Bedingungen.

4.4: *Eine Menge $B \in \mathfrak{B}$ besitzt positive innere $C(\Theta^\wedge)$-Kapazität, falls sie eine kompakte überabzählbare Menge K enthält, so daß für alle $B \in \mathfrak{J}_M$ die Menge $B \cap K$ höchstens abzählbar ist.*

Beweis: $B \cap K$ ist genau dann abzählbar für alle $B \in \mathfrak{J}_M$, falls $M_P \cap K$ für alle $P \in R^{n+1}$ abzählbar ist. Wir betrachten alle M_P mit $P = (0, t)$. Jeder Punkte von K gehört zu genau einem M_P, wobei P auf der t-Achse liegt. Die Punkte von K projizieren wir längs der Mantellinien auf die t-Achse. Die projizierte Menge K_t ist überabzählbar und kompakt, also gibt es ein Maß $\mu' > 0$ mit $S_{\mu'} \subseteq K_t$, welches auf einpunktigen (also auch auf abzählbaren Mengen) verschwindet (vgl. 0.2). Jeder Punkt $(0, t) \in K_t$ hat höchstens abzählbar viele Urbildpunkte in K. Wir wählen einen Repräsentanten davon aus. $K^1 \subseteq K$ sei die Menge aller Repräsentanten. Die Zuordnung zwischen K^1 und K_t ist eineindeutig. Längs der entsprechenden Mantellinien transformieren wir μ' auf K^1. Das entstehende Maß μ hat seinen Träger in $\overline{K}^1 \subseteq K$. Das μ-Maß jedes Rückwärtskegels ist Null, weil μ auf allen abzählbaren Mengen verschwindet und S_μ von jedem M_P höchstens abzählbar oft geschnitten wird. Folglich ist das $\Theta^\wedge$-Potential von μ stetig, also ist die Kapazität von K positiv und folglich auch die innere Kapazität von B.

Hieraus folgt, daß die t-Achse und ebenso jede Gerade, die nicht Mantellinie eines Kegels ist, eine positive $C(\Theta^\wedge)$-Kapazität besitzt.

5. Charakterisierung der $C(\Phi)$-Nullmengen für spezielle Kerne

Jedem Punkt $P \in R^n$ sei eine Menge $B(P) \in \mathfrak{B}$ zugeordnet. Dann definiert

$$P_1 \leqq P_2 \Leftrightarrow B(P_1) \subseteq B(P_2)$$

im R^n eine reflexive und transitive Relation. In der Menge aller Äquivalenzklassen der Gestalt $[P] = \{P' : B(P') = B(P)\}$ erhält man eine Halbordnung, wenn man setzt $[P_1] \leqq [P_2] \Leftrightarrow B(P_1) \subseteq B(P_2)$. Eine Funktion $\chi(P)$ nennen wir monoton wachsend, wenn gilt

$$P_1 \leqq P_2 \Rightarrow \chi(P_1) \leqq \chi(P_2) .$$

Wir betrachten alle Maße $\mu \in \mathfrak{M}$, so daß für jedes $P \in R^n$ gilt $-\infty < \mu\left(B(P)\right) < +\infty$, und setzen $\chi_\mu(P) = \mu\left(B(P)\right)$. Für positives μ ist $\chi_\mu(P)$ monoton wachsend. $\chi_\mu(P)$ ist das Potential von μ bezüglich des Kernes

$$\Phi(P, P') = \begin{cases} 1 & \text{für } P' \in B(P) \\ 0 & \text{sonst}\,. \end{cases} \qquad (\dagger)$$

Zu jedem Punkt $P \in R^n$ ist mit $B(P)$ gleichzeitig die Menge $B^*(P) = \{P' \colon P \in B(P')\}$ definiert. Es gilt $P' \in B^*(P) \Leftrightarrow P \in B(P')$, und speziell $P \in B(P) \Leftrightarrow P \in B^*(P)$. Der Kern

$$\Phi^*(P, P') = \begin{cases} 1 & \text{für } P' \in B^*(P) \\ 0 & \text{sonst} \end{cases}$$

ist adjungiert zu $\Phi(P, P')$. Es gilt $B^{**}(P) = B(P)$. Wenn man $P_1 \in B(P_2) \Rightarrow B(P_1) \subseteq B(P_2)$ verlangt (d. h. $B(P_2)$ enthält nur Vorgänger von P_2), so ist

$$P_1 <_\Phi P_2 \Leftrightarrow P_1 \in B(P_2)$$

eine transitive Relation im R^n.

Eine Funktion $\chi(P)$ heiße im Punkt $P_0 \in R^n$ bezüglich Φ linksseitig bzw. rechtsseitig stetig, falls gilt

$$P^n <_\Phi P_0 \,(n = 1, 2, \ldots),\ P^n \to P_0 \Rightarrow \chi(P^n) \to \chi(P_0)$$

bzw.

$$P_0 <_\Phi P^n \,(n = 1, 2, \ldots),\ P^n \to P_0 \Rightarrow \chi(P^n) \to \chi(P_0)\,.$$

Im obigen Beispiel (mit $B(P) = Q_1(P)$, Abschn. 4) war $B(P_1) \subseteq B(P_2) \Leftrightarrow B^*(P_1) \supseteq B^*(P_2)$ erfüllt. Allgemein gilt dies genau dann, wenn für beliebige P_0, P_1, $P_2 \in R^n$ mit $P_1 \leqq P_2$ die Beziehung $P_2 \in B(P_0) \Rightarrow P_1 \in B(P_0)$ richtig ist, d. h., $B(P_0)$ enthält mit einem Punkt P_2 auch alle seine Vorgänger. Denn aus $P_0 \in B^*(P_2) \Leftrightarrow P_2 \in B(P_0)$ folgt $P_1 \in B(P_0) \Leftrightarrow P_0 \in B^*(P_1)$, also $B^*(P_2) \subseteq B^*(P_1)$. Wenn es andererseits drei Punkte P_0, P_1, $P_2 \in R^n$ $(P_1 \leqq P_2)$ gibt mit $P_2 \in B(P_0) \Rightarrow P_1 \notin X(P_0)$, so folgt $P_0 \in B^*(P_2) \Rightarrow P_0 \notin B^*(P_1)$, also *nicht* $B^*(P_2) \subseteq B^*(P_1)$. Die Aussage von 4.1 mit $B(P) = Q_1(P)$ läßt sich auch auf allgemeinere Funktionen $B(P)$ übertragen, z. B. elliptische Kegel oder pyramidenförmige Mengen mit der Spitze in P. Im nächsten Abschnitt betrachten wir Halbräume $B(P)$ mit P auf der Begrenzungshyperebene.

Für spezielle Kerne des Typs (†) geben wir jetzt mit Hilfe der in [12] verwendeten Methode eine Charakterisierung der $C(\Phi)$-Nullmengen an. Sie ist eine unmittelbare Verallgemeinerung von Satz 0.2 und hängt mit der Schar der Ränder von $B(P)$ $(P \in R^n)$ in analoger Weise zusammen wir die Nullmengen bei dem Kern Φ_H mit den Charakteristikenrichtungen.

K_0 sei eine absolut konvexe absorbierende kompakte Menge im R^n mit dem Rand M_0. Ist c ein nichtnegativer Faktor, so ist eine Schar von Mengen $\{c\,K_0\}$ definiert mit $c_1 \leqq c_2 \Rightarrow c_1\,K_0 \subseteq c_2\,K_0$. Für $c = 0$ verstehen wir unter $c\,K_0$ den Nullpunkt. Der Rand von $c\,K_0$ wird mit $c\,M_0$ bezeichnet. Jeder Punkt $P \in R^n$ definiert eindeutig ein $c_P \geqq 0$, so daß $P \in c_P\,M_0$ gilt. Wir setzen $B(P) = c_P\,K_0$. Den dazugehörigen Kern (†) bezeichnen wir mit Φ_{M_0}. Die Funktion $\chi_\mu(P) = \mu(c_P\,K_0)$ ist für alle $\mu \in \mathfrak{M}$ erklärt und auf kompakten Mengen beschränkt. Man kann leicht folgende Eigenschaften zeigen: $\chi_\mu(P)$ ist rechtsseitig stetig (d. h. $\mu(c_P\,K_0)$ ist im R^1 im gewöhnlichen Sinne als Funktion von c_P rechtsseitig stetig) und die linksseitige Stetigkeit für $P = P_0$ ist äquivalent mit $\mu(c_P M_0) = 0$. Aus der linksseitigen Stetigkeit von $\chi_\mu(P)$ für alle P folgt dann die Stetigkeit für alle P. Es gibt höchstens abzählbar viele Mengen der Gestalt $c\,M_0$, für welche $\mu(c\,M_0) \neq 0$ gilt.

Das σ-Ideal aller Mengen $N \in \mathfrak{B}$, die sich durch abzählbar viele Mengen der Gestalt $c\,M_0$ überdecken lassen, werde mit $\mathfrak{J}_{M_0}$ bezeichnet.

Die Menge der Unstetigkeitsstellen von $\chi_\mu(P)$ ($\mu \in \mathfrak{M}$) ist ein Element von $\mathfrak{J}_{M_0}$. Alle Elemente von $\mathfrak{J}_{M_0}$ besitzen die $C(\Phi_{M_0})$-Kapazität Null. Es gilt nun folgender Satz:

5.1: *Eine Menge $B \in \mathfrak{B}$ besitzt genau dann die innere $C(\Phi_{M_0})$-Kapazität Null, wenn jede kompakte Teilmenge von B in $\mathfrak{J}_{M_0}$ liegt.*

Beweis: Es genügt zu zeigen, daß zu jeder kompakten Menge $K \notin \mathfrak{J}_{M_0}$ ein Maß $\mu = 0$ mit $S_\mu \subseteq K$ existiert, so daß $\mu\,(c\,M_0) = 0$ für alle $c \geqq 0$ gilt. In diesem Fall ist nämlich das Potential $\Phi_{M_0}\mu(P) = \chi_\mu(P)$ stetig.

Es gelte also $K \notin \mathfrak{J}_{M_0}$. Nach 1.10 existiert eine kompakte Teilmenge $\tilde{K} \notin \mathfrak{J}_{M_0}$ mit der genannten Eigenschaft. Ohne Beschränkung der Allgemeinheit setzen wir $K = \tilde{K}$. Wir nennen zwei Punkte P, P' verträglich, wenn $c_P \neq c_{P'}$ gilt. Entsprechend werden zwei Mengen B, B' verträglich genannt, wenn jeder Punkt von B mit jedem Punkt von B' verträglich ist.

Es sei $P_0 \in K$ und $\mathfrak{Q}$ eine offene Kugel mit dem Mittelpunkt P_0. Dann enthält $\mathfrak{Q}$ einen zu P_0 verträglichen Punkt $P_1 \in K$ und offene Kugeln $\mathfrak{Q}_0$ bzw. $\mathfrak{Q}_1$ mit P_0 bzw. P_1 als Mittelpunkt, so daß die Abschließung $\overline{\mathfrak{Q}}_0$ und $\overline{\mathfrak{Q}}_1$ paarweise verträglich sind und der Radius von $\overline{\mathfrak{Q}}_0$ und $\overline{\mathfrak{Q}}_1$ nicht größer als 2^{-1} ist. Wir setzen $A_1 = \overline{\mathfrak{Q}}_0 \cup \overline{\mathfrak{Q}}_1$. Durch Fortsetzung dieser Konstruktion (vgl. [12]) ergeben sich paarweise verträgliche abgeschlossene Kugeln $\overline{\mathfrak{Q}}_{00}, \overline{\mathfrak{Q}}_{01}, \overline{\mathfrak{Q}}_{10}, \overline{\mathfrak{Q}}_{11}$ mit Mittelpunkten in K und einem Radius nicht größer als 2^{-2}. Wir setzen $A_2 = \overline{\mathfrak{Q}}_{00} \cup \overline{\mathfrak{Q}}_{01} \cup \overline{\mathfrak{Q}}_{10} \cup \overline{\mathfrak{Q}}_{11}$ usw. Die Menge

$$K^* = \bigcap_{k=1}^{\infty} A_k \subseteq K$$

ist kompakt, überabzählbar und besteht aus paarweise verträglichen Punkten. $\mathfrak{c}$ sei ein willkürlicher vom Ursprung ausgehender Strahl. Jeder Punkt $P \in K^*$ liegt auf genau einer Fläche $c_P M_0$. Jede dieser Flächen schneidet $\mathfrak{c}$ in genau einem Punkt. Die Menge $K_\mathfrak{c}^*$ dieser Schnittpunkte ist kompakt und überabzählbar. Nach 0.2 gibt es ein Maß $\mu > 0$ mit $S_\mu \subseteq K_\mathfrak{c}^*$, welches auf einpunktigen Mengen verschwindet. Transformiert man μ' längs der die entsprechenden Punkte von K^* und $K_\mathfrak{c}^*$ verbindenden Geraden in die Menge K^*, so ergibt sich ein Maß $\mu > 0$, welches ebenfalls auf einpunktigen Mengen verschwindet. Folglich besitzt jede Fläche $c\,M_0$ das μ-Maß Null, und das Potential $\Phi_{M_0}\mu$ ist stetig.

6. Über die Unstetigkeiten einer Verteilungsfunktion

RADON-Maße μ im R^n können — etwas unexakt gesprochen — für nicht zu viele Mengen mit kleinerer Dimension als n einen Wert $\neq 0$ annehmen. Beispielsweise kann es nur höchstens abzählbar viele Punkte P_k ($k = 1, 2, \ldots$)

geben mit $\mu(\{P_k\}) \neq 0$. In diesen Punkten ist die atomische Komponente von μ konzentriert. Im vorigen Abschnitt zeigten wir, daß es höchstens abzählbar viele Kugelschalen $c\,M_0$ mit einem festen Punkt P_0 als Mittelpunkt geben kann, für welche $\mu(c\,M_0) \neq 0$ gilt. Eine ähnliche Aussage beweisen wir jetzt für Hyperebenen.

6.1: *Für beliebiges $\mu \in \mathfrak{M}$ gibt es höchstens abzählbar viele zu den Koordinatenhyperebenen parallele Hyperebenen E_k $(k = 1, 2, \ldots)$ mit $\mu(E_k) \neq 0$.*

Beweis: Wir setzen zunächst voraus, daß μ einen kompakten Träger besitzt. e sei ein im Ursprung angehefteter Einheitsvektor im R^n und P ein willkürlicher Punkt. Die zu e orthogonale Hyperebene E_P durch den Punkt P schneidet die durch e definierte Gerade in einem Punkt $c_P\,e$. Dabei ist c_P ein Faktor, der für alle Punkte der Hyperebene übereinstimmt. Der offene Halbraum $B(P) = \{P': c_{P'} < c_P\}$ wird durch E_P begrenzt. $\mu(B(P))$ ist für alle $P \in R^n$ beschränkt und Funktion von c_P, also von nur einer Variablen. Nach der im Beweis 4.1 von verwendeten Methode zeigt man, daß $\mu(B(P))$ als Funktion von $c_P \in R^1$ linksseitig stetig ist und die rechtsseitige Stetigkeit in einem Punkt P_0 äquivalent mit $\mu(E_{P_0}) = 0$ ist. Da $\mu(B(P))$ als Differenz zweier monoton wachsender beschränkter Funktionen einer Variablen höchstens abzählbar viele Unsteitgkeitsstellen haben kann und die Unstetigkeit im Punkt c_{P_0} äquivalent ist mit $\mu(E_{P_0}) \neq 0$, existieren höchstens abzählbar viele solche Hyperebenen.

Falls der Träger von μ nicht kompakt ist, zerlegen wir den R^n in abzählbar viele disjunkte halboffene Quader beschränkten Durchmessers und schränken μ auf jeden dieser Quader ein. Das Maß μ ist dann die Summe dieser Einschränkungen. Zu jeder gibt es höchstens abzählbar viele zu e orthogonalen Hyperebenen der genannten Art, also kann es auch zu μ selbst höchstens abzählbar viele solche Hyperebenen geben. Anwendung dieser Überlegung auf die n Koordinaten-Richtungen e^j $(j = 1, \ldots, n)$ liefert die Behauptung.

Die angeführten Tatsachen hängen sehr eng mit dem folgenden Verhalten positiver Radon-Maße zusammen (vgl. L. H. Loomis [9]). Es sei $f(P) \geqq 0$ eine stetige Funktion im R^n mit kompaktem Träger und $\mu \in \mathfrak{M}^+$. Dann besitzt der Rand der Menge $\{P: f(P) \geqq a\}$ für höchstens abzählbar viele Zahlen a ein positives μ-Maß.

Wir betrachten jetzt ein solches $\mu \in \mathfrak{M}$, so daß der Kegel $B^n(P) = \{x'^1, \ldots, x'^n): x'^j < x^j, j = 1, \ldots, n\}$ für alle $P = (x^1, \ldots, x^n) \in R^n$ ein endliches μ-Maß besitzt. $\chi_\mu(P) = \mu(B^n(P))$ heißt Verteilungsfunktion des Maßes μ. Mit $M^n_{P_0}$ bezeichnen wir den Rand von $B^n(P_0)$.

$\mathfrak{J}^n_\Theta$ bezeichne das σ-Ideal aller Mengen $B \in \mathfrak{B}$, die sich durch abzählbar viele zu den Koordinatenhyperebenen parallele Hyperebenen überdecken lassen.

Alle Mengen aus $\mathfrak{J}^n_\Theta$ besitzen die innere $C(\Phi^n_H)$-Kapazität Null (vgl. [12]), wenn man $\Phi^n_H(P, P') = 1$ für $P' \in B^n(P) = 0$ für $P' \notin B^n(P)$ setzt. Es gilt folgender Satz (vgl. [12], Abschn. 4):

6.2: *Die Menge B_μ der Unstetigkeitsstellen von $\chi_\mu(P)$ $(\mu \in \mathfrak{M})$ ist ein Element von $\mathfrak{J}^n_\Theta$.*

Beweis: Es sei zunächst $\mu \in \mathfrak{M}^+$. Dann zeigt die im Beweis von 4.1 angewendete Methode, daß $\chi_\mu(P)$ im Punkt P_0 genau dann unstetig ist, falls

$\mu(M^n_{P_0}) \neq 0$ gilt. (Die Rolle der t-Achse übernimmt hier die Gerade $x^1 = x^2 = \cdots = x^n$.) Da $M^n_{P_0}$ aus Stücken von zu den Koordinatenhyperebenen parallelen Hyperebenen besteht und es nach 6.1 höchstens abzählbar viele solche Hyperebenen E_k mit $\mu(E_k) \neq 0$ geben kann, muß notwendig $P_0 \in E_k$ für ein k gelten. Damit ist $B_\mu \in \mathfrak{J}^n_\Theta$ für $\mu \in \mathfrak{M}^+$ gezeigt. Im Falle $\mu = \mu_1 - \mu_2$ mit $\mu_1, \mu_2 \in \mathfrak{M}^+$ genügt es zu bemerken, daß $\chi_\mu = \chi_{\mu_1} - \chi_{\mu_2}$ und folglich $B_\mu \subseteq B_{\mu_1} \cup B_{\mu_2} \in \mathfrak{J}^n_\Theta$ gilt.

6.3: *Es sei $M, N \in \mathfrak{J}^n_\Theta$ und $\mu \in \mathfrak{M}$. Dann liegt die Punktmenge, auf welcher $\mu\left(M \cap (N + P)\right)$ als Funktion von $P \in R^n$ ungleich Null ist, in $\mathfrak{J}^n_\Theta$.*

Der Beweis verläuft ganz analog wie im R^2 für die Aussage 3.1. Das Erzeugendensystem von $\mathfrak{J}^n_\Theta$, welches dabei eine Rolle spielt, ist in diesem Fall die Menge aller zu zu den Koordinatenhyperebenen parallelen Hyperebenen. Aus 6.3 folgt, daß eine Änderung von $\Phi^n_H(P, P')$ auf einer Menge aus $\mathfrak{J}^n_\Theta$ eine Änderung des Potentials $\Phi^n_H\, \mu(P)$ auf ebenfalls einer Menge aus $\mathfrak{J}^n_\Theta$ zur Folge hat.

Literatur

[1] Anger, G., Funktionalanalytische Betrachtungen bei Differentialgleichungen unter Verwendung von Methoden der Potentialtheorie I. Akademie-Verlag, Berlin 1967.

[2] Anger, G., Eine allgemeine Kerntheorie, I. S^p-Kerne. Math. Nachr. **37**, 153–176 (1968).

[3] Bauer, H., Wahrscheinlichkeitstheorie und Grundzüge der Maßtheorie. Berlin 1968.

[4] Berezanskij, J. M., Zerlegung nach Eigenfunktionen selbstadjungierter Operatoren (Russ.). Kiew 1945.

[5] Fuglede, B. und Schwartz, L., Un nouveau théorème sur les distributions. C. R. Acad. Sc. Paris, **263**, Sér. A, 899–901 (1966).

[6] Haupt, O., Aumann, G. und Pauc, O. Y., Differential- und Integralrechnung, Bd. III. Berlin 1955.

[7] Jaenicke, J., Lösung der ersten Randwertaufgabe einer partiellen Differentialgleichung vom hyperbolischen Typus. Math. Zeitschr. **105**, 72–86 (1968).

[8] John, F., The Dirichlet problem for a hyperbolic equation. Amer. J. Math. **63**, 1 (1941) 141–154.

[9] Loomis, L. H., Linear functionals and content. Amer. J. of Math. **76** (1954).

[10] Revouz, A., Fonctions croissantes mesures sur les espaces topologiques ordonnés. Ann. de l'Inst. Fourier, VI (1955/56).

[11] Revouz, A., Sur les répartitions de probalibités dans les espaces topologiques ordonnés. J. de Math. pures et appl., Sér. IX, 36 (1957).

[12] Schulze, B.-W., Potentiale bei der Wellengleichung im R^2 und Charakterisierung der Mengen der Kapazität Null. Bd. I dieser Tagungsberichte.

[13] Sikorski, R., Boolean Algebras. Berlin-Göttingen-Heidelberg 1964.

[14] Wildenhain, G., Eine Charakterisierung von Mengen der Kapazität Null im R^1. Math. Nachr. **32**, 269–276 (1966).

[15] Wladimirow, W. S., Gleichungen der mathematischen Physik (Russ.). Moskau 1967.

Das „feine“ DIRICHLET-Problem für elliptische Differentialgleichungen beliebiger Ordnung

von GÜNTHER WILDENHAIN, Berlin[1])

(Manuskripteingang: 23. Oktober 1969)

In Verallgemeinerung von Ergebnissen von J. DENY und J. L. LIONS werden (für den Fall $0 < 2m < n$; n Dimension des Raumes) einige Eigenschaften der BEPPO-LEVI-DENY-Funktionen der Ordnung m bewiesen und auf das sogenannte feine DIRICHLET-Problem der polyharmonischen Gleichung für eine beliebige zusammenhängende Menge Ω angewandt. Es wird ein Existenzsatz bewiesen, und unter Anwendung von Resultaten von B. FUGLEDE werden Aussagen über das Randverhalten der Lösung gemacht. Dabei sind keinerlei Voraussetzungen bezüglich des Randes des Gebietes Ω erforderlich. Falls das Gebiet (im Sinne von I. BABUŠKA) Δ^m-stabil ist, kann die Eindeutigkeit bewiesen werden. Schließlich wird gezeigt, wie die Resultate auf eine größere Klasse elliptischer, selbstadjungierter Differentialoperatoren übertragen werden können. Ein anderer, bisher unveröffentlichter Existenzbeweis für das betrachtete DIRICHLET-Problem (wobei die Eindeutigkeitsfrage offenblieb wurde bereits 1966 von B. FUGLEDE erbracht.

1. Einführende Bemerkungen

Im Jahre 1906 wurde von BEPPO-LEVI [17] im Zusammenhang mit dem Studium des DIRICHLETschen Problems eine Funktionenklasse in die Analysis eingeführt — die später nach ihm benannte Klasse der BEPPO-LEVI-Funktionen — die bereits in sehr enger Beziehung zu den SOBOLEVschen Räumen (vgl. S. L. SOBOLEV [22]) steht. Als einige der wichtigsten Arbeiten darüber seien genannt: NIKODYM [19], CALKIN [9] und MORRAY [18]. J. DENY [11] bewies 1950 das folgende Resultat: Jede BEPPO-LEVI-Funktion ist fast überall gleich einer Funktion, die quasi-überall definiert und quasi-stetig ist (bezüglich der Bedeutung der Begriffe vergleiche man Abschnitt 3). Die so präzisierten Punktfunktionen nennt man seitdem *BLD*-Funktionen (BEPPO-LEVI-DENY-Funktionen). Sie sind Gegenstand zahlreicher Untersuchungen gewesen und zum Studium des DIRICHLETschen Problems angewandt worden (man vergleiche z. B. M. BRELOT [4]—[6], ARONSZAJN und SMITH [1], J. DENY und J. L. LIONS [12]). Insbesondere gewinnt man aus den Feinstetigkeitseigenschaften der *BLD*-Funktionen Aussagen über das Randverhalten der Lösungen des DIRICHLETschen Problems der Potentialgleichung (sogenanntes „feines“ DIRICHLET-Problem — vgl. J. DENY und J. L. LIONS [12]).

---

[1]) Anschrift des Autors:
GÜNTHER WILDENHAIN, Deutsche Akademie der Wissenschaften,
Institut für Reine Mathematik
DDR-1199 Berlin-Adlershof, Rudower Chaussee 5.

Andererseits führte J. DENY [11] den Begriff der BEPPO-LEVI-Funktionen höherer Ordnung ein (BL_m-Funktionen) und stellt enge Beziehungen zu der (ebenfalls in der Arbeit [11] entwickelten) Theorie der Distributionen von endlicher Energie und ihrer Potentiale her. Er bewies, daß man auch die BL_m-Funktionen in entsprechender Weise als quasi-überall definiert und quasistetig präzisieren kann. Wir nennen diese präzisierten Funktionen (nach B. FUGLEDE) BLD_m-Funktionen. Dabei betrachten wir nur den Fall $0 < 2m < n$ (n Dimension des Raumes) und der zugrundeliegende Kapazitätsbegriff ist die RIESZsche Kapazität der Ordnung $2m$ (vgl. O. FROSTMAN [13], M. RIESZ [21], N. S. LANDKOFF [16]). Daher sprechen wir hier genauer von $2m$-quasi-überall, $2m$-quasi-Stetigkeit und $2m$-Feinstetigkeit. B. FUGLEDE [14] bewies, daß jede $2m$-quasi-stetige Funktion $2m$-quasi-überall $2m$-feinstetig ist. Dieses Resultat und die Tatsache, daß die BL_m-Funktionen in einem unmittelbaren Zusammenhang zum polyharmonischen Operator Δ^m stehen, liefert die Möglichkeit, auch für die polyharmonische Gleichung $\Delta^m u = 0$ — ähnlich dem klassischen Fall $m = 1$ — ein „feines" DIRICHLET-Problem zu betrachten. Dieses Problem bildet den Gegenstand dieser Arbeit. Es ist am Beginn von Abschnitt 5 formuliert. Von B. FUGLEDE wurde im Anschluß an die Arbeit [14] in einem bisher unveröffentlichten Manuskript, von welchem dem Autor freundlicherweise ein Exemplar zur Verfügung gestellt wurde, ein Existenzbeweis dafür erbracht. Die Eindeutigkeitsfrage blieb offen. Wir werden hier den Existenzsatz von B. FUGLEDE auf anderem Wege beweisen, indem wir — unter Heranziehung von Ergebnissen von L. HÖRMANDER und J. L. LIONS [15] — die bei J. DENY und J. L. LIONS [12] für $m = 1$ entwickelte Methode auf den Fall $m > 1$ verallgemeinern. Darüber hinaus gewinnen wir folgende Eindeutigkeitsaussage:

Die Lösung ist eindeutig, falls das Gebiet Ω im Sinne von I. BABUŠKA [2], [3] stabil (Δ^m-stabil) ist. Schließlich wird noch gezeigt, wie die Resultate auf eine größere Klasse elliptischer, formal selbstadjungierter Differentialoperatoren übertragen werden können.

Die Abschnitte 2—4 dienen ausschließlich zur Vorbereitung. Es sind nur diejenigen Aussagen als Hilfssatz formuliert, die wir in Abschnitt 5 explizit benötigen.

Herrn Prof. B. FUGLEDE sei für die Anregung zu diesen Untersuchungen herzlich gedankt.

2. BEPPO-LEVI-Funktionen, stabile Gebiete

Im folgenden sei Ω eine offene und zusammenhängende Teilmenge des n-dimensionalen euklidischen Raumes R^n, wobei auch $\Omega = R^n$ zugelassen ist. $C_0^\infty(\Omega)$ bezeichne den Vektorraum der in Ω definierten, beliebig oft differenzierbaren (komplexwertigen) Funktionen φ mit kompaktem Träger supp φ, $\mathcal{D}(\Omega)$ (bzw. einfach $\mathcal{D}$ im Falle $\Omega = R^n$) den Vektorraum $C_0^\infty(\Omega)$, versehen mit der üblichen SCHWARTZschen Topologie, $\mathcal{D}'(\Omega)$ (bzw. $\mathcal{D}'$) den dazu dualen Raum der Distributionen über Ω. Ist $\beta = (\beta_1, \ldots, \beta_n)$ ein Multi-Index ganzer Zahlen $\beta_i \geqq 0$ und $|\beta| = \sum \beta_i$, so bezeichne ferner $D^\beta = \dfrac{\partial^{|\beta|}}{\partial x_1^{\beta_1} \ldots \partial x_n^{\beta_n}}$ die Ableitung der Ordnung $|\beta|$ und $\beta! = \beta_1! \ldots \beta_n!$. Nach J. DENY und J. L. LIONS [12] wollen wir unter $BL_m(\Omega)$ ($m \geqq 1$ ganz) den Vektorraum aller Distributionen $T \in \mathcal{D}'(\Omega)$ mit der Eigenschaft verstehen, daß alle distributionstheoretischen Ableitungen $D^\beta T$ der Ordnung $|\beta| = m$ Funktionen sind, die im Raum $L^2(\Omega)$ der quadratisch über Ω integrablen Funktionen liegen. Mittels

$$(T_1, T_2)_m = \sum_{|\beta|=m} \frac{m!}{\beta!} \int_\Omega D^\beta T_1 \overline{D^\beta T_2}\, dx \tag{2.1}$$

wird in $BL_m(\Omega)$ eine Halbnorm erzeugt. Bildet man den Quotientenraum $BL_m^{\cdot}(\Omega) = BL_m(\Omega)/\mathfrak{P}$, wobei $\mathfrak{P}$ den Unterraum aller Polynome des Grades $\leqq m - 1$ bedeutet, so wird dieser bezüglich des Skalarproduktes (2.1) zu einem HILBERT-Raum (vgl. J. DENY und J. L. LIONS [12], S. 366–367). $\dot{C}_0^\infty(\Omega)$ sei das Bild von $C_0^\infty(\Omega)$ in $BL_m^{\cdot}(\Omega)$, das durch die kanonische Abbildung $BL_m(\Omega) \to BL_m^{\cdot}(\Omega)$ induziert wird und $(BL_m^{\cdot})_0(\Omega)$ die Abschließung von $\dot{C}_0^\infty(\Omega)$ in $BL_m^{\cdot}(\Omega)$. Dann kann man den Raum $BL_m^{\cdot}(\Omega)$ in die direkte Summe

$$BL_m^{\cdot}(\Omega) = (BL_m^{\cdot})_0(\Omega) \oplus \mathcal{H}_m^{\cdot}(\Omega) \tag{2.2}$$

zweier (bezüglich des Skalarproduktes (2.1)) zueinander orthogonaler Unterräume zerlegen. Hierbei ergibt sich sofort, daß $\mathcal{H}_m^{\cdot}(\Omega)$ aus Klassen $T^{\cdot}$ von Distributionen besteht, für deren Repräsentanten $T \in T^{\cdot}$ $\Delta^m T = 0$ in Ω gilt. Die Formel (2.2) definiert eine Zerlegung der Klassen $T^{\cdot} \in BL_m^{\cdot}(\Omega)$. Damit ist aber noch keineswegs eine entsprechende Zerlegung für die einzelnen Repräsentanten $T \in T^{\cdot}$ gegeben. Wenn es gelingt, daraus eine solche Zerlegung zu gewinnen, so kann man diese in gewissem Sinne als Lösung des DIRICHLETschen Problems der Gleichung $\Delta_n^m = 0$ mit den „Randwerten" T interpretieren. Das soll später geschehen. Um Aussagen in dieser Richtung zu erhalten, ist es notwendig, die Vervollständigung $\mathcal{D}^m(\Omega)$ des Raumes $C_0^\infty(\Omega)$ bezüglich der Norm

$$\|\varphi\|_m^2 = \sum_{|\beta|=m} \frac{m!}{\beta!} \int_\Omega |D^\beta \varphi|^2\, dx \tag{2.3}$$

zu betrachten. $\mathcal{D}^m(\Omega)$ ist ein HILBERT-Raum, der aber im allgemeinen nicht als ein Teilraum von $\mathcal{D}'(\Omega)$ aufgefaßt werden kann. Bei J. DENY und J. L. LIONS [12], S. 319–320, sind Gegenbeispiele dafür angegeben. In der gleichen Arbeit wird bewiesen:

Hilfssatz 2,1: *Im Falle $\mathcal{D}^m(\Omega) \subset \mathcal{D}'(\Omega)$ besitzt jede Distribution $T \in BL_m(\Omega)$ eine eindeutige Zerlegung*

$$T = u_1 + u_2 \tag{2.4}$$

mit $u_1 \in \mathcal{D}^m(\Omega)$, $u_2 \in BL_m(\Omega)$, $\Delta^m u_2 = 0$ in Ω und

$$\|T\|_m^2 = \|u_1\|_m^2 + \|u_2\|_m^2\,.$$

Bezüglich der hierbei auftretenden Voraussetzung bewiesen L. HÖRMANDER und J. L. LIONS [15] unter anderem

Hilfssatz 2.2: *Notwendig und hinreichend für $\mathcal{D}^m(R^n) \subset \mathcal{D}'$ ist das Bestehen der Relation $n > 2m$. In diesem Falle gilt darüber hinaus für beliebige $\Omega \subset R^n$ stets $\mathcal{D}^m(\Omega) \subset \mathcal{D}'(\Omega)$.*

Wir wollen nun für alles Folgende in dieser Arbeit die Voraussetzung $n > 2m$ beibehalten.

Hilfssatz 2.3: *Die Distributionen* $T \in BL_m(\Omega)$ *sind gewöhnliche, lokal-integrierbare Punktfunktionen.*

Beweis. Es sei $T \in BL_m(\Omega)$ gegeben. Wegen $n > 2m$, Hilfssatz 2.2 und Hilfssatz 2.1 besitzt T die Zerlegung

$$T = u_1 + u_2 \left(u_1 \in \mathcal{D}^m(\Omega), \qquad \Delta^m u_2 = 0 \text{ in } \Omega\right).$$

u_2 ist als Lösung der polyharmonischen Gleichung eine analytische, insbesondere lokal-integrierbare Funktion. Wir können uns daher auf $u_1 \in \mathcal{D}^m(\Omega)$ beschränken. Nach den Sobolevschen Einbettungssätzen (vgl. S. L. Sobolev [22]) gilt für die Funktionen $\varphi \in C_0^\infty(\Omega)$ die Abschätzung

$$\{\int |D^\beta \varphi|^p \, dx\}^{1/p} \leqq C \,||\varphi||_m \tag{2.5}$$

mit $\frac{1}{p} = \frac{1}{2} - \frac{m - |\beta|}{n}$ und $0 \leqq m - |\beta| < \frac{n}{2}$. Die Konstante C hängt dabei nicht von φ ab. Wegen $n > 2m$ kann $|\beta| = 0$ gesetzt werden. Das bedeutet: Ist $\{\varphi_j\}$ eine Cauchy-Folge in $\mathcal{D}^m(\Omega)$, so konvergiert diese Folge auch in $L^p(\Omega)$. Aus $u_1 \in \mathcal{D}^m(\Omega)$ folgt also $u_1 \in L^p(\Omega)$.

Ist K eine kompakte Teilmenge von Ω, so ergibt sich daraus weiter unter Benutzung der Hölder-Ungleichung

$$\left|\int_K u_1 \, dx\right| \leqq \varrho \left(\int_K |u_1|^p \, dx\right)^{1/p} \leqq \varrho \left(\int_\Omega |u_1|^p \, dx\right)^{1/p} < \infty .$$

Damit ist Hilfssatz 2.3 bewiesen.

Der Grundgedanke der vorliegenden Untersuchungen besteht darin, unter Heranziehung potentialtheoretischer Methoden die Funktionen aus $\mathcal{D}^m(\Omega)$ — und insbesondere ihr Verhalten am Rande $\partial\Omega$ — näher zu präzisieren. Es zeigt sich, daß diese Funktionen in gewissem Sinne homogenen Dirichletschen Randbedingungen genügen. Dieser Umstand gestattet es, die Projektion u_2 in (2.4) als Lösung des Dirichlet-Problems der Gleichung $\Delta_n^m = 0$ mit den Randwerten T aufzufassen. An diesem Verfahren ist bemerkenswert, daß es ohne Einschränkungen bezüglich Ω, insbesondere auch für nicht-beschränkte Gebiete anwendbar ist. Um auch Eindeutigkeitsaussagen zu gewinnen, benötigen wir den Begriff der Δ^m-Stabilität eines Gebietes, wie er von I. Babuška [2], [3] eingeführt wurde. Im folgenden beziehen wir uns auf diese Arbeiten.

Zur Vereinfachung in der Bezeichnung setzen wir zur Abkürzung $H^m := \mathcal{D}^m(R^n)$. Ferner sei H_Ω^m die Abschließung der Menge aller Funktionen $\varphi \in C_0^\infty(R^n)$ mit $\operatorname{supp} \varphi \subset \Omega$ im Raum H^m und $^*H_\Omega^m$ das orthogonale Komplement zu H_Ω^m, d. h.

$$H^m = H_\Omega^m \oplus {}^*H_\Omega^m .$$

Bei gegebenem $f \in H^m$ wird die Projektion $u_{\Omega,f}$ in den Unterraum $^*H_\Omega^m$ als Projektionslösung des Dirichletschen Problems bezüglich der Gleichung $\Delta_n^m = 0$ und der Randwerte f im Gebiet Ω bezeichnet. Aus der Gestalt des Skalarprodukts in H^m und der Projektionseigenschaft ist leicht zu folgern, daß $u_{\Omega,f}$ in Ω eine klassische Lösung ist und in $R^n \setminus \Omega$ mit f übereinstimmt. Über das Verhalten am Rande kann zunächst nichts Näheres ausgesagt werden.

Wir wollen sagen, daß das Gebiet Ω der Klasse $\mathfrak{P}$ angehört ($\Omega \in \mathfrak{P}$), wenn folgendes gilt. Zu jedem Punkt $a \in \partial\Omega$ existiert ein lokales kartesisches Koordinatensystem $\xi_1, \ldots, \xi_n$, mit $a = (0, \ldots, 0)$ derart, daß der Rand $\partial\Omega$ in einer Umgebung von $\xi_1 = \cdots = \xi_{n-1} = 0$ lokal in der Form $\xi_n = F(\xi_1, \ldots, \xi_n)$ dargestellt werden kann, wobei die Funktion F nach allen Veränderlichen beliebig oft differenzierbar ist. Bekanntlich existiert zu beliebigem Ω eine Folge $\{\Omega_i\}_{i=1,2,\ldots}$ von Gebieten $\Omega_i \in \mathfrak{P}$ derart, daß $\overline{\Omega}_i \subset \Omega_{i+1} \subset \Omega$ und $\bigcup\limits_{i=1}^{\infty} \Omega_i = \Omega$ gilt. Das Gebiet Ω heiße normal ($\Omega \in \mathfrak{N}$), wenn $\partial\Omega = \partial\overline{\Omega}$ gilt. Setzt man $\Omega \in \mathfrak{N}$ voraus, so existiert außerdem stets eine Folge $\{\Omega_j\}_{j=1,2,\ldots}$, $\Omega_i \in \mathfrak{P}$ mit

$$\overline{\Omega} \subset \Omega_{j+1} \subset \overline{\Omega}_{j+1} \subset \Omega_j \quad \text{und} \quad \bigcap_{j=1}^{\infty} \Omega_j = \overline{\Omega}\,.$$

Wir denken uns nun $f \in H^m$ und je eine im angegebenen Sinne von innen bzw. von außen approximierende Folge von Gebieten $\{\Omega_i\}_{i=1,2,\ldots}$ bzw. $\{\Omega_j\}_{j=1,2,\ldots}$ fixiert. $u_{i,f}$ bzw. $u_{j,f}$ seien die zugehörigen Projektionslösungen. Dann läßt sich zeigen, daß unabhängig von den approximierenden Folgen $\{\Omega_i\}_{i=1,2,\ldots}$ und $\{\Omega_j\}_{j=1,2,\ldots}$ die Folgen $\{u_{i,f}\}_{i=1,2,\ldots}$ und $\{u_{j,f}\}_{j=1,2,\ldots}$ in H^m gegen gewisse Grenzfunktionen u_f bzw. u^f konvergieren. Es ist leicht zu zeigen, daß u_f stets mit der Projektionslösung $u_{\Omega,f}$ für das Gebiet Ω zusammenfällt. Man nennt u_f die innere, u^f die äußere zu Ω und f gehörige Projektionslösung. Nach I. BABUŠKA [3] heißt nun Ω Δ^m-stabil, wenn für beliebiges $f \in H^m$ die innere und äußere Projektionslösung übereinstimmen. Für unsere Zwecke ist eine äquivalente Beschreibung dieses Sachverhaltes nützlich. Dazu sei $\{\Omega_j\}_{j=1,2,\ldots}$ eine beliebige von außen approximierende Folge von Gebieten $\Omega_j \in \mathfrak{P}$ und ${}_{\Omega}H^m := \bigcap\limits_{j=1}^{\infty} H^m_{\Omega_j}$. Diese Definition von ${}_{\Omega}H^m$ ist ebenfalls von der Auswahl der Folge $\{\Omega_j\}_{j=1,2,\ldots}$ unabhängig.

Hilfssatz 2.4: *Das Gebiet Ω ist genau dann Δ^m-stabil, wenn $H^m_\Omega = {}_{\Omega}H^m$ gilt.*

Bei I. BABUŠKA [3] wird bewiesen, daß die Klasse der Δ^m-stabilen Gebiete sehr allgemein ist. Es wird zum Beispiel gezeigt, daß jedes bezüglich eines Punktes $x_0 \in \Omega$ sternförmige Gebiet Δ^m-stabil ist. Andererseits werden komplizierte Beispiele nicht Δ^m-stabiler Gebiete konstruiert, zum Beispiel für den biharmonischen Operator im R^5.

3. RIESZsche Potentiale, Energie, Kapazität, feine Topologie, quasi-Stetigkeit

Die im folgenden kurz skizzierte Theorie kann man — soweit keine anderen Lireraturhinweise gemacht werden, mit ausführlichen Beweisen zum Beispiel in dem Buch von N. S. LANDKOFF [16] nachlesen. Die Ergebnisse und Begriffsbildungen gehen wesentlich zurück auf O. FROSTMAN [13] und M. RIESZ [21].

Wir betrachten im R^n ($n \geqq 2$) die Funktion

$$k_\alpha(x) = C_1(\alpha, n)\,|x|^{\alpha-n} \quad (0 < \alpha < n)$$

und den daraus gebildeten RIESZschen Kern

$$\Phi_{\alpha,n}(x, y) = k_\alpha(x - y)\,.$$

Der Koeffizient ist positiv und spielt die Rolle eines Normierungsfaktors. Wir wollen ihn hier nicht näher präzisieren. Im Falle $\alpha = 2m$ genügt die Funktion $k_{2m}(x)$ der Gleichung

$$\Delta^m k_{2m}(x) = (-1)^m \delta ,$$

d. h., sie ist bis auf das Vorzeichen eine Fundamentallösung des Operators Δ^m. Darauf beruht die Anwendbarkeit der folgenden Theorie auf das DIRICHLETsche Problem der polyharmonischen Gleichung. Das Potential des RIESZschen Kerns $\Phi_{\alpha,n}$ bezüglich eines positiven Maßes μ ist definiert als RADON-STIELTJES-Integral

$$\Phi_{\alpha,n}\,\mu(x) = \int \Phi_{\alpha,n}(x, y)\, d\mu(y) = k_{\alpha} * \mu .$$

$\Phi_{\alpha,n}\,\mu$ ist nach unten halbstetig, und es gilt $0 \leqq \Phi_{\alpha,n}\,\mu(x) \leqq +\infty$. Für ein beliebiges Maß $\mu = \mu^+ - \mu^-$ definieren wir

$$\Phi_{\alpha,n}\,\mu = \Phi_{\alpha,n}\,\mu^+ - \Phi_{\alpha,n}\,\mu^- .$$

Dieser Ausdruck ist in allen Punkten erklärt, in denen nicht die Form $\infty - \infty$ auftritt. Wir setzen voraus, daß für Positiv- und Negativteil des Maßes μ die Bedingungen

$$\int \Phi_{\alpha,n}\,\mu^+(x)\, d\mu^+(x) < \infty , \quad \int \Phi_{\alpha,n}\,\mu^-(x)\, d\mu^-(x) < \infty$$

erfüllt sind. Daraus folgt, daß das Integral

$$I_\alpha[\mu] = \int \Phi_{\alpha,n}\,\mu(x)\, d\mu(x)$$

einen Sinn hat. $I_\alpha[\mu]$ wird als Energie des Maßes μ bezüglich des Kerns $\Phi_{\alpha,n}$ bezeichnet. Verlangt man für die Maße μ_1, μ_2 außerdem

$$\int \Phi_{\alpha,n}\,\mu_2^+(x)\, d\mu_1^-(x) < \infty , \quad \int \Phi_{\alpha,n}\,\mu_2^-(x)\, d\mu_1^+(x) < \infty ,$$

so hat auch der Ausdruck

$$I_\alpha[\mu_1, \mu_2] = \int \Phi_{\alpha,n}\,\mu_1(x)\, d\mu_2(x)$$

einen Sinn. Mit $\mathfrak{E}_\alpha$ bezeichnen wir den Vektorraum aller Maße mit endlicher Energie, d. h. aller Maße μ mit $I_\alpha[\mu] < \infty$. Es zeigt sich, daß mittels

$$(\mu_1, \mu_2) := I_\alpha[\mu_1, \mu_2]$$

in $\mathfrak{E}_\alpha$ ein Skalarprodukt definiert ist. $\mathfrak{E}_\alpha$ wird damit zu einem Prä-HILBERT-Raum.

Hilfssatz 3.1: *Die Menge der Maße μ, die ein stetiges Potential $\Phi_{\alpha,n}\,\mu$ erzeugen, ist dicht im Raum $\mathfrak{E}_\alpha$.*

Es sei $K \subset R^n$ eine kompakte Menge, $\mathfrak{M}_K^+$ die Menge aller positiven Maße μ mit $\operatorname{supp} \mu \subset K$, $\mathring{\mathfrak{M}}_K^+ \subset \mathfrak{M}_K^+$ die Teilmenge aller Maße mit $\mu(1) = 1$ und $N_\alpha(K) = \inf\limits_{\mu \in \mathring{\mathfrak{M}}_K^+} \|\mu\|^2$.

Hierbei gilt stets $0 < N_\alpha(K) \leqq \infty$. Das Infinum wird durch ein eindeutig bestimmtes Maß μ_K realisiert, und jede Minimalfolge konvergiert im Sinne der Energienorm gegen μ_K.

Als (RIESZsche oder energetische) Kapazität einer kompakten Menge K bezüglich des Kernes $\Phi_{\alpha,n}$ definiert man die Zahl $C_\alpha(K) = \frac{1}{N_\alpha(K)}$. Im Falle $N_\alpha(K) = \infty$, d. h., falls die Menge $\mathfrak{M}_K^+$ leer ist, wird $C_\alpha(K) = 0$ gesetzt. Die innere Kapazität $\underline{C}_\alpha(E)$ und die äußere Kapazität $\overline{C}_\alpha(E)$ einer beliebigen Menge $E \subset R^n$ werden durch die folgenden Ausdrücke erklärt:

$$\underline{C}_\alpha(E) = \sup_{K \subset E} C_\alpha(K)\,, \qquad \overline{C}_\alpha(E) = \inf_{G \subset E} C_\alpha(G)$$

(K bzw. G durchläuft die Menge aller in E enthaltenen bzw. E enthaltenden kompakten bzw. offenen Mengen). Es gilt stets $\underline{C}_\alpha(E) \leqq \overline{C}_\alpha(E)$. Die Menge E heißt C_α-meßbar, falls $\underline{C}_\alpha(E) = \overline{C}_\alpha(E)$ gilt. In diesem Falle schreibt man $\underline{C}_\alpha(E) = \overline{C}_\alpha(E) = C_\alpha(E)$.

Insbesondere ist jede BOREL-Menge C_α-meßbar. Sowohl die innere als auch die äußere Kapazität sind unteradditive Mengenfunktionen, d. h., es gilt

$$\underline{C}_\alpha\left(\bigcup_{i=1}^{\infty} E_i\right) \leqq \sum_{i=1}^{\infty} \underline{C}_\alpha(E_i)\,, \qquad \overline{C}_\alpha\left(\bigcup_{i=1}^{\infty} E_i\right) \leqq \sum_{i=1}^{\infty} \overline{C}_\alpha(E_i)\,.$$

Im ersten Fall muß man voraussetzen, daß die E_i BOREL-Mengen sind, im zweiten Fall können sie beliebig sein.

Gilt eine gewisse Eigenschaft in allen Punkten einer Menge E, ausgenommen auf einer Teilmenge $E_1 \subset E$ mit $\underline{C}_\alpha(E_1) = 0$ bzw. $\overline{C}_\alpha(E_1) = 0$, so wollen wir sagen, diese Eigenschaft gilt α-annähernd überall bzw. α-quasi überall auf E. In dieser Arbeit benötigen wir mehrfach das folgende Resultat.

Hilfssatz 3.2: *Es sei $K \subset R^n$ eine kompakte Menge. Dann existiert stets ein sogenanntes Gleichgewichtsmaß γ mit* supp $\gamma \subset K$, *welches die folgenden Eigenschaften besitzt.*

a) $\Phi_{\alpha,n}\,\gamma(x) \geqq 1$ *α-annähernd überall auf K,*

b) $\Phi_{\alpha,n}\,\gamma(x) = 1$ *α-annähernd überall auf* supp γ
und $\Phi_{\alpha,n}\,\gamma(x) \leqq 1$ *überall auf* supp γ.

Außerdem ist $\|\gamma\|^2 = \gamma(1) = C_\alpha(K)$.

Ferner benötigen wir einige mit der sogenannten feinen Topologie der Potentialtheorie zusammenhängende Begriffe. Die feine Topologie wurde von H. CARTAN [10] eingeführt und insbesondere von M. BRELOT [8] (vgl. auch M. BRELOT [7]) weiterentwickelt.

Mit $\mathfrak{U}_\alpha$ bezeichnen wir die Menge aller Potentiale $\Phi_{\alpha,n}\,\mu$, deren erzeugende Maße μ beliebige positive Maße endlicher Energie sind. Die Menge $\mathfrak{U}_\alpha$ bildet einen konvexen Kegel nach unten halbstetiger Funktionen. Eine Menge $E \subset R^n$ heiße α-dünn im Punkt $x \in R^n$, wenn eine Funktion $u \in \mathfrak{U}_\alpha$ mit

$$u(x) < \liminf_{\substack{y \to x \\ y \in E \cap (R^n \setminus \{x\})}} u(y)$$

existiert.

Betrachtet man die (den Punkt x nicht enthaltenden) Komplemente der im Punkte x α-dünnen Mengen, so bilden diese das Umgebungssystem einer Topologie. Diese Topologie (die die α-feine Topologie genannt werden soll) ist die gröbste Topologie im R^n, die feiner als die euklidische Topologie ist und bezüglich derer alle Funktionen der Klasse $\mathfrak{U}_\alpha$ stetig sind. Wir wollen von α-Feinstetigkeit reden und schreiben α-lim fine.

Die in $\Omega \subset R^n$ definierte Funktion f heiße α-quasi-stetig, wenn zu beliebigem $\varepsilon > 0$ eine offene Menge $G \subset \Omega$ mit $C_\alpha(G) < \varepsilon$ existiert, so daß die Einschränkung von f auf $\Omega \setminus G$ (bezüglich der gewöhnlichen euklidischen Topologie) stetig ist.

Das folgende, für uns grundlegende Ergebnis stammt von B. FUGLEDE [14].

Hilfssatz 3.3: *Eine Funktion f, die α-quasi-stetig ist, ist α-quasi-überall α-feinstetig.*

4. Distributionen endlicher Energie und ihre Potentiale, BEPPO-LEVI-DENY-Funktionen

Mit $L^2_{(\alpha)}(R^n)$ wollen wir den HILBERT-Raum der mit dem Gewicht $\frac{1}{|x|^\alpha}$ quadratisch über den R^n integrablen Funktionen bezeichnen. Das Skalarprodukt in $L^2_{(\alpha)}(R^n)$ ist gegeben durch

$$(f_1, f_2) = \int\limits_{R^n} \frac{f_1 \overline{f_2}}{|x|^\alpha} \, dx \, .$$

S' sei der Vektorraum der „temperierten" Distributionen im Sinne von L. SCHWARTZ [23] und $\widetilde{T}$ die ebenfalls im SCHWARTZschen Sinne aufzufassende FOURIER-Transformation einer Distribution $T \in S'$. Die folgenden Begriffsbildungen und Resultate stammen von J. DENY [11]. Man findet sie (mit Ausnahme der Ausführungen am Ende dieses Abschnitts) in dem Buch von N. S. LANDKOFF [16] dargestellt.

Eine Distribution $T \in S'$ soll von endlicher Energie genannt werden, wenn ihre FOURIER-Transformation $\widetilde{T}$ im Raum $L^2_{(\alpha)}(R^n)$ liegt. Als Energie von T definiert man dabei das Integral

$$||T|| = \left[\int \frac{|\widetilde{T}(x)|^2}{|x|^\alpha} \, dx \right]^{1/2} < \infty \, . \tag{4.1}$$

Dieser Energiebegriff ist eine Verallgemeinerung des Begriffes der Energie eines Maßes, denn für $\mu \in \mathfrak{E}_\alpha$ stimmt der Ausdruck $I_\alpha[\mu]$ genau mit $||\mu||^2 = \int \frac{|\widetilde{\mu}(x)|^2}{|x|^\alpha} \, dx$ überein. Bezeichnet man mit W_α den Vektorraum aller Distributionen von endlicher Energie, so gilt daher $\mathfrak{E}_\alpha \subset W_\alpha$. W_α ist bezüglich der Energienorm (4.1) vollständig und wird mit dem Skalarprodukt

$$(T_1, T_2) = \int \frac{\widetilde{T}_1(x) \overline{\widetilde{T}_2(x)}}{|x|^\alpha} \, dx$$

zu einem HILBERT-Raum. Dieser HILBERT-Raum erweist sich gerade als Vervollständigung des Prä-HILBERT-Raumes $\mathfrak{E}_\alpha$, oder anders formuliert:

Hilfssatz 4.1: *$\mathfrak{E}_\alpha$ liegt dicht in W_α.*

Wir wollen für die Distributionen $T \in W_\alpha$ Potentiale $\Phi_{\alpha,n} T$ definieren, und zwar so, daß $\Phi_{\alpha,n} T$ im Spezialfall $T \in \mathfrak{E}_\alpha$ mit $\Phi_{\alpha,n} T = k_\alpha * T$ übereinstimmt. Zu diesem Zweck betrachten wir die Funktion

$$\widetilde{U}(x) = \widetilde{k_\alpha(x)}\, \widetilde{T}(x) = \frac{\widetilde{T}(x)}{|x|^\alpha}.$$

Die rechte Seite ist gerade die FOURIER-Transformierte von $k_\alpha * T$, falls das Faltungsprodukt existiert. Die Funktion $\widetilde{U}$ ist lokalintegrierbar, denn man kann sie zerlegen in ein Produkt $(\widetilde{T}(x)\, |x|^{-\alpha/2})\, |x|^{-\alpha/2}$, in welchem jeder Faktor über jede kompakte Menge quadratisch integrierbar ist. Ferner liegt $\widetilde{U}$ in S', denn es gilt

$$\left(\int \frac{|\widetilde{U}(x)|}{(1+|x|^2)^k}\, dx\right)^2 \leqq \int \frac{|\widetilde{T}(x)|^2}{|x|^\alpha}\, dx \int \frac{dx}{|x|^\alpha (1+|x|^2)^{2k}},$$

und wegen $T \in W_\alpha$ ist die rechte Seite für $4k + \alpha > n$ endlich. Folglich existiert eine eindeutig bestimmte Distribution

$$\Phi_{\alpha,n} T \in S' \quad \text{mit} \quad \widetilde{\Phi_{\alpha,n} T} = \widetilde{U}(x).$$

$\Phi_{\alpha,n} T$ wird als Potential bezüglich T bezeichnet. Offensichtlich stimmt diese Potentialdefinition im Falle $T \in \mathfrak{E}_\alpha$ nach Konstruktion mit der alten Definition überein.

Hilfssatz 4.2: *Jede Funktion $\varphi \in C_0^\infty(R^n)$ läßt sich als Potential $\varphi = \Phi_{\alpha,n} T$ bezüglich einer Distribution $T \subset W_\alpha$ darstellen.*

Der Beweis dieser Aussage ist sehr einfach. Die Potentiale $\Phi_{\alpha,n} T$ $(T \in W_\alpha)$, die zunächst nur allgemein als Distribution erklärt sind, lassen sich näher präzisieren, und zwar als α-quasi-überall definierte α-quasi-stetige Punktfunktionen (Hilfssatz 4.4). Das wird für alles Weitere von grundlegender Wichtigkeit sein. Den Beweis zu Hilfssatz 4.4 wollen wir hier anführen, da wir in Abschnitt 5 noch einmal auf den Beweisgedanken zurückkommen müssen. Aus Hilfssatz 3.2 ergibt sich zunächst sehr einfach

Hilfssatz 4.3: *Es sei $\mu \in \mathfrak{E}_\alpha$ und α-annähernd überall auf der Menge E gelte*

$$\Phi_{\alpha,n}\,\mu \geqq \varrho \quad (0 < \varrho \leqq +\infty).$$

Dann ist

$$\underline{C}'_\alpha(E) \leqq \frac{\|\mu\|^2}{\varrho^2}.$$

Hilfssatz 4.4: *Jeder Distribution $T \in W_\alpha$ kann derart eine Klasse $\Phi(T)$ von α-quasi-überall definierten, α-quasi-stetigen Funktionen zugeordnet werden, daß zwei beliebige Funktionen aus $\Phi(T)$ α-quasi-überall gleich sind und jede Funktion, die α-quasi-überall gleich einer Funktion aus $\Phi(T)$ ist, zu $\Phi(T)$ gehört. Die Elemente aus $\Phi(T)$ sind Präzisierungen der Distributionen $\Phi_{\alpha,n} T$ als Punktfunktion.*

Beweis. Es sei $T \in W_\alpha$. Dann existiert nach Hilfssatz 4.1 eine Folge $\{\mu_j\}$ von Maßen $\mu_j \in \mathfrak{E}_\alpha$ mit

$$\|\mu_j - T\| \to 0.$$

Nach Hilfssatz 3.1 kann vorausgesetzt werden, daß die Potentiale $\Phi_{\alpha,n}\mu_j$ stetig sind. Weiter können wir (wenn nötig durch Wahl einer Teilfolge)

$$\sum_{j=1}^{\infty} 4^j \,\|\mu_{j+1} - \mu_j\|^2 < \infty$$

annehmen. Wir zeigen, daß dann die Folge der Potentiale $\Phi_{\alpha,n}\mu_j$ außerhalb einer offenen Menge beliebig kleiner Kapazität gleichmäßig konvergiert. Dazu setzen wir

$$G_j = \left\{x\colon |\Phi_{\alpha,n}\mu_{j+1} - \Phi_{\alpha,n}\mu_j| > \frac{1}{2^j}\right\}$$

$$= \left\{x\colon \Phi_{\alpha,n}\mu_{j+1}(x) - \Phi_{\alpha,n}\mu_j(x) > \frac{1}{2^j}\right\} \cup \left\{x\colon \Phi_{\alpha,n}\mu_j(x) - \Phi_{\alpha,n}\mu_{j+1}(x) > \frac{1}{2^j}\right\}.$$

Nach Hilfssatz 4.3 gilt

$$C_\alpha(G_j) \leqq 2\,\|\mu_{j+1} - \mu_j\|^2 \cdot 4^j\,,$$

und deshalb konvergiert die Reihe $\sum_{j=1}^{\infty} C_\alpha(G_j)$.

Es sei

$$\omega_k = \bigcup_{j=k}^{\infty} G_j\,,$$

ω_k ist eine offene Menge und wegen

$$C_\alpha(\omega_k) \leqq \sum_{j=k}^{\infty} C_\alpha(G_j)$$

kann ihre Kapazität bei hinreichend großem k beliebig klein gemacht werden. Andererseits besteht in $R^n \setminus \omega_k$ die Ungleichung

$$|\Phi_{\alpha,n}\mu_{j+1}(x) - \Phi_{\alpha,n}\mu_j(x)| \leqq \frac{1}{2^j}\,(j > k)\,.$$

Also konvergiert die Folge $\{\Phi_{\alpha,n}\mu_j\}$ in $R^n \setminus \omega_k$ gleichmäßig gegen eine stetige Funktion $V(x)$. Die Funktion $V(x)$ ist dabei in $\mathrm{R}^n \setminus E$ definiert, d. h. α-quasi-überall, da

$$E = \bigcap_{k=1}^{\infty} \omega_k$$

ein G_δ mit $\overline{C}_\alpha(E) = 0$ ist. Durch dieselben Überlegungen zeigt man, daß $\Phi_{\alpha,n}\mu_j$ α-quasi-überall gegen Null konvergiert, wenn $T = 0$ ist. Damit ergibt sich die Konstruktion der Klasse $\Phi(T)$ wie folgt. Zu T konstruiert man eine Folge μ_j und eine Funktion $V(x)$ nach dem durchgeführten Verfahren. Jeder Folge $\{\mu_j\}$ entspricht eine Funktion $V(x)$, und zwei solche Funktionen sind α-quasi-überall einander gleich. Um dies einzusehen, bildet man zu den entsprechenden Folgen $\{\mu_j'\}$ und $\{\mu_j''\}$ die Differenzfolge $\{\mu_j' - \mu_j''\}$, die stark gegen Null konvergiert. $\Phi(T)$ wird nun definiert als Klasse aller Funktionen, die α-quasi-überall einer beliebigen der Funktionen $V(x)$ gleich sind. Bezüglich des letzten Teiles der Aussage des Hilfssatzes verweisen wir auf die am Beginn dieses Abschnitts angegebene Literatur.

Von jetzt ab spezialisieren wir unsere Betrachtungen auf den Fall $\alpha = 2m$ ($m \geqq 1$ ganz). Hierbei ergibt sich ein wichtiger Zusammenhang mit den Begriffsbildungen in Abschnitt 2. J. DENY [11] bewies, daß jedes Potential $\Phi_{2m,n}\, T (T \in W_{2m})$ in $B\,L_m(R^n)$ liegt und daß umgekehrt jede Funktion aus $B\,L_m(R^n)$ bis auf ein Polynom vom Grade $\leqq m-1$ fast überall gleich einem solchen Potential ist. In $B\,\dot{L}_m(R^n)$ kann man wie folgt eine zu (2.1) äquivalente Norm einführen:

$$||\dot{f}||_m = \frac{1}{a_m}\int |\Delta^{m/2} f|^2\, dx \quad \text{für} \quad m = 2h\,, \tag{4.2}$$

$$||\dot{f}||_m = \frac{1}{a_m}\int |\text{grad}\,\Delta^{(m-1)/2} f|^2\, dx \quad \text{für} \quad m = 2h+1$$

mit $f \in \dot{f}$ und $a_m = 2^{m-1}(m-1)!\ (n-2)\cdot(n-4)\ldots(n-2m)\cdot\omega_n$ (ω_n Flächeninhalt der n-dimensionalen Einheitskugel). Dann gilt (man vergleiche ebenfalls J. DENY [11]).

Hilfssatz 4.5: *Die Zuordnung*

$$T \to \Phi_{2m,n}\, T$$

definiert einen isometrischen Isomorphismus zwischen den Räumen W_{2m} *und* $B\dot{L}_m$ *(bezüglich der Normen* (4.1) *und* (4.2).

Die folgende Definition ist eine naheliegende Verallgemeinerung der entsprechenden Begriffsbildungen im Falle $m = 1$ bei J. DENY und J. L. LIONS [12].

Definition 4.1: *Eine $2\,m$-quasi-überall in Ω erklärte Funktion f heiße eine* BEPPO-LEVI-DENY-*Funktion der Ordnung m (kurz: $f \in BLD_m(\Omega)$), wenn sie den folgenden Bedingungen genügt:*

1. $f \in BL_m(\Omega)$,
2. *f ist $2\,m$-quasi-stetig.*

Für $\Omega = R^n$ folgt aus Hilfssatz 4.4 und den sich anschließenden Bemerkungen sofort der wichtige Sachverhalt, daß jede Funktion $f \in BL_m(R^n)$ fast überall gleich einer Funktion $f^* \in BLD_m(R^n)$ ist. Da $f \in BL_m(R^n)$ für $|\beta| \leqq m$ offenbar $D^\beta f \in BL_{m-|\beta|}(R^n)$ zur Folge hat, liegt es nahe, im Falle $f \in BLD_m(R^n)$ die distributionstheoretischen Ableitungen $D^\beta f$ ebenfalls (gemäß Hilfssatz 4.4) so als Punktfunktionen zu präzisieren, daß $D^\beta f \in BLD_{m-|\beta|}(R^n)$ gilt. Wir wollen uns diese Präzisierung stets vorgenommen denken; und in diesem Sinne können wir formulieren:

Hilfssatz 4.6: *Aus $f \in BLD_m(R^n)$ folgt $D^\beta f \in BLD_{m-|\beta|}(R^n)$* ($|\beta| < m$).

5. Das „feine“ DIRICHLET-Problem

Wir können nun die Problemstellung formulieren, auf die die Untersuchungen dieser Arbeit zugeschnitten sind. In Anlehnung an das entsprechende Problem bei der Potentialgleichung wollen wir es das „feine“ DIRICHLET-Problem nennen.

$\Omega \subset R^n$ sei eine offene, zusammenhängende Menge mit dem Rand $\partial\Omega$. Gegeben sei eine Funktion $f \in BLD_m(R^n)$, die außerdem in einer Umgebung des Randes $\partial\Omega$ als glatt vorausgesetzt sei. Gesucht ist eine Funktion $u \in BLD_m(R^n)$ mit folgenden Eigenschaften.

1. $\Delta^m u = 0$ in Ω,
2. $u \equiv f$ in R^n/Ω,
3. Für alle β mit $|\beta| \leqq m-1$ gilt in $(2m - 2|\beta|)$-quasi-allen Randpunkten $y \in \partial\Omega$, $(2m-2|\beta|)\text{-}\lim\limits_{\substack{x\to y\\ x\in\Omega}} \text{fine}\, D^\beta u(x) = D^\beta f(y)$,

Zum Beweis einer Existenz- und Eindeutigkeitsaussage für dieses Problem benötigen wir einige Hilfssätze, die Verallgemeinerungen der entsprechenden, bei J. Deny und J. L. Lions [12] für $m = 1$ bewiesenen Aussagen darstellen und deren Beweise sich mit gewissen Modifikationen an jene Arbeit anlehnen.

Hilfssatz 5.1: *Es sei $T \in W_{2m}$ gegeben und*

$$E = \{x \in R^n;\ \Phi_{2m,n}\, T(x) \geqq \varrho > 0\}.$$

Dann gilt

$$\overline{C_{2m}}(E) \leqq \frac{\|T\|^2}{\varrho^2}.$$

Beweis. Entsprechend dem Beweis zu Hilfssatz 4.4 können wir annehmen, daß zu beliebigem positivem ganzen k eine offene Menge ω_k mit $C_{2m}(\omega_k) < \frac{1}{k}$ und eine Folge $\mu_j \in \mathfrak{E}_{2m}$ mit $\|\mu_j - T\| \to 0$ existiert mit der Eigenschaft, daß die Potentiale $\Phi_{2m,n}\, \mu_j$ in $R^n \setminus \omega_k$ gleichmäßig gegen $\Phi_{2m,n}\, T$ konvergieren. Wir betrachten die Menge $F_k = E \cap (R^n \setminus \omega_k)$. Diese ist offenbar abgeschlossen und deshalb ist $C_{2m}(F_k) = \overline{C}_{2m}(F_k) = \underline{C}_{2m}(F_k)$. Es sei $\varepsilon > 0$ beliebig und $K \subset F_k$ eine kompakte Menge mit $C_{2m}(K) > C_{2m}(F_k) - \varepsilon$. Ferner sei γ die Gleichgewichtsverteilung bezüglich K (vgl. Hilfssatz 3.2). Dann gilt

$$\int \Phi_{2m,n}\, T\, d\gamma = \lim_{j\to\infty} \int \Phi_{2m,n}\, \mu_j\, d\gamma = \lim_{j\to\infty} (\mu_j, \gamma) = (T, \gamma) \leqq \|T\|\, \|\gamma\|.$$

Das erste Gleichheitszeichen gilt auf Grund der gleichmäßigen Konvergenz von $\Phi_{2m,n}\, \mu_j$ in $R^n \setminus \omega_k$, das dritte wegen $\|\mu_j - T\| \to 0$ und das letzte auf Grund der Schwartzschen Ungleichung. Hieraus folgt weiter (wegen $F_k \subset E$ und $\Phi_{2m,n}\, T \geqq \varrho$ auf E sowie Hilfssatz 3.2)

$$\varrho\,(C_{2m}(F_k) - \varepsilon) < \varrho\, C_{2m}(K) \leqq \|T\| \sqrt{C_{2m}(F_k)},$$

und da ε beliebig gewählt werden kann, $C_{2m}(F_k) \leqq \frac{\|T\|^2}{\varrho^2}$. Nun ist $E \subset F_k \cup \omega_k$ und deshalb auf Grund der Unteradditivität der äußeren Kapazität

$$\overline{C_{2m}}(E) \leqq \frac{\|T\|^2}{\varrho^2} + \frac{1}{k}.$$

Da k beliebig groß gewählt werden kann, folgt daraus die Behauptung.

Hilfssatz 5.2: *Zu jedem $f \in \mathcal{D}^m(\Omega)$ existiert eine Funktion $f^* \in BLD_m(R^n)$, die fast überall in Ω gleich f ist.*

Beweis. $f \in \mathcal{D}^m(\Omega)$ sei gegeben. Dann existiert eine Folge $\{\varphi_j\}$ von Funktionen $\varphi_j \in C_0^\infty(\Omega)$ mit $\|f - \varphi_j\|_m \to 0$. Diese Folge kann ohne Beschränkung der Allgemeinheit so gewählt werden, daß $\sum_{j=1}^{\infty} 4^j \|\varphi_{j+1} - \varphi_j\|_m^2$ konvergiert. Wir setzen die φ_j in naheliegender Weise auf den ganzen Raum fort.

$$\hat{\varphi}_j(x) = \begin{cases} \varphi_j(x) & \text{für} \quad x \in \Omega \\ 0 & \text{für} \quad x \in R^n \mid \Omega\,. \end{cases}$$

Weiter betrachten wir

$$E_j = \left\{x \in R^n\colon |\hat{\varphi}_{j+1}(x) - \hat{\varphi}_j(x)| > \frac{1}{2^j}\right\}, \quad \omega_k = \bigcup_{j=k}^{\infty} E_j\,.$$

Es ist

$$E_j = \left\{x\colon \hat{\varphi}_{j+1}(x) - \hat{\varphi}_j(x) > \frac{1}{2^j}\right\} \cup \left\{x\colon \hat{\varphi}_j(x) - \hat{\varphi}_{j+1}(x) > \frac{1}{2^j}\right\}.$$

Nach Hilfssatz 4.2 gilt $\hat{\varphi}_j = \Phi_{2m,n} T_j$ mit $T_j \in W_{2m}$ und folglich nach Hilfssatz 5.1

$$\overline{C}_{2m}(E_j) \leqq 2 \cdot 4^j \|T_{j+1} - T_j\|^2.$$

Weiter besteht auf Grund der Unteradditivität der äußeren Kapazität die Abschätzung

$$\overline{C}_{2m}(\omega_k) \leqq \sum_{j=k}^{\infty} \overline{C}_{2k}(E_j) \leqq 2 \sum_{j=k}^{\infty} 4^j \|T_{j+1} - T_j\|^2\,.$$

Wegen Hilfssatz 4.5 und der Äquivalenz der Normen (2.1) erhalten wir

$$\overline{C}_{2m}(\omega_k) \leqq C_1 \sum_{j=k}^{\infty} 4^j \|\hat{\varphi}_{j+1} - \hat{\varphi}_j\|_m^2\,.$$

Nach unserer Annahme über die Konvergenz der rechts stehenden Summe strebt also $\overline{C}_{2m}(\omega_k)$ mit $k \to \infty$ gegen Null. In $R^n \setminus \omega_k$ konvergiert nun die Folge $\{\hat{\varphi}_j\}$ gleichmäßig gegen eine Funktion f^*, die überall in $R^n \setminus \bigcap_{k=1}^{\infty} \omega_k$, d. h. (da $\bigcap_{k=1}^{\infty} \omega_k$ eine Menge der äußeren Kapazität Null ist) $2\,m$-quasi-überall im R^n definiert ist. Außerdem ist sie wegen der gleichmäßigen Konvergenz von $\hat{\varphi}_j$ in $R^n \setminus \omega_k$ $2\,m$-quasi-stetig und daher $f^* \in BLD_m(R^n)$. Wir zeigen noch $f = f^*$ fast überall in Ω.

Nach Hilfssatz 2.3 ist f lokal-integrierbar. Deshalb existiert für eine beliebige Funktion $\psi \in C_0^\infty(\Omega)$ das Integral $\int f \psi\, dx$ und nach Anwendung der HÖLDER-Ungleichung erhält man die Abschätzung

$$\left|\int_{\operatorname{supp}\psi} f \psi\, dx - \int_{\operatorname{supp}\psi} \varphi_j\, \psi\, dx\right| \leqq C_2 \left[\int_{\operatorname{supp}\psi} |f - \varphi_j|^p\, dx\right]^{1/p}$$

$$\left(\frac{1}{p} = \frac{1}{2} - \frac{m}{n},\ C_2 > 0 \text{ ist eine Konstante}\right).$$

Auf Grund von Formel (2.5) folgert man weiter

$$\left[\int_{\text{supp}\,\psi} |f - \varphi_j|^p\,dx\right]^{1/p} \leqq \left[\int_{\Omega} |f - \varphi_j|^p\,dx\right]^{1/p} \leqq C\,||f - \varphi_j||_m$$

und wegen $||f - \varphi_j||_m \to 0$ $\lim\limits_{j\to 0} \int \varphi_j \psi\,dx = \int f \psi\,dx$.

Wählen wir $\psi \in C_0^\infty(\Omega)$ so, daß $\psi \equiv 0$ in ω_k ist, so ergibt sich aus der gleichmäßigen Konvergenz von φ_j gegen f^* außerhalb ω_k andererseits

$$\lim_{j\to\infty} \int \varphi_j \psi\,dx = \int f^* \psi\,dx\,.$$

Insgesamt erhalten wir also

$$\int (f - f^*)\,\psi\,dx = 0$$

für alle $\psi \in C_0^\infty(\Omega)$ mit $\psi \equiv 0$ in ω_k und somit $f - f^* = 0$ fast überall in $\Omega \setminus \omega_k$ für beliebiges k. Daraus folgt $f = f^*$ fast überall in Ω, da der Durchschnitt $\bigcap\limits_{k=1}^{\infty} \omega_k$ eine Menge der äußeren Kapazität Null ist.

Folgerung: *Jede Funktion $f \in BL_m(\Omega)$ ist fast überall in Ω gleich einer Funktion $f^* \in BLD_m(\Omega)$.*

Beweis. Nach Hilfssatz 2.1 und 2.2 besitzt $f \in BL_m(\Omega)$ eine Zerlegung

$$f = u_1 + u_2$$

mit $u_1 \in \mathcal{D}^m(\Omega)$, $u_2 \in BL_m(\Omega)$ $\Delta^m u_2 = 0$ in Ω. Da u_2 als polyharmonische Funktion in Ω selbstverständlich $2\,m$-quasi-stetig und u_1 nach Hilfssatz 5.2 fast überall gleich einer Funktion $u_1^* \in BLD_m(\Omega)$ ist, folgt daraus sofort die Behauptung.

Hilfssatz 5.3: *Es sei $f \in BLD_m(\Omega) \cap \mathcal{D}^m(\Omega)$.*
Dann ist

$$\hat{f}(x) = \begin{cases} f(x) & \text{für} \quad x \in \Omega \\ 0 & \text{für} \quad x \in R^n \setminus \Omega \end{cases}$$

eine Funktion aus $BLD_m(R^n)$.

Beweis. Aus der Definition der $2\,m$-quasi-Stetigkeit ergeben sich unmittelbar zwei Eigenschaften.

1. Aus der $2\,m$-quasi-Stetigkeit von u_1 und $u_1 = u_2$ $2\,m$-quasi-überall folgt die $2\,m$-quasi-Stetigkeit von u_2.
2. Zwei $2\,m$-quasi-stetige Funktionen, die fast überall gleich sind, sind auch $2\,m$-quasi-überall gleich.

Es sei nun $f \in BLD_m(\Omega) \cap \mathcal{D}^m(\Omega)$ und $f^* \in BLD_m(R^n)$ die gemäß Hilfssatz 5.2 f zugeordnete Funktion. Da sowohl f als auch f^* in Ω $2\,m$-quasi-stetig sind, stimmen diese beiden Funktionen nach 2. in Ω $2\,m$-quasi-überall überein. Da ferner (vergleiche die entsprechende Konstruktion im Beweis zu Hilfssatz 5.2) f^* in $R^n \setminus \Omega$ gleich Null ist, ist f^* $2\,m$-quasi-überall im R^n gleich $\hat{f}$. Wegen $f^* \in BLD_m(R^n)$ und 1. bedeutet das $\hat{f} \in BLD_m(R^n)$.

Satz 5.1: *Das am Beginn dieses Abschnitts formulierte feine* DIRICHLET*sche Problem besitzt stets eine Lösung. Falls das Gebiet Ω Δ^m-stabil ist, so ist die Lösung darüber hinaus eindeutig.*

Beweis. Nach den Hilfssätzen 2.1 und 2.2 besitzt $f \in BLD_m(R^n)$ eine Zerlegung

$$f = u_1 + u_2$$

mit $u_1 \in \mathfrak{D}^m(R^n)$ $(= H^m)$, $\Delta^m_{u_2} = 0$ im R^n.

Da die Einschränkung von u_2 auf Ω trivialerweise das betrachtete Problem (mit u_2 als Randfunktion) löst, können wir uns zur Untersuchung der Existenz der Lösung offenbar auf $f \in BLD_m(R^n) \cap H^m$ beschränken. Ausgehend von

$$H^m = H^m_\Omega \oplus {}^*H^m_\Omega$$

ergibt sich die Zerlegung

$$f = g + u \,(g \in H^m_\Omega, \quad u \in {}^*H^m_\Omega)\,.$$

Als Lösung von $\Delta^m u = 0$ ist u wie oben trivialerweise in Ω 2 m-quasi-stetig und wegen der Voraussetzung über f und der Definition des Raumes H^m_Ω gilt für die Einschränkung $g|_\Omega$ auf Ω

$$g|_\Omega \in BLD_m(\Omega) \cap \mathfrak{D}^m(\Omega)\,.$$

Demzufolge liefert Hilfssatz 5.3 (es ist $g = 0$ in $R^n \setminus \Omega$) $g \in BLD_m(R^n)$ und damit $u \in BLD_m(R^n)$. Aus Hilfssatz 3.3 folgt nun, daß in 2 m-quasi-allen Randpunkten $y \in \partial\Omega$

$$2\,m\text{-}\underset{\substack{x\to y\\ x\in\Omega}}{\text{lim-fine}}\; g = 2\,m\text{-}\underset{\substack{x\to y\\ x\in\Omega}}{\text{lim-fine}}\;(f - u) = 0$$

gilt. Auf Grund der vorausgesetzten Glattheit von f in einer Umgebung des Randes $\partial\Omega$ bedeutet das

$$2\,m\text{-}\underset{\substack{x\to y\\ x\in\Omega}}{\text{lim-fine}}\; u(x) = f(y)\,.$$

Anwendung von Hilfssatz 4.6 liefert ganz entsprechend für alle β mit $|\beta| \leqq m - 1$

$$(2\,m - 2\,|\beta|)\text{-}\underset{\substack{x\to y\\ x\in\Omega}}{\text{lim-fine}}\; D^\beta u(x) = D^\beta f(y)$$

in $(2\,m - 2\,|\beta|)$-quasi allen Randpunkten $y \in \partial\Omega$.

Wegen $\Delta^m u = 0$ in Ω und $u \equiv f$ in $R^n \setminus \Omega$ (in $R^n \setminus \Omega$ ist $g \equiv 0$!) ist damit die Existenz einer Lösung des betrachteten Problems bewiesen.

Wir setzen nun bezüglich Ω die Δ^m-Stabilität voraus und nehmen an, die Lösung sei nicht eindeutig. Dann existiert also eine Funktion $u \in BLD_m(R^n)$, $u \not\equiv 0$, mit

1. $\Delta^m u = 0$ in Ω

2. $D^\beta u = 0$ in $R^n \setminus \Omega$ $(2\,m - 2|\beta|)$-quasi-überall für $|\beta| \leqq m - 1$.

Die Hilfssätze 2.1 und 2.2 liefern

$$u = u_1 + u_2$$

$$(u_1 \in H^m, \quad u_2 \in BL_m(R^n), \quad \Delta^m u_2 = 0 \text{ im } R^n) .$$

Auf Grund der angegebenen Eigenschaften reduziert sich u_2 auf ein Polynom vom Grade $\leqq m - 1$, das wegen des Verhaltens von u und u_1 im Unendlichen sogar $\equiv 0$ sein muß. Also gilt $u = u_1$, d. h. $u \in H^m$. Wegen $u = 0$ in $R^n \setminus \Omega$ ist $u \in {}_\Omega H^m$, und aus der vorausgesetzten Δ^m-Stabilität folgt daraus $u \in H^m_\Omega$. (Hilfssatz 2.4) $\Delta^m u = 0$ in Ω bedeutet

$$(\Delta^m u, \varphi) = (u, \varphi)_m = 0 \qquad \text{für alle} \qquad \varphi \in C_0^\infty(\Omega)$$

und damit auch für alle $v \in H^m_\Omega$, d. h. $u \in {}^*H^m_\Omega$.

Aus $u \in H^m_\Omega \cap {}^*H^m_\Omega$ erhalten wir also endgültig $u = 0$ fast überall und (wegen $u \in BLD_m(R^n)$) $u = 0$ 2 m-quasi-überall, im Widerspruch zu unserer Annahme.

Bemerkung 5.1: *Es ist klar, daß die Voraussetzung $f \in BLD_m(R^n)$ in der Problemstellung dahingehend abgeschwächt werden kann, daß man $f \in BLD_m(\Omega')$ für ein Gebiet $\Omega' \supset \Omega$ annimmt und dann die ganze Fragestellung in Ω' betrachtet.*

Bemerkung 5.2: *Man kann das feine* DIRICHLET-*Problem auch ohne Bezugnahme auf ein Ω enthaltendes Gebiet Ω' formulieren. Von der Randfunktion f verlangt man dabei $f \in BLD_m(\Omega)$ sowie Existenz der Grenzwerte von $D^\beta f$ ($|\beta| \leqq m - 1$) bei Annäherung an den Rand $\partial\Omega$. Gesucht wird eine Funktion u, die Punkt 1 und 3 (vgl. den Beginn des 5. Abschnitts) erfüllt.*

Aus dem Beweis von Satz 5.1 ist unmittelbar ersichtlich, daß der Existenzbeweis unter Verwendung von Hilfssatz 2.1 durch sinngemäße Anwendung von Hilfssatz 5.3 dann ebenfalls nach demselben Verfahren erbracht werden kann.

Die Aussage von Satz 5.1 läßt sich auf eine größere Klasse von Differentialgleichungen übertragen. Es sei

$$\mathcal{L} = \sum_{\substack{|\beta| \leqq m \\ |\gamma| \leqq m}} (-1)^{|\beta|} D^\beta(a_{\beta\gamma} D^\gamma)$$

ein Differentialoperator mit folgenden Eigenschaften: (Die Koeffizienten $a_{\beta\gamma}$ werden als $|\beta|$-mal stetig differenzierbar vorausgesetzt):

1. $\mathcal{L}$ ist formal selbstadjungiert, d. h.

$$\mathcal{L} = \mathcal{L}^* = \sum_{\substack{|\beta| \leqq m \\ |\gamma| \leqq m}} (-1)^{|\beta|} D^\beta(\bar{a}_{\gamma\beta} D^\gamma) . \tag{5.1}$$

2. $\mathcal{L}$ sei elliptisch, d. h.

$$\sum_{|\beta| = |\gamma| = m} \bar{a}_{\beta\gamma}(x)\, \xi^\beta \xi^\gamma \neq 0 \tag{5.2}$$

für alle $x \in R^n$, $\xi \in R^n$. Dabei ist $\xi^\beta = \xi_1^{\beta_1} \ldots \xi_n^{\beta_n}$, $\xi^\gamma = \xi_1^{\gamma_1} \ldots \xi_n^{\gamma_n}$.

$$B[\varphi, \psi] = \int \sum_{\substack{|\beta| \leqq m \\ |\gamma| \leqq m}} \bar{a}_{\beta\gamma} D^\beta \varphi\, \overline{D^\gamma \psi}\, dx$$

sei die zugehörige Bilinearform. Wir setzen voraus, doß diese in $BL_m^{\cdot}(R^n)$ eine zu (2.1) äquivalente Norm erzeugt. Es gelte also

$$C_1 B[f,f] \leqq \|f\|_m^2 \leqq C_2 B[f,f] \tag{5.3}$$

für alle $f \in BL_m(R^n)$ und gewisse von f unabhängige Konstanten C_1, C_2.

Man kann sich dann leicht davon überzeugen, daß alle Überlegungen in entsprechender Weise durchgeführt werden können. Es ist nur zu beachten, daß beispielsweise in der Zerlegung

$$H^m = H_\Omega^m \oplus {}^*H_\Omega^m$$

die Orthogonalität bezüglich des Skalarproduktes $B[u, v]$ zu verstehen ist. Für $u \in {}^*H_\Omega^m$ folgt dann

$$B[u, \varphi] = (u, \mathscr{L}[\varphi]) = 0 \qquad \text{für alle} \qquad \varphi \in C_0^\infty(\Omega)\,,$$

d. h., u ist in Ω schwache und damit klassische Lösung der Differentialgleichung $\mathscr{L}[u] = 0$ (vgl. etwa L. NIRENBERG [20]). Der Begriff der Δ^m-Stabilität läßt sich ganz analog bezüglich des Operators $\mathscr{L}$ definieren. Dabei gilt wieder sinngemäß Hilfssatz 2.4, und die Stabilität von Ω ist unter der gemachten Voraussetzung (5.3) invariant. Es besteht folgende Aussage:

Satz 5.2: *$\Omega \subset R^n$ sei eine offene, zusammenhängende Menge mit dem Rand $\partial\Omega$. $\mathscr{L}$ sei ein Differentialoperator der Ordnung $2m$ mit den Eigenschaften* (5.1) *bis* (5.3). *Vorgegeben sei eine Funktion $f \in BLD_m(R^n)$, die in einer Umgebung des Randes glatt sei. Dann existiert eine Funktion $u \in BLD_m(R^n)$ mit folgenden Eigenschaften*

1. $\mathscr{L}[u] = 0$ *in* Ω.
2. $u \equiv f$ *in* $R^n \setminus \Omega$.
3. *Für alle β mit $|\beta| \leqq m - 1$ gilt in* $(2m - 2|\beta|)$*-quasi-allen Randpunkten* $y \in \partial\Omega$, $(2m - 2|\beta|)\text{-}\lim\limits_{\substack{x \to y \\ x \in \Omega}} \text{fine}\, D^\beta u(x) = D^\beta f(y)$.

An der Aussage dieses Satzes bei besonders hervorgehoben, daß es sich bei dem in 3. zugrundeliegenden Kapazitätsbegriff für alle Operatoren $\mathscr{L}$ der betrachteten Klasse um ein- und denselben Begriff (bezüglich des Operators Δ^m) handelt. Abschließend sei noch vermerkt, daß auch die Aussagen von Bemerkung 5.1 und 5.2 sinngemäß erhalten bleiben.

Zusätze bei der Korrektur:

1. Die Ergebnisse dieser Arbeit kann man benutzen, um (entsprechend der Formulierung des hier betrachteten „feinen" DIRICHLET-Problems) Aussagen über das Randverhalten der HILBERT-Raumlösung des DIRICHLET-Problems für einen beliebigen gleichmäßig stark elliptischen Differentialoperator in einem beliebigen Gebiet zu machen. Diese Resultate sollen an anderer Stelle mitgeteilt werden.

2. In der Formulierung des feinen DIRICHLET-Problems am Beginn von Abschnitt 5 sowie in Satz 5.2 kann die Voraussetzung, daß f in einer Umgebung des Randes $\partial\Omega$ glatt ist, weggelassen werden. Dies gilt aber nicht für die Bemerkung 5.2.

Literatur

[1] ARONSZAJN, N., SMITH, K. T., Functional spaces and functional completion. Studies in eigenvalue problems Nr. 10, Lawrence 1954.
[2] BABUŠKA, I., Über die Stabilität des Gebietes bezüglich der fundamentalen Probleme der Theorie der partiellen Differentialgleichungen, speziell im Zusammenhang mit der Theorie der Elastizität I. Czechoslovak. Math. J. **11**, 76–105 (1961) (in russ.).
[3] BABUŠKA, I., siehe [2], II. Czechoslovak. Math. J. **11**, 165–203 (1961) (in russ.).
[4] BRELOT, M., Principe et problème de Dirichlet dans les espaces de Green. C. R. Ac. des Sc, **235**, 598–600 (1952).
[5] BRELOT, M., La théorie moderne du potentiel. Ann. Inst. Fourier, **4**, 113–133 (1952).
[6] BRELOT, M., Étude et extensions du principe de Dirichlet. Ann. Inst. Fourier **5**, 371–419 (1953–54).
[7] BRELOT, M., Eléments de la theorie classique du potentiel. Les cours de Sorbonne, Paris 1959.
[8] BRELOT, M., Introduction axiomatique de l'effillement. Annali mat. pura appl. **57**, 77–95 (1962).
[9] CALKIN, Functions of several variables and absolute continuity I. Duke Math. J. **6**, 176–186 (1940).
[10] CARTAN, H., Théorie générale du balayage en potentiel newtonien. Ann. Univ. Grenoble **22**, 221–280 (1946).
[11] DENY, J., Les potentiels d'energie finie. Acta Math. **82**, 107–183 (1950).
[12] DENY, J. et LIONS, J. L., Les espaces du type de Beppo-Levi. Ann. Inst. Fourier **5**, 305–370 (1953–54).
[13] FROSTMAN, O., Potentiel d'équilibre et capacité des ensembles. Meddel. Lunds Univ. mat. Sem. **3** (1935).
[14] FUGLEDE, B., On the axiomatic theory of thin sets in potential theory. Vorträge der 3. Tagung über Probleme und Methoden der Mathematischen Physik. Heft 1 Karl-Marx-Stadt 1966, 98–114.
[15] HÖRMANDER, L. et LIONS, J. L., Sur la complétion par rapport à une intégrale de Dirichlet. Math. Scand. **4**, Nr. 3, 259–270 (1956).
[16] LANDKOFF, N. S., Grundlagen der modernen Potentialtheorie. Moskau 1966 (in russ.).
[17] LEVI, B., Sul principio di Dirichlet. Rend. Palermo **22**, 293–359 (1906).
[18] MORRAY, Functions of several variables and absolute continuity II. Duke Math. J. **6**, 187–215 (1940).
[19] NIKODYM, O., Sur une classe de fonctions considerée dans le problème de Dirichlet. Fund. Math. **21**, 129–150 (1933).
[20] NIRENBERG, L., Remarks on strongly elliptic partial differential equations. Comm. on pure and appl. Math. vol. VIII, 648–674 (1955).
[21] RIESZ, M., Intégrales de Riemann-Liouville et potentiels. Acta Sci. math. **9**, 1–42 (1938).
[22] SOBOLEV, S. L., Einige Anwendungen der Funktionalanalysis auf Gleichungen der Mathematischen Physik. Berlin 1964 (Übers. aus dem Russ.).
[23] SCHWARTZ, L., Theorie des distributions I, II. Paris 1950–1951.

Korrektur zur Arbeit von L. Hörmander, S. 127–146

(Wurde nach dem Druck vom Autor eingereicht)

S. 127 12. Zeile von oben: They occur in the proof ...

S. 129 16. Z. v. o.: $K_t \ni f \to (L_1(f), \ldots, L_n(f)) \in C^n$

18. Z. v. o.: $\{(s, f) \in I \times B,\ f \in K_s,\ \|f\| = 1,\ L_1(f) = \cdots = L_n(f) = 0\}$

S. 130 1. Z. v. o.: $\|u\| = 1$

4. Z. v. o.: ... the dimension is constant.

9. Z. v. o.: that is, for s close to t,

16. bis 25. Z. v. o. sind durch folgenden neuen Text zu ersetzen:

For $s \in [0, \infty]$ we shall define an isometric operator P_s in l^2 (i. e. $P_s^* P_s = 1$) such that P_s and P_s^* are strongly continuous functions of s and ind $P_s = [-s]$, the largest integer $\leqq -s$. To define P_s we set for $2^{-k-1} \leqq s \leqq 2^{-k}$, $k = 0, 1, 2, \ldots$

$$(P_s x)_j = x_j \text{ if } j \leqq k, \qquad (P_s x)_j = x_{j-1} \text{ if } j \geqq k+3$$

$$(P_s x)_{k+1} = x_{k+1} \sin 2^k s\pi, \quad (P_s x)_{k+2} = -x_{k+1} \cos 2^k s\pi.$$

For integers $k \geqq 0$ we set $P_k x = (0, x_1, 0, x_2, \ldots, 0, x_k, x_{k+1}, \ldots)$ and if $0 < s \leqq 1$ we define $P_{k+s} x = \big(0, x_1, \ldots, 0, x_k, P_s(x_{k+1}, x_{k+2}, \ldots)\big)$. It is then easy to verify that P_s has the stated properties.

S. 131 3. Z. v. o.: Let X be a separable C^∞ manifold ...

11. Z. v. o.: $\varkappa: U \to \omega \subset \boldsymbol{R}^n$

15. Z. v. o.:

$$\left.\begin{aligned} p_f(.,\xi)\, a &= e^{-i<.,\xi>} (\varphi_F^{-1})^* \mathcal{P} (f \varphi_E^* a\, e^{i<.,\xi>}), \\ \xi &\in \boldsymbol{R}^n, \quad a \in C^{N_E}, \end{aligned}\right\} \tag{3.1}$$

16. Z. v. o.: $\omega \times \boldsymbol{R}^n$, and for every $K \subset\subset \omega$ ...

10. Z. v. u.: $U, \varkappa, \varphi_E, \varphi_F$

7. Z. v. u.: Hom (E, F)

4. Z. v. u.: operator P is said to be properly supported.

2. Z. v. u.: $\mathcal{P}$ is properly supported, ...

S. 133 20. Z. v. o.: If e is a complex number ...

S. 134 8. Z. v. u.: in a compact set.

S. 135 24. Z. v. o.: properly supported in the sense ...

27. Z. v. o.: *If $\mathcal{P}$ is a continuous properly supported* ...

30. Z. v. o.: ... *a continuous map from I to* $C^\infty(X \times X, \mathrm{Hom}(E, E) \otimes \omega)$.

S. 136	19. Z. v. o.:	Here 1 is . . .
	7. Z. v. u.:	$Q_i u = \varphi_E^{i*} q_i(x, D) (\varphi_F^{i-1})^* u , \quad u \in C_0^\infty (U^i, F)$,
	3. Z. v. u.:	$\nu = 1$ shows that the norm of . . .
S. 137	12. Z. v. u.:	$a\text{-ind}\, \mathcal{P} = Tr\,(1_E - Q\,\mathcal{P}) - Tr\,(1_F - \mathcal{P}\,Q)$.
S. 138	9. Z. v. o.:	$\mathcal{P}_0 u = \sum \psi_i \varphi_F^{i*} p^i (x, D) (\varphi_E^{i-1})^* \psi_i'' u$.
	12. Z. v. u.:	$r^i \big(\varkappa^i (x), \xi\big) = \lvert {}^t\varkappa^{i'} (x)\rvert , \quad \xi \in \boldsymbol{R}^n , \quad x \in U_i$
S. 139	13. Z. v. o.:	(Die Formel ist mit der Nummer (4.3) zu versehen.)
	8. Z. v. u.:	$P^{i(\alpha)}_{\varepsilon(\beta)}(\xi) = \varphi_F^{-1}\, p^{i(\alpha)}_{\varepsilon(\beta)} \big(\varkappa^i(x), {}^t\varkappa^{i'}(x)^{-1}\, \xi\big)\, \varphi_E$
S. 140	7. Z. v. o.:	$\ldots \big\lvert\big(\sum \psi_i(\pi\, \xi)\, P^i_\varepsilon(\xi)^{-1}\big)\big\rvert_\varepsilon \leqq 2\, C_1, \ldots$
S. 141	24. Z. v. o.:	cohomology
	9. Z. v. u.:	$\bar\partial$ NEUMANN problem;
	1. Z. v. u.:	$(x^e + d)\, \chi_\varepsilon\, u = \chi_\varepsilon\, (x^e + d)\, u + (d\chi_\varepsilon) \wedge u \to \cdots$
S. 142	14. Z. v. o.:	$\lvert\lvert(x^i + \delta)\, f\rvert\rvert^2 = \sum_{j,k} \sum'_{K=q-1} \big((x_j - \partial_j)\, f_{jK} ,\ (x_k - \partial_k)\, f_{kK}\big)$. (5.3)
	20. Z. v. o.:	Lemma 4.1.1
	9. Z. v. u.:	Lemma 4.1.1
	2. Z. v. u.:	Let $\varphi \in C_0(\boldsymbol{R}^n)$ . . .
	1. Z. v. u.:	choose a function $\chi \in C^\infty(\boldsymbol{R}^n)$ . . .
S. 143	13. Z. v. o.:	$\big(x + i\, \varphi(\delta x)^2\, \xi/\varepsilon\, \lvert\xi\rvert\big)^e + \big(x + i\, \varphi(\delta x)^2\, \xi/\varepsilon\, \lvert\xi\rvert\big)^i$
	22. Z. v. o.:	. . . in view of Lemma 2.2.
	25. Z. v. o.:	Again by Lemma 2.2
S. 144	5. Z. v. o.:	$[x_k + A_k, x_j + A_j] = [A_k, x_j] - [A_j, x_k] + [A_k, A_j]$
	7. Z. v. o.:	$\chi_{jk}(\xi) = -\, i\, \partial\big(\chi(\xi)\, \xi_k\big)/\partial \xi_j$
S. 145	15. Z. v. o.:	$C\,(1 + \varepsilon\, \lvert\xi\rvert)^{-1}\, (1 + \lvert\xi\rvert)^{1-k}$
	2. Z. v. u.:	a continuous properly supported family . . .

Bei Fragen zur Produktsicherheit wenden Sie sich bitte an:
If you have any questions regarding product safety,
please contact:

Walter de Gruyter GmbH
Genthiner Straße 13
10785 Berlin
productsafety@degruyterbrill.com